"十二五"高等院校规划教材

嵌入式系统软硬件开发及应用实践

杨维剑　主　编
王梅英　副主编

北京航空航天大学出版社

内 容 简 介

本书是嵌入式系统软硬件开发理论与应用实践相结合的专业书籍。它以 ARM 系列为核心，从存储器扩展、I/O 口扩展、中断系统及各种接口的扩展与应用，到软件开发、系统移植等，完整地讲述了嵌入式系统的基础知识及其软硬件开发技术；并针对开发具有自主产权的实时操作系统，讲述了其中的中断管理技术、存储器管理技术以及人机接口管理技术等。

本书可作为普通高等院校高年级学生教材，也可作为基于 ARM 的硬件设计、系统软件开发设计参考书。

图书在版编目(CIP)数据

嵌入式系统软硬件开发及应用实践/杨维剑主编. —北京：北京航空航天大学出版社，2010.9
ISBN 978-7-5124-0224-9

Ⅰ.①嵌… Ⅱ.①杨… Ⅲ.①微型计算机—系统设计 Ⅳ.①TP360.21

中国版本图书馆 CIP 数据核字(2010)第 182963 号

版权所有，侵权必究。

嵌入式系统软硬件开发及应用实践
杨维剑　主　编
王梅英　副主编
责任编辑　王　实
*
北京航空航天大学出版社出版发行
北京市海淀区学院路 37 号(邮编 100191)　http://www.buaapress.com.cn
发行部电话:(010)82317024　传真:(010)82328026
读者信箱:emsbook@gmail.com　邮购电话:(010)82316936
北京宏伟双华印刷有限公司印装　各地书店经销
*
开本：787×960　1/16　印张：26.75　字数：599 千字
2010 年 9 月第 1 版　2010 年 9 月第 1 次印刷　印数：4 000 册
ISBN 978-7-5124-0224-9　定价：45.00 元

前 言

随着嵌入式系统在工业生产控制、智能仪表、信息家电和网络通信等领域的广泛应用,嵌入式系统取得了前所未有的发展。多媒体移动电话、数字个人助理 PDA、数字导航仪、MP3/MP4 及网络路由器等无一不是嵌入式系统的应用产品,可以相信,随着数字多媒体时代的来临,嵌入式系统将会有更加广阔的发展前景。

尤其是以信息家电为代表的互联网时代嵌入式产品,不仅为嵌入式市场展现了美好的前景,注入了新的生命,同时也对嵌入式系统技术,特别是软件技术提出了新的挑战。这些主要包括:支持日趋增长的功能密度、灵活的网络连接、轻便的移动应用和多媒体信息处理。中国的传统家电厂商在向信息家电过渡时,首先面临的挑战是核心操作系统软件开发工作。嵌入式操作系统不同于传统桌面操作系统,其行业特征比较突出,应用领域十分广泛,不可能为一家或几家公司所垄断。根据行业特征开发出适合需求的嵌入式实时操作系统是完全有可能的。这也是本书作者专门用一整章的篇幅来介绍"开发具有自主产权的实时操作系统"的原因所在。同时,也想唤醒读者对开发具有自主产权的实时操作系统的认识和重视。

近年来,面对这种形势,嵌入式系统业界人士广泛掀起了学习嵌入式系统理论及应用开发的热潮,相关的出版物、培训班如雨后春笋。无论是原有的嵌入式系统业界人士,还是刚进入嵌入式系统的人们,都渴望了解嵌入式系统理论,掌握嵌入式系统的应用技术。高等院校面对这种形势,也迫切需要开设相应的课程。因此,为了满足高等院校嵌入式系统教学以及社会上各种培训的需要,作者结合几年来在嵌入式系统领域教学与开发的经验和特点,编写了这本书。

全书共分 13 章,具体内容安排如下:

第 1 章 简单介绍嵌入式系统的基本概念和特点,重点给出嵌入式系统软件开发所面临的问题和常见的开发流程,为读者建立一个较为完整的嵌入式软硬件协同开发的思想。

第 2 章 主要从嵌入式系统的体系结构、流水线结构、存储器结构、编程结构及寄存器结构等方面进行介绍。从开发设计出发,重点介绍嵌入式系统的编程结构和寄存器结构。

第 3 章 详细介绍 ARM 系统的指令寻址方式和指令系统,着重介绍 32 位 ARM 指令集。16 位的 Thumb 指令集是 32 位 ARM 指令的一个子集,掌握了 32 位 ARM 指令后,很容易掌握 Thumb 指令集。为此,本书对 Thumb 指令集未作过多介绍。同时,作者认为嵌入式系统软件大多使用类似 C 语言开发,故嵌入式汇编也未作介绍。

第 4 章 着重从 ARM 内核的基本结构、ARM 存储器组织、ARM 处理器模式、ARM 的中断和异常等方面介绍以 ARM 为内核的嵌入式系统结构。

第5章　详细介绍在ARM系统中存储器的系统结构、存储器配置、存储器扩展与访问、存储器的编程与应用等硬件开发中必不可少的环节。

第6章　详细介绍ARM系统中常用的接口，如UART、IIC、SPI、USB、RJ45、JTAG、复位电路和电源管理等的设计与管理。

第7章　以ARM7中的S3C44B0X和ARM中的S3C2410X为例，详细介绍ARM系统I/O端口的设计与管理，以及嵌入式系统中I/O端口的应用。

第8章　以ARM7中的S3C44B0X和S3C4510B以及ARM9中的S3C2410X为例，从中断源、中断模式、中断管理以及不同ARM芯片的中断管理器等诸方面详细介绍ARM系统中的中断系统。

第9章　介绍ARM系统中常用的人机接口技术，如键盘接口、鼠标接口及LCD接口技术的扩展及管理应用；重点针对ARM7中的S3C44B0X和ARM9中的S3C2410X，对LCD接口管理集成技术进行了详细介绍。

第10章　介绍ARM系统中常用的开发环境与开发工具，以及如何选择，并详细介绍ADS1.2集成开发环境的使用。

第11章　简单介绍ARM嵌入式操作系统的基本概念和特点，以及ARM实时操作系统的基本概念和系统特征等；详细介绍较为流行的μC/OS-Ⅱ，Windows CE，μCLinux三大操作系统的结构和特点。

第12章　详细介绍开发具有自主产权的实时操作系统的必要性，以及其中的中断管理技术、存储器管理技术和人机接口管理技术。

第13章　介绍系统移植技术的基本原理和方法，详细介绍μC/OS-Ⅱ，Windows CE，μCLinux三大操作系统的基本移植方法。

本书力争做到内容紧凑，从易到难，表达简洁，同时也注重开发实例的实用性，贴近实际工程应用。希望书中介绍的内容能使读者快速、全面地掌握嵌入式系统开发与应用技术，对应用实践有所帮助。

本书的第1、3、10、11、13章由王梅英整理、编写，其余部分由杨维剑整理、编写。另外，赵磊、唐兵、刘旭、杜江、张俊岭、刘秋红、冉林仓、张海霞、范翠丽、杨小勇、李龙、刘咏、向登宁、杨军、沈应逵、张涛、周松建、谢振华、黄丽娜和孙英等也编写了部分内容。同时，本书中也引用了参考文献中的一些信息，在此对所引用的参考文献的作者表示感谢！

由于时间仓促，加之水平有限，书中错误和不妥之处，敬请读者批评指正。作者的联系方式：boy9boy@163.com，欢迎读者交流讨论。

杨维剑
2010年8月
于四川理工学院

目 录

第1章 嵌入式系统概述
1.1 嵌入式系统的基本概念 …………… 1
1.2 嵌入式系统的特点 ………………… 3
1.3 嵌入式系统的应用 ………………… 6
1.4 嵌入式系统的开发 ………………… 9
 1.4.1 嵌入式系统开发考虑的要素 …… 9
 1.4.2 软硬件协同设计 ……………… 9
 1.4.3 嵌入式系统硬件开发 ………… 10
 1.4.4 嵌入式软件开发的特点和技术
    挑战 ………………………… 13
 1.4.5 嵌入式软件开发环境 ………… 14
 1.4.6 嵌入式应用软件开发过程 …… 17
 1.4.7 嵌入式系统的开发流程 ……… 21
习 题 …………………………………… 23

第2章 嵌入式系统的结构
2.1 嵌入式系统的体系结构 …………… 24
 2.1.1 嵌入式系统体系结构简介 …… 24
 2.1.2 嵌入式系统体系结构的重要性 … 26
 2.1.3 嵌入式系统体系结构模型 …… 27
2.2 嵌入式系统的流水线结构 ………… 28
2.3 嵌入式系统的存储器结构 ………… 31
2.4 嵌入式系统的编程结构 …………… 33
习 题 …………………………………… 35

第3章 嵌入式系统的指令结构及指令系统
3.1 嵌入式处理器寻址方式 …………… 36
3.2 指令集介绍 ………………………… 38
 3.2.1 ARM微处理器的指令的分类与
    格式 ………………………… 38

 3.2.2 指令的条件域 ………………… 40
3.3 ARM指令集 ………………………… 40
 3.3.1 跳转指令 ……………………… 41
 3.3.2 数据处理指令 ………………… 42
 3.3.3 乘法指令与乘加指令 ………… 47
 3.3.4 程序状态寄存器访问指令 …… 50
 3.3.5 加载/存储指令 ……………… 51
 3.3.6 批量数据加载/存储指令 …… 53
 3.3.7 数据交换指令 ………………… 54
 3.3.8 移位指令(操作) …………… 54
 3.3.9 协处理器指令 ………………… 56
 3.3.10 异常产生指令 ……………… 58
3.4 Thumb指令集 ……………………… 58
习 题 …………………………………… 59

第4章 以ARM为核心的嵌入式系统结构
4.1 ARM核概述 ………………………… 61
 4.1.1 ARM公司简介 ………………… 61
 4.1.2 ARM核的特点 ………………… 62
4.2 ARM内核的基本结构 ……………… 63
 4.2.1 ARM内核 ……………………… 63
 4.2.2 ARM扩展功能块 ……………… 64
 4.2.3 ARM启动方式 ………………… 67
4.3 ARM处理器模式 …………………… 68
4.4 ARM的存储器结构 ………………… 69
 4.4.1 ARM存储方法 ………………… 69
 4.4.2 存储空间管理单元MMU ……… 70
4.5 ARM的编程结构 …………………… 72
 4.5.1 ARM微处理器的工作状态 …… 72

| | 4.5.2 指令长度及数据类型 …………… 72
| 4.6 ARM 的寄存器结构 ……………………… 73
| | 4.6.1 ARM 状态下的寄存器组织 …… 73
| | 4.6.2 Thumb 状态下的寄存器组织 … 74
| | 4.6.3 ARM 寄存器 ……………………… 74
| 4.7 ARM 的流水线及时序 …………………… 78
| | 4.7.1 ARM 流水线 ……………………… 78
| | 4.7.2 ARM 时序 ………………………… 79
| 4.8 ARM 的中断与异常 ……………………… 80
| | 4.8.1 ARM 异常类型 …………………… 80
| | 4.8.2 异常的响应及返回 ……………… 81
| | 4.8.3 异常的描述 ……………………… 82
| | 4.8.4 异常的处理 ……………………… 84
| 习 题 ……………………………………………… 85

第 5 章 ARM 系统中的存储器设计与管理

5.1 ARM 存储器系统概述 …………………… 86
5.2 ARM 存储器系统结构 …………………… 86
  5.2.1 ARM 存储数据类型和存储格式 … 87
  5.2.2 ARM 存储器层次简介 …………… 88
5.3 ARM 存储器配置 ………………………… 88
  5.3.1 存储器映射 ………………………… 88
  5.3.2 系统初始化 ………………………… 90
  5.3.3 地址映射模式 ……………………… 92
  5.3.4 其他调试方法 ……………………… 93
5.4 ARM 存储器访问与扩展 ………………… 95
  5.4.1 S3C44B0X 存储控制器 …………… 95
  5.4.2 在 S3C44B0X 中存储器扩展 …… 105
5.5 ARM 存储器管理及应用编程 …………… 109
  5.5.1 S3C44B0X 芯片简介 ……………… 110
  5.5.2 S3C44B0X 芯片存储空间划分 … 110
  5.5.3 Flash 的接口设计 ………………… 111
  5.5.4 SDRAM 的接口设计 ……………… 114
  5.5.5 硬件管理软件设计 ………………… 118
习 题 ……………………………………………… 121

第 6 章 ARM 系统中的接口设计与管理

6.1 概述 ………………………………………… 122
6.2 UART 接口设计 …………………………… 123
6.3 IIC 接口设计 ……………………………… 126
6.4 SPI 接口设计 ……………………………… 126
6.5 USB 接口设计 ……………………………… 128
  6.5.1 USB 接口背景 ……………………… 128
  6.5.2 USB 接口原理 ……………………… 129
  6.5.3 USB 总线优缺点 …………………… 130
  6.5.4 USB 系统拓扑结构 ………………… 131
  6.5.5 USB 总线数据传输 ………………… 132
  6.5.6 USB 典型设计与应用 ……………… 132
6.6 RJ45 接口设计 …………………………… 134
  6.6.1 RJ45 接口简介 …………………… 134
  6.6.2 10M/100M 以太网接口电路 …… 134
6.7 JTAG 接口设计 …………………………… 139
6.8 其他总线接口设计 ………………………… 142
  6.8.1 寻址空间 …………………………… 142
  6.8.2 电源管理设计 ……………………… 143
  6.8.3 RESET 电路设计 ………………… 145
  6.8.4 频率电路设计 ……………………… 145
习 题 ……………………………………………… 146

第 7 章 ARM 系统的 I/O 端口设计与管理

7.1 概述 ………………………………………… 147
7.2 ARM 核 I/O 端口配置 …………………… 148
  7.2.1 ARM7 中的 I/O 端口配置 ……… 148
  7.2.2 ARM9 中的 I/O 端口配置 ……… 149
7.3 ARM 核 I/O 端口功能描述 ……………… 154
7.4 ARM 核 I/O 端口寄存器控制 …………… 155
  7.4.1 ARM7 中的 S3C4510B I/O 端口
       寄存器控制 ………………………… 155
  7.4.2 ARM9 中的 S3C241X I/O 端口
       寄存器控制 ………………………… 157
7.5 ARM 核 I/O 端口应用编程 ……………… 175
习 题 ……………………………………………… 177

第 8 章 ARM 系统中的中断系统

8.1 概述 ………………………………………… 178
8.2 ARM 系统中断控制器 …………………… 181
8.3 ARM 系统中断源 ………………………… 183
8.4 ARM 系统中断模式 ……………………… 185
8.5 ARM 系统中断控制器的控制寄存器 … 185

8.5.1　S3C44B0X 中断控制器的
　　　　控制寄存器 …………………… 186
　8.5.2　S3C4510B 中断控制器的
　　　　控制寄存器 …………………… 191
　8.5.3　S3C2410X 中断控制器的
　　　　控制寄存器 …………………… 193
8.6　ARM 系统中断应用编程 …………… 201
习　题 …………………………………… 208

第 9 章　ARM 系统中的人机接口技术

9.1　概　述 ………………………………… 210
9.2　ARM 系统中的键盘接口 …………… 211
　9.2.1　键盘接口 ……………………… 211
　9.2.2　常见的键盘接口 ……………… 214
　9.2.3　实　例 ………………………… 216
9.3　ARM 系统中的 LCD 接口 …………… 220
　9.3.1　LCD 接口 ……………………… 220
　9.3.2　S3C44B0X LCD 控制器 ……… 222
　9.3.3　S3C2410X LCD 控制器 ……… 230
　9.3.4　应用实例 ……………………… 261
9.4　ARM 系统中的 PS/2 接口 ………… 268
　9.4.1　PS/2 接口和协议 ……………… 268
　9.4.2　PS/2 接口鼠标的工作模式和协议
　　　　数据包格式 …………………… 270
　9.4.3　PS/2 接口鼠标设计与实现 …… 271
9.5　ARM 系统中的人机接口应用 ……… 273
习　题 …………………………………… 278

第 10 章　ARM 系统软件开发环境与开发工具

10.1　概　述 ……………………………… 279
　10.1.1　嵌入式系统开发所面临的问题 … 279
　10.1.2　开发环境 …………………… 280
　10.1.3　选择合适的嵌入式系统软硬件
　　　　　调试工具 ……………………… 285
10.2　常用 ARM 系统软件开发工具介绍 …… 286
　10.2.1　开发工具综述 ……………… 286
　10.2.2　如何选择开发工具 ………… 294
10.3　常用 ARM 系统软件开发环境介绍 … 295
　10.3.1　建立 ARM 系统软件开发环境 …… 295

　10.3.2　RealView MDK 集成开发环境的
　　　　　使用 ………………………… 297
习　题 …………………………………… 328

第 11 章　ARM 嵌入式操作系统

11.1　概　述 ……………………………… 329
　11.1.1　嵌入式操作系统基本概念及
　　　　　特点 ………………………… 329
　11.1.2　嵌入式操作系统解析 ……… 331
　11.1.3　实时操作系统解析 ………… 332
　11.1.4　目前最流行的嵌入式操作系统 … 333
11.2　ARM 实时操作系统 ……………… 337
　11.2.1　基本概念 …………………… 337
　11.2.2　ARM 实时操作系统特征 …… 339
　11.2.3　流行的 ARM 实时操作系统 … 340
11.3　μC/OS-Ⅱ操作系统 ……………… 341
　11.3.1　μC/OS-Ⅱ的主要特点 ……… 341
　11.3.2　μC/OS-Ⅱ内核工作原理 …… 342
11.4　μCLinux 操作系统 ……………… 345
　11.4.1　μCLinux 简介 ……………… 345
　11.4.2　μCLinux 架构 ……………… 346
　11.4.3　μCLinux 的设计特征 ……… 347
11.5　WinCE 5.0 操作系统 ……………… 349
　11.5.1　Windows CE 简介 …………… 349
　11.5.2　Windows CE 的结构 ………… 350
　11.5.3　Windows CE 的特点 ………… 351
　11.5.4　Windows CE 实时性 ………… 353
　11.5.5　Windows CE 5.0 的新特性 … 354
习　题 …………………………………… 355

第 12 章　开发具有自主产权的实时操作系统

12.1　概　述 ……………………………… 356
12.2　开发自主产权实时操作系统的
　　　必要性 …………………………… 357
12.3　实时操作系统中断管理技术 ……… 358
　12.3.1　简　介 ……………………… 358
　12.3.2　中断管理模式 ……………… 360
　12.3.3　嵌入式内核接管中断的处理
　　　　　机制 ………………………… 361

12.3.4 中断管理模型 …………………… 363
12.4 实时操作系统存储器管理技术 …… 364
　12.4.1 对内存分配的要求 …………… 365
　12.4.2 对内存分配的策略 …………… 365
　12.4.3 内存动态分配管理 …………… 366
12.5 实时操作系统人机接口管理技术 … 370
　12.5.1 键盘的管理策略 ……………… 370
　12.5.2 LED/LCD 的管理策略 ……… 371
12.6 实时操作系统应用实例 …………… 372
习 题 ……………………………………… 385

第13章 系统移植技术

13.1 概 述 …………………………… 387
13.2 μC/OS-Ⅱ操作系统移植 ………… 387
　13.2.1 移植的目标系统 ……………… 388
　13.2.2 开发工具 ……………………… 389
　13.2.3 μC/OS-Ⅱ移植 ……………… 390
　13.2.4 测试移植代码 ………………… 401
13.3 μCLinux 操作系统移植 …………… 402
　13.3.1 创建开发环境 ………………… 402
　13.3.2 编译与移植 μCLinux ………… 404
13.4 WinCE 5.0 操作系统移植 ………… 408
　13.4.1 Windows CE 操作系统简介 … 408
　13.4.2 Windows CE 操作系统架构 … 409
　13.4.3 Windows CE Boot Loader 开发 … 411
　13.4.4 Windows CE 的 OAL ……… 412
　13.4.5 Windows CE 操作系统的创建和调试 …………………………… 415
习 题 ……………………………………… 417

参考文献 ………………………………… 418

第 1 章 嵌入式系统概述

1.1 嵌入式系统的基本概念

随着信息技术的发展和数字化产品的普及，Internet 得到广泛深入的应用；从消费电器到工业设备，从民用产品到军用器材，嵌入式系统被广泛应用于网络、手持通信设备、国防军事、消费电子和自动化控制等各个领域。嵌入式系统的应用前景和发展潜力使其成为 21 世纪的应用热点之一。嵌入式系统通常是面向特定应用的，其本身不仅与一般 PC 上的应用系统不同，而且针对不同环境设计的嵌入式应用之间的差别也很大。建立嵌入式系统的概念是有志于从事嵌入式系统开发的软硬件人员的必经之路。

嵌入式系统（embedded system）是以应用为中心和以计算机技术为基础，且软硬件可裁剪，并能满足应用系统对功能、可靠性、成本、体积和功耗等指标的严格要求的专用计算机系统。它可以实现对其他设备的控制、监视或管理等功能。

嵌入式系统通常由嵌入式处理器、嵌入式外围设备、嵌入式操作系统和嵌入式应用软件等几大部分组成。

1. 嵌入式处理器

嵌入式处理器是嵌入式系统的核心部件。嵌入式处理器与通用处理器的最大不同点在于嵌入式 CPU 大多工作在为特定用户群设计的系统中。它通常把通用 CPU 中许多由板卡完成的任务集成在芯片内部，从而有利于嵌入式系统设计趋于小型化，并具有高效率、高可靠性等特征。

嵌入式处理器可分为低端的嵌入式微控制器 MCU(Micro Controller Unit)、中高端的嵌入式微处理器 EMPU(Embedded Micro Processor Unit)、常用于计算机通信领域的嵌入式 DSP 处理器 EDSP(Embedded Digital Signal Processor)和高度集成的嵌入式片上系统 SOC (System On Chip)。

几乎每个大的硬件厂商都推出了自己的嵌入式处理器,因而现今市面有 1 000 多种嵌入式处理器芯片,其中以 ARM,PowerPC,MC68,MIPS 等使用得最为广泛。

2. 嵌入式外围设备

这里所说的嵌入式外围设备,指在一个嵌入式硬件系统中,除中心控制部件(MCU,DSP,EMPU,SOC)以外的完成存储、通信、保护、调试和显示等辅助功能的其他部件。根据外围设备的功能可分为以下三类:

(1) 存储器类型

静态易失型存储器(RAM,SRAM)、动态存储器(DRAM)、非易失型存储器(ROM,EPROM,EEPROM,Flash)。其中,Flash(闪存)以可擦/写次数多,存储速度快,容量大及价格低等优点在嵌入式领域得到广泛应用。

(2) 接口类型

目前存在的所有接口在嵌入式领域中都有其广泛的应用,但是以下几种接口,其应用最为广泛,主要包括 RS-232 接口(串口)、IRDA(红外线接口)、SPA(串行外围设备接口)、IIC(现场总线)、USB(通用串行接口)、Ethernet(以太网接口)和普通并口。

(3) 显示类型

包括 CRT、LCD 和触摸屏等外围显示设备。

3. 嵌入式操作系统

在嵌入式大型应用中,为了使嵌入式开发更方便、快捷,需要具备相应的管理存储器分配、中断处理、任务间通信和定时器响应,以及提供多任务处理等功能的稳定的、安全的软件模块集合,即嵌入式操作系统。嵌入式操作系统的引入大大提高了嵌入式系统的功能,方便了嵌入式应用软件的设计,但同时也占用了宝贵的嵌入式资源。一般在较大型或需要多任务的应用场合才考虑使用嵌入式操作系统。

当今流行的嵌入式操作系统包括 VxWorks,PSOS,Linux,Delta OS 等,其中每一种嵌入式操作系统都有自身的优越性,用户可根据自己的实际应用选择适当的操作系统。

4. 嵌入式应用软件

嵌入式应用软件是针对特定专业领域、基于相应嵌入式硬件平台的,能完成用户预期任务的计算机软件。用户的任务可能有时间和精度的要求。有些嵌入式应用软件需要嵌入式操作系统的支持,但在简单的应用场合不需要专门的操作系统。

嵌入式应用软件和普通应用软件有一定的区别。由于嵌入式应用对成本十分敏感,因此为减少系统的成本,除了精简每个硬件单元的成本外,尽可能减少嵌入式应用软件的资源消耗也是不可忽视的重要因素。所以,要求嵌入式应用软件不但要保证准确性、安全性和稳定性以满足应用要求,还要尽可能优化。

1.2 嵌入式系统的特点

由于嵌入式系统是应用于特定环境下,针对特定用途来设计的系统,所以不同于通用计算机系统。同样是计算机系统,嵌入式系统是针对具体应用设计的"专用系统"。它的硬件和软件都必须高效率地设计,"量体裁衣"、去除冗余,力争在较少的资源上实现更高的性能。与通用的计算机系统相比,它具有以下显著特点。

1. 是"专用"的计算机系统

嵌入式系统通常是面向特定任务的,而不同于一般通用 PC 平台,是"专用"的计算机系统。嵌入式系统微处理器大多非常适合于工作在为特定用户群所设计的系统中,称为专用微处理器。它专用于某个特定的任务,或者很少几个任务。具体的应用需求决定着嵌入式处理器性能的选型和整个系统的设计。如果要更改其任务,就可能要废弃整个系统并重新设计。

2. 运行环境差异大

嵌入式系统无所不在,但其运行环境差异很大,可运行在飞机上、冰天雪地的两极、温度很高的汽车里及要求湿度恒定的科学实验室等。特别是在恶劣的环境或突然断电的情况下,要求系统仍能够正常工作。这些情况对设计人员来说,意味着要同时考虑到硬件与软件。"严酷的环境"一般意味着更高的温度与湿度。军用设备标准对嵌入式元器件的要求非常严格,并且在价格上与商用、民用差别很大。例如,Intel 公司的 8086,当它用在火箭上时,单价竟高达几百美元。

3. 比通用 PC 系统资源少

嵌入式系统比通用 PC 系统资源少得多。通用 PC 系统有数不胜数的系统资源,可轻松地完成各种工作。在自己的 PC 上编写程序的同时,可播放 MP3、CD 和下载资料等。因为通用 PC 拥有 512 MB 内存、80 GB 硬盘空间,并且在 SCSI 卡上连接软驱和 CD-ROM 驱动器已是目前非常普遍的配置了。而控制 GPS 接收机的嵌入式系统,由于是专门用来执行很少几个确定任务的,因此它所能管理的资源比通用 PC 系统少得多。当然,这主要是因为在设计时考虑到经济性。不能使用通用 CPU,这就意味着所选用的 CPU 只能管理很少的资源,其成本更低,结构更简单。

4. 功耗低、体积小、集成度高、成本低

嵌入式系统"嵌入"对象的体系中,因此对对象、环境和嵌入式系统自身具有严格的要求。一般的嵌入式系统具有功耗低、体积小、集成度高、成本低等特点。

通用 PC 有足够大的内部空间,具有良好的通风能力,系统中的 Pentium 或 AMD 处理器均配备庞大的散热片和冷却风扇进行系统散热;但是许多嵌入式系统就没有如此充足的电能供应。尤其是便携式嵌入式设备,即使有足够的电源供应,散热设备的增加也往往是不方便的。因此,在设计嵌入式系统时,应尽可能降低功耗。整个系统设计有严格的功耗预算,因为系统中的处理器大部分时间必须工作在低功耗的睡眠模式下，只有在需要处理任务时，它才会醒来。软件必须围绕这种特性进行设计。所以，一般的外部事件通过中断驱动、唤醒系统工作。

功耗约束影响了系统设计决策的许多方面，包括处理器的选择、内存体系结构的设计等。系统要求的功耗可能决定软件是用汇编语言编写，还是用 C 或 C++ 语言编写，这是由于必须在功耗预算内使系统达到最佳性能。功耗需求由 CPU 时钟速度以及使用的其他部件（RAM、ROM、I/O 设备等）的数量决定。因此，从软件设计人员的观点来看，功耗约束可能成为决定性的系统约束。它决定了软件工具的选择、内存的大小和性能的好坏。

能够把通用 CPU 中许多由板卡完成的任务集成在高度集成的 SOC 系统芯片内部，而不是微处理器与分立外设的组合，就能节省许多印制电路板、连接器等，使系统的体积、功耗和成本大大降低，也能提高移动性和便携性，从而使嵌入式系统的设计趋于小型化和专业化。

嵌入式系统的硬件和软件都必须高效率地设计。在保证稳定、安全、可靠的基础上量体裁衣，去除冗余，力争用较少的软硬件资源实现较高的性能。这样，才能最大限度地降低应用成本，从而在具体应用中更具有市场竞争力。

5. 具有系统测试和可靠性评估体系

建立完整的嵌入式系统的系统测试和可靠性评估体系，以保证嵌入式系统高效、可靠、稳定地工作。

嵌入式应用的繁杂性，要求设计的代码应该是完全没有错误的。怎样才能科学、完整地测试全天候运行的嵌入式复杂软件呢？首先，需要有科学的测试方法，建立科学的系统测试和可靠性评估体系，尽可能避免因为系统不可靠而造成的损失。其次，引入多种嵌入式系统的测试方法和可靠性评估体系。在大多数嵌入式系统中一般都包括一些机制，如看门狗定时器，它在软件失去控制后能使其重新开始正常运行。总之，嵌入式软件测试和评估体系是非常复杂的一门学科。

6. 具有较长的生命周期

嵌入式系统是与实际具体应用有机结合的产物，其升级换代也是与具体产品同步进行的，因此一旦定型进入市场，一般就具有较长的生命周期。

7. 具有固化在非易失性存储器中的代码

嵌入式系统的目标代码通常是固化在非易失性存储器（ROM，EPROM，Flash）芯片中的。嵌入式系统开机后，必须有代码对系统进行初始化，以便其余的代码能够正常运行。这就是建立运行时的环境。如初始化 RAM 放置变量，测试内存的完整性，测试只读 ROM 完整性以及其他初始化任务。为了系统的初始化，几乎所有系统都要在非易失性存储器（现在普遍使用 Flash）中存放部分代码（启动代码）。为了提高执行速度和系统可靠性，大多数嵌入式系统常把所有代码（也常使用所有代码的压缩代码）固化、存放在存储器芯片或处理器的内部存储器件中，而不使用外部的磁盘等存储介质。

8. 使用实时操作系统 RTOS

嵌入式系统使用的操作系统一般是实时操作系统 RTOS(Real-Time Operating System)，有实时约束。它往往对时间的要求非常严格。嵌入式实时操作系统随时都要对正在运行的任务授予最高优先级。嵌入式任务是时间关键性约束，它必须在某个时间范围内完成，否则由其控制的功能就会失效。例如，如果控制飞行器稳定飞行的系统反馈速度不够，则其控制算法就可能失效，就会使飞行器在空中的飞行出现问题。

9. 需要专用开发工具和方法进行设计

从调试的观点看，代码在 ROM 中意味着调试器不能在 ROM 中设置断点。要设置断点，调试器必须能够用特殊指令取代用户指令。嵌入式调试已设计出支持嵌入式系统开发过程的专用工具套件。

10. 包含专用调试电路

目前常用的嵌入式微处理器较过去相比，最大区别是芯片上都包含专用调试电路，如 ARM 的 Embedded ICE。这一点似乎与反复强调的嵌入式系统经济性相矛盾。事实上，大多数厂商发现为所有芯片加入调试电路更经济。嵌入式处理器发展到现在，厂商都认识到了具有片上调试电路是嵌入式产品广泛应用的必要条件之一。也就是说，他们的芯片必须能提供很好的嵌入式测试方案，解决嵌入式系统设计及调试问题。这样，才会使面临上市压力的应用开发者在考虑其嵌入式系统芯片时，采用这些厂商的芯片。

11. 是知识集成系统

嵌入式系统是技术密集、资金密集、高度分散、不断创新的知识集成系统。

嵌入式系统是将先进的计算机技术、半导体工艺、电子技术和通信网络技术与各领域的具体应用相结合的产物。这一特点决定了它必然是一个技术密集、资金密集、高度分散、不断创新的知识集成系统。嵌入式系统的广泛应用前景和巨大的发展潜力已成为 21 世纪 IT 产业发展的热点之一。

从某种意义上来说，通用计算机行业的技术是垄断的。占整个计算机行业 90% 的 PC 产业，80% 采用 Intel 公司的 8X86 体系结构，芯片基本上出自 Intel、AMD 和 Cyrix 等几家公司。在几乎每台计算机必备的操作系统和办公软件方面，Microsoft 公司的 Windows 及 Office 占 80%～90%，凭借操作系统还可搭配其他办公等应用程序。因此，当代的通用计算机行业的基础已被认为是由 Wintel(Microsoft 和 Intel 公司 20 世纪 90 年代初建立的联盟)垄断的行业。

嵌入式系统则不同，没有哪一个系列的处理器和操作系统能够垄断其全部市场，即使在体系结构上存在着主流，但各不相同的应用领域决定了不可能有少数公司、少数产品垄断全部市场。因此，嵌入式系统领域的产品和技术必然是高度分散的，留给各行业的中小规模高技术公司的创新余地很大。另外，各个应用领域的不断发展，要求其中的嵌入式处理器 DSP 核心也同步发展。尽管高新技术的发展起伏不定，但嵌入式行业却保持持续强劲的发展态势，在复杂性、实用性和高效性等方面都达到了一个前所未有的高度。

1.3 嵌入式系统的应用

由于嵌入式系统具有体积小、性能好、功耗低、可靠性高以及面向行业应用的突出特点,目前已广泛应用于国防、消费电子、信息家电、网络通信和工业控制等领域。可以说嵌入式系统无处不在。就周围的日常生活用品而言,各种电子手表、电话、PDA 和家用电器等都有嵌入式系统的存在。如果说我们生活在一个到处是嵌入式系统的世界,也是毫不夸张的。据统计,一般家用汽车中嵌入式系统有 24 个以上,豪华汽车中则有 60 个以上。

嵌入式系统的应用前景是非常广阔的,特别是近年来随着嵌入式无线 Internet 的逐渐成熟和广泛实用化,无线 Internet 的应用可能会发展到无处不在。在家中、办公室及公共场所,可能会使用数十片甚至更多这样的嵌入式无线网络芯片,将一些电子信息设备甚至电气设备构成无线网络;在车上及旅途中,可以利用这样的嵌入式无线网络芯片实现远程办公、远程遥控,真正实现把网络随身携带。

随着嵌入式应用领域的日益扩展,要完整地定义"嵌入式"这个概念变得越来越困难。嵌入式领域内的许多应用对性能、价格和功耗等各项指标有着不同的要求。这些要求,直接推动了各种应用处理器以及紧密结合实际应用的 SOC 技术的迅速发展。

1. 嵌入式应用系统的特点

嵌入式应用系统有以下几个特点:

① 体积小　一般为 0.x cm×0.x cm 的芯片;
② 容量大　100K 掩膜 ROM,10K～100K OTP. EPROM,100K 以上 Flash,EEPROM;
③ 价格低　最低 0.5 元,一般几元或几十元,最高几百元;
④ 可靠性高　可承受高过载、高冲击及其他恶劣环境;
⑤ 应用面广;
⑥ 投资大,工艺精,难度大,但收益快;
⑦ 软硬件一体,软件为主;
⑧ 有备份但无多余零部件;
⑨ 集计算机、通信及其他高新技术于一体。

2. 嵌入式系列产品举例

目前出现的嵌入式产品主要有以下几类:

(1) 信息电器(家电)

后 PC 时代,计算机将无处不在,家用电器将向数字化和网络化发展,电视机、电冰箱、微波炉及电话等都将嵌入计算机并通过家庭控制中心与 Internet 连接,转变为智能网络家电。届时,人们在远程用移动电话等就可以控制家里的电器,还可以实现远程医疗、远程教育等。目前,智能小区的发展为机顶盒打开了市场,它将成为网络终端,不仅可以使模拟电视接收数字电视节目,而且可以上网、炒股、点播电影,实现交互式电视,依靠网络服务器提供各种服务。

(2) 移动计算设备

移动计算设备包括移动电话、掌上电脑或 PDA 等各种移动设备。中国拥有很大的移动电话用户群,而掌上电脑(或 PDA)由于易于使用,携带方便,价格低廉,未来几年将在我国得到快速发展,PDA 与移动电话已呈现联合趋势。用掌上电脑(或 PDA)上网,人们可以随时随地获取信息。

(3) 网络设备

网络设备包括路由器、交换机、web server 和网络接入盒等各种网络设备。基于 Linux 的网络设备价格低廉,将为企业提供更为廉价的网络方案。

(4) 工控和仿真等

在工控领域,嵌入式设备早已得到广泛应用,我国的工业生产需要完成智能化、数字化改造,智能控制设备、智能仪表和自动控制等为嵌入式系统提供了很大的市场。而工控、仿真、数据采集和军用领域一般都要求嵌入式系统支持实时。红帽实时 Linux 可以很好地满足各项要求。

3. 嵌入式系统应用中的相关技术

嵌入式系统应用中涉及以下技术:

① 电源技术;

② 材料科学技术;

③ 测量技术;

④ 纳米技术。

4. 嵌入式处理器的应用

提起微处理器人们很容易联想到 PC。但是微处理器的应用领域,无论从应用的范围、使用的规模、还是采用的数量,都远远超出了 PC 的范畴。其中,应用数量最大的是在嵌入式系统中的应用。下面将从两个方面的应用来考查嵌入式处理器。

首先是嵌入式处理器在家庭中的应用。现在,每个家庭使用的嵌入式处理器平均有 30～40 个。一台 PC 中就可能使用了 10 个嵌入式处理器。它的 CD-ROM、硬盘和软盘驱动器,都需要嵌入式处理器;此外,键盘、声卡、调制解调器以及监视器中也都需要使用嵌入式处理器。家庭里还使用了其他家电。这些家电包括洗碗机、电冰箱、洗衣机,以及报警系统、录像机等。仅以洗碗机为例,近来美国通用电气公司在其生产的洗碗机中使用了一个 DSP,专门用来消除洗碗机所产生的噪声,很有效。只有当触摸到机器,感觉到它的振动时,才能知道洗碗机开动了。这个洗碗机所安装的 DSP,除了可以消除噪声外,还具有另外一套功能,即一种算法,可以根据所清洗的对象来调节控制水的压力,清洗浅而平的餐具,例如盘子,所用的水压要比洗碗或洗锅时的压力低。

暂且不考虑电视、音响的机器本身,虽然它们都免不了使用嵌入式处理器。就其遥控器而言,各种家用电器都有自己的遥控器,不仅使其泛滥成灾,而且用起来也不方便。Microsoft 公司和 Harmon Cordon 公司合作开发了一种通用遥控器,称为 Take Control。其显示屏是一个 windows,用图符区分控制对象和频道,并采用触摸屏,用手按住图符,将图符拖放到不同的"文件夹"中,以此来实现对象的选择或频道的转换。RedMond 公司生产的无绳电话,也采用 windows 作为人机界面,通过触摸屏和对图符的拖、放,实现与电话号码簿的链接。有一种比较有用的具有组合功能的电视机遥控器,是在遥控器中集成了一部无绳电话。当电话被呼叫时,该遥控器可以自动将电视机的音量调低,实现静音,以便用户接听电话。这时,遥控器就扮演了一个电话分机的角色。

关于家用吸尘器也有不少独出心裁的创造,有的在其中安装了 AMD29200 处理器,用它来调节气流大小。此外,在吸尘器的入口处,还安装了可以进行自动清洗的垃圾箱,以便收集垃圾。为了免去擦拭窗户,有的家中根本不设置窗户,而是安装"虚拟窗子"。所谓虚拟窗子,就是在应该设置窗子的地方安置 LED 显示屏,通过显示屏间接地显示外界的景色。现在,日本就有许多建筑物的电梯已不再用玻璃隔墙了,取代它们的是密封的仓体。仓体的壁上是一些显示屏,可以显示外界的景色,也可以从网上下载一些艺术图画。

这些技术甚至也被应用于微波炉。在微波炉的门上安装一个 10 in 的 LCD 显示屏,接上 USB 和 56 kb/s 的调制解调器,当热饭时,也可以继续在网上冲浪。在微波炉上采用 Pentium Ⅱ 处理器,就可以应付以上的功能要求,并且可以照顾热饭。为了能看到被加热食品的情况,也可以在炉内安装摄像头;当选择观察内部时,LCD 屏幕就可以显示炉内的状况。

电子玩具、电子宠物也是不可忽视的市场,儿童、青少年,甚至妇女、老年人都很喜欢。有些玩具火车,不但可以模仿火车进站、出站、过隧道的声音,也可以模仿运载畜群车的情景。随着火车速度的快慢,牛的叫声也不相同。速度慢时,发出安详的哞哞声;速度加快时,噪声也加大,直到发出狂乱逃窜的哀叫声。

其次是在汽车中的应用。汽车内部正在迅速发展成为一个具有相当规模的局域网。1997 年,某种型号的 Volvo 轿车仅车内的连线就足有 1 200 m。现在,车内的连接线已经成为最重也最昂贵的电器部分。为了改变这种状况,汽车制造商正在改用光纤组成的 LAN,并且尽可能采用嵌入式系统。1976 年的 Deville 型凯迪拉克轿车,是首先使用嵌入式微处理器的轿车。现在 S 级的梅塞德斯奔驰轿车,每辆车内平均安装 65 个微处理器;BMW 7 系列轿车,平均安装 63 个微处理器。车前的大灯和车后的尾灯都是用微处理器控制的。智能化的侧视镜,与光学传输系统相连接,可以指向车的下面。司机在倒车时,可以从车内看清车下的情况。车内的音响,与传感器和控制器相连,可以根据具体情况自动调节音响的音量,使得输出电平适量地超出车内环境噪声的电平。汽车灵活性和通信能力的加强,显著地提高了汽车的安全状况。如果出现事故,安全气囊的传感器除了给气囊自动充气,以防止撞伤以外,还同时向 GPS 服务站登记报案;并且将有关数据传送给蜂窝式移动电话,让其自动向警察报警,以便交通警察及时知道您的准确位置。

5. 嵌入式应用对嵌入式软件技术的影响

以信息家电为代表的新一代嵌入式产品,虽然为嵌入式市场的开拓做出了很大贡献,同时也给嵌入式软件技术带来了新难题,诸如日益增长的功能密度、灵活的网络连接、轻便的移动应用和多媒体信息处理等。当然,嵌入式软件技术人员也为此做出了努力,发展较有潜力的若干软件技术,如编程接口 API 规范、无线网络操作系统、IP 构件库和嵌入式 JAVA 等。

1.4 嵌入式系统的开发

由于嵌入式系统运行于特定的目标环境,而该目标环境又面向特定的应用领域,因此功能比较专一。要实现预期的功能,还需要软硬件协同设计。考虑到系统的实现成本,在应用系统器件选型时,各种资源一般只需满足需求,恰到好处即可。不同于通用 PC 系统,预留给用户许多资源。因此,嵌入式系统的开发必然有其自身的许多特点。本节首先总结嵌入式开发要考虑的要素,并在此基础上介绍一般嵌入式开发的流程。

1.4.1 嵌入式系统开发考虑的要素

嵌入式系统是以实际应用为主要考虑对象的专用计算机系统,其特点就是软硬件可配置,功能可靠,成本低,体积小,功耗低,实时性强。因此,嵌入式系统受功能和具体应用环境的约束,其开发流程就不同于一般的通用计算机系统。在嵌入式系统设计开发时必须考虑以下因素:

① 功能可靠实用,便于升级;
② 实时并发处理,及时响应;
③ 体积符合要求,结构紧凑;
④ 接口符合规范,易于操作;
⑤ 配置精简稳定,维护便利;
⑥ 功耗管理严格,成本低廉。

1.4.2 软硬件协同设计

嵌入式系统设计是使用一组物理硬件和软件来完成所需功能的过程。系统是指任何由硬件、软件或者两者的结合来构成的功能设备。由于嵌入式系统是一个专用系统,所以在嵌入式产品的设计过程中,软件设计和硬件设计是紧密结合、相互协调的。这就产生了一种全新的发展中的设计理论——软硬件协同设计。这种方法的特点是,在设计时从系统功能的实现考虑,把实现时的软硬件同时考虑进去,硬件设计包括芯片级"功能定制"设计。这样,既可最大限度地利用有效资源,缩短开发周期,又能取得更好的设计效果。

系统协同设计的整个流程从确定系统要求开始,包含系统要求的功能、性能、功耗、成本、可靠性和开发时间等。这些要求形成了由项目开发小组和市场专家共同制订的初步说明文档。

系统设计,首先是确定所需的功能。复杂系统设计最常用的方法是将整个系统划分为较简单的子系统及这些子系统的模块组合,然后以一种选定的语言对各个对象子系统加以描述,产生设计说明文档。

其次是把系统功能转换成组织结构,将抽象的功能描述模型转换成组织结构模型。由于针对一个系统可建立多种模型,因此应根据系统的仿真和先前的经验来选择模型。一般的软硬件协同设计方法流程图如图1-1所示。软硬件设计是复杂的系统工程,是一门学科。在此不再详细介绍。

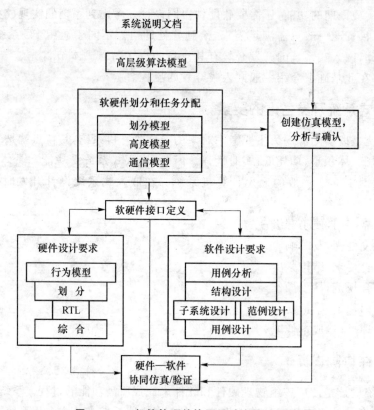

图1-1 一般的软硬件协同设计方法流程图

1.4.3 嵌入式系统硬件开发

与其他计算机系统一样,嵌入式计算机系统也是由硬件和软件两大系统构成的。它们彼此结合,相辅相成。硬件是基础,软件是在硬件之上建立的;如果没有软件(裸机),硬件是无法工作的。

嵌入式计算机硬件系统概念框图如图1-2所示。从图中可以看到，嵌入式计算机系统的硬件系统是由嵌入式处理器、常规外设及其接口、专用外设及其接口、操作控制台及报警设备等几个主要部分构成的。

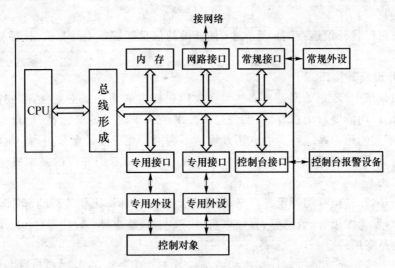

图1-2 嵌入式计算机硬件系统概念框图

1. 嵌入式处理器

嵌入式处理器是构成系统的核心部件，系统中的其他部件均在它的控制和调度下工作。

在实际的监控系统中，处理器能够通过专用接口获取监控对象的数据、状态等各种信息，并对这些信息进行计算、加工、分析和判断，然后做出相应的控制决策，再通过专用接口将控制信号传送给监控对象。

嵌入式处理器可以以 CPU 为核心，再加上内存、接口等部件构成，如图1-2所示，并在单片机的基础上扩展；也可以以数字信号处理器(DSP)为核心构成；还可以用专用处理器芯片甚至用自己设计的 ASIC 来构成。采用什么样的处理器，主要取决于用户的需求。在嵌入式计算机系统中，处理器性能的优劣将直接影响整个系统，有关嵌入式处理器的细节将在以后的章节中予以说明。

2. 常规外设及其接口

所谓常规外设，是指构成一个计算机系统所必不可少的那些外设。例如，作为输入设备的键盘，作为输出设备的显示器等。即使最简单的、最小的嵌入式系统也会有简单的按键和显示装置。

常规外设通常包括以下三类设备：

① 输入设备　用于数据的输入。常见的输入设备有键盘、鼠标、触摸屏、扫描仪、数码相

机和各种多媒体视频捕获卡等。

② 输出设备　用于数据的输出。常见的输出设备有各种显示器、打印机、绘图仪、声卡和音箱等。

③ 外存储设备　用于存储程序和数据。常见的外存储设备有硬盘、软盘、光盘设备、磁带机、存储卡和闪存等。

通过接口可以将外设连接到计算机上,使外设的信息能够输入计算机,计算机的信息能够输出到外设。

3. 专用外设及其接口

在嵌入式系统中,专用外设是指那些为完成用户要求的功能而必须使用的外设。在实际应用中,出于用户功能要求的多样性,实现这些要求的技术途径的灵活性,使得专用外设的种类繁多,而且不同的用户系统所用的专用外设也不相同。在后面的章节中,将具体介绍一些最常见的外设及其连接和使用的例子,以帮助读者建立起有关专用外设的基本概念及使用专用外设的基本方法。

应指出的是,在这里专用外设是广义的,那些经接口与计算机相连接的部件均被看成是专用外设。例如,发光二极管、数码管、直流电机、步进电机、继电器、A/D 器件、D/A 器件和按键等都可以认为是专用外设。

专用外设也需要通过接口与计算机相连接。由于专用外设的多样性和复杂性,使这类接口的设计更加复杂和困难。

不管是常规外设还是专用外设,它们的接口要完成的功能都是一样的。接口应该提供计算机与外设信息传送的通路,实现外设状态的输入和对外设控制信息的输出,实现电平转换、信号形式(数字信号与模拟信号)的转换以及快速的处理器与慢速的外设间的同步。

4. 操作控制台及报警设备

嵌入式系统无论其规模大小,操作控制台及报警设备通常都是不可缺少的。只有通过操作控制台和报警设备才能实现人机交互,使操作人员的命令或初始化数据进入计算机;并在工作过程中,把系统的工作状态、运行数据等按要求进行显示、打印、绘图等输出。当然,较大的系统可能拥有较大的操作控制台,控制台上会有更多的设备,以便对整个系统进行操作。这样的操作控制台上一般都有一些常规外设,如显示器、键盘、打印机及绘图仪等。同时,控制台上还有一些应急按钮,以便在出现危急时使用。

当系统规模很小时,一般不会设置操作控制台,但一块小的操作面板也是不可缺少的。在控制面板上应该有简单的显示器和少量按钮,以便对系统的工作情况进行最简单的显示,并可用最少的按钮对系统进行操作。

用于工矿企业或国防的嵌入式计算机系统,通常都会有报警设备。以往的计算机嵌入式系统中,经常使用声光报警,即一旦出现危急情况,通过扬声器发出十分响亮且刺耳的警告声音,同时规定报警用的红灯闪烁。在一些很小的系统中,可以用简单的发光二极管和蜂鸣器来实现声光报警。

1.4.4 嵌入式软件开发的特点和技术挑战

嵌入式应用软件是实现系统各种功能的关键,好的应用软件使得同样的应用平台更好、更高效地完成系统功能,使系统具有更高的经济价值。嵌入式应用软件是针对特定应用的、基于相应的硬件平台、为完成用户预期任务而设计的计算机软件。用户的任务有时间、精度的要求,同时嵌入式系统对于实现成本十分敏感,因此在满足系统功能要求的前提下,就要最大限度地降低系统成本,除了精简每个硬件单元的成本外,还应尽量减少嵌入式应用软件的代码量。这就要求嵌入式应用软件不但要保证准确性、安全性和稳定性,以满足应用要求,还要尽量优化。

需要嵌入式操作系统的支持是高性能、复杂的嵌入式应用软件的基本特点,但对于简单应用功能的开发就不需要专门的操作系统。

虽然在知识体系和技术上嵌入式应用软件与通用软件开发没有本质区别,但是由于嵌入式应用软件平台的特殊性,使得软件开发在开发对象、开发工具和开发方法上与普通的应用软件开发具有很大差别。本小节系统介绍嵌入式软件开发技术。

1. 需要软硬件开发环境和工具

嵌入式应用系统的开发属于跨平台开发,即开发平台使用的处理器和开发对象的处理器往往不是同一类型。需要交叉的软件集成开发环境,即进行代码编写、编译、链接和调试应用程序的集成开发环境。与运行应用程序的环境不同,它分散在有通信连接的主机与目标机环境之中。在主机上系统开发可以利用丰富的软硬件资源、开发工具和仿真系统,通过与目标机的通信,生成能够在目标机上调试、运行的代码。一套完整的 ARM 综合性嵌入式软件开发工具,应包含 ARM 体系的集成环境(代码编写、编译、链接和调试等)、调试器、模拟器、仿真器和评估板。这些嵌入式开发工具适合于从专业人士到学生的不同用户。

2. 软硬件必须协同设计

这种方法不是简单的软硬件同时设计,首先必须从系统的需求出发,实现系统级与电路级设计的融合,从确定所需的功能开始,形成精确功能描述规范化模型。模型必须明确且完备,以便能够描述整个系统。通信使用模型将系统分解为许多对象,然后以一种选定的语言对各个对象加以描述,产生设计说明文档。其次是把系统功能转换成组织结构,通过确定系统中部件的数量、种类以及部件间的互连来定义系统的实现方式。设计的过程或方法就是一组设计任务,将抽象的功能描述模型转换成组织结构模型。

3. 需要新的任务设计方法

嵌入式应用系统以任务为基本的执行单元。在设计阶段,用多个并发的任务代替通用软件的多个模块,并定义应用软件间的接口。嵌入式系统的设计通常采用 DARS 设计方法,该方法给出了系统任务划分的方法和定义任务间接口的机制。

4. 须固化代码

开发过程完成后,系统应用程序代码需要固化到系统中进行功能、性能和可靠性测试。

嵌入式系统运行环境千差万别,甚至非常恶劣。这就要求应用软件在目标环境下必须存储在非易失性存储器中,保证用户用完关机后下次还能正常使用,所以在应用软件开发完成以后,应生成固化版本,将程序烧写到目标环境的 ROM 中运行。在开发调试阶段,利用开发环境中主机丰富的软硬件资源和调试软件,可以很方便地观察到软件运行的过程,但在实际的目标环境中,没有这些额外的观察调试环境。所以,为保证固化后的程序安全、正确地运行,在程序固化完成以后,还需要进行各种测试。

5. 技术要求高

技术挑战包括软件的要求更高,开发工作量和难度更大。

嵌入式系统开发具有明确的开发目标,最终要构建一个具有特定功能的应用系统。绝大多数情况下,嵌入式系统对实时性有很高的要求,特别是在硬件实时系统中,这一点至关重要。要保证实时性要求,开发者就必须在系统设计和应用软件开发中,充分考虑系统的实时性能。另外,还有功耗、体积、性能、软件稳定性、系统可靠性、抗干扰、开发成本、系统构建时间、系统最终上市时间及系统的生命周期、系统的后续升级和维护、长期运行的可靠性等因素。这些都必须在软硬件设计开发的整个过程中充分地考虑和体现。通常在优化某种因素的同时会影响到其他方面,因此必须将众多设计要点综合考虑,系统设计。系统的可测试性和系统的设计优化是嵌入式系统设计的关键和挑战。

嵌入式系统开发的这些特点,必然加大了嵌入式应用软件的开发工作量和难度。

1.4.5 嵌入式软件开发环境

1. 交叉开发环境

嵌入式系统应用软件的开发是跨平台开发,因此需要一个交叉开发环境。交叉开发是指在一台通用计算机上进行软件的编辑、编译,然后下载到嵌入式设备中运行、调试的开发方式。用来开发的通用计算机可选用比较常见的 PC 等,运行通用的 Windows XP、Windows 2000、Windows NT 等操作系统。开发计算机一般称为宿主机,嵌入式设备称为目标机。在宿主机上编译好的程序,转载到目标机上运行;交叉开发环境提供调试工具对目标机上运行的程序进行调试。

交叉开发环境一般由运行于宿主机上的交叉开发软件、宿主机到目标机的调试通道组成。

运行在宿主机上的交叉开发软件必须包含编译调试模块,其编译器为交叉编译器。宿主机一般为基于 X86 体系的台式计算机,而编译出的代码必须在目标机处理器体系结构上运行,这就是所谓的交叉编译。在宿主机上编译好目标代码后,通过宿主机到目标机的调试通道将代码下载到目标机,然后由运行在宿主机的调试软件控制代码在目标机上的运行调试。

为了方便调试开发,交叉开发软件一般是一个整合编辑、编译、汇编链接、调试、工程管理及函数库等功能模块的集成开发环境 IDE(Integrated Development Environment)。

组成嵌入式交叉开发环境的宿主机到目标机的调试通道一般有以下三种：

(1) 片上调试 OCD(On-Chip Debugging)或片上仿真 OCE(On-Chip Emulator)

片上调试是在处理器内部嵌入额外的控制模块。当满足一定的触发条件时，CPU 进入调试状态。在该状态下，被调试程序暂时停止运行。主机的调试器可通过处理器外部特定的通信接口访问各种资源（寄存器、存储器等）并执行指令。为了实现主机通信端口与目标板调试通信接口各引脚信号的匹配，二者往往通过一块简单的信号转换电路板连接。下面介绍普遍使用的两种 OCD 接口。

① 基于 JTAG 的 ICD。JTAG 的 ICD(In-Circuit Debugger)也称为 JTAG 仿真器，是通过 JTAG 边界扫描口进行调试的设备。JTAG 仿真器通过处理器特有的 JTAG 接口与目标机通信，通过并口或串口、网口、USB 口与宿主机通信。JTAG 仿真器比较便宜，连接也比较方便，通过现有的 JTAG 边界扫描口与 CPU 核通信，属于完全非插入式（即不使用片上资源）调试，它无须目标存储，不占用目标系统的任何端口。

② 背景调试模式。背景调试模式 BDM(Background Debug Monitor)是 Motorola 公司的专有调试接口。在一些高端微处理器内部已经包含了用于调试的代码，调试时仿真软件与目标板上 CPU 的调试接口通信，目标板上的 CPU 无须取出。由于软件调试指令无须经过一段扁平电缆来控制目标板，避免了高频操作限制、交流和直流的不匹配以及调试电缆的电阻影响等问题。实际上，BDM 相当于将 ICE 仿真器软件和硬件内置在处理器，这使得直接使用 PC 的并口来调试软件，不再需要 ICE 硬件，大大降低了开发成本。对于用户来说，一些特定的问题可直接使用 BDM 命令来调试目标系统。BDM 接口有 8 根或 10 根信号线。调试软件通过引脚 4 使 CPU 进入背景调试模式，调试命令的串口信号则通过引脚 8 输入，同时引脚 4 输入同步信号时钟，而 CPU 中的微码在执行命令后会在引脚 10 输出调试结果指示信号。由此可见，BDM 接口引线由并口与 PC 相连，调试命令则是通过串行方式输入的。

(2) 在线仿真器 ICE

在线仿真器 ICE(In-Circuit Emulator)也是一种在线仿真、模拟 CPU 的设备。在线仿真器使用仿真头完全取代目标板上的 CPU，在不干扰处理器的正常运行情况下，实时地检测 CPU 的内部工作情况，可以完全仿真 ARM 芯片的行为，提供更加深入的调试功能，如复杂的条件断点、先进的实时跟踪、性能分析和端口分析等。在线仿真器通过串行端口或并行端口、网口、USB 口等与宿主机连接。为了能够全速仿真时钟速度很高的嵌入式处理器，在线仿真器必须采用极其复杂的设计和工艺，因而其价格比较高，通常用在嵌入式的硬件开发中，在软件的开发中较少使用。

(3) ROM 监控器

ROM 监控器(ROM Monitor)是一段小程序，驻留在嵌入式系统 ROM 中，通过串口、

USB口、网口等连接与调试软件通信。这是一种廉价、低端的技术,它除了要求一个通信端口和少量的内存空间外,不需要其他专门的硬件,可提供下载代码、运行控制、断点、单步步进以及观察、修改寄存器和内存等功能。因为 ROM 监控器是嵌入式系统软件的一部分,所以,只有当应用程序运行时,它才会工作。如果想检查 CPU 和应用程序的状态,就必须停下应用程序,再次进入 ROM 监控器。

2. 软件模拟环境

软件模拟环境也称为指令集模拟器 ISS(Instruction Set Simulator)。在很多时候为保证项目进度,硬件和软件开发往往同时进行。这时,作为目标机的硬件环境还没有建立起来,软件的开发就需要一个模拟环境来进行调试。模拟开发环境建立在交叉开发环境基础之上,是对交叉开发环境的补充。除了宿主机和目标机之外,还需要提供一个在宿主机上模拟目标机的环境,使得开发好的程序直接在这个环境里运行调试。模拟硬件环境是非常复杂的,由于指令集模拟器与真实的硬件环境相差很大,即使用户使用指令集模拟器调试通过的程序,也有可能无法在真实的硬件环境下运行。因此,软件模拟不可能完全代替真正的硬件环境。这种模拟调试只能作为一种初步调试,主要是用做用户程序的模拟运行,用来检查语法、程序的结构等简单错误,用户最终还必须在真实的硬件环境中实际运行调试,完成整个应用的开发。

3. 评估电路板

评估电路板,也称为开发板,一般用来作为开发者使用的学习板、实验板,可作为应用目标板出来之前的软件测试和硬件调试的电路板,对应用系统的功能没有完全确定以及初步进行嵌入式开发且没有相关开发经验的人员来说尤其重要。开发评估电路板并不是嵌入式应用开发必需的,对于有经验的工程师,完全可以自行独立设计自己的应用电路板及根据开发需要设计实验板。好的评估电路板一般文档齐全,对处理器的常用功能模块和主流应用都有硬件实现,并提供电路原理图和相关开发例程与源代码,供用户设计自己的应用目标板和应用程序参考。选购适合于自己实际应用的开发板,可以加快开发进度,减少自行设计开发的工作量。图 1-3 所示为一套完整的 EMBEST ARM 开发环境,包括 EMBEST IDE 集成开发环境、EMBEST Emulator for ARM JTAG 仿真器、Flash 编程器、EMBEST S3CEV40 评估板、各种连接

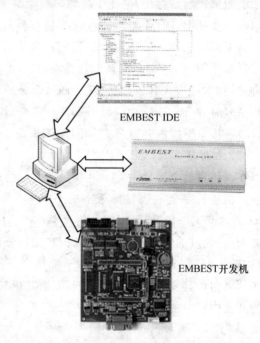

EMBEST IDE

EMBEST开发机

图 1-3 EMBEST ARM 开发环境

线和电源适配器。在实际的嵌入式系统开发中,用户可根据自己的需求灵活地选择配置。

1.4.6 嵌入式应用软件开发过程

由于嵌入式系统是一个受资源限制的系统,因此直接在嵌入式系统硬件上进行编程显然是不合理的。在嵌入式系统的开发过程中,一般采用的方法是先在通用 PC 上编程;通过交叉编译和链接,将程序做成目标平台上可运行的二进制代码格式;最后将程序下载到目标平台上的特定位置,由目标板上启动运行这段二进制代码,从而运行嵌入式系统。

图 1-4 所示为嵌入式软件开发的基本过程。

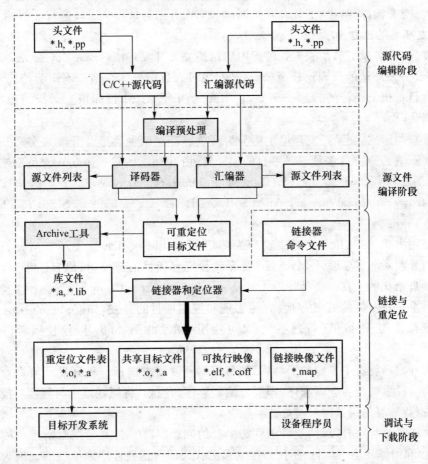

图 1-4 嵌入式软件开发基本过程

整个过程中的一部分工作在主机上完成,另一部分工作在目标板上完成。首先是在主机上编程。纯粹使用汇编代码编程,除了编写困难外,调试和维护困难也是汇编代码的难题;而

C语言可直接对硬件进行操作,而且又有高级语言编程结构化及容易移植等优点,因而嵌入式系统源代码主要由汇编语言和C语言混合编写。源代码编写完成后保存为源文件,再用主机上建立的交叉编译环境生成.obj文件,并且将这些.obj文件按照目标板的要求链接成合适的.image文件。最后通过重定位机制和下载过程将.image文件下载到目标板运行。由于无法保证目标板一次就可以运行编译、链接成功的程序,因此后期的调试排错工作就特别重要。调试只能在运行态完成,因此在主机和目标板之间通过连接,由主机控制目标板上程序的运行,可达到调试内核或者嵌入式应用程序的目的。

基于交叉开发环境的嵌入式应用软件的开发主要分六个基本阶段:开发环境的建立、源代码编辑阶段、交叉编译、链接、下载和联机调试。下面分别对这六个阶段进行介绍。

1. 开发环境的建立

在开发之前,必须了解在嵌入式编程中使用的交叉开发环境(cross-development environment)。交叉开发环境的原理比较简单,只是在主机和目标机体系结构不同的情况下,在主机上开发将在目标机上运行的程序。例如,在X86上开发ARM目标板上运行的程序,就是在X86上编写代码。

按照发布的形式,交叉开发环境主要分为开放和商用两种类型。开放式交叉开发环境实例主要有gcc,它可以支持多种交叉平台的编译器,由http://www.gnu.wrg负责维护。使用gcc作为交叉开发平台,要遵守GPL(General Public License)的规定。商用的交叉开发环境主要有Metrowerks CodeWarrior,ARM Software Development Toolkit,SDS Cross Compiler和WindRiver Tornado等。

按照使用方式,交叉开发工具主要分为使用Makefile和IDE开发环境两种类型。使用Makefile的开发环境需要编译Makefile来管理和控制项目的开发,可以自己手写,有时也可以使用一些自动化的工具。这种开发工具是gcc和SDS Cross Compiler等。新类型的开发环境一般有一个用户友好的IDE界面,方便管理和控制项目的开发,如Code Warrior等。有些开发环境既可使用Makefile管理项目,又可使用IDE,如Torand II,给使用者留有很大的余地。

对交叉开发环境有了一定的了解后,就可根据开发需求选择一种开发环境进行编程。编写程序的第一件事就是要会写程序,即要先编制程序的规划,将问题需求与程序功能很明确地写下来,依据规划好的函数逐一写好。

当嵌入式系统程序升级时,要考虑到跨平台的问题。跨平台就是把原始程序放到不同的CPU的平台和编译环境中运行,不用修改太多的代码即可达到程序原始目的。因为嵌入式系统所用的硬件平台不尽相同,若是为了不同的硬件平台而让程序做大量修改,就会变得非常不经济,特别是在当前嵌入式系统硬件百家争鸣的状况下,如何让写出的程序快速移植到各种不同的硬件上,已成为嵌入式应用程序开发的主要考虑因素之一。

2. 源代码编辑阶段

源代码的启动代码、硬件初始化代码要用汇编语言编写，这样可以发挥汇编语言短小精悍的优势，以提高代码的执行效率。汇编语言编写完成后，代码转向 C 语言的程序入口点，执行 C 语言代码。C 语言在开发大型软件时具有易模块化、易调试、易维护和易移植等优点，所以使用广泛，是目前嵌入式大型软件的开发中最常用的语言。但是，在与硬件关联较紧密的编程中，C 语言要结合汇编语言进行混合编程，即内嵌汇编。

3. 编 译

通常所说的翻译程序能够把某一种语言的程序（称为源程序）转换成另一种语言的程序（称为目标语言程序）。而后者与前者在逻辑上是等价的。如果源程序使用诸如 FORTRAN，Pascal，C，Ada 或 Java 这样的高级语言，而目标语言程序使用诸如汇编语言或机器语言之类的低级语言，那么这样的一个翻译程序称为编译程序。编译就是将高级语言转化为低级语言的过程。例如，在 ADS 环境下使用 armcc 编译器，它是 ARM 的 C 编译器，具有优化功能，兼容于 ANSI C；tcc 是 Thumb 的 C 编译器，同样具有优化功能，兼容于 ANSI C。而在 GNU 环境下，用的是 gcc 编译器。但并不是对于一种体系结构只有一种编译链接器，比如对 M68K 体系结构的 gcc 编译器而言，就有多种不同的编译和链接器，而且它们的作用都一样，即将高级语言转化为低级语言。

编译器主要负责的工作就是将源代码编译成特定的目标代码，顺便检查语法的错误，所产生的目标代码是不能执行的，不过可从目标代码找出许多有用的信息。现在目标代码有两大类：COFF（Common Object File Format）与 ELF（Extended Linker Format）。在目标文件中规定了信息的组织方式，即目标文件格式。目标文件格式的规定是为了使不同的供应商提供的开发工具（如编译器、汇编器和调试器）可以遵循很好的标准，以实现相互操作。

4. 链 接

一个程序要想在内存中运行，除了编译之外，还要经过链接的步骤。编译器只能在一个模块内部完成符号名到地址的转换工作，不同模块间的符号解析需要由链接器完成。为了解决不同模块间的链接问题，链接器主要做下面两项工作：

① 符号解析。当一个模块使用了在该模块中没有定义过的函数或全局变量时，编译器生成的符号表会标记出所有这样的函数或全局变量；而链接器的责任就是要到其他模块中去查找它们的定义，如果没有找到合适的定义或者找到的合适的定义不唯一，符号解析都无法正常完成。

② 重定位。编译器在编译生成目标文件时，通常都使用从零开始的相对地址。然而，在链接过程中，链接器将从一个指定的地址开始，根据输入的目标文件的顺序以段为单位将它们一个接一个地拼装起来。除了目标文件的拼装之外，在重定位的过程中还完成了两项任务：一是生成最终的符号表；二是对代码段中的某些位置进行修改，所有需要修改的位置都由编译器生成的重定位表指出。

链接器不仅会将所有目标代码及 Lib 里的数据区段合并,其中包括 .text、.data 及 .bss 区段的数据,而且会将所有尚未编译的函数及变量调用彼此对应起来。

在链接过程中,对嵌入式系统的开发,都希望使用小型的函数库,以使最后产生的可执行代码尽量少。因此,在编译中一般使用经过特殊定制的函数库,比如使用 C 语言进行嵌入式开发者一般使用的嵌入式函数库有 μClibc/μClibm/μC-libm 和 newlib 等。

5. 下　载

下载就是把可执行映像文件烧写到 ROM 里,如本教程中前面介绍的 Embest ARM 开发环境具有 Flash 编程器功能,烧写前使用 Elf to Bin 工具将映像文件 ELF 格式转换为二进制格式,也可通过其他方式下载调试好的代码。

现在有一些 CPU 提供方便的方法来加载映像文件,例如,DragonBall 特别提供一种称为 Bootstrap 的方式,就可通过 RS-232 端口将可执行的程序映像文件下载到目标板的内存中,并通过运行这个程序将可执行映像文件从内存烧写到 Flash 里。不过在烧写之前,应该将 Bootloader 与待烧写的可执行映像文件一起烧写到 ROM 中。这样,当烧写成功并重新启动系统时,Bootloader 就可以管理系统操作。

当可执行的程序映像文件下载完成后,就可打开电源来运行系统。下载过的代码有时还需要在实际使用环境中进一步调试,调试确定无误后一个完整的嵌入式程序就可运行了。

6. 调　试

嵌入式系统的调试分为软件调试和硬件调试两种。软件调试是通过软件调试器调试嵌入式系统软件;硬件调试是通过仿真调试器完成调试过程。由于嵌入式系统特殊的开发环境,调试时必然需要目标运行平台和调试器两方面的支持。

通常,作为调试软件部分的调试器是集成在目标机上的嵌入式软件开发集成环境(IDE)中的,例如 Embest IDE 中的 Debugger。软件调试工具一般都具有 ISS 功能,即完成代码在无硬件调试环境下的模拟调试。而由于真正的硬件运行环境与软件模拟环境有较大的差异,ISS 只能用于开发者编程练习或者软件的初步调试。

使用硬件调试器,可获得比软件功能强大得多的调试性能。硬件调试器的原理一般是通过仿真硬件的真正执行过程,让开发者在调试过程中时刻获得执行情况。硬件调试器主要有 ICE 和 ICD 两种。前者主要完成仿真模拟的功能,后者适于硬件上的在线调试任务。

① ICE。如前所述,ICE 是用在嵌入式的硬件开发中为完全仿造调试目标 CPU 的行为而设计的,使用 ICE 和使用一般的目标硬件一样,只是在 ICE 上完成调试之后,需要把调试好的程序代码下载到目标系统上。

② ICD。每种 CPU 都需要一种与之对应的 ICE,这样便会增加开发成本。比较流行的做法是,CPU 将调试功能直接在其内部实现。通过在开发板上引出调试端口的方法,直接从端口获得 CPU 中提供的调试信息。

使用 ICD 与目标板的调试端口连接,发送调试命令和接收调试信息,就可实现必要的调试功能。Motorola 公司嵌入式的开发板上的调试是通过独创的 BDM 口,而 ARM 公司提供的一般调试是使用 JTAG 口。使用合适的工具可以利用这些调试口,比如 ARM 开发板,可使用 JTAG 调试器接在开发板的 JTAG 口上,通过 JTAG 口与 ARM CPU 通信,然后使用工具软件与 JTAG 调试器相连接,达到与 ICE 调试类似的调试效果。

1.4.7 嵌入式系统的开发流程

由于嵌入式系统运行于特定的目标环境,而该目标环境又面向特定的应用领域,功能比较专一,需要实现预期的功能,并且还需要软硬件协同设计。考虑到系统的实现成本,在应用系统器件选型时,各种资源一般只需满足需求,恰到好处即可,不同于通用 PC 系统,预留给用户许多资源。因此,嵌入式系统的开发必然有其自身的许多特点。

嵌入式系统开发必须将硬件、软件、人力资源等元素结合起来。任何一个嵌入式产品都是软硬件的结合体,是软硬件综合开发的结果,这是嵌入式系统开发的最大特点。在系统开发的过程中,必须始终综合考虑各个方面的因素。面向具体应用的嵌入式开发决定了其使用的方法、流程各有不同,本小节仅给出一般的嵌入式开发的具体过程。系统开发的流程如图 1-5 所示。

下面具体介绍流程图中的各个环节。

1. 系统定义与需求分析

确定系统开发最终需要达到的总目标、系统实现的可行性、系统开发所采取的策略,估计系统完成所需的资源和成本,制定工程进度安排计划。需求分析应确定目标系统要具备哪些功能(即必须完成什么)。用户了解自己在实际使用中所面对的是什么问题,也知道必须做什么,但是通常不一定能完整、准确地表达出自己的需求,更不知道怎样利用计算机去实现自己所需要的功能。需求分析就是要求密切配合用户,经过充分的交流和考察,得出经过用户确认的、明确的系统实现逻辑模型,以便使设计开发人员能够确定最终的设计目标。由此确定的系统逻辑模型是以后设计和实现的目标系统的基础,必须能够准确、完整地体现出用户的要求。

2. 系统设计方案的初步确立

初步确立的系统设计方案包括系统设计的初步说明文档、设计方案和设计描述文档,具体包括以下文档:系统总体设计、系统功能划分与软硬件协同设计、处理器选择与基本接口器件选择、操作系统选择和开发环境选择。这些文档的确立要使用系统流程图或其他工具,描述每一种可能的系统组成,估计每一种方案的成本和效益,在充分权衡各种方案利弊的基础上,选择一个较好的系统方案,并且制定出该系统的详细计划。

3. 初步设计方案性价比评估与方案评审论证

在系统开始软硬件具体设计之前,需要最后确定设计方案与用户需求之间的合理性,并对设计方案的正确性、无歧义性、安全性、可验证性、可理解性和可修改性等多方面进行综合评估,以确定是否进入下一步的实际实施阶段。

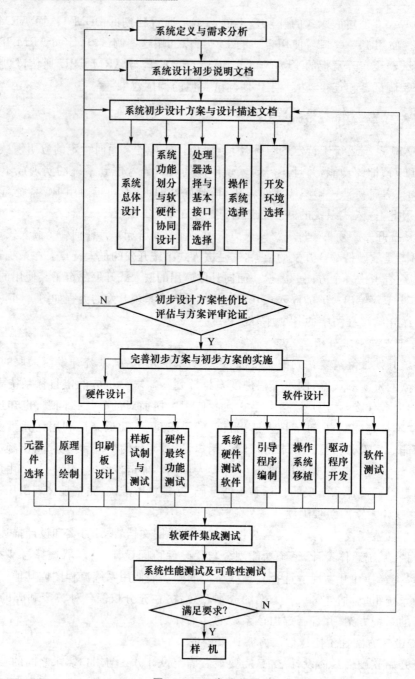

图1-5 开发流程图

4. 完善初步方案及初步方案的实施

本阶段是整个设计过程中最基本的一个环节,它决定了以后软硬件设计的方向与各自完成的目标,通常需要反复比较和权衡利弊才能最后决定。划分的结果对软硬件的设计工作量往往有很大影响,特别是影响软件的设计与实现,而且对系统的性能和成本也有较大影响。划分完系统的软硬件结构之后,就可同时开始系统的软硬件设计与系统方案的实施。

5. 软硬件集成测试

将测试完成的软件系统装入制作好的硬件系统中,进行系统的综合测试,验证系统功能是否能正确无误地实现。本阶段的工作在整个开发过程中最复杂、最费时,特别需要相应的辅助工具支持,才能确保系统的正常稳定运行。

6. 系统性能测试及可靠性测试

测试最终完成的系统性能是否满足设计任务书的各项性能指标和要求。若满足,则可将正确无误的软件固化在目标硬件中;若不能满足,则需要回到设计的初始阶段重新制订系统的设计方案。

习　题

1. 填空题

(1) 嵌入式系统由_____、_____、_____和_____等几大部分构成。

(2) 嵌入式系统是以_____和_____为基础的,并且软硬件是_____,能满足应用系统对功能、可靠性、成本、体积和功耗等指标的严格要求的专用计算机系统。

2. 简答题

(1) 嵌入式系统的特点是什么?

(2) 嵌入式系统的应用有哪些?试举出你身边的应用实例。

(3) 什么是软硬件协同设计?嵌入式系统开发与PC系统软件开发有何不同?

(4) 简述嵌入式系统中软件开发的特点。

(5) 简述嵌入式系统的开发流程。

第 2 章
嵌入式系统的结构

2.1 嵌入式系统的体系结构

2.1.1 嵌入式系统体系结构简介

嵌入式系统的体系结构(architecture)是嵌入式设备的一种抽象(abstraction)，这意味着体系结构是系统的一般化，典型地展现详细的实现信息，例如软件源代码或硬件电路设计。在体系结构层次中，一个嵌入式系统的软硬件组件表示为相互作用的要素(element)的某种组合。要素是硬件或软件的表示，它们的实现细节被抽象掉了，只留下行为和相互关系的信息。体系结构的要素可以在内部集成于嵌入式设备之中，或者存在于嵌入式系统外部并且与内部的要素相互作用。简而言之，嵌入式体系结构包括嵌入式系统的要素、与嵌入式系统相互作用的要素、每个单独要素的属性以及要素之间相互作用的关系。

体系结构层次的信息在物理上表示为结构(structure)的形式。结构是体系结构的一种可能的表示，包含它自己的一组表示出来的要素、属性和相互关系的信息。因此，结构是在设计或运行时，在给定一个特殊的环境和给定一组要素的条件下，系统的硬件和软件的一个"快照"。由于一个"快照"很难捕获系统的全部复杂状态，所以典型的体系结构由一个以上的结构组成。一个体系结构内部的所有结构内在地相互联系，并且所有这些结构的总和就是一个设备的嵌入式体系结构。表 2-1 总结了可以构成嵌入式体系结构的某些最常见的结构，并且一般性地显示了一个特殊结构的要素所表示的内容以及这些要素的相互联系。表 2-1 引入了后面将要定义和讨论的概念，同时还演示了种类繁多的体系结构性的结构(architectural structure)，它们可以用来表示一个嵌入式系统。

第 2 章 嵌入式系统的结构

表 2-1 体系结构性的结构示例

结构类型			定 义
模块(module)			称为模块的要素定义为一个嵌入式设备内部的不同功能组件,即系统正确运转所需要的基本硬件和软件。市场和销售体系结构图表典型地表示为模块结构,因为软件或硬件针对销售典型地封装成模块(如操作系统、处理器、JVM 等)
	用法(uses,也称为子系统与组件)		一类表示运行时系统的模块结构,其中模块通过它们的用法相互联系(例如哪个模块使用其他哪个模块)
		层次(layers)	一类用法(uses)结构,其中模块按层次组织(即层次化结构),高层的模块使用(需要)低层的模块
		内核(kernel)	表示某类模块的结构,这些模块要使用操作系统内核模块(服务),或者被内核所操纵
		通道体系结构(channel architecture)	顺序地表示模块的结构,显示了通过其用法实现的模块变换
		虚拟机(virtual machine)	表示某类模块的结构,这些模块要使用虚拟机的模块
	分解(decomposition)		一类模块结构,其中某些模块实际上是其他模块的子单元(分解的单元),并且按这样表明相互关系。典型地用于确定资源分配、项目管理(规划)和数据管理(封装、私有化等)
	类(class,也称为一般化)		这是一类表示软件的模块结构,其中模块称为类,并且相互关系是按照面向对象的方法定义的。在面向对象的方法中,类继承自其他类,或者是父类的实际实例,在设计具有类似基础的系统是十分有用的
组件(component)与连接器(connector)			这些结构由这样的要素组成,这些要素或者是组件(主要的硬件/软件处理单元,例如处理器、Java 虚拟机等),或者是连接器(互连组件的通信机制,例如硬件总线或软件 OS 消息等)
	客户机/服务器(client/server,也称为分布式系统)		运行时的系统结构,其中组件是客户机或服务器(或对象),连接器是使用的机制(协议、消息、数据包等),用来在客户机与服务器(或对象)之间互相通信
	进程(process,也称为通信进程)		该结构是一个系统的软件结构,该系统包含一个操作系统;组件是进程或线程,且其连接器是进程间通信机制(共享数据、管道等);对于分析调度和性能十分有用
	并发(concurrency)与资源(resource)		该结构是一个包含 OS 的系统运行时的快照,其中组件通过并行运行的线程相连接。本质上,这一结构用于资源管理并确定对于共享资源是否存在问题,以及确定什么软件能够并行执行
		中断	表示系统中断处理机制的结构
		调度(EDF、优先级、轮转)	表示线程的任务调度机制的结构,展示 OS 调度器的公平性
	存储器(memory)		这一运行时表示针对存储器和数据组件,连同存储器分配与去配(连接器)方案——本质上是系统的存储器管理方案
		垃圾收集(garbage collection)	该结构表示垃圾收集方案
		分配(allocation)	该结构表示系统的存储器分配方案(静态或动态、大小等)
	安全性(safety)与可靠性(reliability)		这一结构针对运行时的系统。其中冗余的组件(硬件和软件要素)及其相互通信机制展示当发生问题时系统的可靠性和安全性(系统从各种问题复原的能力)

续表 2-1

结构类型		定 义
分配 (allocation)		表示软件和硬件要素之间的关系,以及与各种环境中外部要素之间的关系的结构
	工作分配(work assignment)	该结构将模块的责任分配到各种开发与设计团队。典型地用在项目管理中
	实现(implementation)	这是一个软件结构,指明开发系统中软件在文件系统中的位置
	部署(deployment)	这一结构针对运行时的系统。该结构中的要素是硬件和软件,要素间的关系是软件映射到硬件中的位置(驻留、迁移等)

注:在许多场合,术语"体系结构"和"结构"(一个快照)有时是可以互换使用的,本书中就如此。

2.1.2 嵌入式系统体系结构的重要性

本书将体系结构性的系统工程方法应用于嵌入式系统,因为它是最强大的工具之一,可以用来理解一个嵌入式系统设计,或者了解设计一个新系统时面临的挑战。最常见的挑战包括:

- 定义并获得系统设计;
- 成本限制;
- 确定系统的完整性,例如可靠性和安全性;
- 在可用的基本功能(例如处理能力、存储器、电池寿命等)限制范围之内工作;
- 可销售性和适于销售性;
- 确定性的要求。

简而言之,嵌入式系统体系结构可以用来在项目的早期了解这些挑战。在没有定义或了解任何内部实现细节的情况下,一个嵌入式设备的体系结构可能是分析和使用的最初的工具,作为高级蓝图定义设计的基础设施、可能的设计选项以及设计约束。使体系结构方法如此强大的原因,是它能够非正式和快速地与具有或不具有技术背景的各种人员就一个设计进行交流,甚至在规划项目或实际设计一个设备时作为基础。因为体系结构清楚地勾勒出系统的需求,所以对于在各种情况下分析与测试一个设备的品质及其性能,体系结构可以充当坚实的基础。此外,如果正确地理解、创建和应用体系结构,那么通过论证可以实现各种要素涉及的风险并且考虑减轻这些风险,一个体系结构还可以精确地估计和减少成本。最后,一个体系结构的各种结构可以应用于设计具有相似特性的未来产品,从而使设计知识被重用,并且使未来设计与开发成本降低。

在本书中,通过使用体系结构性的方法,定义与理解一个嵌入式系统的体系结构,是良好的系统设计的基本组成部分。除了上面列出的好处以外,还因为:

① 每个嵌入式系统都是由相互作用的要素(无论硬件还是软件)组成的,所以每个嵌入式系统都有一个体系结构,无论其是否写有文档。体系结构按定义是这些要素及其相互关系的一组表示。与其在开发之前由于没有花时间定义一个体系结构,而导致有缺陷的和代价高昂

的体系结构，不如通过首先定义体系结构来控制设计。

② 一个嵌入式系统体系结构可以捕获各种各样的视图（即系统的表示），所以它在理解全部主要要素、每个组件所处的位置以及要素的行为表现等问题时是一个有用的工具。一个嵌入式系统内部的要素没有一个是孤立地工作的。一个设备内的每个要素都以某种方式与其他要素相互作用。此外，给定一组不同要素与之相同地工作，要素外部可见的特性可能并不相同。如果不理解一个要素的功能、性能等背后的原因，那么确定现实世界中在各种情况下系统的行为表现将是十分困难的。

即使体系结构性的结构是粗略的和非正式的，只要体系结构以某种方式转达了一个设计的关键组件以及它们之间的相互关系，它就可以给项目成员提供关于设备是否可以满足需求以及这样的系统能否成功构建等一些关键的信息。

2.1.3 嵌入式系统体系结构模型

引入了新型的体系结构工具（即参考模型），用做这些体系结构性的结构的基础。在最高层，首要的体系结构工具用来引入处于一个嵌入式系统设计内部的主要要素，这一工具称为嵌入式系统模型(embedded systems model)，如图2-1所示。

嵌入式系统模型表明的是，所有嵌入式系统在最高层都共有相似性，即它们都至少具有一个层次（硬件），抑或具有所有层次（硬件、系统软件和应用软件），而所有组件都属于这些层次。硬件层包含位于嵌入式电路板上的所有主要的物理部件，而系统和应用软件层则包含处于嵌入式系统中并被嵌入式系统所执行的所有软件。

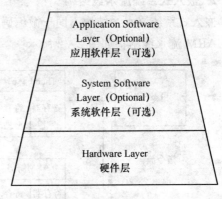

图2-1 嵌入式系统模型

这一参考模型本质上是一个嵌入式系统体系结构的层次化（模块化）表示，从中可以推导出模块化的体系结构性的结构。无论表2-1所列的设备之间有多大差异，通过将这些设备内部的组件可视化和分组为层次(layer)，理解所有这些系统的体系结构都是可能的。虽然分层的概念不是嵌入式系统设计所独有的（体系结构与所有计算机系统有关，而嵌入式系统是计算机系统的一种类型），但是在设计一个嵌入式系统时可能使用的软硬件组件有成百上千种可能的组合，分层的概念在这些可能的组合可视化方面是一种有用的工具。选择嵌入式系统体系结构的这一模块化表示作为本书首要的结构，大体出于两个主要原因：

① 主要要素及其相关功能的可视化表示。分层的方法使读者可以将嵌入式系统的各种组件及其相互关系可视化。

② 模块化的体系结构表示典型的应用是构造整个嵌入式项目的结构。这主要是因为这种类型的结构之中的各种模块(要素)通常是功能独立的。这些要素还具有极其复杂的相互作用,因此将这些类型的要素分开成层次可以改进系统的结构化组织,而没有将复杂的相互作用过分地简单化或者将必需的功能忽略掉的风险。

2.2 嵌入式系统的流水线结构

1. 嵌入式系统流水线概述

流水线是 RISC 处理器执行指令时采用的机制。使用流水线,可在取下一条指令的同时译码和执行其他指令,从而加快执行速度。流水线的实质就是在明显制约系统速度的那条长路径上插入几级寄存器,使信号在时钟的作用下到达目的地,这样由于用寄存器截断了长路径,使得寄存器到寄存器最大延时缩短,因而可以提高整个系统的运行速度。可以把流水线理解为汽车的生产线,每个阶段只完成一项专门的生产任务,不同的是有些阶段可以同时进行,从而缩短了整个系统对指令执行的平均时间,提高了系统的运行速度。

2. 嵌入式系统流水线结构

嵌入式系统流水线结构不同于微编码的处理器,ARM(保持它的 RISC 性)是完全硬布线的。ARM 流水线结构如图 2-2 所示。

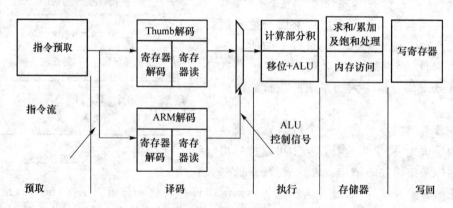

图 2-2 ARM 流水线结构图

ARM 流水线的执行分 3 个阶段:第一阶段持有从内存中取回的指令,第二阶段开始解码,而第三阶段实际执行它。因此,程序计数器总是超出当前执行指令的 2 条指令(在为分支指令计算偏移量时必须计算在内)。因为有这个流水线,在分支时丢失 2 个指令周期(因为要重新填满流水线),所以最好利用条件执行指令来避免浪费周期。

3. 常见嵌入式 ARM 系列流水线

(1) ARM7 中的 3 级流水线

图 2-3 所示为 ARM7 中的 3 级流水线示意图。其中：

① 取指(fetch)——从存储器装载一条指令；

② 译码(decode)——识别将被执行的指令；

③ 执行(execute)——处理指令并把结果写回寄存器。

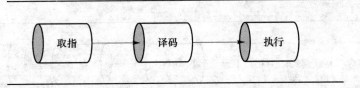

图 2-3　ARM7 的 3 级流水线

(2) 流水线机制

一个简单的流水线机制如图 2-4 所示。在第 1 周期，内核从存储器中取出指令 ADD；在第 2 周期，内核取出指令 SUB，同时对 ADD 指令译码；在第 3 周期，指令 SUB 和 ADD 都沿流水线移动，ADD 指令被执行，而 SUB 指令译码，同时又取出 CMP 指令。流水线使得每个机器周期就可以执行一条指令。

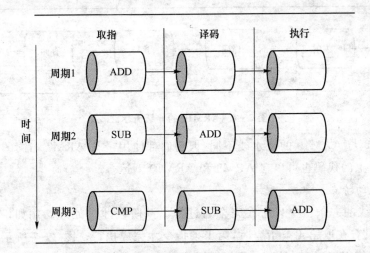

图 2-4　流水线指令顺序

随着流水线深度(级数)的增加，每一段的工作量被削减了，这使处理器可以工作在更高的频率，同时也改善了性能。但同样也增加了系统延时(latency)，因为在内核执行一条指令前，需要更多的周期来填充流水线。流水线级数的增加也意味着在某些段之间会产生数据相关。可使用指令调整技术来编写代码,以减少数据相关。

(3) ARM9 中的流水线

每种 ARM 系列的流水线设计都不同。在 ARM9 中内核将流水线深度增加到 5 级,如图 2-5 所示。ARM9 增加了存储器访问段和回写段,这使 ARM9 的处理能力可达到平均 1.1DlirystoneMIPS/MHz,与 ARM7 相比,指令吞吐量约增加了 13%。同时,ARM9 内核能达到的最高频率也更高。

图 2-5　ARM9 的 5 级流水线

(4) ARM10 中的流水线

在 ARM10 中,其内核把流水线深度增加到 6 级,如图 2-6 所示。ARM10 在 ARM9 的基础上增加了发射,这使得 ARM10 的处理能力可达到平均 1.3DlirystoneMIPS/MHz,与 ARM7 相比,指令吞吐量约增加了 34%。但同时,ARM10 有较大的系统延时。

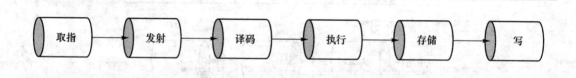

图 2-6　ARM10 的 6 级流水线

虽然 ARM9 与 ARM10 的流水线不同,但它们都使用了与 ARM7 相同的流水线执行机制,因此 ARM7 上的代码也可以在 ARM9 和 ARM10 上运行。

(5) 流水线的特点

ARM 流水线的一条指令只有在完全通过"执行"阶段才被处理。例如,一条 ARM7 流水线(有 3 级)只有在取第 4 条指令时,第 1 条指令才完成执行。图 2-7 所示为流水线及程序计数器 PC 的使用情况。在指令"执行"阶段,PC 总是指向该地址加 8 字节的地址。换句话说,PC 总是指向当前正在执行指令的地址再加 2 条指令的地址。当用 PC 来计算一个相对偏移量时,这一点是很重要的,也是初学者最容易出错的地方,同时它也是所有流水线的结构特征。

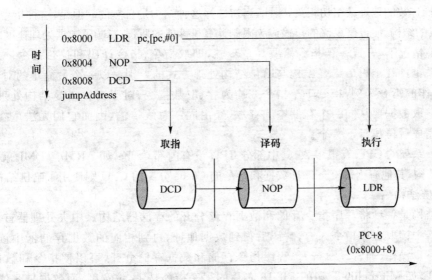

图 2-7 实例：PC＝address＋8

除此以外，流水线还有以下几个特征：

① 执行一条分支指令或直接修改 PC 而发生跳转时，会使 ARM 内核清空流水线。

② ARM10 使用分支预测技术，通过预测可能的分支并在指令执行前装载新的分支地址，减少清空流水线的影响。

③ 即使产生了一个中断，一条处于"执行"阶段的指令也将会完成。流水线中其他的指令被放弃，而处理器将从向量表的适当入口开始填充流水线。

2.3 嵌入式系统的存储器结构

1. 冯·诺曼结构

冯·诺曼结构又称为普林斯顿体系结构（Princeton architecture）。

1945 年，冯·诺依曼首先提出了"存储程序"的概念和二进制原理，后来，人们把利用这种概念和原理设计的电子计算机系统统称为"冯·诺曼型结构"计算机。冯·诺曼结构的处理器使用同一个存储器，经由同一个总线传输。

冯·诺曼结构处理器具有以下几个特点：

① 必须有一个存储器；

② 必须有一个控制器；

③ 必须有一个运算器，用于完成算术运算和逻辑运算；

④ 必须有输入和输出设备，用于进行人机通信。

冯·诺依曼的主要贡献就是提出并实现了"存储程序"的概念。由于指令和数据都是二进制码,指令和操作数的地址又密切相关,因此,当初选择这种结构是自然的。但是,这种指令和数据共享同一总线的结构,使得信息流的传输成为限制计算机性能的瓶颈,影响了数据处理速度的提高。

在典型情况下,完成一条指令需要3个步骤,即取指令、指令译码和执行指令。从指令流的定时关系也可看出冯·诺曼结构与哈佛结构处理方式的差别。以一个最简单的对存储器进行读/写操作的指令为例,指令1至指令3均为存、取数指令,对于冯·诺曼结构处理器,由于取指令和存取数据要从同一个存储空间存取,经由同一总线传输,因而它们无法重叠执行,只有当一个完成后再执行下一个。

ARM7系列的CPU有很多款,其中部分CPU没有内部Cache,如ARM7 TDMI,就是纯粹的冯·诺曼结构,其他有内部Cache且数据和指令的Cache分离的CPU则使用了哈佛结构。

2. 哈佛结构

哈佛结构是一种将程序指令存储和数据存储分开的存储器结构。中央处理器首先到程序指令存储器中读取程序指令内容,解码后得到数据地址,再到相应的数据存储器中读取数据,并进行下一步操作(通常是执行)。程序指令存储和数据存储分开,可以使指令和数据有不同的数据宽度,如Microchip公司的PIC16芯片的程序指令是14位宽度,而数据是8位宽度。

哈佛结构的微处理器通常具有较高的执行效率。其程序指令和数据指令是分开组织和存储的,执行时可以预先读取下一条指令。

目前,使用哈佛结构的中央处理器和微控制器有很多,除了Microchip公司的PIC系列芯片,还有Motorola公司的MC68系列、Zilog公司的Z8系列、ATMEL公司的AVR系列和ARM公司的ARM9、ARM10和ARM11。

哈佛结构是指程序和数据空间独立的体系结构,目的是减轻程序运行时的访存瓶颈。

例如最常见的卷积运算中,一条指令同时取两个操作数,在流水线处理时,同时还有一个取指操作,如果程序和数据通过一条总线访问,取指和取数必会产生冲突,而这对大运算量的循环的执行效率是很不利的。

哈佛结构基本上能解决取指和取数的冲突问题。

而对另一个操作数的访问,就只能采用改进型哈佛结构了。例如像TI那样,数据区再分开,并多一组总线,或像AD那样,采用指令Cache,指令区可存放一部分数据。

如果采用哈佛结构处理以上同样的3条存取数指令,由于取指令和存取数据分别经由不同的存储空间和不同的总线,使得各条指令可以重叠执行,这样,也就克服了数据流传输的瓶颈,提高了运算速度。

3. 冯·诺曼体系和哈佛总线体系的区别

二者的区别就是程序空间和数据空间是否是一体的。

冯·诺曼结构数据空间与地址空间不分开,是共同的;哈佛结构数据空间与地址空间是分开的。

早期的微处理器大多采用冯·诺曼结构,典型代表是Intel公司的X86微处理器。取指和取操作数都在同一总线上,通过分时复用的方式进行。其缺点是在高速运行时,不能达到同时取指令和取操作数,从而形成了传输过程的瓶颈。

哈佛总线技术应用以 DSP 和 ARM 为代表。采用哈佛总线体系结构的芯片内部程序空间和数据空间是分开的,这就允许同时取指和取操作数,从而大大提高了运算能力。

DSP 芯片硬件结构有冯·诺曼结构和哈佛结构,两者区别是地址空间与数据空间分开与否。一般 DSP 都是采用改进型哈佛结构,即分开的数据空间和地址空间都不是一条,而是多条,不同的生产厂商的 DSP 芯片有所不同。在对外寻址方面从逻辑上说也相同,因为是外部引脚,所以一般都是通过相应的空间选取来实现的。本质上是同样的道理。

2.4 嵌入式系统的编程结构

1. 嵌入式微处理器的工作状态

在嵌入式系统中对字(word)、半字(half word)、字节(Byte)的概念说明如下:

- 字(word) 在 ARM 体系结构中,字的长度为 32 位,而在 8 位/16 位处理器体系结构中,字的长度一般为 16 位,请读者在阅读时注意区分。
- 半字(half word) 在 ARM 体系结构中,半字的长度为 16 位,与 8 位/16 位处理器体系结构中字的长度一致。
- 字节(Byte) 在 ARM 体系结构和 8 位/16 位处理器体系结构中,字节的长度均为 8 位。

(1) 嵌入式微处理器的工作状态

在嵌入式系统中,从编程的角度看,嵌入式微处理器的工作状态一般有两种,并可在两种状态之间切换:第一种为 ARM 状态,此时处理器执行 32 位的字对齐的 ARM 指令;第二种为 Thumb 状态,此时处理器执行 16 位的、半字对齐的 Thumb 指令。

当嵌入式微处理器执行 32 位的 ARM 指令集时,工作在 ARM 状态;当嵌入式微处理器执行 16 位的 Thumb 指令集时,工作在 Thumb 状态。在程序的执行过程中,微处理器可以随时在两种工作状态之间切换,并且处理器工作状态的转变并不影响处理器的工作模式和相应寄存器中的内容。

(2) 状态切换方法

ARM 指令集和 Thumb 指令集均有切换处理器状态的指令,并可在两种工作状态之间切换,但 ARM 微处理器在开始执行代码时,应该处于 ARM 状态。

(3) 进入 Thumb 状态

当操作数寄存器的状态位(位 0)为 1 时,可以用执行 BX 指令的方法,使微处理器从 ARM 状态切换到 Thumb 状态。此外,当处理器处于 Thumb 状态同时发生异常(如 IRQ,FIQ,Undef,Abort 和 SWI 等)时,异常处理返回后,会自动切换到 Thumb 状态。

(4) 进入 ARM 状态

当操作数寄存器的状态位为 0 时,执行 BX 指令可以使微处理器从 Thumb 状态切换到 ARM 状态。此外,在处理器进行异常处理时,把 PC 指针放入异常模式链接寄存器中,并从异常向量地址开始执行程序,也可以使处理器切换到 ARM 状态。

2. 嵌入式体系结构的存储器格式

嵌入式体系结构将存储器看做是从零地址开始的字节的线性组合。从第 0~3 字节放置第一个存储的字数据,从第 4~7 字节放置第二个存储的字数据,依次排列。作为 32 位的微处理器,ARM 体系结构所支持的最大寻址空间为 4 GB(2^{32} 字节)。

嵌入式体系结构可以用两种方法存储字数据,称为大端格式和小端格式,具体说明如下:

① 大端格式　在这种存储格式中,字数据的高字节存放在低地址中,而低字节则存放在高地址中,如图 2-8 所示。

高地址 31	24 23	16 15	8 7	0	字地址
8	9	10	11		8
4	5	6	7		4
低地址 0	1	2	3		0

图 2-8　以大端格式存储字数据

② 小端格式　与大端存储格式不同,在小端存储格式中,低地址中存放字数据的低字节,高地址存放字数据的高字节,如图 2-9 所示。

高地址 31	24 23	16 15	8 7	0	字地址
11	10	9	8		8
7	6	5	4		4
低地址 3	2	1	0		0

图 2-9　以小端格式存储字数据

3. 嵌入式系统中的指令长度及数据类型

嵌入式微处理器的指令长度可以是 32 位(在 ARM 状态下),也可以是 16 位(在 Thumb 状态下)。嵌入式微处理器中支持字节(8 位)、半字(16 位)、字(32 位)3 种数据类型,其中,字需要 4 字节对齐(地址的低两位为 0)、半字需要 2 字节对齐(地址的最低位为 0)。

4. 处理器模式

嵌入式微处理器支持 7 种运行模式,分别如下:

① 用户模式(usr)　嵌入式微处理器正常的程序执行状态。

② 快速中断模式(fiq)　用于高速数据传输或通道处理。

③ 外部中断模式(irq)　用于通用的中断处理。

④ 管理模式(svc)　操作系统使用的保护模式。

⑤ 数据访问中止模式(abt)　当数据或指令预取中止时进入该模式,存储及存储保护。

⑥ 系统模式(sys)　运行具有特权的操作系统任务。

⑦ 未定义指令模式(und)　当未定义的指令执行时进入该模式,可用于支持硬件协处理

器的软件仿真。

嵌入式微处理器的运行模式可以通过软件改变,也可以通过外部中断或异常处理改变。大多数的应用程序运行在用户模式下,当处理器运行在用户模式下时,某些被保护的资源是不能被访问的。除用户模式以外,其余 6 种模式称为非用户模式或特权模式(privileged modes);其中,除系统模式以外的 5 种模式又称为异常模式(exception modes),常用于处理中断或异常,以及需要访问受保护的系统资源等情况。

习　题

1. 填空题

(1) 嵌入式系统体系结构模型由＿＿＿＿、＿＿＿＿和＿＿＿＿等部分构成。

(2) 嵌入式体系结构将存储器看做是从＿＿＿＿＿＿＿＿线性组合。从第 0～3 字节放置第一个存储的字数据,从第 4～7 字节放置第二个存储的字数据,依次排列。作为 32 位的微处理器,ARM 体系结构所支持的最大寻址空间为＿＿＿＿。

(3) 嵌入式体系结构可以用两种方法存储字数据,称为＿＿＿＿和＿＿＿＿。

2. 简答题

(1) 简述嵌入式系统的体系结构。

(2) 存储器结构分哪几种?有何区别?

(3) 简述嵌入式体系结构的存储器格式。请分别填出在大端数据存放格式和小端数据存放格式下,下列变量在内存中的存放情况(该机器的字长为 32 位)如图 2-10 所示。

变量 A:word A＝0xF6 73 4B CD,在内存中的起始地址为 0xB3 20 45 00。

变量 B:half word B＝218,在内存中的起始地址为 0xDD DD DD D0。

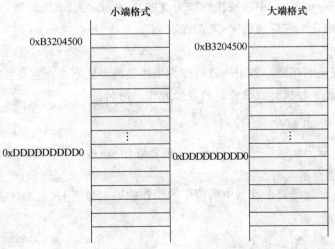

图 2-10　变量在内存中的存放情况

第 3 章
嵌入式系统的指令结构及指令系统

3.1 嵌入式处理器寻址方式

所谓寻址方式,就是处理器根据指令中给出的地址信息来寻找物理地址的方式。目前 ARM 指令系统支持以下几种常见的寻址方式。

1. 立即寻址

立即寻址也叫立即数寻址,是一种特殊的寻址方式,操作数本身就在指令中给出,只要取出指令,也就取到了操作数。这个操作数称为立即数,对应的寻址方式就称为立即寻址。例如:

```
ADD R0,R0,#1            ;R0←R0 + 1
ADD R0,R0,#0x3f         ;R0←R0 + 0x3f
```

在以上两条指令中,第二个源操作数即为立即数,要求以"#"为前缀,对于以十六进制表示的立即数,还要求在"#"后加上"0x"或"&"。

2. 寄存器寻址

寄存器寻址就是利用寄存器中的数值作为操作数的寻址方式。它是各类微处理器经常采用的一种方式,也是一种执行效率较高的寻址方式。例如:

```
ADD R0,R1,R2  ;R0←R1 + R2
```

该指令的执行效果是将寄存器 R1 和 R2 的内容相加,其结果存放在寄存器 R0 中。

3. 寄存器间接寻址

寄存器间接寻址就是以寄存器中的值作为操作数的地址,而操作数本身存放在存储器中的寻址方式。例如:

```
ADD R0,R1,[R2]          ;R0←R1 + [R2]
```

```
LDR R0,[R1]        ;R0←[R1]
STR R0,[R1]        ;[R1]←R0
```

在第一条指令中,以寄存器 R2 的值作为操作数的地址,在存储器中取得一个操作数后与 R1 相加,结果存入寄存器 R0 中。

第二条指令将以 R1 的值为地址的存储器中的数据传送到 R0 中。

第三条指令将 R0 的值传送到以 R1 的值为地址的存储器中。

4. 基址变址寻址

基址变址寻址就是将寄存器(该寄存器一般称为基址寄存器)的内容与指令中给出的地址偏移量相加,从而得到一个操作数的有效地址。变址寻址方式常用于访问某基地址附近的地址单元。采用变址寻址方式的指令有以下几种形式:

```
LDR R0,[R1,#4]     ;R0←[R1+4]
LDR R0,[R1,#4]!    ;R0←[R1+4],R1←R1+4
LDR R0,[R1],#4     ;R0←[R1],R1←R1+4
LDR R0,[R1,R2]     ;R0←[R1+R2]
```

在第一条指令中,将寄存器 R1 的内容加 4 形成操作数的有效地址,从而取得操作数存入寄存器 R0 中。

在第二条指令中,将寄存器 R1 的内容加 4 形成操作数的有效地址,从而取得操作数存入寄存器 R0 中,然后,R1 的内容自增 4 字节。

在第三条指令中,以寄存器 R1 的内容作为操作数的有效地址,从而取得操作数存入寄存器 R0 中,然后,R1 的内容自增 4 字节。

在第四条指令中,将寄存器 R1 的内容加上寄存器 R2 的内容形成操作数的有效地址,从而取得操作数存入寄存器 R0 中。

5. 多寄存器寻址

采用多寄存器寻址方式,一条指令可以完成多个寄存器值的传送。这种寻址方式可以用一条指令完成传送最多 16 个通用寄存器的值。例如:

```
LDMIA R0,{R1,R2,R3,R4}  ;R1←[R0]
                        ;R2←[R0+4]
                        ;R3←[R0+8]
                        ;R4←[R0+12]
```

该指令的后缀 IA 表示在每次执行完加载/存储操作后,R0 按字长度增加,因此,指令可将连续存储单元的值传送到 R1~R4。

6. 相对寻址

与基址变址寻址方式相类似,相对寻址以程序计数器 PC 的当前值为基地址,指令中的地址标号作为偏移量,将两者相加之后得到操作数的有效地址。以下程序段完成子程序的调用和返回,跳转指令 BL 采用了相对寻址方式:

```
        BL NEXT      ;跳转到子程序 NEXT 处执行
        ……
NEXT
        ……
        MOV PC,LR    ;从子程序返回
```

7. 堆栈寻址

堆栈是一种数据结构,按先进后出 FILO(First In Last Out)的方式工作,使用一个称为堆栈指针的专用寄存器指示当前的操作位置,堆栈指针总是指向栈顶。

当堆栈指针指向最后压入堆栈的数据时,称为满堆栈(full stack),而当堆栈指针指向下一个将要放入数据的空位置时,称为空堆栈(empty stack)。

同时,根据堆栈的生成方式,又可以分为递增堆栈(ascending stack)和递减堆栈(descending stack)。当堆栈由低地址向高地址生成时,称为递增堆栈;当堆栈由高地址向低地址生成时,称为递减堆栈。这样就有 4 种类型的堆栈工作方式,ARM 微处理器支持这 4 种类型的堆栈工作方式,即:

① 满递增堆栈　堆栈指针指向最后压入的数据,且由低地址向高地址生成。
② 满递减堆栈　堆栈指针指向最后压入的数据,且由高地址向低地址生成。
③ 空递增堆栈　堆栈指针指向下一个将要放入数据的空位置,且由低地址向高地址生成。
④ 空递减堆栈　堆栈指针指向下一个将要放入数据的空位置,且由高地址向低地址生成。

3.2　指令集介绍

3.2.1　ARM 微处理器的指令的分类与格式

ARM 微处理器的指令集是加载、存储型的,也即指令集仅能处理寄存器中的数据,而且处理结果都要放回寄存器中,而对系统存储器的访问则需要通过专门的加载、存储指令来完成。

ARM 微处理器的指令集可以分为跳转指令、数据处理指令、程序状态寄存器(CPSR)处理指令、加载/存储指令、协处理器指令和异常产生指令 6 大类,具体的指令及其功能如表 3-1 所列(表中指令为基本 ARM 指令,不包括派生的 ARM 指令)。

第3章 嵌入式系统的指令结构及指令系统

表3-1 ARM指令及其功能描述

助记符	指令功能描述
ADC	带进位加法指令
ADD	加法指令
AND	逻辑"与"指令
B	跳转指令
BIC	位清除指令
BL	带返回的跳转指令
BLX	带返回和状态切换的跳转指令
BX	带状态切换的跳转指令
CDP	协处理器数据操作指令
CMN	反值比较指令
CMP	比较指令
EOR	逻辑"异或"指令
LDC	协处理器数据加载指令
LDM	批量数据加载指令
LDR	存储器到寄存器的数据传输指令
MCR	从ARM寄存器到协处理器寄存器的数据传送指令
MLA	乘加运算指令
MOV	数据传送指令
MRC	从协处理器寄存器到ARM寄存器的数据传送指令
MRS	CPSR或SPSR到通用寄存器的数据传送指令
MSR	通用寄存器到CPSR或SPSR的数据传送指令
MUL	32位乘法指令
MLA	32位乘加指令
MVN	数据取反传送指令
ORR	逻辑"或"指令
RSB	逆向减法指令
RSC	带借位逆向减法指令
SBC	带借位减法指令
STC	协处理器数据存储指令
STM	批量数据存储指令
STR	寄存器到存储器的数据传输指令
SUB	减法指令
SWI	软件中断指令
SWP	字数据交换指令
TEQ	相等测试指令
TST	位测试指令

3.2.2 指令的条件域

当处理器工作在 ARM 状态时,几乎所有的指令均根据 CPSR 中条件码的状态和指令的条件域有条件地执行。当满足指令的执行条件时,指令被执行,否则指令被忽略。

每一条 ARM 指令包含 4 位的条件码,位于指令的最高 4 位[31:28]。条件码共有 16 种,每种条件码可用两个字符表示,这两个字符可以添加在指令助记符的后面与指令同时使用。例如,跳转指令 B 可以加上后缀 EQ 变为 BEQ 表示"相等则跳转",即当 CPSR 中的 Z 条件码标志置位时发生跳转。

在 16 种条件码标志中,只有 15 种可以使用,如表 3-2 所列,第 16 种(1111)为系统保留,暂时不能使用。

表 3-2 指令的条件码

条件码	助记符后缀	标 志	含 义
0000	EQ	Z 置位	相等
0001	NE	Z 清零	不相等
0010	CS	C 置位	无符号数大于或等于
0011	CC	C 清零	无符号数小于
0100	MI	N 置位	负数
0101	PL	N 清零	正数或零
0110	VS	V 置位	溢出
0111	VC	V 清零	未溢出
1000	HI	C 置位 Z 清零	无符号数大于
1001	LS	C 清零 Z 置位	无符号数小于或等于
1010	GE	N 等于 V	带符号数大于或等于
1011	LT	N 不等于 V	带符号数小于
1100	GT	Z 清零且 N 等于 V	带符号数大于
1101	LE	Z 置位或 N 不等于 V	带符号数小于或等于
1110	AL	忽略	无条件执行

3.3 ARM 指令集

本节对 ARM 指令集的 6 大类指令进行详细描述。

3.3.1 跳转指令

跳转指令用于实现程序流程的跳转，在 ARM 程序中有两种方法可以实现程序流程的跳转：
- 使用专门的跳转指令。
- 直接向程序计数器 PC 写入跳转地址值。

通过向程序计数器 PC 写入跳转地址值，可以实现在 4 GB 的地址空间中的任意跳转，在跳转之前结合使用

MOV LR,PC

等类似指令，可以保存将来的返回地址值，从而实现在 4 GB 连续的线性地址空间的子程序调用。

ARM 指令集中的跳转指令可以完成从当前指令向前或向后的 32 MB 的地址空间的跳转，包括以下 4 条指令：
- B 跳转指令；
- BL 带返回的跳转指令；
- BLX 带返回和状态切换的跳转指令；
- BX 带状态切换的跳转指令。

1. B 指令

B 指令的格式为：

B{条件} 目标地址

B 指令是最简单的跳转指令。一旦遇到一个 B 指令，ARM 处理器将立即跳转到给定的目标地址，从那里继续执行。注意：存储在跳转指令中的实际值是相对当前 PC 值的一个偏移量，而不是一个绝对地址，它的值由汇编器来计算（参考寻址方式中的相对寻址）。它是 24 位有符号数，左移两位后有符号数扩展为 32 位，表示的有效偏移为 26 位（前后 32 MB 的地址空间）。例如：

```
B Label            ;程序无条件跳转到标号 Label 处执行
CMP R1,#0          ;当 CPSR 寄存器中的 Z 条件码置位时，程序跳转到标号 Label 处执行
BEQ Label
```

2. BL 指令

BL 指令的格式为：

BL{条件} 目标地址

BL 指令是带返回的跳转指令，在跳转之前，会在寄存器 R14 中保存 PC 的当前内容，因此，可以通过将 R14 的内容重新加载到 PC 中来返回到跳转指令之后的那个指令处执行。该

指令是实现子程序调用的一个基本且常用的手段。例如：

BL Label   ;当程序无条件跳转到标号 Label 处执行时,同时将当前的 PC 值保存到 R14 中

3. BLX 指令

BLX 指令的格式为：

BLX 目标地址

BLX 指令是带返回和状态切换的跳转指令,即从 ARM 指令集跳转到指令中所指定的目标地址,并将处理器的工作状态由 ARM 状态切换到 Thumb 状态,同时将 PC 的当前内容保存到寄存器 R14 中。因此,当子程序使用 Thumb 指令集,而调用者使用 ARM 指令集时,可以通过 BLX 指令实现子程序的调用和处理器工作状态的切换。同时,子程序的返回可以通过将寄存器 R14 的值复制到 PC 中来完成。

4. BX 指令

BX 指令的格式为：

BX{条件} 目标地址

BX 指令是带状态切换的跳转指令,即跳转到指令中所指定的目标地址。目标地址处的指令既可以是 ARM 指令,也可以是 Thumb 指令。

3.3.2 数据处理指令

数据处理指令可分为数据传送指令、算术逻辑运算指令和比较指令等。

数据传送指令用于在寄存器和存储器之间进行数据的双向传输。

算术逻辑运算指令完成常用的算术与逻辑的运算。该类指令不但将运算结果保存在目的寄存器中,同时更新 CPSR 中的相应条件标志位。

比较指令不保存运算结果,只更新 CPSR 中相应的条件标志位。

数据处理指令包括：

- MOV　数据传送指令；
- MVN　数据取反传送指令；
- CMP　比较指令；
- CMN　反值比较指令；
- TST　位测试指令；
- TEQ　相等测试指令；
- ADD　加法指令；
- ADC　带进位加法指令；
- SUB　减法指令；
- SBC　带借位减法指令；
- RSB　逆向减法指令；

- RSC 带借位逆向减法指令;
- AND 逻辑"与"指令;
- ORR 逻辑"或"指令;
- EOR 逻辑"异或"指令;
- BIC 位清除指令。

1. MOV 指令

MOV 指令的格式为:

MOV{条件}{S} 目的寄存器,源操作数

MOV 指令称为数据传送指令,可完成从一个寄存器、被移位的寄存器的操作或将一个立即数加载到目的寄存器的操作。其中,S 选项决定指令的操作是否影响 CPSR 中条件标志位的值,当没有 S 时指令不更新 CPSR 中条件标志位的值。

指令示例:

```
MOV R1,R0          ;将寄存器 R0 的值传送到寄存器 R1
MOV PC,R14         ;将寄存器 R14 的值传送到 PC,常用于子程序返回
MOV R1,R0,LSL #3   ;将寄存器 R0 的值左移 3 位后传送到 R1
```

2. MVN 指令

MVN 指令的格式为:

MVN{条件}{S} 目的寄存器,源操作数

MVN 指令称为数据取反传送指令,可完成从一个寄存器、被移位的寄存器的操作或将一个立即数加载到目的寄存器的操作。与 MOV 指令的不同之处是,在传送之前将源操作数按位取反,即把一个被取反的值传送到目的寄存器中。其中,S 决定指令的操作是否影响 CPSR 中条件标志位的值,当没有 S 时指令不更新 CPSR 中条件标志位的值。

指令示例:

```
MVN R0,#0 ;将立即数 0 取反传送到寄存器 R0 中,完成后 R0=-1
```

3. CMP 指令

CMP 指令的格式为:

CMP{条件} 操作数 1,操作数 2

CMP 指令称为比较指令,用于把一个寄存器的内容与另一个寄存器的内容或立即数进行比较,同时更新 CPSR 中条件标志位的值。该指令进行一次减法运算,但不存储结果,只更改条件标志位。标志位表示的是操作数 1 与操作数 2 的关系(大、小、相等),例如,当操作数 1 大于操作数 2,则此后的有 GT 后缀的指令将可以执行。

指令示例:

```
CMP R1,R0    ;将寄存器 R1 的值与寄存器 R0 的值相减,并根据结果设置 CPSR 的标志位
```

```
CMP R1,#100        ;将寄存器 R1 的值与立即数 100 相减,并根据结果设置 CPSR 的标志位
```

4. CMN 指令

CMN 指令的格式为:

CMN{条件} 操作数 1,操作数 2

CMN 指令称为反值比较指令,用于把一个寄存器的内容和另一个寄存器的内容或立即数取反后进行比较,同时更新 CPSR 中条件标志位的值。该指令完成操作数 1 与操作数 2 相加,并根据结果更改条件标志位。

指令示例:

```
CMN R1,R0          ;将寄存器 R1 的值与寄存器 R0 的值相加,并根据结果设置 CPSR 的标志位
CMN R1,#100        ;将寄存器 R1 的值与立即数 100 相加,并根据结果设置 CPSR 的标志位
```

5. TST 指令

TST 指令的格式为:

TST{条件} 操作数 1,操作数 2

TST 指令称为位测试指令,用于把一个寄存器的内容和另一个寄存器的内容或立即数进行按位的"与"运算,并根据运算结果更新 CPSR 中条件标志位的值。操作数 1 是要测试的数据,而操作数 2 是一个位掩码。该指令一般用来检测是否设置了特定的位。

指令示例:

```
TST R1,#%1         ;用于测试在寄存器 R1 中是否设置了最低位(%表示二进制数)
TST R1,#0xffe      ;将寄存器 R1 的值与立即数 0xffe 按位"与",并根据结果设置 CPSR 的标志位
```

6. TEQ 指令

TEQ 指令的格式为:

TEQ{条件} 操作数 1,操作数 2

TEQ 指令称为相等测试指令,用于把一个寄存器的内容和另一个寄存器的内容或立即数进行按位的"异或"运算,并根据运算结果更新 CPSR 中条件标志位的值。该指令通常用于比较操作数 1 和操作数 2 是否相等。

指令示例:

```
TEQ R1,R2          ;将寄存器 R1 的值与寄存器 R2 的值按位"异或",并根据结果设置 CPSR 的标志位
```

7. ADD 指令

ADD 指令的格式为:

ADD{条件}{S} 目的寄存器,操作数 1,操作数 2

ADD 指令称为加法指令,用于把两个操作数相加,并将结果存放到目的寄存器中。操作数 1 应是一个寄存器,操作数 2 可以是一个寄存器、被移位的寄存器或一个立即数。

指令示例:

```
ADD R0,R1,R2          ;R0 = R1 + R2
ADD R0,R1,#256        ;R0 = R1 + 256
ADD R0,R2,R3,LSL#1    ;R0 = R2 + (R3 << 1)
```

8. ADC 指令

ADC 指令的格式为:

ADC{条件}{S} 目的寄存器,操作数 1,操作数 2

ADC 指令称为带进位加法指令,用于把两个操作数相加,再加上 CPSR 中的 C 条件标志位的值,并将结果存放到目的寄存器中。它使用一个进位标志位,这样就可以做比 32 位大的数的加法,注意要设置 S 后缀来更改进位标志。操作数 1 应是一个寄存器,操作数 2 可以是一个寄存器、被移位的寄存器或一个立即数。

指令示例:

以下指令序列完成两个 128 位数的加法,第一个数由高到低存放在寄存器 R7～R4,第二个数由高到低存放在寄存器 R11～R8,运算结果由高到低存放在寄存器 R3～R0:

```
ADDS R0,R4,R8      ;加低端的字
ADCS R1,R5,R9      ;加第二个字,带进位
ADCS R2,R6,R10     ;加第三个字,带进位
ADC  R3,R7,R11     ;加第四个字,带进位
```

9. SUB 指令

SUB 指令的格式为:

SUB{条件}{S} 目的寄存器,操作数 1,操作数 2

SUB 指令称为减法指令,用于把操作数 1 减去操作数 2,并将结果存放到目的寄存器中。操作数 1 应是一个寄存器,操作数 2 可以是一个寄存器、被移位的寄存器或一个立即数。该指令还可用于有符号数或无符号数的减法运算。

指令示例:

```
SUB R0,R1,R2          ;R0 = R1 - R2
SUB R0,R1,#256        ;R0 = R1 - 256
SUB R0,R2,R3,LSL#1    ;R0 = R2 - (R << 1)
```

10. SBC 指令

SBC 指令的格式为:

SBC{条件}{S} 目的寄存器,操作数 1,操作数 2

SBC 指令称为带借位减法指令,用于将操作数 1 减去操作数 2,再减去 CPSR 中的 C 条件标志位的反码,并将结果存放到目的寄存器中。操作数 1 应是一个寄存器,操作数 2 可以是一个寄存器、被移位的寄存器或一个立即数。该指令使用进位标志来表示借位,这样就可以做比

32位大的数的减法,注意要设置 S 后缀来更改进位标志。该指令可用于有符号数或无符号数的减法运算。

指令示例:

SUBS R0,R1,R2   ;R0 = R1 - R2 - !C,并根据结果设置 CPSR 的进位标志位

11. RSB 指令

RSB 指令的格式为:

RSB{条件}{S} 目的寄存器,操作数 1,操作数 2

RSB 指令称为逆向减法指令,用于将操作数 2 减去操作数 1,并将结果存放到目的寄存器中。操作数 1 应是一个寄存器,操作数 2 可以是一个寄存器、被移位的寄存器或一个立即数。该指令还可用于有符号数或无符号数的减法运算。

指令示例:

```
RSB R0,R1,R2           ;R0 = R2 - R1
RSB R0,R1,#256         ;R0 = 256 - R1
RSB R0,R2,R3,LSL#1     ;R0 = (R<<1) - R2
```

12. RSC 指令

RSC 指令的格式为:

RSC{条件}{S} 目的寄存器,操作数 1,操作数 2

RSC 指令称为带借位逆向减法指令,用于将操作数 2 减去操作数 1,再减去 CPSR 中的 C 条件标志位的反码,并将结果存放到目的寄存器中。操作数 1 应是一个寄存器,操作数 2 可以是一个寄存器、被移位的寄存器或一个立即数。该指令使用进位标志来表示借位,这样就可以做比 32 位大的数的减法,注意要设置 S 后缀来更改进位标志。该指令还可用于有符号数或无符号数的减法运算。

指令示例:

RSC R0,R1,R2   ;R0 = R2 - R1 - !C

13. AND 指令

AND 指令的格式为:

AND{条件}{S} 目的寄存器,操作数 1,操作数 2

AND 指令称为逻辑"与"指令,用于在两个操作数上进行逻辑"与"运算,并把结果放置到目的寄存器中。操作数 1 应是一个寄存器,操作数 2 可以是一个寄存器、被移位的寄存器或一个立即数。该指令常用于屏蔽操作数 1 的某些位。

指令示例:

AND R0,R0,#3   ;该指令保持 R0 的 0、1 位,其余位清零

第3章 嵌入式系统的指令结构及指令系统

14. ORR 指令

ORR 指令的格式为：

ORR｛条件｝｛S｝目的寄存器,操作数1,操作数2

ORR 指令称为逻辑"或"指令，用于在两个操作数上进行逻辑"或"运算，并把结果放置到目的寄存器中。操作数1应是一个寄存器，操作数2可以是一个寄存器、被移位的寄存器或一个立即数。该指令常用于设置操作数1的某些位。

指令示例：

ORR R0,R0,#3   ;该指令设置 R0 的 0、1 位,其余位保持不变

15. EOR 指令

EOR 指令的格式为：

EOR｛条件｝｛S｝目的寄存器,操作数1,操作数2

EOR 指令称为逻辑"异或"指令，用于在两个操作数上进行逻辑"异或"运算，并将结果放置到目的寄存器中。操作数1应是一个寄存器，操作数2可以是一个寄存器、被移位的寄存器或一个立即数。该指令常用于反转操作数1的某些位。

指令示例：

EOR R0,R0,#3   ;该指令反转 R0 的 0、1 位,其余位保持不变

16. BIC 指令

BIC 指令的格式为：

BIC｛条件｝｛S｝目的寄存器,操作数1,操作数2

BIC 指令称为位清除指令，用于清除操作数1的某些位，并将结果放置到目的寄存器中。操作数1应是一个寄存器，操作数2可以是一个寄存器、被移位的寄存器或一个立即数。操作数2为32位掩码，如果在掩码中设置了某一位，则清除这一位。未设置的掩码位保持不变。

指令示例：

BIC R0,R0,#%1011   ;该指令清除 R0 中的位 0、1、和 3,其余的位保持不变

3.3.3 乘法指令与乘加指令

ARM 微处理器支持的乘法指令与乘加指令共有6条，运算结果可分为32位和64位两类。与前面的数据处理指令不同，指令中的所有操作数和目的寄存器必须为通用寄存器；不能对操作数使用立即数或被移位的寄存器；同时，目的寄存器和操作数1必须是不同的寄存器。

乘法指令与乘加指令共有以下6条：

- MUL   32位乘法指令；
- MLA   32位乘加指令；
- SMULL 64位有符号数乘法指令；

- SMLAL   64位有符号数乘加指令;
- UMULL   64位无符号数乘法指令;
- UMLAL   64位无符号数乘加指令。

1. MUL 指令

MUL 指令的格式为:

MUL{条件}{S} 目的寄存器,操作数1,操作数2

MUL 指令为32位乘法指令,用于完成操作数1与操作数2的乘法运算,并把结果放置到目的寄存器中,同时可以根据运算结果设置 CPSR 中相应的条件标志位。其中,操作数1和操作数2均为32位的有符号数或无符号数。

指令示例:

```
MUL R0,R1,R2      ;R0 = R1 × R2
MULS R0,R1,R2     ;R0 = R1 × R2,同时设置 CPSR 中的相关条件标志位
```

2. MLA 指令

MLA 指令的格式为:

MLA{条件}{S} 目的寄存器,操作数1,操作数2,操作数3

MLA 指令为32位乘加指令,用于完成操作数1与操作数2的乘法运算,再将乘积加上操作数3,并把结果放置到目的寄存器中;同时,可以根据运算结果设置 CPSR 中相应的条件标志位。其中,操作数1和操作数2均为32位的有符号数或无符号数。

指令示例:

```
MLA R0,R1,R2,R3   ;R0 = R1 × R2 + R3
MLAS R0,R1,R2,R3  ;R0 = R1 × R2 + R3,同时设置 CPSR 中的相关条件标志位
```

3. SMULL 指令

SMULL 指令的格式为:

SMULL{条件}{S} 目的寄存器Low,目的寄存器High,操作数1,操作数2

SMULL 指令为64位有符号数乘法指令,用于完成操作数1与操作数2的乘法运算,并把结果的低32位放置到目的寄存器 Low 中,高32位放置到目的寄存器 High 中;同时,可以根据运算结果设置 CPSR 中相应的条件标志位。其中,操作数1和操作数2均为32位的有符号数。

指令示例:

```
SMULL R0,R1,R2,R3 ;R0 = (R2 × R3)的低32位
                  ;R1 = (R2 × R3)的高32位
```

4. SMLAL 指令

SMLAL 指令的格式为:

SMLAL{条件}{S} 目的寄存器Low,目的寄存器High,操作数1,操作数2

SMLAL 指令为 64 位有符号数乘加指令,用于完成操作数 1 与操作数 2 的乘法运算,并把结果的低 32 位与目的寄存器 Low 中的值相加后再放置到目的寄存器 Low 中,高 32 位与目的寄存器 High 中的值相加后再放置到目的寄存器 High 中;同时,可以根据运算结果设置 CPSR 中相应的条件标志位。其中,操作数 1 和操作数 2 均为 32 位的有符号数。

对于目的寄存器 Low,在指令执行前存放 64 位加数的低 32 位,指令执行后存放结果的低 32 位。

对于目的寄存器 High,在指令执行前存放 64 位加数的高 32 位,指令执行后存放结果的高 32 位。

指令示例:

SMLAL R0,R1,R2,R3 ;R0 = (R2 × R3)的低 32 位 + R0
                  ;R1 = (R2 × R3)的高 32 位 + R1

5. UMULL 指令

UMULL 指令的格式为:

UMULL{条件}{S} 目的寄存器 Low,目的寄存器 High,操作数 1,操作数 2

UMULL 指令为 64 位无符号数乘法指令,用于完成操作数 1 与操作数 2 的乘法运算,并把结果的低 32 位放置到目的寄存器 Low 中,高 32 位放置到目的寄存器 High 中;同时,可以根据运算结果设置 CPSR 中相应的条件标志位。其中,操作数 1 和操作数 2 均为 32 位的无符号数。

指令示例:

UMULL R0,R1,R2,R3 ;R0 = (R2 × R3)的低 32 位
                  ;R1 = (R2 × R3)的高 32 位

6. UMLAL 指令

UMLAL 指令的格式为:

UMLAL{条件}{S} 目的寄存器 Low,目的寄存器 High,操作数 1,操作数 2

UMLAL 指令为 64 位无符号数乘加指令,用于完成操作数 1 与操作数 2 的乘法运算,并把结果的低 32 位与目的寄存器 Low 中的值相加后再放置到目的寄存器 Low 中,高 32 位与目的寄存器 High 中的值相加后再放置到目的寄存器 High 中;同时,可以根据运算结果设置 CPSR 中相应的条件标志位。其中,操作数 1 和操作数 2 均为 32 位的无符号数。

对于目的寄存器 Low,在指令执行前存放 64 位加数的低 32 位,指令执行后存放结果的低 32 位。

对于目的寄存器 High,在指令执行前存放 64 位加数的高 32 位,指令执行后存放结果的高 32 位。

指令示例:

UMLAL R0,R1,R2,R3 ;R0 = (R2 × R3)的低 32 位 + R0
                  ;R1 = (R2 × R3)的高 32 位 + R1

3.3.4 程序状态寄存器访问指令

ARM 微处理器支持程序状态寄存器访问指令,用于程序状态寄存器与通用寄存器之间传送数据,程序状态寄存器访问指令包括以下两条:
- MRS 程序状态寄存器到通用寄存器的数据传送指令;
- MSR 通用寄存器到程序状态寄存器的数据传送指令。

1. MRS 指令

MRS 指令的格式为:

MRS{条件} 通用寄存器,程序状态寄存器(CPSR 或 SPSR)

MRS 指令用于将程序状态寄存器的内容传送到通用寄存器中。该指令一般用于以下几种情况:

① 当需要改变程序状态寄存器的内容时,可用 MRS 将程序状态寄存器的内容读入通用寄存器,修改后再写回程序状态寄存器。

② 当在异常处理或进程切换时,需要保存程序状态寄存器的值,可先用该指令读出程序状态寄存器的值,然后保存。

指令示例:

```
MRS R0,CPSR      ;传送 CPSR 的内容到 R0
MRS R0,SPSR      ;传送 SPSR 的内容到 R0
```

2. MSR 指令

MSR 指令的格式为:

MSR{条件} 程序状态寄存器(CPSR 或 SPSR)_〈域〉,操作数

MSR 指令用于将操作数的内容传送到程序状态寄存器的特定域中。其中,操作数可以为通用寄存器或立即数。〈域〉用于设置程序状态寄存器中需要操作的位。32 位的程序状态寄存器可分为 4 个域:

位[31:24]为条件标志位域,用 f 表示;
位[23:16]为状态位域,用 s 表示;
位[15:8]为扩展位域,用 x 表示;
位[7:0]为控制位域,用 c 表示。

该指令通常用于恢复或改变程序状态寄存器的内容。在使用时,一般要在 MSR 指令中指明将要操作的域。

指令示例:

```
MSR CPSR,R0      ;传送 R0 的内容到 CPSR
MSR SPSR,R0      ;传送 R0 的内容到 SPSR
```

MSR CPSR_c,R0   ;传送 R0 的内容到 SPSR,但仅仅修改 CPSR 中的控制位域

3.3.5 加载/存储指令

ARM 微处理器支持加载/存储指令用于寄存器与存储器之间传送数据。加载指令用于将存储器中的数据传送到寄存器,存储指令则完成相反的操作。常用的加载存储指令如下:

- LDR   字数据加载指令;
- LDRB   字节数据加载指令;
- LDRH   半字数据加载指令;
- STR   字数据存储指令;
- STRB   字节数据存储指令;
- STRH   半字数据存储指令。

1. LDR 指令

LDR 指令的格式为:

LDR{条件} 目的寄存器,〈存储器地址〉

LDR 指令是字数据加载指令,用于从存储器中将一个 32 位的字数据传送到目的寄存器中。该指令通常用于从存储器中读取 32 位的字数据到通用寄存器,然后对数据进行处理。当程序计数器 PC 作为目的寄存器时,指令从存储器中读取的字数据被当作目的地址,从而可以实现程序流程的跳转。该指令在程序设计中比较常用,且寻址方式灵活多样,请读者认真掌握。

指令示例:

LDR R0,[R1]   ;将存储器地址为 R1 的字数据读入寄存器 R0
LDR R0,[R1,R2]   ;将存储器地址为 R1+R2 的字数据读入寄存器 R0
LDR R0,[R1,#8]   ;将存储器地址为 R1+8 的字数据读入寄存器 R0
LDR R0,[R1,R2]!   ;将存储器地址为 R1+R2 的字数据读入寄存器 R0,并将新地址 R1+R2 写入 R1
LDR R0,[R1,#8]!   ;将存储器地址为 R1+8 的字数据读入寄存器 R0,并将新地址 R1+8 写入 R1
LDR R0,[R1],R2   ;将存储器地址为 R1 的字数据读入寄存器 R0,并将新地址 R1+R2 写入 R1
LDR R0,[R1,R2,LSL#2]!   ;将存储器地址为 R1+R2×4 的字数据读入寄存器 R0,并将新地址 R1+R2×4
            ;写入 R1
LDR R0,[R1],R2,LSL#2   ;将存储器地址为 R1 的字数据读入寄存器 R0,并将新地址 R1+R2×4 写入 R1

2. LDRB 指令

LDRB 指令的格式为:

LDR{条件}B 目的寄存器,〈存储器地址〉

LDRB 指令是字节数据加载指令,用于从存储器中将一个 8 位的字节数据传送到目的寄存器中,同时将寄存器的高 24 位清零。该指令通常用于从存储器中读取 8 位的字节数据到通用寄存器,然后对数据进行处理。当程序计数器 PC 作为目的寄存器时,指令从存储器中读取

的字节数据被当做目的地址,从而可以实现程序流程的跳转。

指令示例:

LDRB R0,[R1]   ;将存储器地址为 R1 的字节数据读入寄存器 R0,并将 R0 的高 24 位清零
LDRB R0,[R1,#8]   ;将存储器地址为 R1+8 的字节数据读入寄存器 R0,并将 R0 的高 24 位清零

3. LDRH 指令

LDRH 指令的格式为:

LDR{条件}H 目的寄存器,〈存储器地址〉

LDRH 指令是半字数据加载指令,用于从存储器中将一个 16 位的半字数据传送到目的寄存器中,同时将寄存器的高 16 位清零。该指令通常用于从存储器中读取 16 位的半字数据到通用寄存器,然后对数据进行处理。当程序计数器 PC 作为目的寄存器时,指令从存储器中读取的半字数据被当做目的地址,从而可以实现程序流程的跳转。

指令示例:

LDRH R0,[R1]   ;将存储器地址为 R1 的半字数据读入寄存器 R0,并将 R0 的高 16 位清零
LDRH R0,[R1,#8]   ;将存储器地址为 R1+8 的半字数据读入寄存器 R0,并将 R0 的高 16 位清零
LDRH R0,[R1,R2]   ;将存储器地址为 R1+R2 的半字数据读入寄存器 R0,并将 R0 的高 16 位清零

4. STR 指令

STR 指令的格式为:

STR{条件} 源寄存器,〈存储器地址〉

STR 指令是字数据存储指令,用于从源寄存器中将一个 32 位的字数据传送到存储器中。该指令在程序设计中比较常用,且寻址方式灵活多样,使用方式可参考指令 LDR。

指令示例:

STR R0,[R1],#8   ;将 R0 中的字数据写入以 R1 为地址的存储器中,并将新地址 R1+8 写入 R1
STR R0,[R1,#8]   ;将 R0 中的字数据写入以 R1+8 为地址的存储器中

5. STRB 指令

STRB 指令的格式为:

STR{条件}B 源寄存器,〈存储器地址〉

STRB 指令是字节数据存储指令,用于从源寄存器中将一个 8 位的字节数据传送到存储器中。该字节数据为源寄存器中的低 8 位。

指令示例:

STRB R0,[R1]   ;将寄存器 R0 中的字节数据写入以 R1 为地址的存储器中
STRB R0,[R1,#8]   ;将寄存器 R0 中的字节数据写入以 R1+8 为地址的存储器中

6. STRH 指令

STRH 指令的格式为:

STR{条件}H 源寄存器,〈存储器地址〉

STRH 指令是半字数据存储指令,用于从源寄存器中将一个 16 位的半字数据传送到存储器中。该半字数据为源寄存器中的低 16 位。

指令示例:

STRH R0,[R1]   ;将寄存器 R0 中的半字数据写入以 R1 为地址的存储器中
STRH R0,[R1,#8];将寄存器 R0 中的半字数据写入以 R1+8 为地址的存储器中

3.3.6 批量数据加载/存储指令

ARM 微处理器所支持批量数据加载/存储指令可以一次在一片连续的存储器单元和多个寄存器之间传送数据。批量加载指令用于将一片连续的存储器中的数据传送到多个寄存器,批量数据存储指令则完成相反的操作。常用的加载存储指令如下:

- LDM   批量数据加载指令;
- STM   批量数据存储指令。

LDM(或 STM)指令

LDM(或 STM)指令的格式为:

LDM(或 STM){条件}{类型} 基址寄存器{!},寄存器列表{∧}

LDM(或 STM)指令用于由基址寄存器所指示的一片连续存储器到寄存器列表所指示的多个寄存器之间传送数据。该指令的常见用途是将多个寄存器的内容入栈或出栈。其中,{类型}为以下几种情况:

- IA   每次传送后地址加 1;
- IB   每次传送前地址加 1;
- DA   每次传送后地址减 1;
- DB   每次传送前地址减 1;
- FD   满递减堆栈;
- ED   空递减堆栈;
- FA   满递增堆栈;
- EA   空递增堆栈。

{!}为可选后缀,若选用该后缀,则当数据传送完毕后,将最后的地址写入基址寄存器,否则基址寄存器的内容不改变。

基址寄存器不允许为 R15,寄存器列表可以为 R0~R15 的任意组合。

{∧}为可选后缀,当指令为 LDM 且寄存器列表中包含 R15,选用该后缀时表示:除了正常的数据传送之外,还将 SPSR 复制到 CPSR。同时,该后缀还表示传入或传出的是用户模式下的寄存器,而不是当前模式下的寄存器。

指令示例:

STMFD R13!,{R0,R4 - R12,LR} ;将寄存器列表中的寄存器(R0,R4 到 R12,LR)存入堆栈
LDMFD R13!,{R0,R4 - R12,PC} ;将堆栈内容恢复到寄存器(R0,R4 到 R12,LR)

3.3.7 数据交换指令

ARM 微处理器所支持的数据交换指令能在存储器与寄存器之间交换数据。数据交换指令有以下两条:
- SWP 字数据交换指令;
- SWPB 字节数据交换指令。

1. SWP 指令

SWP 指令的格式为:

SWP{条件} 目的寄存器,源寄存器 1,[源寄存器 2]

SWP 指令为字数据交换指令,用于将源寄存器 2 所指向的存储器中的字数据传送到目的寄存器中,同时将源寄存器 1 中的字数据传送到源寄存器 2 所指向的存储器中。显然,当源寄存器 1 和目的寄存器为同一个寄存器时,指令交换该寄存器和存储器的内容。

指令示例:

SWP R0,R1,[R2] ;将 R2 所指向的存储器中的字数据传送到 R0,同时将 R1 中的字数据传送到 R2 所指向
;的存储单元
SWP R0,R0,[R1] ;完成将 R1 所指向的存储器中的字数据与 R0 中的字数据交换

2. SWPB 指令

SWPB 指令的格式为:

SWP{条件}B 目的寄存器,源寄存器 1,[源寄存器 2]

SWPB 指令为字节数据交换指令,用于将源寄存器 2 所指向的存储器中的字节数据传送到目的寄存器中,目的寄存器的高 24 清零,同时将源寄存器 1 中的字节数据传送到源寄存器 2 所指向的存储器中。显然,当源寄存器 1 和目的寄存器为同一个寄存器时,指令交换该寄存器和存储器的内容。

指令示例:

SWPB R0,R1,[R2] ;将 R2 所指向的存储器中的字节数据传送到 R0,R0 的高 24 位清零,同时将 R1 中的低 8 位
;数据传送到 R2 所指向的存储单元
SWPB R0,R0,[R1] ;完成将 R1 所指向的存储器中的字节数据与 R0 中的低 8 位数据交换

3.3.8 移位指令(操作)

ARM 微处理器内嵌的桶型移位器(barrel shifter),支持数据的各种移位操作,移位操作在 ARM 指令集中不作为单独的指令使用,它只能作为指令格式中的一个字段,在汇编语言中

表示为指令中的选项。例如,数据处理指令的第二个操作数为寄存器时,就可以加入移位操作选项对它进行各种移位操作。移位操作包括以下 6 种类型,ASL 和 LSL 是等价的,可以自由互换:

- LSL　逻辑左移;
- ASL　算术左移;
- LSR　逻辑右移;
- ASR　算术右移;
- ROR　循环右移;
- RRX　带扩展的循环右移。

1. LSL(或 ASL)操作

LSL(或 ASL)操作的格式为:

通用寄存器,LSL(或 ASL) 操作数

LSL(或 ASL)可完成对通用寄存器中的内容进行逻辑(或算术)左移操作,按操作数所指定的数量向左移位,低位用零来填充。其中,操作数可以是通用寄存器,也可以是立即数(0~31)。

操作示例:

MOV R0,R1,LSL#2 ;将 R1 中的内容左移两位后传送到 R0 中

2. LSR 操作

LSR 操作的格式为:

通用寄存器,LSR 操作数

LSR 可完成对通用寄存器中的内容进行逻辑右移操作,按操作数所指定的数量向右移位,左端用零来填充。其中,操作数可以是通用寄存器,也可以是立即数(0~31)。

操作示例:

MOV R0,R1,LSR#2 ;将 R1 中的内容右移两位后传送到 R0 中,左端用零来填充

3. ASR 操作

ASR 操作的格式为:

通用寄存器,ASR 操作数

ASR 可完成对通用寄存器中的内容进行算术右移操作,按操作数所指定的数量向右移位,左端用第 31 位的值来填充。其中,操作数可以是通用寄存器,也可以是立即数(0~31)。

操作示例:

MOV R0,R1,ASR#2 ;将 R1 中的内容右移两位后传送到 R0 中,左端用第 31 位的值来填充

4. ROR 操作

ROR 操作的格式为:

通用寄存器,ROR 操作数

ROR 可完成对通用寄存器中的内容进行循环右移操作,按操作数所指定的数量向右循环移位,左端用右端移出的位来填充。其中,操作数可以是通用寄存器,也可以是立即数(0~31)。显然,当进行 32 位的循环右移操作时,通用寄存器中的值不改变。

操作示例:

MOV R0,R1,ROR#2 ;将 R1 中的内容循环右移两位后传送到 R0 中

5. RRX 操作

RRX 操作的格式为:

通用寄存器,RRX 操作数

RRX 可完成对通用寄存器中的内容进行带扩展的循环右移操作,按操作数所指定的数量向右循环移位,左端用进位标志位 C 来填充。其中,操作数可以是通用寄存器,也可以是立即数(0~31)。

操作示例:

MOV R0,R1,RRX#2 ;将 R1 中的内容进行带扩展的循环右移两位后传送到 R0 中

3.3.9 协处理器指令

ARM 微处理器可支持多达 16 个协处理器,用于各种协处理操作。在程序执行过程中,每个协处理器只执行针对自身的协处理器指令,忽略 ARM 处理器和其他协处理器的指令。

ARM 的协处理器指令主要用于 ARM 处理器初始化 ARM 协处理器的数据处理操作,以及在 ARM 处理器寄存器与协处理器寄存器之间传送数据,和在 ARM 协处理器的寄存器与存储器之间传送数据。ARM 协处理器指令包括以下 5 条:

- CDP 协处理器数操作指令;
- LDC 协处理器数据加载指令;
- STC 协处理器数据存储指令;
- MCR ARM 处理器寄存器到协处理器寄存器的数据传送指令;
- MRC 协处理器寄存器到 ARM 处理器寄存器的数据传送指令。

1. CDP 指令

CDP 指令的格式为:

CDP{条件} 协处理器编码,协处理器操作码 1,目的寄存器,源寄存器 1,源寄存器 2,协处理器操作码 2

CDP 指令用于 ARM 处理器通知 ARM 协处理器执行特定的操作,若协处理器不能成功完成特定的操作,则产生未定义指令异常。其中,协处理器操作码 1 和协处理器操作码 2 为协处理器将要执行的操作,目的寄存器和源寄存器均为协处理器的寄存器,指令不涉及 ARM 处

理器的寄存器和存储器。

指令示例：

CDP P3,2,C12,C10,C3,4 ;完成协处理器 P3 的初始化

2．LDC 指令

LDC 指令的格式为：

LDC{条件}{L} 协处理器编码,目的寄存器,[源寄存器]

LDC 指令用于将源寄存器所指向的存储器中的字数据传送到目的寄存器中,若协处理器不能成功完成传送操作,则产生未定义指令异常。其中,{L}选项表示指令为长读取操作,如用于双精度数据的传输。

指令示例：

LDC P3,C4,[R0] ;将 ARM 处理器寄存器 R0 所指向的存储器中的字数据传送到协处理器 P3 的寄存器 C4 中

3．STC 指令

STC 指令的格式为：

STC{条件}{L} 协处理器编码,源寄存器,[目的寄存器]

STC 指令用于将源寄存器中的字数据传送到目的寄存器所指向的存储器中,若协处理器不能成功完成传送操作,则产生未定义指令异常。其中,{L}选项表示指令为长读取操作,如用于双精度数据的传输。

指令示例：

STC P3,C4,[R0] ;将协处理器 P3 的寄存器 C4 中的字数据传送到 ARM 处理器寄存器 R0 所指向的存储器中

4．MCR 指令

MCR 指令的格式为：

MCR{条件} 协处理器编码,协处理器操作码 1,源寄存器,目的寄存器 1,目的寄存器 2,协处理器操作码 2

MCR 指令用于将 ARM 处理器寄存器中的数据传送到协处理器寄存器中,若协处理器不能成功完成操作,则产生未定义指令异常。其中,协处理器操作码 1 和协处理器操作码 2 为协处理器将要执行的操作,源寄存器为 ARM 处理器的寄存器,目的寄存器 1 和目的寄存器 2 均为协处理器寄存器。

指令示例：

MCR P3,3,R0,C4,C5,6 ;将 ARM 处理器寄存器 R0 中的数据传送到协处理器 P3 的寄存器 C4 和 C5 中

5．MRC 指令

MRC 指令的格式为：

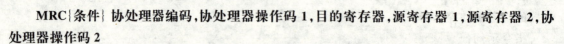

MRC｛条件｝协处理器编码,协处理器操作码1,目的寄存器,源寄存器1,源寄存器2,协处理器操作码2

MRC 指令用于将协处理器寄存器中的数据传送到 ARM 处理器寄存器中,若协处理器不能成功完成操作,则产生未定义指令异常。其中,协处理器操作码1和协处理器操作码2为协处理器将要执行的操作,目的寄存器为 ARM 处理器寄存器,源寄存器1和源寄存器2均为协处理器寄存器。

指令示例:

MRC P3,3,R0,C4,C5,6 ;将协处理器 P3 的寄存器中的数据传送到 ARM 处理器寄存器中

3.3.10 异常产生指令

ARM 微处理器所支持的异常指令有以下两条:
- SWI 软件中断指令;
- BKPT 断点中断指令。

1. SWI 指令

SWI 指令的格式为:

SWI｛条件｝24 位的立即数

SWI 指令用于产生软件中断,以便用户程序能调用操作系统的系统例程。操作系统在 SWI 的异常处理程序中提供相应的系统服务,指令中24位的立即数指定用户程序调用系统例程的类型,相关参数通过通用寄存器传递,当指令中24位的立即数被忽略时,用户程序调用系统例程的类型由通用寄存器 R0 的内容决定,同时,参数通过其他通用寄存器传递。

指令示例:

SWI 0x02 ;调用操作系统编号为 02 的系统例程

2. BKPT 指令

BKPT 指令的格式为:

BKPT 16 位的立即数

BKPT 指令产生软件断点中断,可用于程序的调试。

3.4 Thumb 指令集

为兼容数据总线宽度为 16 位的应用系统,ARM 体系结构除了支持执行效率很高的 32 位 ARM 指令集以外,同时支持 16 位的 Thumb 指令集。Thumb 指令集是 ARM 指令集的一个子集,允许指令编码为 16 位的长度。与等价的 32 位代码相比较,Thumb 指令集在保留 32 位

代码优势的同时,大大节省了系统的存储空间。

所有 Thumb 指令都有对应的 ARM 指令,而且 Thumb 的编程模型也对应于 ARM 的编程模型,在应用程序的编写过程中,只要遵循一定的调用规则,Thumb 子程序和 ARM 子程序就可以互相调用。当处理器在执行 ARM 程序段时,称 ARM 处理器处于 ARM 工作状态,当处理器在执行 Thumb 程序段时,称 ARM 处理器处于 Thumb 工作状态。

与 ARM 指令集相比较,Thumb 指令集中的数据处理指令的操作数仍然是 32 位,指令地址也为 32 位,但 Thumb 指令集为实现 16 位的指令长度,舍弃了 ARM 指令集的一些特性,如大多数 Thumb 指令是无条件执行的,而几乎所有的 ARM 指令都是有条件执行的;大多数 Thumb 数据处理指令的目的寄存器与其中一个源寄存器相同。

由于 Thumb 指令的长度为 16 位,即只用 ARM 指令一半的位数来实现同样的功能,所以,要实现特定的程序功能,所需 Thumb 指令的条数较 ARM 指令多。在一般情况下,Thumb 指令与 ARM 指令的时间效率和空间效率关系如下:

- Thumb 代码所需的存储空间为 ARM 代码的 60%~70%。
- Thumb 代码使用的指令数比 ARM 代码多 30%~40%。
- 若使用 32 位的存储器,则 ARM 代码比 Thumb 代码快约 40%。
- 若使用 16 位的存储器,则 Thumb 代码比 ARM 代码快 40%~50%。
- 与 ARM 代码相比较,使用 Thumb 代码,存储器的功耗会降低约 30%。

显然,ARM 指令集和 Thumb 指令集各有优点,若对系统的性能有较高要求,则应使用 32 位的存储系统和 ARM 指令集;若对系统的成本及功耗有较高要求,则应使用 16 位的存储系统和 Thumb 指令集。当然,若两者结合使用,充分发挥各自的优点,会取得更好的效果。

习 题

1. 填空题

(1) 每一条 ARM 指令包含_____位的条件码,位于指令最高[:   ],条件码共有_____种,每种条件码可用_____个字符表示。

(2) 实现程序流程的跳转有_____、_____两种方法。

(3) 数据处理指令按其实现功能可分_____、_____、_____共 3 种。

(4) 乘法指令与乘加指令,其运算结果可分为_____、_____位两类。

(5) 数据交换指令在_____、_____之间交换数据。

2. 选择题

(1) (   )语句将存储器地址为 R1 的半字数据读入寄存器 R0,并将 R0 的高 16 位清零。

  A. LDR R0,[R1]   B. STRH R0,[R1]

  C. LDRH R0,[R0]   D. LDRB R0,[R1]

(2) (　　)语句带逆向进位减法。

  A. RSC R0,R1,R2   B. SUB R0,R1,R2

  C. RSB R0,R1,R2   D. SBC R0,R1,R2

(3) (　　)语句将 R1 中的内容进行带扩展的循环右移两位后传送到 R0 中。

  A. MOV R0,R1,ROR♯2   B. MOV R0,R1,RRX♯2

  C. MOV R0,R1,LSR♯2   D. MOV R0,R1,ASR♯2

3. 简答题

(1) 简述指令寻址方式。

(2) 简述指令 SWI,STM,SDM,MOV,MVN 的含义。

(3) ARM 系统中对字节、半字和字的存取是如何实现的?

(4) 简述 CPSR 各状态位的作用,以及各位是如何改变的。

(5) ARM 指令支持哪几种协处理器指令? 简述各自的特点。

(6) 编写 1+2+3+ … +100 的汇编程序。

(7) 如何实现 128 位数的减法? 请举例说明。

(8) 将存储器中起始地址 M1 处的 4 字数据移动到 M2 处。

(9) 参考 CPSR 寄存器中各标志位的含义,使处理器处于系统模式。

(10) 用跳转指令实现两段程序间的来回切换。

(11) 什么寄存器用于存储 PC 和连接寄存器?

(12) R13 通常用来存储什么?

(13) 哪种模式使用的寄存器最少?

第 4 章
以 ARM 为核心的嵌入式系统结构

4.1 ARM 核概述

4.1.1 ARM 公司简介

ARM 公司于 1990 年 11 月在英国剑桥成立，主要出售芯片设计技术的授权，全称是 Advanced RISC Machines Ltd.。ARM 公司的第一个客户是苹果电脑公司，为其新开发的 Newton 掌上电脑提供高速度、低功耗的 RISC（精简指令集算法）处理器。由于 ARM 公司只有技术，缺乏资金来购买昂贵的芯片制造、封装和测试设备，因此 ARM 公司授权其伙伴公司 VLSI Technology 生产，并提供必要的技术支持，这种合作方式的成功也为以后 ARM 的发展模式奠定了基础。在以后的几年中，ARM 公司凭借高超的技术和相对低廉的授权方式，赢得了不少客户的青睐。目前，全球有 112 家厂商在使用 ARM 公司的技术授权，而以 Microsoft 和 SUN 为首的一批知名公司也为 ARM 处理器开发软件。2000 年，全球 ARM 处理器的发货量达到 4 亿个；到 2001 年，ARM 处理器就拥有超过 76.8% 的 RISC 处理器的市场份额；2002 年则几乎垄断了全球嵌入式 RISC 处理器市场。在 ARM 公司的客户名单中，全是业界耳熟能详的公司名称：英特尔、三星、德州仪器、摩托罗拉和美国国家半导体等。

从规模和产值来看，ARM 公司远远小于英特尔、高通、德州仪器和摩托罗拉四大巨头，但是其影响力并不弱于它们。相反，ARM 公司凭借 ARM 处理器，已经建立起一个庞大的联盟，并通过下游厂商将产品打入电子产品的方方面面。ARM 公司专门从事基于 RISC 技术芯片的设计开发，本身不直接从事芯片生产，而是靠转让设计许可由合作公司生产各具特色的芯片。世界各大半导体生产商从 ARM 公司购买其设计的 ARM 微处理器核后，再根据各自不同的应用领域，加入适当的外围电路，从而形成自己的 ARM 微处理器芯片进入市场。而 ARM 技术获得第三方工具、制造和软件的支持，使整个系统成本降低，产品更容易进入市场并更具有竞争力。

目前，采用 ARM 技术知识产权（IP）核的微处理器，即通常所说的 ARM CPU，版本已经从 V3 发展到 V6，遍及工业控制、消费类电子产品、通信系统、网络系统和无线系统等各类产品市场，基于 ARM 技术的微处理器应用占据了 32 位 RISC 微处理器 75% 以上的市场份额，ARM 技术正在逐步渗入人们生活的各个方面。

4.1.2 ARM 核的特点

传统的复杂指令集计算机 CISC（Complex Instruction Set Computer）结构有其固有的缺点，随着计算机技术的发展而不断引入新的复杂的指令集，为支持这些新增的指令，计算机的体系结构会越来越复杂。然而，在 CISC 指令集的各种指令中，其使用频率却相差悬殊，大约有 20% 的指令会被反复使用，占整个程序代码的 80%；而余下的 80% 的指令却不经常使用，在程序设计中只占 20%。显然，这种结构是不太合理的。

基于以上的不合理性，1979 年美国加州大学伯克利分校提出了精简指令集计算机 RISC（Reduced Instruction Set Computer）的概念，RISC 并非只是简单地减少指令，而是把着眼点放在了如何使计算机的结构更加简单合理和提高运算速度上。RISC 结构优先选取使用频率最高的简单指令，避免复杂指令；将指令长度固定，指令格式和寻址方式种类减少；以控制逻辑为主，不用或少用微码控制等措施来达到上述目的。

到目前为止，RISC 体系结构还没有严格的定义。一般认为，RISC 体系结构应具有以下特点：

- 采用固定长度的指令格式，指令归整、简单，基本寻址方式有 2～3 种；
- 使用单周期指令，便于流水线操作执行；
- 大量使用寄存器，数据处理指令只对寄存器进行操作，只有加载/存储指令可以访问存储器，以提高指令的执行效率。

除此以外，ARM 体系结构还采用了一些特别的技术，在保证高性能的前提下尽量缩小芯片的面积，并降低功耗：

- 所有的指令都可根据前面的执行结果决定是否被执行，从而提高指令的执行效率；
- 可用加载/存储指令批量传输数据，以提高数据的传输效率；
- 可在一条数据处理指令中同时完成逻辑处理和移位处理；
- 在循环处理中使用地址的自动增减来提高运行效率。

当然，与 CISC 架构相比较，尽管 RISC 架构有上述优点，但决不能认为 RISC 架构可以取代 CISC 架构。事实上，RISC 和 CISC 各有优势，而且界限并不那么明显。现代的 CPU 往往采用 CISC 的外围，内部加入了 RISC 的特性，如超长指令集 CPU 就是融合了 RISC 和 CISC 的优势，成为未来的 CPU 发展方向之一。

采用 RISC 体系结构的 ARM 微处理器具有的特点如表 4-1 所列。

第 4 章 以 ARM 为核心的嵌入式系统结构

表 4-1 ARM CPU 的特点

序 号	特 点
1	小体积、低功耗、低成本、高性能
2	支持 Thumb(16 位)/ARM4(32 位)双指令集,能很好地兼容 8 位/16 位器件
3	大量使用寄存器,指令执行进度更快
4	大多数数据操作都在寄存器中完成
5	寻址方式灵活简单,执行效率高
6	指令长度固定

4.2 ARM 内核的基本结构

4.2.1 ARM 内核

ARM 内核有 4 个功能模块 T、D、M 和 I,可供生产厂商根据不同用户的要求来配置生产 ARM 芯片。其中,T 功能模块表示 16 位 Thumb,可以在兼顾性能的同时减小代码尺寸;D 功能模块表示 Debug,该内核中放置了用于调试的结构,通常为一个边界扫描链 JTAG,可使 CPU 进入调试模式,从而方便地进行断点设置、单步调试;M 功能模块表示 8 位乘法器;I 功能模块表示 Embedded ICE Logic,用于实现断点观测及变量观测的逻辑电路部分,其中的 TAP 控制器可接入边界扫描链。

下面以图 4-1 简单介绍一般 ARM 芯片的内核结构。

ARM 芯片的核心,即 CPU 内核(ARM720T)由一个 ARM7 TDMI 32 位 RISC 处理器、一个单一的高速缓冲 8 KB Cache 和一个存储器管理单元(MMU)所构成。8 KB 的高速缓冲有一个 4 路相连寄存器,并被组织成 512 线 4 字(4×512×4 字节)。高速缓冲直接与 ARM7 TDMI 相连,因而高速缓冲所需的虚拟地址是来自 CPU 的虚拟地址。当所需的虚拟地址不在高速缓冲区时,由 MMU 将虚拟地址转换为物理地址。使用一个 64 项的转换旁路缓冲器(TLB)来加速地址转换过程,并减少页表读取所需的总线传送。通过转换高速缓冲区未存储的地址,MMU 能够节省功率。

另外,通过内部数据总线和扩展的并行总线,ARM 芯片可以与存储器(SRAM/Flash/Nandflash 等)、用户接口(LCD 控制器/键盘/GPIO 等)、串行口(UARTs/红外 IrDA 等)相连。可以看出,一个 ARM720T 内核基本由以下 4 部分组成:

- ARM7 TDMI CPU 核。该 CPU 核支持 Thumb 指令集、核调试、增强的乘法器、JTAG

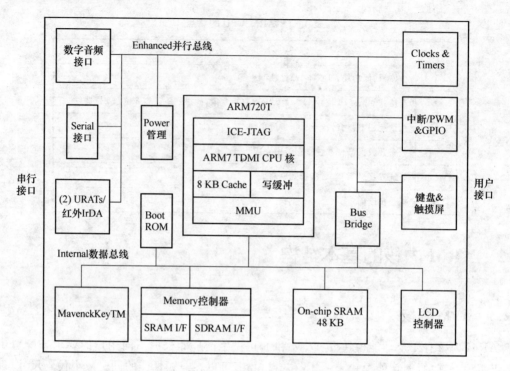

图 4-1 一个典型的 ARM 芯片体系结构

以及嵌入式 ICE。它的时钟频率可编程为 18 MHz,36 MHz,49 MHz 和 74 MHz。
- 内存管理单元(MMU)与 ARM710 核兼容,并增加了对 Windows CE 的支持。该内存管理单元提供了地址转换和一个有 64 项的转换旁路缓冲器。
- 提供了 8 KB 的单一的指令和数据高速缓冲存储器以及一个 4 路相连高速缓冲存储器控制器。
- 写缓冲器 Write Buffer。

4.2.2 ARM 扩展功能块

在 ARM 内核基础上,生产厂商可根据不同用户的需求来配置生产 ARM 芯片,以满足不同的市场需求。因此,尽管使用相同的 ARM 内核,但不同 ARM 芯片的功能可能相差很大。下面以 Cirrus Logic 公司的嵌入式 ARM 处理器 EP7312 芯片为例,介绍 ARM 的扩展功能块,如图 4-2 所示。

EP7312 是 Cirrus Logic 公司生产的基于 ARM720T 内核的嵌入式微处理器,运行于 74 MHz 时的性能与 100 MHz 的 Intel Pentium 芯片基本相当,且功耗很低,在 74 MHz 工作频率下,功耗为 90 mW。

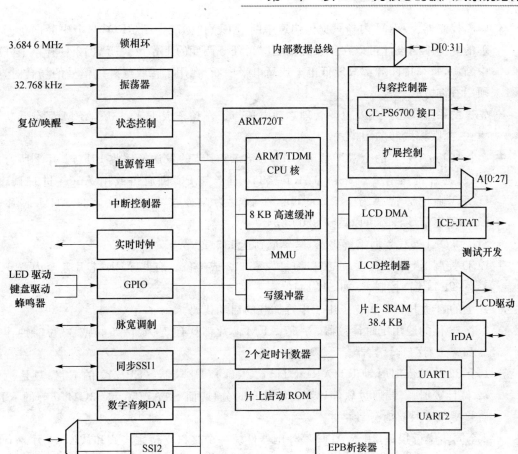

图 4-2 EP7312 功能框图

由图 4-2 可知,EP7312 含有以下功能块,其中所有的外部存储器和外围器件都应连接到 32 位数据总线 D[0:31]上,供应商用 28 位地址总线 A[0:27]和其他控制信号。

- 38.4 KB 的片上 SRAM 可以在 LCD 控制器和通用应用之间共享。
- 内存可以提供高达 6 个独立的扩展段接口,每个扩展段 256 MB,且等待状态可编程。大部分 ARM 芯片具有外部 SDRAM 和 SRAM 扩展接口,不同的 ARM 可扩展的芯片数量即片选线数量不同,外部数据总线有 8 位、16 位或 32 位。
- 27 位的通用 I/O(GPIO)可以多路复用,以在需要时提供额外的功能,但 GPIO 许多引脚是与地址线、数据线、串口线等引脚复用的。
- 数字音频接口(DAI)可以直接与 CD 音质的 DAC 和编解码器相连。有些 ARM 芯片提供 IIS(Integrate Interface of Sound)接口,即集成音频接口。

- 中断控制器。ARM 内核只提供快速中断(FIQ)和标准中断(IRQ)两个中断向量。合理的外部中断设计可以在很大程度上减少任务调度的工作量。EP7312 只有 4 个外部中断源,每个中断源都只能低电平或高电平中断,在用于接收红外线信号的场合时,必须用查询方式。
- 先进的系统状态控制及电源管理。耗电量与工作频率成正比,一般 ARM 都有低功耗模式、睡眠模式和关闭模式。
- 2 个 16550A 兼容的全双工串口 UART,含 16 字节的发送及接收 FIFO。几乎所有的 ARM 芯片都具有 1~2 个 UART 接口,用于与 PC 机通信或用 Angel 进行调试。UART 通信波特率为 115 200 bps,少数专为蓝牙技术应用设计的 ARM 芯片的 UART 通信波特率可以达到 920 kbps。
- SIR 协议红外线数据编解码器,速率最高达 115.2 kbps。
- LCD 控制器,16 级灰度,可编程为每像素 1、2 或 4 位。有些 ARM 芯片甚至内置 64K 彩色 TFTLCD 控制器,如 S1C2410。
- 片上的启动 ROM,固化了用于串行加载的启动代码。
- 2 个 16 位的通用定时计数器。一般 ARM 芯片都具有 2~4 个 16 位或 32 位时钟计数器和一个看门狗计数器。
- 1 个 32 位的实时时钟 RTC(Real Time Clock)和比较器。EP7312 的 RTC 只是一个 32 位计数器,需要通过软件计算出年月日时分秒;而 SAA7750 和 S3C2410 等的 RTC 直接提供年月日时分秒格式。
- 2 个同步串行接口,用于 ADC 等外围器件。一个接口支持主模式和从模式,另一个仅支持主模式。一般 ARM 芯片内置 2~8 通道 8~12 位通用 ADC,可以用于电池检测、触摸屏和温度检测等。
- 完全的 JTAG 边界扫描和嵌入式 ICE 支持。
- 2 个可编程的脉冲宽度调制接口。
- 1 个用于和 1 或 2 个 Cirrus Logic CL-PS6700 PC 卡控制器器件相连的接口,可支持 2 个 PC 卡插槽。
- 振荡器和锁相环,用于由外部的 3.686 4 MHz 的晶振产生内核所需要的 18.432 MHz、36.864 MHz、49.152 MHz 或 73.728 MHz 时钟。此外,还有一个外部时钟输入端(13 MHz 模式下使用)。
- 一个低功耗的 32.768 kHz 振荡器,用于产生实时时钟所需要的 1 Hz 时钟。
- DMA 控制器。ARM 芯片内部集成的 DMA(Direct Memory Access)可以与硬盘等外部设备高速交换数据,减少数据交换时对 CPU 资源的占用。

另外,ARM 芯片还可选的内部功能部件有:HDLC(高级数据链路控制)、SDLC(同步数据链路控制)、CD-ROM Decoder(解码器)、Ethernet MAC(以太网卡)、VGA controller(视频图像阵列)、DC-DC(直流-直流)。可选的内置接口有:IIC(内部集成电路总线)、SPDIF(SONY、PHILIPS家用数字音频接口)、CAN(控制器局部网总线)、SPI(同步外设接口)、PCI(周边元件扩展接口)、PCMCIA(个人计算机存储卡国际协会)。

ARM芯片主要的封装形式有QFP、TQFP、PQFP、LQFP、BGA、LBGA等。BGA封装具有芯片面积小的特点,可以减小PCB板的面积,但是需要专用的焊接设备,无法手工焊接。一般BGA封装的ARM芯片无法用双面板完成PCB布线,需要多层PCB板布线。

4.2.3 ARM启动方式

以ARM为内核的处理器,CPU的启动方式分为两种:外启动方式和内启动方式。下面以EP7312处理器为例加以介绍。EP7312是以高速的ARM720T为核心,具有丰富的外设接口的处理器。EP7312可以配置为从外部的ROM启动的外启动方式或从片上ROM启动的内启动方式。

外启动方式时,ARM处理器从外部程序存储器(一般是Flash存储器)取指令执行相应的应用。内启动方式时,ARM处理器运行片上启动ROM中固化的一个128字节的程序,完成器件初始化,配置串口1以9 600 bps速率接收2 048字节用户程序存储于片内SRAM中,然后跳转到片内SRAM起始处开始执行刚下载的2 KB用户程序。这为进一步的调试、代码下载、外启动Flash存储器编程提供途径,非常适用于嵌入式系统的实验与开发。

EP7312有强大的系统扩展能力,表4-2、表4-3分别是内启动方式和外启动方式时的地址空间分配。

表4-2 内启动方式时地址空间分配

地址范围	片 选
0000 0000~0FFF FFFF	CS[7](内部)
1000 0000~1FFF FFFF	CS[6](内部)
2000 0000~2FFF FFFF	nCS[5]
3000 0000~3FFF FFFF	nCS[4]
4000 0000~4FFF FFFF	nCS[3]
5000 0000~5FFF FFFF	nCS[2]
6000 0000~6FFF FFFF	nCS[1]
7000 0000~7FFF FFFF	nCS[0]

表 4-3 外启动方式时地址空间分配

地　址	描　述	容　量
0xF000 0000、0xE000 0000	保留	256 MB
0xD000 0000	保留	256 MB
0xC000 0000	SDRAM	64 MB
0x8000 4000	未用	1 GB
0x8000 0000	内部寄存器	16 KB
0x7000 0000	启动 ROM(nCS[7])	128 B
0x6000 0000	SRAM(nCS[6])	48 400 B
0x5000 0000	扩展(nCS[5])	256 MB
0x4000 0000	扩展(nCS[4])	256 MB
0x3000 0000	扩展(nCS[3])	256 MB
0x2000 0000	扩展(nCS[2])	256 MB
0x1000 0000	ROM Bank1(nCS[1])	256 MB
0x0000 0000	ROM Bank0(nCS[0])	256 MB

对于其他 ARM 处理器，可以参照其数据手册，选择相应的启动模式。

4.3 ARM 处理器模式

ARM 微处理器支持 7 种运行模式，如表 4-4 所列。

表 4-4 ARM 处理器运行模式

运行模式	模式描述
用户模式(User)	ARM 处理器正常的程序执行状态
快速中断模式(FIQ)	用于高速数据传输或通道处理
外部中断模式(IRQ)	用于通用的中断处理
管理模式(Supervisor)	操作系统使用的保护模式
数据访问中止模式(Abort)	当数据或指令预取中止时进入该模式，可用于虚拟存储及存储保护
系统模式(System)	运行具有特权的操作系统任务
未定义指令中止模式(Undefined)	未定义的指令执行时进入该模式，可用于支持硬件协处理器的软件仿真

ARM 微处理器的运行模式可以通过软件改变，也可以通过外部中断或异常处理改变。大多数应用程序在用户模式下运行。当处理器在用户模式下运行时，某些被保护的系统资源

第 4 章 以 ARM 为核心的嵌入式系统结构

是不能访问的。

除用户模式 User 以外,其余 6 种模式均称为非用户模式或特权模式(privileged mode);其中,除了用户模式和系统模式以外的 5 种模式又称为异常模式(exception mode),常用于处理中断或异常以及需要访问受保护的系统资源等情况。

4.4 ARM 的存储器结构

4.4.1 ARM 存储方法

ARM 体系结构将存储器看做是从零地址开始的字节的线性组合。从第 0~3 字节放置第一个存储的字数据,从第 4~7 字节放置第二个存储的字数据,依次排列。作为 32 位的微处理器,ARM 体系结构所支持的最大寻址空间为 4 GB(2^{32} 字节)。

ARM 体系结构可用两种方法存储字数据,称为大端格式和小端格式,具体说明如下:

① 大端格式 在这种格式中,字数据的高字节存储在低地址中,而字数据的低字节则存放在高地址中,即大端格式下,0x11223344 对应 11,22,33,44,如图 4-3 所示。

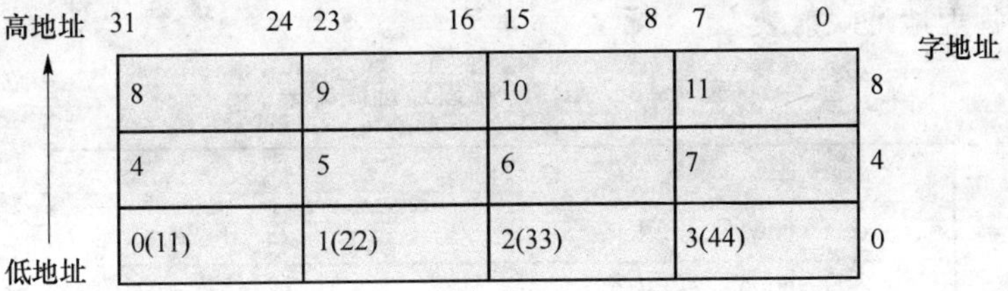

高地址 31	24 23	16 15	8 7	0	字地址
8	9	10	11	8	
4	5	6	7	4	
0(11)	1(22)	2(33)	3(44)	0	

图 4-3 以大端格式存储字数据

② 小端格式 与大端存储格式相反,在小端存储格式中,低地址中存放的是字数据的低字节,高地址中存放的是字数据的高字节,即小端格式下,0x11223344 对应 44、33、22、11,如图 4-4 所示。

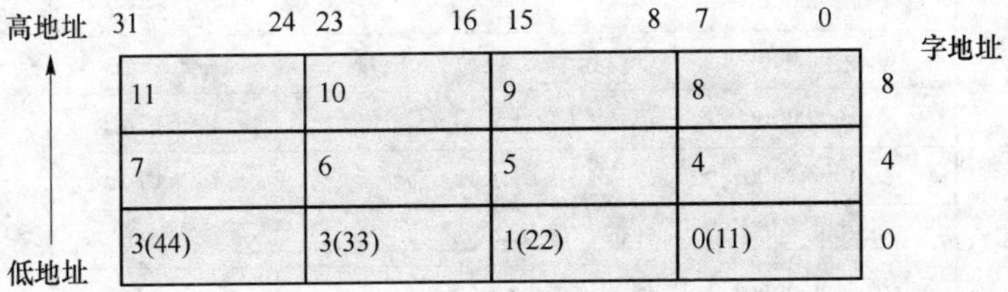

高地址 31	24 23	16 15	8 7	0	字地址
11	10	9	8	8	
7	6	5	4	4	
3(44)	3(33)	1(22)	0(11)	0	

图 4-4 以小端格式存储字数据

4.4.2 存储空间管理单元 MMU

MMU 存储器系统的结构允许对存储器系统的精细控制。MMU 主要由 ARM 中协处理器 Coprocessor15（CP15）控制。

协处理器主要控制片内的 MMU、指令和数据缓存（IDC）、写缓冲（write buffer）。

MMU 大部分的控制细节由存储器中的转换表提供。这些表的入口定义了从 1 KB～1 MB 的各种存储器区域的属性。

1. 虚拟地址到物理地址的映射

ARM 处理器产生的地址称为虚拟地址，MMU 允许把这个虚拟地址映射到一个不同的物理地址。这个物理地址表示了被访问的主存储器的位置。

它允许用很多方式管理物理存储器的位置，例如：它可以用具有潜在冲突的地址映射为不同的进程分配存储器，或允许具有不连续地址的应用把它映射到连续的地址空间。

MMU 有两层页表（two-level page table）用来进行虚拟地址向物理地址的转换，CP15 定义 16 个寄存器，只有 MRC 和 MCR 指令才能对它们进行操作。

物理地址映射主要用于片选地址 CS 的选取，MMU 映射需要参考这个物理地址。表 4 – 5 列出了 ARM7 物理地址映射表。

表 4 – 5　ARM7 物理地址映射表

地　址	内　容	容　量
0xF000 0000	未用	256 MB
0xE000 0000	未用	256 MB
0xD000 0000	DRAM Bank1	256 MB
0xC000 0000	DRAM Bank0	256 MB
0x8000 2000	未用	1 GB
0x8000 0000	内部寄存器地址	8 KB
0x7000 0000	Boot ROM	128 B
0x6000 0000	On-chip SRAM	2 KB
0x5000 0000	PCMCIA-1(nCS[5])	4×64 MB
0x4000 0000	PCMCIA-0(nCS[4])	4×64 MB
0x3000 0000	外部扩展(nCS[3])	256 MB
0x2000 0000	外部扩展(nCS[2])	256 MB
0x1000 0000	ROM Bank1(nCS[1])	256 MB
0x0000 0000	ROM Bank0(nCS[0])	256 MB

说明:如果使用了快速上下文切换扩展(fast context switch extension),则虚拟地址应该是修改过的虚拟地址(modified virtual address)。

2. 存储器访问权限(permissions)

这些控制对存储器区域的权限控制有不可访问权限、只读权限和读/写权限 3 种。当访问不可访问权限的存储器时,会有一个存储器异常通知 ARM 处理器。

允许权限的级别也受程序运行在用户状态还是特权状态的影响,还与是否使用了域有关。

3. 高速缓存和缓冲位(Cachability and Bufferability bits[C and B])

系统控制协处理器的寄存器允许对系统的高级控制,如转换表的位置。它们也用来为 ARM 提供内存异常的状态信息。

查找整个转换表的过程叫转换表遍历,它由硬件进行,并需要大量执行时间(至少 2 个存储器访问,通常是 2 个)。为了减少存储器访问的平均消耗,转换表遍历结果被高速缓存在一个或多个称为 TLBs(Translation Lookaside Buffers)的结构中。通常,在 ARM 的实现中每个内存接口都有一个 TLB。如果系统有高速缓存,则高速缓存的数量也通常是由同样的方法确定的。因此,在高速缓存系统中,每个高速缓存都缓存一个 TLB。当存储器中的转换表被改变或选中不同的转换表(通过写 PC15 寄存器)后,先前高速缓存的转换表遍历结果将不再有效。MMU 结构提供了刷新 TLB 的操作。

MMU 结构也允许特定的转换表遍历结果被锁定在一个 TLB 中,这样就可以保证对相关存储器区域的访问而不至于转到转换表遍历,同时这也对那些把指令和数据锁定在高速缓存中的实时代码有相同的好处。

图 4-5 说明了高速缓存的 MMU 存储器系统。

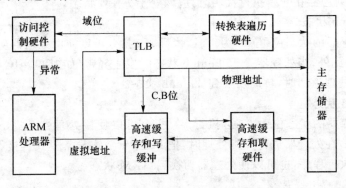

图 4-5 高速缓存的 MMU 存储器系统

当 ARM 要访问存储器时,MMU 先查找 TLB 中的虚拟地址表,如果 ARM 的结构支持分开的地址 TLB 和指令 TLB,则:

- 取指令使用指令 TLB;
- 其他的所有访问类别用地址 TLB。

如果 TLB 中没有虚拟地址的入口,则转换表遍历硬件从存在主存储器中的转换表中获取转换和访问权限,一旦获得,这些信息将放在 TLB 中的一个没有使用的入口处或覆盖一个已有的入口。一旦存储器访问的 TLB 的入口被拿到,则:

- C(高速缓存)和 B(缓冲)位被用来控制高速缓存和写缓冲,并决定是否高速缓存。如果系统中没有高速缓存和写缓冲,则对应的位将被忽略。
- 访问权限和域位用来控制访问是否被允许。如果不允许,则 MMU 将向 ARM 处理器发送一个存储器异常;否则访问将允许进行。

4.5 ARM 的编程结构

4.5.1 ARM 微处理器的工作状态

从编程的角度看,ARM 微处理器的工作状态一般有两种,并可在这两种状态之间切换:第一种为 ARM 状态,此时处理器执行 32 位的字对齐的 ARM 指令;第二种为 Thumb 状态,此时处理器执行 16 位的、半字对齐的 Thumb 指令。

当 ARM 微处理器执行 32 位的 ARM 指令集时,工作在 ARM 状态;当 ARM 微处理器执行 16 位的 Thumb 指令集时,工作在 Thumb 状态。在程序的执行过程中,微处理器可以随时在两种工作状态之间切换,并且处理器工作状态的转变并不影响处理器的工作模式和相应寄存器中的内容。

ARM 指令集和 Thumb 指令集均有切换处理器状态的指令,并可在两种工作状态之间切换,一旦 ARM 微处理器在开始执行代码时,应该处于 ARM 状态。

1. 进入 Thumb 状态

当操作数寄存器的状态位(位 0)为 1 时,执行 BX 指令可以使微处理器从 ARM 状态切换到 Thumb 状态。此外,当处理器处于 Thumb 状态时发生异常(如 IRQ,FIQ,Undef,Abort 和 SWI 等),则异常处理返回时,自动切换到 Thumb 状态。

2. 进入 ARM 状态

当操作数寄存器的状态位为 0 时,执行 BX 指令可以使微处理器从 Thumb 状态切换到 ARM 状态。此外,在处理器进行异常处理时,把 PC 指针放入异常模式链接寄存器中,并从异常向量地址开始执行程序,也可以使处理器切换到 ARM 状态。

4.5.2 指令长度及数据类型

ARM 微处理器的指令长度可以是 32 位(在 ARM 状态下),也可以为 16 位(在 Thumb 状态下)。

ARM 微处理器中支持字节(8 位)、半字(16 位)、字(32 位)3 种数据类型,其中,字需要 4 字节对齐(地址的低两位为 0)、半字需要 2 字节对齐(地址的最低位为 0)。

4.6 ARM 的寄存器结构

4.6.1 ARM 状态下的寄存器组织

ARM 微处理器共有 37 个 32 位寄存器，其中 31 个为通用寄存器，6 个为状态寄存器。但是这些寄存器不能被同时访问，具体哪些寄存器是可编程访问的，取决于微处理器的工作状态及具体的运行模式。但在任何时候，通用寄存器 R0~R14、程序计数器 PC、一个或两个状态寄存器都是可访问的。表 4-6 说明了在 ARM 状态下不同模式下可以使用的寄存器。

表 4-6 ARM 状态下的寄存器组织

寄存器类别	寄存器在汇编中的名称	各种模式下实际访问的寄存器						
		用户(usr)	系统(sys)	管理(svc)	中止(abt)	未定义(und)	中断(irq)	快中断(fiq)
通用寄存器和程序计数器	R0(a1)	R0						
	R1(a2)	R1						
	R2(a3)	R2						
	R3(a4)	R3						
	R4(v1)	R4						
	R5(v2)	R5						
	R6(v3)	R6						
	R7(v4)	R7						
	R8(v5)	R8						R8_fiq
	R9(SB,v6)	R9						R9_fiq
	R10(SL,v7)	R10						R10_fiq
	R11(FP,v8)	R11						R11_fiq
	R12(IP)	R12						R12_fiq
	R13(SP)	R13		R13_svc	R13_abt	R13_und	R13_irq	R13_fiq
	R14(LR)	R14		R14_svc	R14_abt	R14_und	R14_irq	R14_fiq
	R15(PC)	R15						
状态寄存器	CPSR	CPSR						
	SPSR	无		SPSR_svc	SPSR_abt	SPSR_und	SPSR	SPSR_fiq

4.6.2 Thumb 状态下的寄存器组织

Thumb 状态下的寄存器集是 ARM 状态下寄存器集的一个子集，程序可以直接访问 8 个通用寄存器(R7~R0)、程序计数器(PC)、堆栈指针(SP)、连接寄存器(LR)和 CPSR。同时，在每一种特权模式下都用一组 SP、LR 和 SPSR。表 4-7 说明了 Thumb 状态下的寄存器组织。

表 4-7 Thumb 状态下的寄存器组织

寄存器类别	寄存器在汇编中的名称	各种模式下实际访问的寄存器					
		用户(usr)	系统(sys)	管理(svc)	中止(abt)	未定义(und)	中断(irq)	快中断(fiq)
通用寄存器和程序计数器	R0	R0						
	R1	R1						
	R2	R2						
	R3	R3						
	R4	R4						
	R5	R5						
	R6	R6						
	R7	R7						
	SP	SP	SP	SP_svc	SP_abt	SP_und	SP_irq	SP_fiq
	LR	LR	LR	LR_svc	LR_abt	LR_und	LR_irq	LR_fiq
	PC	PC						
状态寄存器	CPSR	CPSR						
	SPSR	无		SPSR_svc	SPSR_abt	SPSR_und	SPSR	SPSR_fiq

Thumb 状态下的寄存器组织与 ARM 状态下的寄存器组织的关系如下：
- 两种状态下的 R0~R7 是相同的。
- 两种状态下的 CPSR 和所有的 SPSR 是相同的。
- Thumb 状态下的 SP 对应于 ARM 状态下的 R13。
- Thumb 状态下的 LR 对应于 ARM 状态下的 R14。
- Thumb 状态下的程序计数器对应于 ARM 状态下的 R15。

图 2-12 说明了在 ARM 状态和 Thumb 状态下寄存器之间的对应关系。

4.6.3 ARM 寄存器

ARM 微处理器共有 37 个 32 位寄存器，其中 31 个为通用寄存器，6 个为状态寄存器。由于这些寄存器不能同时访问，那么具体哪些寄存器是可编程访问的，取决于微处理器的工作状态及具体的运行模式，但在任何时候，通用寄存器 R15~R0、一个或两个状态寄存器都是可访问的。

第 4 章 以 ARM 为核心的嵌入式系统结构

1. 通用寄存器

通用寄存器包括 R0～R15,可以分为以下 3 类:
- 未分组寄存器 R0～R7。
- 分组寄存器 R8～R14。
- 程序计数器 PC(R15)。

(1) 未分组寄存器 R0～R7

在所有的运行模式下,未分组寄存器都指向同一个物理寄存器,它们未被系统用作特殊的用途。因此在中断或异常处理进行运行模式转换时,由于不同的处理器运行模式均使用相同的物理寄存器,所以可能造成寄存器中数据的破坏。

(2) 分组寄存器 R8～R14

对于分组寄存器,它们每一次所访问的物理寄存器都与当前处理器的运行模式有关。对于 R8～R12 来说,每个寄存器对应 2 个不同的物理寄存器,当使用 FIQ 模式时,访问寄存器 R8_fiq～R12_fiq 当使用除 FIQ 模式以外的其他模式时,访问寄存器 R8_usr～R12_usr。

对于 R13、R14 来说,每个寄存器对应 6 个不同的物理寄存器,其中 1 个是用户模式与系统模式共用,另外 5 个物理寄存器对应其他 5 种不同的运行模式,并采用以下记号来区分不同的物理寄存器:

R13_〈mode〉

R14_〈mode〉

其中,mode 为以下几种模式之一:usr,fiq,irq,svc,abt,und。

寄存器 R13 在 ARM 指令中常用做堆栈指针,用户也可使用其他的寄存器作为堆栈指针。而在 Thumb 指令集中,某些指令强制性的要求使用 R13 作为堆栈指针。

由于处理器的每种运行模式均有自己独立的物理寄存器 R13,所以在用户应用程序的初始化部分,一般都要初始化每种模式下的 R13,使其指向该运行模式的栈空间。这样,当程序的运行进入异常模式时,可以将需要保护的寄存器放入 R13 所指向的堆栈;而当程序从异常模式返回时,则被保护的寄存器可从对应的堆栈中恢复。采用这种方式可以保证异常发生后程序的正常执行。

R14 也称为子程序链接寄存器(Subroutine Link Register)或链接寄存器 LR(Link Register)。当执行子程序调用指令(BL 指令)时,R14 可得到 R15(程序计数器 PC)的备份。在其他情况下,R14 用做通用寄存器。与之类似,当发生中断或异常时,对应的分组寄存器 R14_svc,R14_irq,R14_fiq,R14_abt 和 R14_und 可用来保存 R15 的返回值。

寄存器 R14 通常用在以下的情况:在每一种运行模式下,都可用 R14 保存子程序的返回地址,当用 BL 或 BLX 指令调用子程序时,将 PC 的当前值复制给 R14,执行完子程序后,又将 R14 的值复制回 PC,即可完成子程序的调用返回。以上的描述可用下面的指令来完成。

先执行以下任意一条指令:

MOV PC, LR

BX LR

然后在子程序入口处使用以下指令将 R14 存入堆栈：

STMFD SP!,(⟨regs⟩,LR)

对应的,使用以下指令可以完成子程序返回：

LDMFD SP!,(⟨regs⟩,PC)

R14 还可作为通用寄存器。

(3) 程序计数器 PC(R15)

寄存器 R15 用做程序计数器(PC)。在 ARM 状态下,位[1:0]为 0,位[31:1]用于保存 PC；在 Thumb 状态下,位 0 为 0,位[31:1]用于保存 PC。

R15 虽然也可以用做通用寄存器,但有一些指令在使用 R15 时有一些特殊限制,当违反了这些限制时,程序的执行结果是未知的。在 ARM 状态下,PC 的位 0 和位 1 是 0,在 Thumb 状态下,PC 位是 0。

由于 ARM 体系结构采用了多级流水线技术,对于 ARM 指令集而言,PC 总是指向当前指令的下两条指令的地址,即 PC 的值为当前指令的地址值加 8 字节。

2. 程序状态寄存器

ARM 体系结构包含 1 个当前程序状态寄存器(CPSR)和 5 个备份程序状态寄存器(SPSR)。使用 MSR 和 MRS 指令来设置和读取这些寄存器。

当前程序状态寄存器(CPSR),持有关于当前处理器状态的信息。其他 5 个备份程序状态寄存器(SPSR),每个特权模式都有一个,持有完成在这个模式下的例外处理时处理器必须返回的关于状态的信息。

SPSR 用来进行异常处理,其功能包括：

- 保存 ALU 中的当前操作信息；
- 控制允许和禁止中断；
- 设置处理器的运行模式。

程序状态寄存器每一位的安排如图 4-6 所示。

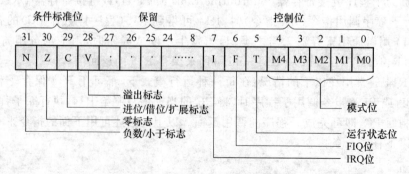

图 4-6 程序状态寄存器

(1) 条件码标志(condition code flags)

N、Z、C、V 均为条件码标志位。它们的内容可被算术或逻辑运算的结果改变,并可以决定某条指令是否执行。

在 ARM 状态下,绝大多数指令都是有条件执行的;在 Thumb 状态下,仅有分支指令是有条件执行的。各条件码标志位的具体含义如表 4-8 所列。

表 4-8　各条件码标志位的具体含义

标志位	含　义
N	当用两个补码表示的带符号数进行运算时,N=1 表示运算的结果为负数;N=0 表示运算的结果为正数或零
Z	Z=1 表示运算的结果为零;Z=0 表示运算的结果为非零
C	① 加法运算(包括比较指令 CMN)　当运算结果产生了进位时(无符号数溢出),C=1,否则 C=0; ② 减法运算(包括比较指令 CMP)　当运算时产生时产生了借位(无符号数溢出)C=0,否则 C=1; ③ 对于包含移位操作的非加/减运算指令,C 为移出值得最后一位; ④ 对于其他的非加/减运算指令,V 的值通常不改变
V	① 对于加/减运算指令,当操作数和运算结果为二进制的补码表示的符号数时,V=1 表示符号位溢出; ② 对于其他的非加/减运算指令,V 的值通常不改变
Q	在 ARM V5 及以上版本的 E 系列处理器中,用 Q 标志位指示增强的 DSP 运算指令是否发生了溢出;在其他版本的处理器中 Q 标志位无定义

(2) 控 制 位

PSR 的低 8 位(包括 I、F、T 和 M[4:0])称为控制位,当发生异常时这些位可以改变。如果处理器运行特权模式,这些位也可以由程序修改。

① 中断禁止位 I、F。

I=1 禁止 IRQ 中断

F=1 禁止 FIQ 中断

② T 标志位:该位反映处理器的运行状态。

对于 ARM V5 及以上版本的 T 系列处理器,当该位为 1 时,程序运行于 Thumb 状态,否则运行于 ARM 状态。

对于 ARM V5 及以上的版本的非 T 系列处理器,当该位为 1 时,执行下一条指令以引起定义的指令异常;当该位为 0 时,表示运行于 ARM 状态。

③ 运行模式位 M[4:0]:M0,M1,M2,M3,M4 是模式位。这些位决定了处理器的运行模式,具体含义如表 4-9 所列。

表 4-9 运行模式位 M[4:0]的具体含义

M[4:0]	处理器模式	可访问的寄存器
10000	用户	PC,CPSR,R0～R14
10001	FIQ	PC,CPSR,SPSR_fiq,R14_fiq,R8_fiq,R7～R0
10010	IRQ	PC,CPSR,SPSR_irq,R14_irq,R13_irq,R12～R0
10011	管理	PC,CPSR,SPSR_svc,R14_svc,R13_svc,R12～R0
10111	中止	PC,CPSR,SPSR_abt,R14_abt,R13_abt,R12～R0
11011	未定义	PC,CPSR,SPSR_und,R14_und,R13_und,R12～R0
11111	系统	PC,CPSR(ARM V4 及以上版本),R14～R0

由表 4-9 可知,并非所有的运行模式位的组合都是有效的,其他的组合结果会导致处理器进入一个不可恢复的状态。

(3) 保留位

PSR 中的其余位为保留位,当改变 PSR 中的条件码标志位或者控制位时,保留位不要改变,在程序中也不要使用保留位来存储数据。保留位将用于 ARM 版本的扩展。

4.7 ARM 的流水线及时序

4.7.1 ARM 流水线

流水线的实质就是在明显制约系统速度的那条长路径上插入几级寄存器,使信号在时钟的作用下一拍一拍到达目的地。由于这样用寄存器截断了长路径,使得寄存器到寄存器的最大延时缩短,从而可以提高整个系统的速度。

不同于微编码的处理器,ARM(保持它的 RISC 性)是完全硬布线的。

ARM 典型流水线结构如图 4-7 所示。

为了加速 ARM2 和 ARM3 的执行可使用 3 阶段流水线。第一阶段持有从内存中取回的指令,第二阶段开始解码,而在第三阶段实际执行它。因此,程序计数器总是超出当前执行的指令两个指令(在为分支指令计算偏移量时必须计算在内)。

因为有这个流水线,在分支时会丢失 2 个指令周期(因为要重新填满流水线),所以最好利用条件执行指令来避免浪费周期。例如:

CMP R0,#0

```
BEQ OVER
MOV R1,#0
MOV R2,#2
```

可以写为更有效的：

```
CMP R0,#0
MOVNE R1,#1
MOVNE R2,#2
```

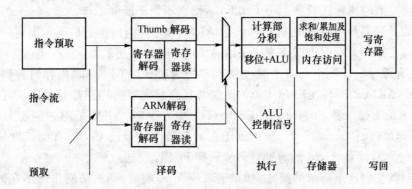

图 4-7　ARM 典型流水线结构

4.7.2　ARM 时序

ARM 指令在时序上是 S、N、I 和 C 周期的混合，如表 4-10 所列。

表 4-10　ARM 时序周期

周　期	描　述
S	ARM 在其中访问一个顺序的内存位置的周期
N	ARM 在其中访问一个非顺序的内存位置的周期
I	ARM 在其中不尝试访问一个内存位置或传送一字到一个协处理器的周期
C	ARM 在其中与一个协处理器之间在数据总线(对于无缓存的 ARM)或协处理器总线(对于有缓存的 ARM)上写传送一字的周期

各种类型的周期都必须与 ARM 的时钟周期一样长。内存系统可以伸展它们，对于典型的 DRAM 系统：

- N 周期变成最小长度的 2 倍(主要因为 DRAM 在内存访问是非顺序时要求更长的访问协议)。

- S周期通常是最小长度,但偶尔也会被伸展成 N 周期的长度(在从一个内存"行"的最后一个字移动到下一行的第一个字时)。
- I周期和 C 周期总是最小长度。

对于典型的 SRAM 系统,所有类型的周期典型的都是最小长度。

例如,在 8 MHz ARM 中,一个 S(顺序)周期是 125 ns,而一个 N(非顺序)周期是 250 ns。应当注意到这些时序不是 ARM 的属性,而是内存系统的属性。例如,一个 8 MHz ARM 可以与一个给出 125 ns 的 N 周期的 RAM 系统相连接。处理器的频率是 8 MHz 只是简单地意味着如果使任何类型的周期在长度上小于 125 ns,则它不保证能够工作。

有缓存的处理器所有给出的信息都依据 ARM 的时钟周期。它们不按固定的速率发生,缓存控制逻辑在 Cache 不命中时改变提供给 ARM 的时钟周期来源。

典型地,有缓存的 ARM 有两个时钟输入:"快速时钟"FCLK 和"内存时钟"MCLK。在 Cache 命中时,ARM 的时钟使用 FCLK 的速度并且所有类型的周期都是最小长度,从这点上看,Cache 在效果上是某种 SRAM。在 Cache 不命中发生时,ARM 的时钟同步为 MCLK,接着以 MCLK 速度进行 Cache 行填充(依赖于在处理器中涉及的 Cache 行的长度使用 N+35 或 N+75 个周期),接着 ARM 的时钟被同步回到 FCLK。

内存控制器使用这个简单的策略:如果请求一个 N 周期,则把访问作为不在同一行来对待;如果请求一个 S 周期,除非它效果上是这行的最后一个字(可以被快速检测出来),否则把访问作为同行来对待,结果是一些 S 周期将持续与 N 周期相同的时间。

4.8 ARM 的中断与异常

正常程序执行流程发生暂时停止的,称为异常,例如处理一个外部的中断请求。在处理异常之前,当前处理器的状态必须保留,这样当异常处理完成之后,当前程序可以继续执行。处理器允许多个异常同时发生,它们将会按固定的优先级进行处理。

中断与堆栈设置和 ARM 体系结构紧密相关,ARM 是一种支持多任务操作的系统内核,内部的结构完全适应多任务应用。

4.8.1 ARM 异常类型

ARM 内核支持 7 种中断,不同的中断处于不同的处理模式(见表 4-11),具有不同的优先级,而且每个中断都有固定的中断入口地址。当一个中断发生时,相应的 R14(LR)存储中断返回地址,SPSR 存储状态寄存器 CPSR 的值。

ARM 体系结构所支持的异常及具体含义如表 4-12 所列。

表 4-11 ARM 内核的 7 种中断

中断类型	处理模式	入口地址	优先级	中断返回指令
复位 RESET	Supervisor	0x00	1(最高)	
未定义指令 Undefined Instruction	Undefined	0x04	6(最低)	MOVS PC, LR
软件中断 Software Interrupt	Supevisor	0x08	6	MOVS PC, LR
指令预取中止 Prefech Abort	Abort	0x0C	5	SUBS PC, LR, #4
数据中止 Data Abort	Abort	0x10	2	SUBS PC, LR, #4
外部中断请求 IRQ	IRQ	0x18	4	SUBS PC, LR, #4
快速中断请求 FIQ	FIQ	0x1C	3	SUBS PC, LR, #4

注 意 由于 ARM 内核支持流水线工作，LR 寄存器存储的地址可能是发生中断处后面指令的地址，所以不同的中断处理完成后，必须将 LR 寄存器值经过处理后再写入 R15(PC) 寄存器。

表 4-12 ARM 异常的具体含义

异常类型	具体含义
RESET	当处理器的复位电平有效时，产生复位异常，程序跳转到复位异常处理程序处执行
Undefined Instruction	当 ARM 处理器或协处理器遇到不能处理的指令时，产生未定义指令异常，可使用该异常机制进行软件仿真
Software Interrupt	该异常由执行 SWI 指令产生，可用于用户模式下的程序调用特权操作指令，可使用该异常机制实现系统功能调用
Prefech Abort	若处理器预取指令的地址不存在或该地址不允许当前指令访问，则存储器向处理器发出中止信号，但当预取的指令被执行时，才会产生指令预取中止异常
Data Abort	若处理器数据访问指令的地址不存在或该地址不允许当前指令访问，则产生数据中止异常
IRQ	当 ARM 外部中断请求引脚有效，且 CPSR 中的 I 位为 0 时，产生 IRQ 异常。系统的外设可通过该异常请求中断服务
FIQ	当 ARM 快速中断请求引脚有效，且 CPSR 中的 F 位为 0 时，产生 FIQ 异常

4.8.2 异常的响应及返回

1. 对异常的响应

当一个异常出现后，ARM 微处理器会执行以下几步操作：

① 将下一条指令的地址存入相应连接寄存器 LR 中，以便程序在处理异常返回时能从正

确的位置更新开始执行。若异常是从 ARM 状态进入，则 LR 寄存器中保存的是下一条指令的地址（当前 PC+4 或 PC+8，与异常的类型有关）；若异常是从 Thumb 状态进入，则在 LR 寄存器中保存当前 PC 的偏移量，这样，异常处理程序就不需要确定异常是从何种状态进入的。例如：在软件中断异常 SWI，指令 MOV PC,R14_svc 总是返回到下一条指令，不管 SWI 是在 ARM 状态执行还是在 Thumb 状态执行。

② 将 CPSR 复制到相应的 SPSR 中。

③ 根据异常类型，强制设置 CPSR 的运行模式位。

④ 强制 PC 从相关的异常向量地址取下一条指令执行，从而跳转到相应的异常处理程序处。

还可以设置中断禁止位，以禁止中断发生。如果异常发生时，处理器处于 Thumb 状态，则当异常向量地址加载入 PC 时，处理器自动切换到 ARM 状态。

ARM 微处理器对异常的响应过程可用代码描述如下：

```
R14_<Exception_Mode> = Return Link
SPSR_<Exception_Mode> = CPSR
CPSR[4:0] = Exception Mode Number
CPSR[5] = 0                              ;当运行于 ARM 工作状态时
If <Exception_Mode> == RESET or FIQ then ;当相应 FIQ 异常时,禁止新的 FIQ 异常
        CPSR[6] = 1
        CPSR[7] = 1
PC = Exception Vector Address
```

2. 从异常返回

异常处理完毕后，ARM 微处理器会执行以下几步操作从异常返回：

① 将连接寄存器 LR 的值减去相应的偏移量后送到 PC 中。

② 将 SPSR 复制回 CPSR 中。

③ 若在进入异常处理时设置了中断禁止位，要在此清除。

可以认为应用程序总是从复位异常处理程序开始执行的，因此复位异常处理程序不需要返回。

4.8.3 异常的描述

1. FIQ

FIQ(Fast Interrupt Request)异常是为了支持数据传输或者通道处理而设计的。在 ARM 状态下，系统有足够的私有寄存器，从而可以避免对寄存器保存的需求，并减小系统上下文切换的开销。

若将 CPSR 的 F 位置 1，则会禁止 FIQ 中断；若将 CPSR 的 F 位清零，则处理器会在指令执行时检查 FIQ 的输入。注意，只有在特权模式下才能改变 F 位的状态。外部可通过对处理

器上的 nFIQ 引脚输入低电平产生 FIQ。

无论是在 ARM 状态下还是在 Thumb 状态下进入 FIQ 模式,FIQ 处理程序均会执行以下指令,并从 FIQ 模式返回:

```
SUBS PC, R14_fiq, ♯4
```

该指令将寄存器 R14_fiq 的值减去 4 后,复制到程序计数器 PC 中,从而实现从异常处理程序中的返回,同时将 SPSR_mode 寄存器的内容复制到当前程序状态寄存器 CPSR 中。

2. IRQ

IRQ(Interrupt Request)异常属于正常的中断请求,可通过对处理器的 nIRQ 引脚输入低电平产生,IRQ 的优先级低于 FIQ,当程序执行进入 FIQ 异常时,IRQ 可能被屏蔽。

若 CPSR 的 I 位置 1,则会禁止 IRQ 中断;若将 CPSR 的 I 位清零,则处理器会在指令执行完之前检查 IRQ 的输入。注意,只有在特权模式下才能改变 I 位的状态。

无论是从 ARM 状态下还是从 Thumb 状态下进入 IRQ 模式,IRQ 处理程序均会执行以下指令,并从 IRQ 模式返回:

```
SUBS PC, R14_irq, ♯4
```

该指令将寄存器 R14_irq 的值减去 4 后,复制到程序计数器 PC 中,从而实现从异常处理程序中的返回,同时将 SPSR_mode 寄存器的内容复制到当前程序状态寄存器 CPSR 中。

3. 中止

产生中止(Abort)异常意味着对存储器的访问失败。ARM 微处理器会在存储器访问周期内检查是否发生中止异常。中止异常包括以下两种类型:

- 指令预取中止　发生在指令预取时。
- 数据中止　发生在数据访问时。

当指令预取访问存储器失败时,存储器系统会向 ARM 处理器发出存储器中止的信号,预取的指令就会记为无效,但只有当处理器试图执行无效指令时,指令预取中止异常才会发生,如果指令未被执行,例如在指令流水线中发生了跳转,则不会发生预取指令中止。若发生数据中止,系统的响应与指令的类型有关。

当确定中止的原因后,无论是在 ARM 状态下还是 Thumb 状态下,中止处理程序都会执行以下指令,并从中止模式返回:

```
SUBS PC, R14_abt, ♯4  ;指令预取中止
SUBS PC, R14_abt, ♯8  ;数据中止
```

以上指令恢复 PC(从 R14_abt)和 CPSR(从 SPSR_abt)的值,并重新执行中止的指令。

4. 软件中断

软件中断(Software Interrupt)指令(SWI)用于进入管理模式,常用于请求执行特定的管理功能。无论是在 ARM 状态下还是 Thumb 状态下,软件中断处理程序均执行以下指令 SWI

模式并返回：

MOV PC, R14_svc

以上指令恢复 PC（从 R14_svc）和 CPSR（从 SP5R_svc）的值，并返回到 SWI 下一条指令中。

5. 未定义指令

当 ARM 处理器遇到不能处理的指令时，会产生未定义指令（Undefined Instruction）异常。若采用这种机制，就可以通过软件仿真扩展 ARM 或 Thumb 指令集。

在仿真未定义指令时，无论是在 ARM 状态下还是在 Thumb 状态下，处理器均执行以下程序并返回：

MOV PC, R14_und

以上指令恢复 PC（从 R14_und）和 CPSR（从 sP5R_und）的值，并返回到未定义指令后的下一条指令。

表 4-13 列出了进入异常处理时保存在相应 R14 中的 PC 值，以及在退出异常处理时推荐使用的指令。

表 4-13 异常进入/退出

异常类型	返回指令	前一状态		注意事项
		ARM R14_x	Thumb R14_x	
BL	MOV PC,R14	PC+4	PC+2	1
SWI	MOVS PC,R14_svc	PC+4	PC+2	1
UDEF	MOVS PC,R14_und	PC+4	PC+2	1
FIQ	SUBS PC,R14_fiq,#4	PC+4	PC+4	2
IRQ	SUBS PC,R14_irq,#4	PC+4	PC+4	2
PABT	SUBS PC,R14_abt,#4	PC+4	PC+4	1
DABT	SUBS PC,R14_abt,#8	PC+8	PC+8	3
RESET	NA	—	—	4

注：1. 在此 PC 应是具有预取中止的 BL/SWI/未定义指令所取的地址。
2. 在此 PC 是从 FIQ 或 IRQ 取得不能执行的指令的地址。
3. 在此 PC 是产生数据中止的加载或存储指令的地址。
4. 系统复位时，保存在 R14_svc 中的值是不可预知的。

4.8.4 异常的处理

当系统运行时，异常可能会随时发生。为保证在 ARM 处理器发生异常时不至于处于未知状态,在应用程序的设计中首先要进行异常处理,采用的方式是在异常向量表格的特定位置放置一条跳转指令跳转到异常处理程序。当 ARM 处理器发生异常时,程序计数器 PC 会被强制设置为对应的异常向量,从而跳转到异常处理程序,当异常处理完成后,返回主程序继续执行。

习 题

1. 填空题

（1）ARM 内核有 4 个功能模块 T、D、M、I。其中,T 代表_____,D 代表_____,M 代表_____,I 代表_____。

（2）ARM 微处理器的工作状态包括：_____、_____。

2. 简答题

（1）简述 ARM 核的特点。

（2）简述 ARM 的基本结构。

（3）ARM 的启动方式有几种？有何区别和作用？

（4）ARM 核各种模式下使用的寄存器如何？哪种模式使用的寄存器最少？

（5）简述 MMU 的作用。

（6）程序状态寄存器各标志位的功能和作用是什么？

（7）中断向量表位于存储器的什么位置？

（8）IRQ 或 FIQ 异常的返回指令是什么？

（9）什么类型的中断优先级最高？

（10）ARM 核如何处理中断和异常？

第 5 章
ARM 系统中的存储器设计与管理

5.1 ARM 存储器系统概述

ARM 存储系统的体系结构适应不同的嵌入式应用系统,这些系统的需求差别很大。最简单的存储系统使用平板式的地址映射机制,就像一些简单的单片机系统中一样,地址空间的分配方式是固定的,系统各部分都使用物理地址。而一些复杂系统可能包括下面的一种或几种技术,从而需要提供更为强大的存储系统。

- 系统中可能包含多种类型的存储器,如 Flash,ROM,RAM,EEPROM 等,不同类型的存储器的速度和宽度等各不相同。
- 通过使用 Cache 及 Write Buffer 技术缩小处理器与存储系统速度的差别,从而提高系统的整体性能。
- 内存管理部件通过内存映射技术实现虚拟空间到物理空间的映射。在系统加电时,将 ROM/Flash 映射为地址 0x00000000,这样可以进行一些初始化处理;当这些初始化完成后将 RAM 地址映射为 0x00000000,并把系统程序加载到 RAM 中运行,这样很好地解决了嵌入式系统的需要。
- 引入存储保护机制,增强系统的安全性。
- 引入一些机制保证 I/O 操作映射为内存操作后,各种 I/O 操作能够得到正确的结果。

5.2 ARM 存储器系统结构

在现代 SOC 设计中,为了实现高性能,微处理器核必须连接一个容量大且速度高的存储器系统。如果存储器容量太小,就不能存储足够大的程序来使处理器全力处理;如果速度太慢,就不能像执行指令那样快地为处理器提供指令。但一般存储器的容量与速度之间成反比关系,即容量越大,速度越慢。因此,设计一个足够大又足够快的单一存储器,使高性能处理器充分发挥其能力,是有一定困难的。一般的解决方法是构建一个复合的存储器系统,这就是普通使用的多级存储器层次的概念。

多级存储器系统包括一个容量小但速度快的从存储器以及一个容量大但速度慢的主存储器。根据典型程序的实验统计,这个存储器系统的外部行为在绝大部分时间像一个既大又快的存储器。这个容量小但速度快的元件是 Cache。它自动保存处理器经常用到的指令和数据的备份。

5.2.1 ARM 存储数据类型和存储格式

1. ARM 支持的数据类型

ARM 处理器支持以下 6 种数据类型(较早的 ARM 处理器不支持半字和有符号字节):
- 8 位有符号和无符号字节。
- 16 位有符号和无符号半字,它们以 2 字节的边界对齐。
- 32 位有符号和无符号字,它们以 4 字节的边界对齐。

ARM 指令全是 32 位的字,并且必须以字为单位边界对齐且必须以 2 字节为单位边界对齐。

在内部,所有 ARM 操作都面向 32 位的操作数,只有数据传送指令支持较短的字节和半字的数据类型。当从存储器输入 1 字节和半字时,指令将根据数据类型进行操作,即将其无符号 0 或有符号的"符号位"扩展为 32 位,进而作为 32 位数据在内部进行处理。

ARM 协处理器可能支持其他数据类型,特别是定义了一些表示浮点数的数据类型。在 ARM 核内没有明确地支持这些数据类型,然而在没有浮点协处理器的情况下,这些类型可由软件用上述标准类型来解释。

2. 存储器组织

在以字节为单位寻址的存储器中有小端和大端两种方式存储字。这两种方式是根据最低有效字节与相邻较高有效字节相比,是以存放在较低的地址还是较高的地址来划分的。两种存储方式如图 5-1 所示。

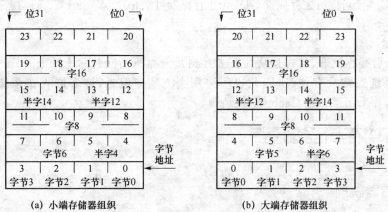

图 5-1 小端和大端存储器组织

- 小端格式:较高的有效字节存放在较高的存储器地址,较低的有效字节存放在较低的存储器地址。
- 大端格式:较高的有效字节存放在较低的存储器地址,较低的有效字节存放在较高的存储器地址。

ARM 处理器能方便地配置为其中任何一种存储器方式,但其默认设置为小端格式。

5.2.2 ARM 存储器层次简介

存储器层次对用户来说是透明的。存储层次的管理由计算机硬件和操作系统来完成。高速存储器的每位价格远高于低速存储器,因此采用层次存储器的目的,还在于以接近低速存储器的平均每位价格,得到接近高速存储器的性能。典型的计算机存储层次由多级构成,每级都有特定的容量和速度。

1. 寄存器组

微处理器寄存器组可看做存储器层次的顶层。典型的 RISC 微处理器大约有 32 个 32 位寄存器,总共 128 字节,其访问时间为几 ns。

2. 片上 RAM

如果微处理器要达到最佳性能,必须采用片上存储器。它与片上的寄存器组具有同级的读/写速度。与片外存储器相比,它有较好的功耗效率,并减小了电磁干扰。许多嵌入式系统中采用简单的片上 RAM 而不是 Cache,因为它简单、便宜且功耗低。但片上 RAM 又不能太快(消耗太多功率)、太大(占用太多芯片面积),因为片上 RAM 和片上寄存器组具有较高的实现成本,所以一般片上集成 RAM 的容量是必须考虑的。

3. 片上 Cache

片上 Cache 存储器的容量为 8~32 KB,访问时间约为 10 ns。第 2 级片外 Cache,其容量为几百 KB,访问时间为几十 ns。

4. 主存储器

高性能 PC 系统可能有主存储器,且这个主存储器可能是几 MB 到 1 GB 的动态存储器,访问时间约为 50 ns。

5. 硬　盘

硬盘作为后缓存储器,其容量从几百 MB 到几十 GB,访问时间为几十 ms。

嵌入式系统通常没有硬盘,因此也不采用页方式。但是,许多嵌入式系统采用 Cache,ARM CPU 芯片采用了多种 Cache 组织结构。

5.3　ARM 存储器配置

5.3.1　存储器映射

存储器映射是嵌入式 ARM 系统必须考虑的一个重要问题,特别是对位于地址 0 的存储器。系统复位后，处理器开始从地址 0x0 处取指令并执行，因此该地址必须存放可访问的代码。这样，在嵌入式系统内，ROM 必须在初始状态下位于地址 0x0 处。在系统运行后，就有两种情况。

1. 地址 0x0 处为 ROM

最简单的方法是系统运行后，ROM 仍然位于地址 0x0，转到真正的入口处执行，如图 5-2 所示。

然而，这种方法有些缺点。ROM 通常数据宽度小（8 位或 16 位），而且与 RAM 相比访问速度低，这将大大降低处理器异常（特别是中断）的响应速度，而且，如果中断向量表位于 ROM 中，它将不能在程序中在线修改。

2. 地址 0x0 处为 RAM

通常 RAM 比 ROM 速度快，数据总线宽。基于这个原因，RAM 是存放中断向量表和中断处理程序更好的选择。然而，如果上电时 RAM 位于地址 0x0，处理器复位后将不能取到正确的指令。因此，上电时 ROM 必须位于 0x0，而正常运行过程中 RAM 位于 0x0。从复位到正常运行状态的转变通过写内存映射寄存器来完成，如图 5-3 所示。

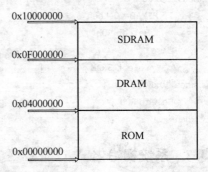

图 5-2　ROM 位于地址 0x0 的例子

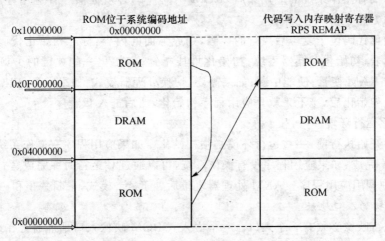

图 5-3　一个 RAM 映射到地址 0x0 的例子

在运行中，RAM 映射到 0 需要在复位后运行一定的程序。下面举例说明：

① 上电时处理器从地址 0 取复位向量处的指令；

② 执行该指令，将跳转到下一条 ROM 指令的实际地址；

LDR PC, = 0x0F000000H

③ 写 REMAP 寄存器,设置 REMAP=1,将 RAM 映射到地址 0；

④ 完成其他的初始化代码。

对地址空间进行重映射的存储器解码器,可以通过下面的简单操作实现：

```
Case ADDR(31:24) is
When "0x00"
    If REMAP = 0 then
        Select ROM
    Else
        Select SRAM
When "0xF0"
    Select ROM
When…
```

5.3.2 系统初始化

系统初始化有两个阶段：首先初始化运行环境,如异常中断向量表、堆栈、I/O 等；其次初始化应用程序,如 C 语言变量初始化等。对有操作系统的应用系统,运行环境在操作系统启动时初始化,然后通过 main() 函数自动进入应用程序,C 运行时库中的 _main() 函数初始化应用程序。对于没有操作系统的应用系统,ROM 中的代码必须提供一种应用程序初始化自身和开始执行的方法。

通常初始化代码位于复位后执行的代码,完成下面的内容：标志初始化代码的入口；设置异常中断向量表；初始化存储器系统；初始化堆栈指针；初始化一些关键的 I/O 口；初始化中断系统需要的 RAM 变量；使能中断；如果需要,切换处理器模式；如果需要,切换处理器状态。

运行环境初始化后,接下来就是应用程序初始化,然后进入 C 程序。

1. 初始化运行环境

应用程序开始执行前,一些运行环境必须初始化。如果应用程序有操作系统支持,初始化由 BootLoader 完成；如果应用程序没有操作系统,可以通过 C 运行时库完成运行环境初始化,并在 main() 中调用应用程序。ARM 处理器复位后处于 svc 模式,中断禁止和 ARM 状态。

(1) 设置初始入口地址

一个可执行映像必须有一个入口。一个嵌入式 ROM 映像入口地址通常在地址 0,入口可以通过汇编语言 ENTRY 来定义。系统中可能有多个入口,当系统中有多个入口时,其中某个入口必须通过 _entry 来指定为初始入口。如果包含 C 程序的系统程序中有 main() 函数,则在 C 运行时库初始化代码中也有一个入口。

(2) 设置中断向量

初始化代码必须按如下原则初始化中断向量：如果 ROM 位于 0,中断向量包含一系列不

第5章 ARM系统中的存储器设计与管理

能修改的指令跳转到各异常的响应程序;如果ROM位于其他位置,中断向量必须被初始化代码动态修改。

（3）初始化存储器系统

如果系统中有内存管理或保护单元,必须在初始化前做两件事情:其一是中断禁止;其二是没有进行依赖于RAM的程序调用。

（4）初始化堆栈

初始化代码、初始化堆栈指针寄存器,可以初始化部分或所有的堆栈指针。如表5-1所列,这取决于系统中用到的中断和异常。

表5-1 堆栈寄存器用途

堆栈寄存器	用 途
SP_svc	系统模式下堆栈指针,必须初始化
SP_irq	如果使用IRQ中断,则必须在使能中断前初始化
SP_fiq	如果使用FIQ中断,则必须在使能中断前初始化
SP_abt	数据访问异常模式下的堆栈指针
SP_und	未定义指令模式下的堆栈指针
SP_usr	用户模式下的堆栈指针

通常,SP_abt和SP_und在简单系统中没有用到,当然也可以初始化它们以用于调试。在处理器切换到用户模式并开始执行应用程序前设置SP_und。

（5）初始化一些关键的I/O口设备

关键的I/O设备是使能中断前必须初始化的I/O设备。通常,系统在此处初始化这些设备;如果没有,则当中断使能时,这些设备可能导致不期望的中断。

（6）初始化中断系统需要的RAM变量

如果中断系统有缓冲区指针用来读取数据到内存缓冲区,则该指针必须在中断使能前被初始化。

（7）中断使能

如果需要,初始化代码现在能通过清除CPSR寄存器的中断禁止位来使能中断。这是安全使能中断的最简单的地方。

（8）切换处理器模式

程序执行到这里仍然处于SP_svc模式。如果应用程序运行在usr模式,则在此处切换到usr模式并初始化usr模式堆栈寄存器SP_usr。

（9）切换处理器状态

所有的RAM核包括Thumb功能的处理器,复位时都处于ARM状态,初始化代码都会是ARM状态。如果应用程序编译成Thumb代码,则链接器会自动添加ARM状态到

Thumb 状态的小代码段(veneer),以实现由 ARM 状态到 Thumb 状态的切换。当然,也可以手动写初始化代码来完成切换。

2. 初始化应用程序

应用程序的初始化包括:
- 通过复制初始化数据到可写数据段来初始化非 0 可写数据。
- 对 ZI 数据段清 0。
- 存储器初始化后,程序控制权交给应用程序的入口,如 C 运行时库。

5.3.3 地址映射模式

嵌入式系统中通常有多种存储器,这是为了充分发挥各种存储器的特点,达到好的性价比。下面以一个包含 Flash、16 位 RAM 和 32 位 RAM 的系统为例,讲述系统的地址映射。

在这个例子中,系统上电前,所有的程序和数据都保存在 Flash 中,系统上电后,异常中断处理和数据栈就移到 32 位的 RAM 中,这使得异常中断处理的速度较快;RW 数据以及 ZI 数据移到 16 位 RAM 中;其他的 RO 代码在 Flash 中运行。在系统复位时,Flash 位于地址 0 处,复位后开始执行的指令把 Flash 映射到其他非 0 地址段,而把 RAM 映射到地址 0 处,具体的地址映射模式如图 5-4 所示。

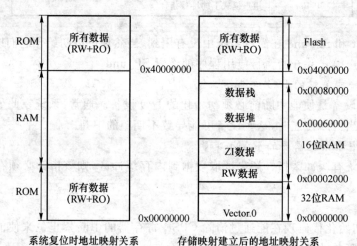

图 5-4 一个地址映射模式的实例

这种地址映射模式可以通过 scatter 格式文件指定。下面是这个例子中实现地址映射的 scatter 文件。

```
FLASH 0X04000000 0X80000          ;定义加载时域 Flash 的起始地址和长度
{
    FLASH 0X04000000 0X80000      ;定义第 1 个运行时域 Flash,位于 Flash 中
```

```
    {
        init.O(Init, + First)       ;所有 RO 代码,init.O 模块位于开头 *( + RO)
    }
    32bitRAM 0x0000 0x2000          ;定义第 2 个运行时域,位于 32 位 RAM 中
    {
        vectors.O (vect , + First)  ;包含模块 vectors.O,主要是中断处理和数据栈
    }
    16bitRAM 0x2000 0x80000         ;定义第 3 个运行时域,位于 16 位 RAM 中
    {
        *( + RW, + ZI)              ;包含 RW 和 ZI 段数据
    }
}
```

源程序中 init.s 中与地址重映射相关的代码如下:

```
ROM_Start EQU 0x4000000             ;重映射后 ROM 的地址
Instruct_2 EQU ROM_Start + 4        ;系统复位后马上执行的代码地址
ResetBase EQU 0x0B000000            ;地址重映射控制器的基地址
ClearResetMap EQU ResetBase + 0x20  ;地址重映射控制器的地址

ENTRY
IF :DEF:ROM_RAM_REMAP
LDR   PC, = Instruct_2
    ;控制地址重映射寄存器,进行地址重映射
MOV   r0, #0
LDR   r1, = ClearResetMap
STRB  r0,[r1]
    ;现在 RAM 映射到 0x0 处,这时异常中断向量表必须从 ROM 中复制到 RAM 中,这种复制是由_main 中
    ;的相关代码完成的;如果没有 main 函数,则应用程序中必须完成这段代码
ENDIF
```

5.3.4 其他调试方法

作为一种功能日益强大的处理器,ARM 处理器越来越多地应用到嵌入式系统中,这样嵌入式系统的一些调试方法也被应用到 ARM 应用系统中了。ROM 监控器的调试方法是这样的一种调试方法:ROM 监控器使用驻留 ROM 或 Flash 的程序完成应用软件的下载和运行、脚本调试、对处理器寄存器的读/写访问以及存储器转存等,这时 ROM 监控器就是一种非常有用的调试工具,其成本比在线仿真器要低得多。本小节以开放源代码 ROM 监控器 Red-Boot 简单介绍这种调试方法的功能和特点。

RedBoot 也称为红帽(RedHat)嵌入式调试引导程序,是一种用户嵌入式系统的独立开放

源代码引导/装载器,任何人都可以从互联网上下载具有红帽 eCos 公共许可证的 RedBoot 源代码。虽然 RedBoot 使用的是源于 eCos 实时操作系统(RTos)的软件模块,并且常用于嵌入式 Linux 系统,但它与这两种操作系统完全无关,RedBoot 能够用于任何操作系统或 RTos,甚至没有操作系统也行。RedBoot 自带一个 GDB"存根进程(stub)",可提供目标端通信软件,允许用户通过标准 GDB 协议命令进行远端调试,这样设计师就能利用 RedBoot 与运行 GNU 调试器的主机通过串口或网络连接起来,调试设计的嵌入式软件。RedBoot 支持多种处理器结构和硬件平台,包括 ARM、日立 SHx、MIPS、PowerPC、SPARC 以及 X86 等。

使用必须先构建开发者自己的 RedBoot。重建 RedBoot 映像的第一步是建立主机开发环境,建立 RedBoot 映像的工具要能运行在 Windows 或 Linux 主机平台上。主机开发工具包括 GNU 二进制应用程序(常称为 binutils)、C/C++编译器和调试器。在目标处理器架构和主机操作系统平台上建立 GNU 开发工具和主机开发环境的详细步骤请参阅网址:

http://sources.redhat.com/ecos/getstart.Html

安装完 GNU 工具,接着就是确定配置工具,用户可以采用图形化配置工具或命令行工具配置建立 RedBoot 映像。

创建新 RedBoot 配置有两种方法。第一种方法是在配置工具的 Build 菜单下选择模板,这时会弹出模板对话框,然后从中选择硬件平台和模板数据包,这里模板数据包选择 RedBoot。这种方法为建立默认配置 RedBoot 映像提供了一个基本方式,选择菜单 Build I Packages,在弹出的 Packages 对话框中可以添加或删除其他数据包。第二种创建 RedBoot 新配置的方法是导入 eCos 最小配置文件(.ecm)。RedBoot 支持的每个硬件平台都包含这样的最小配置文件,这些配置文件一般位于硬件抽象层目录 hal 下对应于每个结构的 misc 子目录中。最小配置文件包含特定硬件平台基本配置信息,将.ecm 文件作为出发点,就有了作为基础的硬件平台工作配置文件,可改变配置选项,支持 RedBoot 映像所需要的任何修改。接下来需要保存当前的配置。为了将当前配置保存为 eCos 当前配置文件(.ecc),需要选择 File 菜单中的 Save As 命令,不妨把文件存为 RedBoot_rom.ecc。这步操作将生成正在创建的 RedBoot 映像的工作目录结构,所有目录都将以刚创建的.ecc 文件名开头。在本例中,目录名以 RedBoot 开始。

正确设置好配置以后,下面就可以开始创建 RedBoot 映像了。为了执行创建过程,需要采用 Build Libary 命令,此时配置工具输出窗口将显示相关创建信息。创建过程完成后,生成的 RedBoot 映像存放在 RedBoot_install\in 子目录中,本例中新的 RedBoot 映像取名为 RedBoot_rom.bin。

最后把生成的映像写入 ROM 或 Flash 中。将 RedBoot 映像装进非易失性存储器,根据目标不同有很多方法,一般情况下,映像必须用软件写入 Flash 或用设备编程器写入 ROM。

RedBoot 映像装入 Flash 后,就可以直接执行缺陷修正或增加功能等映像更新任务。于目录中,本例中新的 RedBoot 映像取名为 RedBoot.bin。最后把生成的映像写入 ROM 或

Flash 中。将 RedBoot 映像装进非易失性存储器,根据目标不同有很多方法,一般情况下,映像必须用软件写入 Flash 或用设备编程器写入 ROM。

RedBoot 映像装入 Flash 后,就可以直接执行缺陷修正或增加功能等映像更新任务。

5.4 ARM 存储器访问与扩展

嵌入式系统中片内存储资源一般不能满足系统开发的需求,构建一个高效的存储系统是嵌入式系统开发的基本工作。下面以 S3C44B0X 扩展存储器为例,全面介绍 S3C44B0X 的存储控制器和存储扩展技术。

5.4.1 S3C44B0X 存储控制器

1. 概 述

在基于 ARM 核的嵌入式应用系统中可能包含多种类型的存储器件,如 FLash、ROM、SRAM 和 SDRAM 等;而且不同类型的存储器件要求不同的速度和数据宽度等。为了对这些不同速度、类型和总线宽度的存储器进行管理,存储器管理控制器是必不可少的。在基于 S3C44B0X 处理器的嵌入式系统开发中,是通过 S3C44B0X 集成的存储控制器为片外存储器访问提供必要的控制信号,来实现管理片外存储部件的。

S3C44B0X 内部存储器控制器的作用,是为外部存储器操作提供两套必要的存储器控制信号。S3C44B0X 具有以下特性:

- 大/小端(通过外部引脚选择);
- 地址空间为 32 MB 每 bank(总共 256 MB:8 banks);
- 所有 bank 都具有可编程的总线宽度(8 位/16 位/32 位);
- 总共 8 个存储器 banks;
- 6 个可用做 ROM 和 SRAM 映射空间的存储器 bank;
- 2 个可用做 FP/EDO/SDRAM 等映射空间的存储器 bank;
- 7 个起始地址固定、大小可编程的存储器 bank;
- 1 个具有灵活起始地址、大小可编程的存储器 bank;
- 对所有的存储器 bank,具有可编程的操作周期;
- 采用外部等待来扩展总线周期;
- 专用 DRAM/SDRAM 接口支持自刷新模式;
- 支持异步和同步 DRAM。

2. 大/小端

S3C44B0X 具有一个输入引脚 ENDIAN,处理器通过它的输入逻辑电平来确定数据类型是小端还是大端。0:小端,1:大端。逻辑电平在复位期间由该引脚的上拉或下拉电阻确定。从而也确定了对大/小端的选择。

3. Bank0 总线宽度

Boot ROM 在地址上位于 ARM 处理器的 Bank0 区，它具有多种数据总线宽度，这个宽度是可以通过硬件设定的，即通过 OM[1:0] 引脚上的逻辑电平进行设定，如表 5-2 所列。

表 5-2 ROM bank0 的数据总线宽度设定

OM[1:0]	数据总线宽度
00	8 位
01	16 位
10	32 位
11	测试模式

4. 存储器编程控制

利用 STMIA 指令对所有 13 个存储器控制寄存器编程实例如下：

```
ldr r0, = SMRDATA
ldmia r0, {r1~r13}
ldr r0, = 0x01c80000 ; BWSCON Address
stmia r0, {r1~r13}
SMRDATA DATA
DCD 0x22221210 ; BWSCON
DCD 0x00000600 ; GCS0
DCD 0x00000700 ; GCS1
DCD 0x00000700 ; GCS2
DCD 0x00000700 ; GCS3
DCD 0x00000700 ; GCS4
DCD 0x00000700 ; GCS5
DCD 0x0001002a ; GCS6, EDO DRAM(Trcd = 3, Tcas = 2, Tcp = 1, CAN = 10bit)
DCD 0x0001002a ; GCS7, EDO DRAM
DCD 0x00960000 + 953 ; Refresh(REFEN = 1, TREFMD = 0, Trp = 3, Trc = 5, Tchr = 3)
DCD 0x0 ; Bank Size, 32MB/32MB
DCD 0x20 ; MRSR 6(CL = 2)
DCD 0x20 ; MRSR 7(CL = 2)
```

5. 存储器(SROM/DRAM/SDRAM)地址线连接

在 S3C44B0X 中的存储器(SROM/DRAM/SDRAM)地址引脚连线如表 5-3 所列。

表 5-3 S3C44B0X 存储器(SROM/DRAM/SDRAM)地址线连接

存储器地址引脚	S3C44B0X 地址总线和 8 位数据总线	S3C44B0X 地址总线和 16 位数据总线	S3C44B0X 地址总线和 32 位数据总线
A0	A0	A1	A2
A1	A1	A2	A3
A2	A2	A3	A4
A3	A3	A4	A5
...	...	...	...

6. SDRAM 块地址线连接

在 S3C44B0X 中 SDRAM 块地址引脚连线如表 5-4 所列。

表 5-4 SDRAM 块地址线连接

块尺寸	总线宽度	基本组成	存储器配置	块地址
2 MB	×8	16 Mb	(1M×8×2Bank)×1	A20
	×16		(512K×16×2Bank)×1	
4 MB	×8	16 Mb	(2M×4×2Bank)×2	A21
	×16		(1M×8×2Bank)×2	
	×32		(512K×16×2Bank)×2	
8 MB	×16	16 Mb	(2M×4×2Bank)×4	A22
	×32		(1M×8×2Bank)×4	
	×8	64 Mb	(4M×8×2Bank)×1	
	×8		(2M×8×4Bank)×1	A[22:21]
	×16		(2M×16×2Bank)×1	A22
	×16		(1M×16×4Bank)×1	A[22:21]
	×32		(512K×32×4Bank)×1	
16 MB	×32	16 Mb	(2M×4×2Bank)×8	A23
	×8	64 Mb	(8M×4×2Bank)×2	
	×8		(4M×4×4Bank)×2	A[23:22]
	×16		(4M×8×2Bank)×2	A23
	×16		(2M×8×2Bank)×2	A[23:22]
	×32		(2M×16×2Bank)×2	A23
	×32		(1M×16×4Bank)×2	
	×8	128 Mb	(4M×8×4Bank)×1	A[23:22]
	×16		(2M×16×4Bank)×1	
32 MB	×16	64 Mb	(8M×4×2Bank)×4	A24
	×16		(4M×4×4Bank)×4	A[24:23]
	×32		(4M×8×2Bank)×4	A24
	×32		(2M×8×4Bank)×4	
	×16	128 Mb	(4M×8×2Bank)×2	
	×32		(2M×16×4Bank)×2	A[24:23]
	×8	256 Mb	(8M×8×4Bank)×1	
	×16		(4M×16×4Bank)×1	

7. 控制存储器特殊寄存器

（1）总线宽度和等待控制寄存器(BWSCON)

总线宽度和等待控制寄存器(BWSCON)总体描述如表 5-5 所列，详细描述如表 5-6 所列。

表 5-5 总线宽度和等待控制寄存器(BWSCON)总体描述

寄存器	地址	读/写	描述	复位值
BWSCON	0x01C80000	R/W	总线宽度和等待状态控制寄存器	0x000000

表 5-6 总线宽度和等待控制寄存器(BWSCON)详细描述

BWSCON	位	描述	初始化值
ST7	[31]	决定 SRAM 是否在块 7 中使用 UB/LB： 0＝不使用 UB/LB(nWBE[3:0]在引脚[14:11]指示) 1＝使用 UB/LB(nWBE[3:0]在引脚[14:11]指示)	0
WS7	[30]	决定块 7 的等待状态(如果块是 DRAM 或 SDRAM,WAIT 不支持)： 0＝WAIT 不允许,1＝WAIT 允许	0
DW7	[29:28]	决定块 7 的数据总线宽度： 00＝8 位,01＝16 位,10＝32 位	0
ST6	[27]	决定 SRAM 是否在块 6 中使用 UB/LB： 0＝不使用 UB/LB(nWBE[3:0]在引脚[14:11]指示) 1＝使用 UB/LB(nWBE[3:0]在引脚[14:11]指示)	0
WS6	[26]	决定块 6 的等待状态(如果块是 DRAM 或 SDRAM,WAIT 不支持)： 0＝WAIT 不允许,1＝WAIT 允许	0
DW6	[25:24]	决定块 6 的数据总线宽度： 00＝8 位,01＝16 位,10＝32 位	0
ST5	[23]	决定 SRAM 是否在块 5 中使用 UB/LB： 0＝不使用 UB/LB(nWBE[3:0]在引脚[14:11]指示) 1＝使用 UB/LB(nWBE[3:0]在引脚[14:11]指示)	0
WS5	[22]	决定块 5 的等待状态(如果块是 DRAM 或 SDRAM,WAIT 不支持)： 0＝WAIT 不允许,1＝WAIT 允许	0
DW5	[21:20]	决定块 5 的数据总线宽度： 00＝8 位,01＝16 位,10＝32 位	0
ST4	[19]	决定 SRAM 是否在块 4 中使用 UB/LB： 0＝不使用 UB/LB(nWBE[3:0]在引脚[14:11]指示) 1＝使用 UB/LB(nWBE[3:0]在引脚[14:11]指示)	0

续表 5-6

BWSCON	位	描述	初始化值
WS4	[18]	决定块 4 的等待状态(如果块是 DRAM 或 SDRAM,WAIT 不支持): 0=WAIT 不允许,1=WAIT 允许	0
DW4	[17:16]	决定块 4 的数据总线宽度: 00=8 位,01=16 位,10=32 位	0
ST3	[15]	决定 SRAM 是否在块 3 中使用 UB/LB: 0=不使用 UB/LB(nWBE[3:0]在引脚[14:11]指示) 1=使用 UB/LB(nWBE[3:0]在引脚[14:11]指示)	0
WS3	[14]	决定块 3 的等待状态(如果块是 DRAM 或 SDRAM,WAIT 不支持): 0=WAIT 不允许,1=WAIT 允许	0
DW3	[13:12]	决定块 3 的数据总线宽度: 00=8 位,01=16 位,10=32 位	0
ST2	[11]	决定 SRAM 是否在块 2 中使用 UB/LB: 0=不使用 UB/LB(nWBE[3:0]在引脚[14:11]指示) 1=使用 UB/LB(nWBE[3:0]在引脚[14:11]指示)	0
WS2	[10]	决定块 2 的等待状态(如果块是 DRAM 或 SDRAM,WAIT 不支持): 0=WAIT 不允许,1=WAIT 允许	0
DW2	[9:8]	决定块 2 的数据总线宽度: 00=8 位,01=16 位,10=32 位	0
ST1	[7]	决定 SRAM 是否在块 1 中使用 UB/LB: 0=不使用 UB/LB(nWBE[3:0]在引脚[14:11]指示) 1=使用 UB/LB(nWBE[3:0]在引脚[14:11]指示)	0
WS1	[6]	决定块 1 的等待状态(如果块是 DRAM 或 SDRAM,WAIT 不支持): 0=WAIT 不允许,1=WAIT 允许	0
DW1	[5:4]	决定块 1 的数据总线宽度: 00=8 位,01=16 位,10=32 位	0
DW0	[2:1]	指示块 0 的数据总线宽度(只读): 00=8 位,01=16 位,10=32 位 这些状态是由引脚 OM[1:0]选择的	—
ENDIAN	[0]	指示存储器组织格式(只读): 0=小端格式,1=大端格式 这些状态是由引脚 ENDIAN 选择的	—

注:1 在存储器控制器所有类型的主时钟与总线时钟保持一致。例如:在 DRAM 和 SRAM 中的 MCLK 与总线时钟相同,在 SDRAM 中也与总线时钟相同。在本节中时钟就是总线时钟。

2 nBE[3:0]是由 AND 信号、nWBE[3:0]、nOE 相"与"而成。

3 高 8 位(Upper Byte,简写 UB)/(低 8 位简写,LB)。

(2) 块控制寄存器(BANKCONn：nGCS0~nGCS7)

块控制寄存器总体描述如表5-7和表5-8所列，详细描述如表5-9和表5-10所列。

表5-7 块控制寄存器(BANKCONn：nGCS0~nGCS5)总体描述

寄存器	地 址	读/写	描 述	复位值
BANKCON0	0x01C80004	R/W	块0控制寄存器	0x0700
BANKCON1	0x01C80008	R/W	块1控制寄存器	0x0700
BANKCON2	0x01C8000C	R/W	块2控制寄存器	0x0700
BANKCON3	0x01C80010	R/W	块3控制寄存器	0x0700
BANKCON4	0x01C80014	R/W	块4控制寄存器	0x0700
BANKCON5	0x01C80018	R/W	块5控制寄存器	0x0700

表5-8 块控制寄存器(BANKCONn：nGCS6~nGCS7)总体描述

寄存器	地 址	读/写	描 述	复位值
BANKCON6	0x01C8001C	R/W	块6控制寄存器	0x18008
BANKCON7	0x01C80020	R/W	块7控制寄存器	0x18008

表5-9 块控制寄存器(BANKCONn：nGCS0~nGCS5)详细描述

BANKCONn	位	描 述	初始化值
Tacs	[14:13]	地址信号在nGCSn之前建立的时钟数： 00=0时钟，01=1时钟， 10=2时钟，11=4时钟	00
Tcos	[12:11]	芯片选择建立nOE的时钟数： 00=0时钟，01=1时钟， 10=2时钟，11=4时钟	00
Tacc	[10:8]	访问周期： 000=1时钟， 001=2时钟， 010=3时钟， 011=4时钟， 100=6时钟， 101=8时钟， 110=10时钟，111=14时钟	111
Toch	[7:6]	芯片选择锁定nOE的时钟数： 00=0时钟，01=1时钟， 10=2时钟，11=4时钟	00

续表 5-9

BANKCONn	位	描述	初始化值
Tcah	[5:4]	nGCSn 之后地址锁定的时钟数： 00＝0 时钟，01＝1 时钟， 10＝2 时钟，11＝4 时钟	00
Tpac	[3:2]	页模式访问周期@ Page mode： 00＝2 时钟，01＝3 时钟， 10＝4 时钟，11＝6 时钟	00
PMC	[1:0]	页模式设置： 00＝正常(1 data)，01＝4 data， 10＝8 data，11＝16 data	00

表 5-10 块控制寄存器(BANKCONn：nGCS6～nGCS7)详细描述

BANKCONn	位	描述	初始化值
MT	[16:15]	此两位决定了块 6 和块 7 存储器类型。 00＝ROM or SRAM，01＝FP DRAM， 10＝EDO DRAM，11＝Sync. DRAM	11
存储器类型＝ROM or SRAM[MT＝00]，块控制寄存器(位 0～位 14)的描述			
Tacs	[14:13]	地址信号在 nGCSn 之前建立的时钟数： 00＝0 时钟，01＝1 时钟， 10＝2 时钟，11＝4 时钟	00
Tcos	[12:11]	芯片选择 nOE 建立的时钟数： 00＝0 时钟，01＝1 时钟， 10＝2 时钟，11＝4 时钟	00
Tacc	[10:8]	访问周期： 000＝1 时钟，001＝2 时钟， 010＝3 时钟，011＝4 时钟， 100＝6 时钟，101＝8 时钟， 110＝10 时钟，111＝14 时钟	111

续表 5-10

BANKCONn	位	描述	初始化值
Toch	[7:6]	芯片选择 nOE 保持的时钟数： 00=0 时钟,01=1 时钟, 10=2 时钟,11=4 时钟	00
Tcah	[5:4]	nGCSn 之后地址锁定的时钟数： 00=0 时钟,01=1 时钟, 10=2 时钟,11=4 时钟	00
Tpac	[3:2]	页模式访问周期@ Page mode： 00=2 时钟,01=3 时钟, 10=4 时钟,11=6 时钟	00
PMC	[1:0]	页模式设置： 00=正常(1 data),01=4 连续访问, 10=8 连续访问,11 = 16 连续访问	00
存储器类型 = FP DRAM [MT=01] or EDO DRAM [MT=10] 块控制寄存器(位 0~位 5)的描述			
Trcd	[5:4]	RAS 到 CAS 的延迟： 00=1 周期,01=2 周期, 10=3 周期,11=4 周期	00
Tcas	[3]	CAS 脉冲宽度： 0=1 时钟,1=2 时钟	0
Tcp	[2]	CAS 预先加电： 0=1 时钟,1=2 时钟	0
CAN	[1:0]	列地址线： 00=8 位,01 = 9 位, 10=10 位,11 = 11 位	00
存储器类型 = SDRAM [MT=11] 块控制寄存器(位 0~位 3)的描述			
Trcd	[3:2]	RAS 到 CAS 的延迟： 00=2 周期, 01=3 周期,10=4 周期	10
SCAN	[1:0]	列地址线： 00=8 位,01=9 位,10=10 位	00

第5章 ARM系统中的存储器设计与管理

(3) 块6/7支持的配置

块6/7支持的配置如表5-11所列。

表5-11 块6/7支持的配置

块	支持				不支持	
块7	SROM	DRAM	SDRAM	SROM	SDRAM	DRAM
块6	DRAM	SROM	SROM	SDRAM	DRAM	SDRAM

注：SROM就是指ROM和SRAM。

(4) 刷新控制寄存器

刷新控制寄存器(REFRESH)总体描述如表5-12所列，详细描述如表5-13所列。

表5-12 刷新控制寄存器总体描述

寄存器	地址	读/写	描述	复位值
REFRESH	0x01C80024	R/W	刷新控制寄存器	0xAC0000

表5-13 刷新控制寄存器详细描述

REFRESH	位	描述	初始化值
REFEN	[23]	DRAM/SDRAM 刷新允许： 0＝不允许，1＝允许(自我或CBR/自动刷新)	1
TREFMD	[22]	DRAM/SDRAM 刷新模式： 0＝CBR/自动刷新，1＝在自我刷新期间，DRAM/SDRAM自我刷新将在适当时期有效	0
Trp	[21:20]	DRAM/SDRAM RAS 预充电时间： DRAM：00＝1.5时钟，01＝2.5时钟， 　　　10＝3.5时钟，11＝4.5时钟 SDRAM：00＝2时钟，01＝3时钟， 　　　10＝4时钟，11＝不支持	00
Trc	[19:18]	SDRAM RC 最小充电时间： 00＝4时钟，01＝5时钟， 10＝6时钟，11＝7时钟	11
Tchr	[17:16]	CAS 保持时间(DRAM)： 00＝1时钟，01＝2时钟， 10＝3时钟，11＝4时钟	00

续表 5-13

REFRESH	位	描 述	初始化值
Reserved	[15:11]	未用	0000
Refresh Counter	[10:0]	DRAM/SDRAM 刷新计数值。刷新周期=(2^{11}-刷新计数+1)/MCLK。例如:刷新周期为 15.6 μs,MCLK 是 60 MHz,则刷新计数表示如下: 刷新计数=2^{11}+1-60×15.6=1 113	0

(5) 块尺寸寄存器

块尺寸寄存器(BANKSIZE)总体描述如表 5-14 所列,详细描述如表 5-15 所列。

表 5-14 块尺寸寄存器总体描述

寄存器	地 址	读/写	描 述	复位值
BANKSIZE	0x01C80028	R/W	灵活的块尺寸寄存器	0x0

表 5-15 块尺寸寄存器详细描述

BANKSIZE	位	描 述	初始化值
SCLKEN	[4]	只有在 SDRAM 访问期间 SCLK 才有效,这样将降低能源的消耗。1 是推荐方式。 0=正常 SCLK,1=降低功耗方式 SCLK	0
Reserved	[3]	未用	0
BK76MAP	[2:0]	块 6/7 存储器映射: 000=32M/32M,100=2M/2M, 101=4M/4M,110=8M/8M, 111=16M/16M	000

(6) SDRAM 模式、设置寄存器(MRSR)

SDRAM 模式、设置寄存器(MRSR)总体描述如表 5-16 所列,详细描述如表 5-17 所列。

表 5-16 SDRAM 模式、设置寄存器(MRSR)总体描述

寄存器	地 址	读/写	描 述	复位值
MRSRB6	0x01C8002C	R/W	块 6 模式、设置寄存器	xxx
MRSRB7	0x01C80030	R/W	块 7 模式、设置寄存器	xxx

表 5-17 SDRAM 模式、设置寄存器(MRSR)详细描述

MRSR	位	描述	初始化值
Reserved	[11:10]	未用	—
WBL	[9]	突发写的时间长度:推荐为 0	x
TM	[8:7]	测试模式: 00=寄存器设置模式, 01、10、11=保留	xx
CL	[6:4]	CAS 等待时间: 000=1 时钟,010=2 时钟, 011=3 时钟,其余=保留	xxx
BT	[3]	突发类型:0=连续(推荐),1=N/A	x
BL	[2:0]	突发时间:000=1,其余=N/A	xxx

注:MRSR 寄存器在 SDRAM 运行下可以不必设置。

重要提示:
- 所有 13 个控制寄存器只能用 STMIA 指令写入。
- 在停止模式、空闲模式时,DRAM/SDRAM 自动进入 DRAM/SDRAM 的自刷新模式。

5.4.2 在 S3C44B0X 中存储器扩展

1. ROM 接口扩展实例

① 利用 1 块 8 位 ROM 芯片扩展 8 位 ROM 存储器接口如图 5-5 所示。

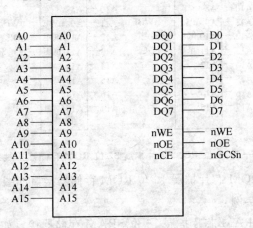

图 5-5 8 位 ROM 芯片扩展 8 位 ROM 存储器接口

② 利用2块8位ROM芯片扩展16位ROM存储器接口如图5-6所示。

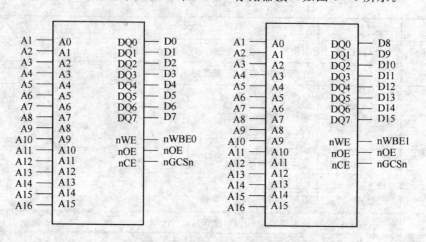

图5-6　8位ROM芯片扩展16位ROM存储器扩展接口

③ 利用4块8位ROM芯片扩展32位ROM存储器接口如图5-7所示。

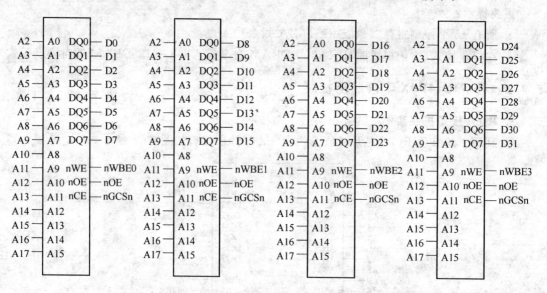

图5-7　8位ROM芯片扩展32位ROM存储器扩展接口

④ 利用1块16位ROM芯片扩展16位ROM存储器接口如图5-8所示。

2. SRAM接口扩展实例

① 利用1块16位SRAM芯片扩展16位SRAM存储器接口如图5-9所示。

第 5 章 ARM 系统中的存储器设计与管理

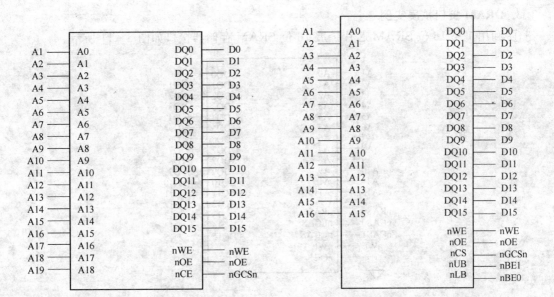

图 5-8 16 位 ROM 芯片扩展 16 位 ROM 存储器接口   图 5-9 16 位 SRAM 芯片扩展 16 位 SRAM 存储器接口

② 利用 2 块 16 位 SRAM 芯片扩展 32 位 SRAM 存储器接口如图 5-10 所示。

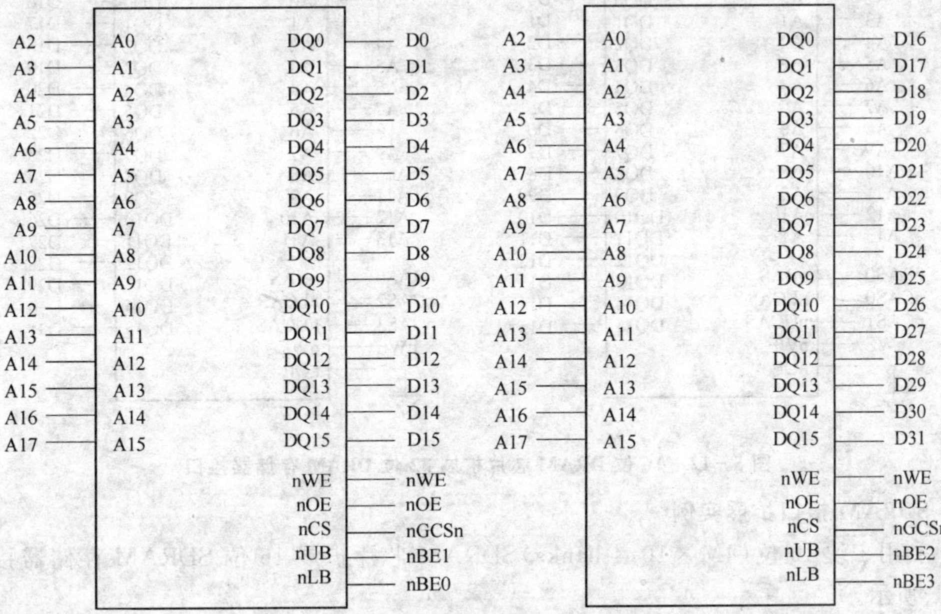

图 5-10 16 位 SRAM 芯片扩展 32 位 SRAM 存储器接口

3. DRAM 接口扩展实例

① 利用 1 块 16 位 SRAM 芯片扩展 16 位 SRAM 存储器接口如图 5-11 所示。

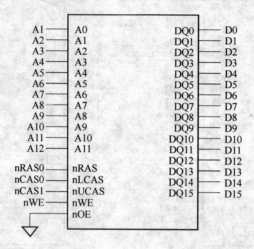

图 5-11　16 位 DRAM 芯片扩展 16 位 DRAM 存储器接口

② 利用 2 块 16 位 DRAM 芯片扩展 32 位 DRAM 存储器接口如图 5-12 所示。

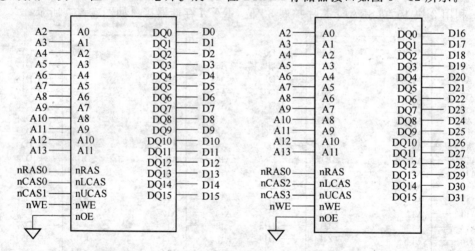

图 5-12　16 位 DRAM 芯片扩展 32 位 DRAM 存储器接口

4. SDRAM 接口扩展实例

① 利用 1 块 16 位（4M×16,4 banks）SDRAM 芯片扩展 16 位 SDRAM 存储器接口如图 5-13 所示。

② 利用 2 块 16 位（4M×16×2 区,4 banks）SDRAM 芯片扩展 32 位 SDRAM 存储器接口如图 5-14 所示。

第 5 章　ARM 系统中的存储器设计与管理

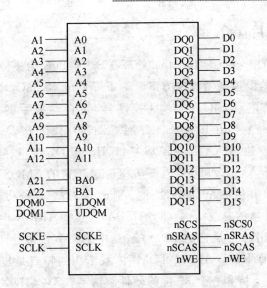

图 5-13　16 位(4M×16,4 banks)SDRAM 芯片扩展 16 位 SDRAM 存储器接口

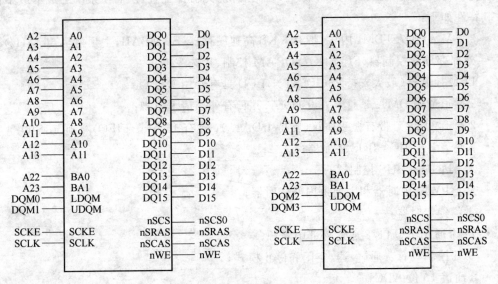

图 5-14　16 位(4M×16×2 区,4 banks)SDRAM 芯片扩展 16 位 SDRAM 存储器接口

5.5　ARM 存储器管理及应用编程

以 S3C44B0X 扩展应用为例,介绍 ARM 存储器管理及应用编程。

5.5.1 S3C44B0X 芯片简介

Samsung 公司推出的 16 位/32 位 RISC 处理器 S3C44B0X 为手持设备和一般类型应用提供了高性价比和高性能的微控制器解决方案。为了降低成本,S3C44B0X 提供了丰富的内置部件,包括:8 KB Cache、内部 SRAM、LCD 控制器、带自动握手的 2 通道 UART、4 通道 DMA、系统管理器(片选逻辑、FP/EDO/SDRAM 控制器)、代用 PWM 功能的 5 通道定时器、I/O 端口、RTC、8 通道 10 位 ADC、IIC-BUS 接口、IIS-BUS 接口、同步 SIO 接口和 PLL 倍频器。S3C44B0X 采用了 ARM7 TDMI 内核,$0.25~\mu m$ 工艺的 CMOS 标准宏单元和存储编译器。它的低功耗精简和出色的全静态设计特别适合对成本和功耗敏感的应用。同样,S3C44B0X 还采用了一种新的总线结构,即 SAMBAII(三星 ARM CPU 嵌入式微处理器总线结构)。S3C44B0X 的杰出特性是它的 CPU 核,是由 ARM 公司设计的 16 位/32 位 ARM7 TDMI RISC 处理器(66 MHz)。ARM7 TDMI 体系结构的特点是集成了 Thumb 代码压缩器、片上的 ICE 断点调试支持和一个 32 位的硬件乘法器。S3C44B0X 通过提供全面的、通用的片上外设,大大减少了系统电路中除处理器以外的元器件配置,从而使系统的成本最小化。

其特性如下:

- 2.5 V ARM7 TDMI 内核,带有 8 KB 高速缓存器(SAMBAII,主频高至 66 MHz);
- 外部存储器控制器(FP/EDO/SDRAM 控制、片选逻辑);
- LCD 控制器(最大支持 256 色 STN,LCD 具有专用 DMA);
- 2 通道通用 DMA、2 通道外设 DMA,并具有外部请求引脚;
- 2 通道 UART 带有握手协议(支持 IrDA1.0,具有 16 字节 FIFO)/1 通道 SIO;
- 1 通道多主 IIC-BUS 控制器;
- 1 通道 IIS-BUS 控制器;
- 5 个 PWM 定时器和 1 通道内部定时器;
- 看门狗定时器;
- 71 个通用 I/O 口/8 通道外部中断源;
- 功耗控制具有普通、慢速、空闲和停止模式;
- 8 通道 10 位 ADC;
- 具有日历功能的 RTC;
- 具有 PLL 的片上时钟发生器。

5.5.2 S3C44B0X 芯片存储空间划分

S3C44B0X 将存储器看做从零地址开始的字节的线性组合。从第 0~3 字节放置第一个存储的字数据,从第 4~7 字节放置第二个存储的字数据,依次排列。作为 32 位的微处理器,

ARM 体系结构所支持的最大寻址空间为 4 GB(2^{32}字节)。
- 特殊功能寄存器位于地址 0x01C00000～0x02000000 的 4 MB 空间内；
- Bank0～Bank5 的起始地址和空间大小都是固定的；
- Bank6 的起始地址是固定的，空间可以配置为 2/4/8/16/32 MB；
- Bank7 的空间大小和 Bank6 是一样可变的。

一个典型的存储器分配方案如下：

Bank0[0x0000_0000]：由 Flash(HY29LV160)提供。

Bank1[0x0200_0000]：
Bank2[0x0400_0000]：
Bank3[0x0600_0000]： （未配置，用户可以选择配置）
Bank4[0x0800_0000]：

Bank6[0x0C00_0000]：由 SDRAM（HY57V641620)提供。

5.5.3 Flash 的接口设计

1. Flash 的特点

Flash 主要分为 Nor 和 Nand 两类，下面对二者作较为详细的比较。

（1）性能比较

Flash 闪存是非易失存储器，可以对存储器单元块进行擦/写和再编程。任何 Flash 器件进行写入操作前必须先执行擦除。Nand 器件执行擦除操作十分简单，而 Nor 则要求在擦除前，先将目标块内所有的位都写为 0。擦除 Nor 器件是以 64～128 KB 的块进行的，执行一个写入/擦除操作的时间为 1～5 s；擦除 Nand 器件是以 8～32 KB 的块进行的，执行相同的操作最多需要 4 ms。

执行擦除时，块尺寸的不同进一步拉大了 Nor 和 Nand 之间的性能差距。统计表明，对于给定的一套写入操作（尤其是更新小文件时），更多的擦除操作必须在基于 Nor 的单元中进行。因此，当选择存储解决方案时，必须权衡以下各项因素：

- Nor 的读取速度比 Nand 稍快一些；
- Nand 的写入速度比 Nor 快很多；
- Nand 的擦除速度远比 Nor 快；
- 大多数写入操作需要先进行擦除操作；
- Nand 的擦除单元更小，相应的擦除电路更少。

（2）接口差别

Nor Flash 带有 SRAM 接口，有足够的地址引脚来寻址，可以很容易地存取其内容的每一字节。

Nand 器件使用复杂的 I/O 端口来串行地存取数据,各个产品或厂商的方法可能各不相同。8 个引脚用来传送控制、地址和数据信息。Nand 的读/写操作采用 512 字节的块,这一点像硬盘管理此类操作。很自然,基于 Nand 的存储器就可以取代硬盘或其他块设备。

(3) 容量和成本

Nand Flash 的单元尺寸几乎是 Nor 器件的一半。由于生产过程更为简单,Nand 结构可以在给定的模具尺寸内提供更高的容量,也就相应地降低了价格。

Nor Flash 占据了大部分容量为 1~16 MB 的内存市场,而 Nand Flash 只是用在 8~128 MB 的产品中。

(4) 可靠性和耐用性

采用 Flash 介质时,一个需要重点考虑的问题是可靠性。对于需要扩展 MTBF(平均无故障时间)的系统来说,Flash 是非常合适的存储方案。可以从寿命(耐用性)、位交换和坏块处理 3 个方面来比较 Nor 和 Nand 的可靠性。

① 寿命(耐用性) 在 Nand Flash 中,每个块的最大擦/写次数是 100 万次,而 Nor 的擦/写次数是 10 万次。Nand 存储器除了具有 10 : 1 的块擦除周期优势外,典型的 Nand 块尺寸要比 Nor 器件小 8 倍,每个 Nand 存储器块在给定时间内的删除次数要少一些。

② 位交换 所有 Flash 器件都受位交换现象的困扰。在某些情况下(Nand 发生的次数要比 Nor 多),一个比特位会发生反转或被报告反转了。一位的变化可能不很明显,但是如果发生在一个关键文件上,这个小小的故障就可能导致系统停机。如果只是报告有问题,多读几次问题就可能解决。位反转的问题更多见于 Nand Flash,Nand 的供应商建议使用 Nand Flash 时,同时使用 EDC/ECC 算法。当然,如果用本地存储设备来存储操作系统、配置文件或其他敏感信息时,必须使用 EDC/ECC(纠错码)系统以确保可靠性。

③ 坏块处理 Nand 器件中的坏块是随机分布的。以前曾做过消除坏块的努力,但发现成品率太低,代价太高,根本不划算。Nand 器件需要对介质进行初始化扫描以发现坏块,并将坏块标记为不可用。在已制成的器件中,如果通过可靠的方法不能进行这项处理,将导致高故障率。

(5) 易用性

可以非常直接地使用基于 Nor Flash,像其他存储器那样连接,并可以在上面直接运行代码。由于需要 I/O 接口,Nand 则要复杂得多。各种 Nand 器件的存取方法因厂家而异。在使用 Nand 器件时,必须先写入驱动程序,才能继续执行其他操作。向 Nand 器件写入信息需要一定的技巧,因为设计师绝不能向坏块写入,这就意味着在 Nand 器件上自始至终都必须进行虚拟映射。

(6) 软件支持

在 Nor 器件上运行代码不需要任何软件支持。在 Nand 器件上进行同样操作时,通常需要驱动程序,也就是 Flash 技术驱动程序(MTD)。Nand 和 Nor 器件在进行写入和擦除操作时都需要 MTD，但使用 Nor 器件时，所需要的 MTD 相对少一些。

目前，Nor Flash 的容量从几 KB～64 MB 不等，Nand Flash 存储芯片的容量从 8～128 MB，而 DiskonChip 可以达到 1 024 MB。

2．Flash 接口设计

系统中使用的 Flash 存储器为 HY29LV160，其单片存储容量为 16 Mb（2 MB），工作电压为 2.7～3.6 V，采用 48 脚 TSOP 封装或 48 脚 FBGA 封装，16 位数据宽度，可以 8 位（字节模式）或 16 位（字模式）数据宽度的方式工作。HY29LV160 仅需单个 3 V 电压即可完成在系统的编程与擦除操作，通过对其内部的命令寄存器写入标准的命令序列，可对 Flash 进行编程（烧写）、整片擦除、按扇区擦除以及其他操作。其引脚功能描述如图 5-15 所示。

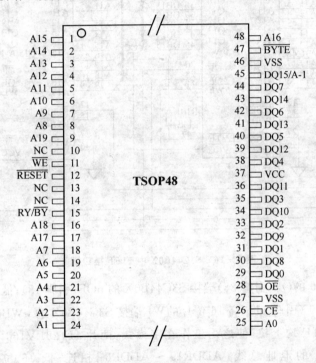

图 5-15　HY29LV160 引脚描述

作为一款 32 位的微处理器，为充分发挥 S3C44B0X 的 32 位性能优势，有的系统也采用两片 16 位数据宽度的 Flash 存储器芯片并联（或一片 32 位数据宽度的 Flash 存储器芯片）构建 32 位的 Flash 存储系统。采用两片 HY29LV160 并联的方式构建 32 位的 Flash 存储器系统，其中一片为高 16 位，另一片为低 16 位。具体接口设计如图 5-16 所示。

两片 HY29LV160 作为一个整体配置到 Bank0，即将 S3C44B0X 的 nGCS0（引脚 17）接至两片 HY29LV160 的 $\overline{CE}$（引脚 26）端；两片 HY29LV160 的 $\overline{RESET}$（引脚 26）端接系统复位信

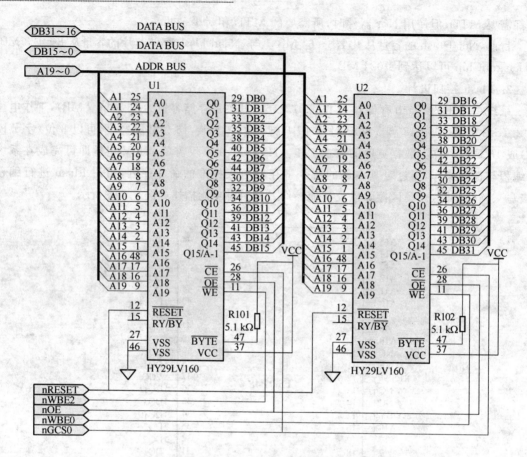

图 5－16　S3C44B0X 中 Flash 接口图

号；两片 HY29LV160 的 $\overline{OE}$（引脚 28）端接 S3C44B0X 的 nOE（引脚 15）；低 16 位片的 $\overline{WE}$ 端接 S3C44B0X 的 nWBE0（引脚 11），高 16 位片的 $\overline{WE}$ 端接 S3C44B0X 的 nWBE2（引脚 13）；两片 HY29LV160 的 BYTE 均上拉，使之均工作在字模式；两片 HY29LV160 的地址总线[A19：A0]均与 S3C44B0X 的地址总线[ADDR19～ADDR0]相连；低 16 位片的数据总线与 S3C44B0X 的低 16 位数据总线[DATA15～DATA0]相连，高 16 位片的数据总线与 S3C44B0X 的高 16 位数据总线[DATA31～DATA16]相连。注意：此时应将 S3C44B0X 的 OM[1:0]置为 10 B，选择 Bank0 为 32 位工作方式。

5.5.4　SDRAM 的接口设计

1. SDRAM 的特点

　　SDRAM 具有高速、大容量等优点，是一种具有同步接口的高速动态随机存储器。它的同步接口和内部流水线结构允许存储外部高速数据,数据传输速度可以与 ARM 的时钟频率同步,在 ARM 系统中主要用做程序的运行空间、数据及堆栈区。

SDRAM 可以分为两个单元块,数据可以在两个单元块之间交叉存取,即当一个比特位的数据在一个单元块中被存取的时候,另一个比特位的数据可以在另外一个单元块中做好准备。所以 SDRAM 的数据传输速度可达 1 GB/s。

ARM 系统中能够作为高速缓存的有静态 RAM、动态 RAM、Flash ROM 3 种。其中,动态 RAM 又分为 SDRAM 和 DDR 两种,根据设计的性价比,可采用 SDRAM 作为高速缓存,实现高速数据传输。由于 SDRAM 的读、写、刷新等命令操作的时序要求比较严格,因此,SDRAM 控制的设计就成为关键环节。

SDRAM 的控制时序比较复杂,如图 5-17 所示为简化的状态转移图,包括上电、预充电、自动刷新、初始化、模式寄存器设置和读/写等功能。具有以上功能的 SDRAM 控制器可满足系统对 SDRAM 访问的需要。

其中,对 SDRAM 控制器的初始化是非常重要的,这个过程一般在启动之后进行。虽然程序也可以在 Flash 或内部 SDRAM 中运行,但它们有速度慢或容量小的缺点。初始化 SDRAM 控制器的程序可以通过不同的方式执行,然后就可以访问 SDRAM 了。

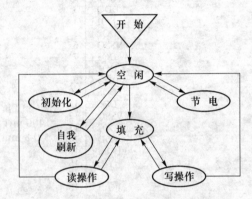

图 5-17　SDRAM 的控制状态转移图

在 S3C44B0X 芯片中带有 SDRAM 控制器。可以直接用来产生控制 SDRAM 的各种时序,完成 SDRAM 的读、写和刷新,同时控制存储缓冲器的读、写操作。

2. SDRAM 接口设计

与 Flash 存储器相比较,SDRAM 不具有掉电保持数据的特性,但其存取速度大大高于 Flash 存储器,且具有读/写的属性,因此,SDRAM 在系统中主要用做程序的运行空间、数据及堆栈区。当系统启动时,CPU 首先从复位地址 0x0 处读取启动代码,在完成系统的初始化后,程序代码一般应调入 SDRAM 中运行,以提高系统的运行速度,同时,系统及用户堆栈、运行数据也都放在 SDRAM 中。SDRAM 具有单位空间存储容量大和价格便宜的优点,已广泛应用在各种嵌入式系统中。SDRAM 的存储单元可以理解为一个电容,总是倾向于放电,为避免数据丢失,必须定时刷新(充电)。因此,要在系统中使用 SDRAM,就要求微处理器具有刷新控制逻辑,或在系统中另外加入刷新控制逻辑电路。S3C44B0X 及其他一些 ARM 芯片在片内具有独立的 SDRAM 刷新控制逻辑,可方便地与 SDRAM 接口。但某些 ARM 芯片则没有 SDRAM 刷新控制逻辑,就不能直接与 SDRAM 接口,在进行系统设计时应注意这一点。目前,常用的 SDRAM 为 8 位/16 位的数据宽度,工作电压一般为 3.3 V,主要的生产厂商为 HYUNDAI 和 Winbond 等。他们生产的同型器件一般具有相同的电气特性和封装形式,可通用。

系统中使用的 HY57V641620 为例,简要描述一下 SDRAM 的基本特性及使用方法:HY57V641620 存储容量为 4 组×16 Mb(8 MB),工作电压为 3.3 V,常见封装为 54 脚 TSOP,兼容 LVTTL 接口,支持自动刷新(auto-refresh)和自刷新(self-refresh),16 位数据宽度。其引脚描述图如图 5-18 所示。

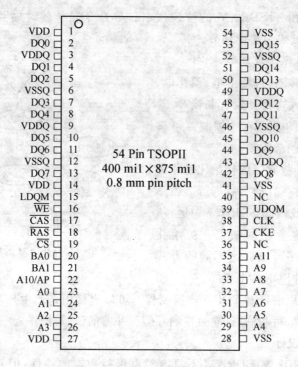

图 5-18 HY57V641620 引脚描述

HY57V641620 为 16 位数据宽度,单片容量为 8 MB,系统选用的两片 HY57V641620 并联构建 32 位的 SDRAM 存储器系统,共 16 MB 的 SDRAM 空间,可满足嵌入式操作系统及各种相对较复杂的算法的运行要求。具体接口设计如图 5-19 所示。

与 Flash 存储器相比,SDRAM 的控制信号较多,其连接电路也要相对复杂。两片 HY57V641620 并联构建 32 位的 SDRAM 存储器系统,其中一片为高 16 位,另一片为低 16 位,可将两片 HY57V641620 作为一个整体配置到 Bank6 或 Bank7,一般配置到 SROM/DRAM/SDRAM Bank6,即将 S3C44B0X 的 nGCS6(引脚 25)接至两片 HY57V641620 的 $\overline{CS}$(引脚 19)端。两片 HY57V641620 的 CLK 端接 S3C44B0X 的 SCLK 端(引脚 28);两片

HY57V641620 的 CKE 端接 S3C44B0X 的 SCKE 端(引脚 27);两片 HY57V641620 的 $\overline{RAS}$,$\overline{CAS}$,$\overline{WE}$ 端分别接 S3C44B0X 的 nSRAS 端(引脚 6)、nSCAS 端(引脚 7)、nWE 端(引脚 16);两片 HY57V641620 的 A11~A0 接 S3C44B0X 的地址总线 ADDR11~ADDR0;两片 HY57V641620 的 BA1、BA0 接 S3C44B0X 的地址总线 ADDR13,ADDR12;高 16 位片的 DQ15~DQ0 接 S3C44B0X 的数据总线的高 16 位 DATA31~DATA16,低 16 位片的 DQ15~DQ0 接 S3C44B0X 的数据总线的低 16 位 DATA15~DATA0;高 16 位片的 UDQM,LDQM 分别接 S3C44B0X 的 nWEB3,nWEB2,低 16 位片的 UDQM,LDQM 分别接 S3C44B0X 的 nWEB1,nWEB0。

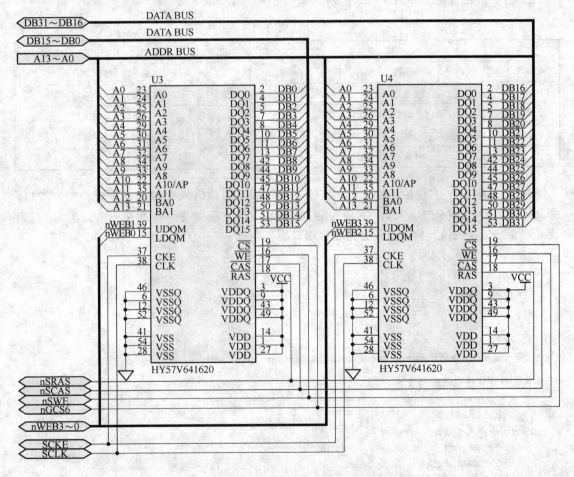

图 5-19　S3C44B0X 中 SDRAM 接口图

5.5.5 硬件管理软件设计

1. 通用 I/O 口初始化

S3C44B0X 具有 71 个多功能输入/输出引脚,它们包含在 7 组端口 A~G 中,由于多数端口都是多功能口,因此需要用"端口配置寄存器 PCONA~G"来配置每个引脚的工作模式。如果这些端口配置为输出端口,那么将数据写入 PDATn 的相应位;如果端口配置为输入端口,则从 PDATn 的相应位读取数据。端口上拉寄存器 PUPC~G 用来设定端口 C~G 是否具有内部上拉。当 PUPn 的对应位为 0 时,该引脚上的上拉使能;为 1 时,该引脚上的上拉禁止。例如:PCONA 的位定义如表 5-18 所列。

表 5-18 PCONA 的位定义

PCONA	位	描述	PCONA	位	描述
PA9	[9]	0=输出,1=ADDR24	PA4	[4]	0=输出,1=ADDR19
PA8	[8]	0=输出,1=ADDR23	PA3	[3]	0=输出,1=ADDR18
PA7	[7]	0=输出,1=ADDR22	PA2	[2]	0=输出,1=ADDR17
PA6	[6]	0=输出,1=ADDR21	PA1	[1]	0=输出,1=ADDR16
PA5	[5]	0=输出,1=ADDR20	PA0	[0]	0=输出,1=ADDR0

端口 A 是一个 10 位输出端口,当 PCONA[0]=0,即端口 A 的第 0 位配置为输出端口,那么这个引脚状态与 PDATA 的相应位相同,但是如果它配置为一个功能引脚,那么读到的将是一个未定义的值。将 PA 设置为输出端口的程序如下:

```
.equ POONA 0x01d20000
ldr r0, = 0xFFFFFE00
ldr r1, = POONA
str r0,[r1]
```

2. 堆栈初始化

```
#=====================================================
#    初始化栈空间的函数 #
#=====================================================
.equ FIQMODE, 0x11
.equ IRQMODE, 0x12
.equ SVCMODE, 0x13
.equ ABORTMODE, 0x17
.equ UNDEFMODE, 0x1b
.equ MODEMASK, 0x1f
.equ NOINT, 0xc0
InitStacks:
```

第 5 章 ARM 系统中的存储器设计与管理

```
mrs    r0, cpsr
bic    r0, r0, #MODEMASK
orr    r1, r0, #UNDEFMODE|NOINT
msr    cpsr_cxsf, r1
ldr    sp, =UndefStack        ;@设置未定义异常栈空间
orr    r1, r0, #ABORTMODE|NOINT
msr    cpsr_cxsf, r1
ldr    sp, =AbortStack        ;@设置异常栈空间
orr    r1, r0, #IRQMODE|NOINT
msr    cpsr_cxsf, r1
ldr sp, =IRQStack             ;@设置中断栈空间
orr r1,r0,#FIQMODE|NOINT
msr cpsr_cxsf, r1
ldr sp, =FIQStack             ;@设置快速中断栈空间
bic r0, r0, #MODEMASK|NOINT
orr r1,r0, #SVCMODE
msr cpsr_cxsf,r1
ldr sp, =SVCStack             ;@设置超级用户栈空间
mov PC,lr                     ;@函数返回
```

3. 设置存储器控制器

必须使用 STMIA 指令写所有 13 个存储器控制寄存器。代码如下:

```
ldr r0, =SMRDATA
ldmia r0, {r1-r13}
ldr r0, =0x01c80000           ;@存储区访问宽度控制寄存器
stmia r0,{r1-r13}
SMRDATA:
.long 0x22222220              ;@存储区访问宽度控制寄存器 BWSCON
.long 0x00000600              ;@BANK0 控制寄存器 BANKCON 0
.long 0x00007FFC              ;@BANK1 控制寄存器 BANKCON 1
.long 0x00007FFC              ;@BANK2 控制寄存器 BANKCON 2
.long 0x00007FFC              ;@BANK3 控制寄存器 BANKCON 3
.long 0x00007FFC              ;@BANK4 控制寄存器 BANKCON 4
.long 0x00007FFC              ;@BANK5 控制寄存器 BANKCON 5
.long 0x00018000              ;@BANK6 控制寄存器 BANKCON 6
.long 0x00018000              ;@BANK7 控制寄存器 BANKCON 7
.long 0x008604F5              ;@SDRAM 刷新控制寄存器 REFRESH
.long 0x07                    ;@SDRAM 存储区大小 16MB/16MB BANKSIZE
.long 0x20                    ;@BANK6 SDRAM 模式寄存器 MRSR
.long 0x20                    ;@BANK7 SDRAM 模式寄存器 MRSR
```

4. 内存映射关系

本系统中,Bank0 接 Flash ROM 作为系统的程序存储器,Bank6 接 SDRAM 作为系统内存。内存映射关系如图 5-20 所示。系统地址的 RAM 空间为 SDRAM＝(0xC000000～0xC7FFFFF)。对系统的初始化,要给出中断控制寄存器的地址;给出各个中断入口的地址,第一个中断的起始地址是 0xC7FFF00,并完成地址重映射;把 Flash ROM 中的程序复制到 SDAM 中运行,再进入主程序。

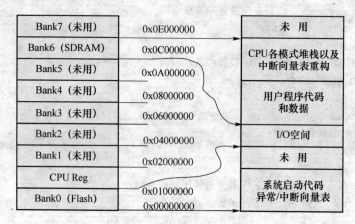

图 5-20 系统内存映射关系

详见下面的代码:

```
ldr r0, = Imagees_RO_ Limit        ;@获取只读区域大小
ldr r1, = Image_RW_Base            ;@获取可读/写区域起始地址
ldr r3,, = Image_ZI_Base           ;@获取可读/写区域起始地址
cmp r0,r1                          ;@比较只读区域和可读/写区域是否重叠
beq loop1
loop0:
cmp r1,r3
ldrcc r2,[r0],#4
strcc r2,[r1],#4
bcc loop0                          ;@完成 ROM 到 RAM 的复制
loop1:
ldr r1, = Image_ZI_Limit
mov r2, #0                         ;@从清零区域顶部开始
loop2:
cmp r3, r1
strcc r2,[r3], #4                  ;@清零
bcc loop2
```

```
.extern Main
bl Main                    ;@进入主程序
b .
```

习 题

简答题

(1) 简述 ARM 存储器系统结构。

(2) ARM 的存储器层次如何？有何特点？

(3) 什么是存储器映射？有何特点和作用？

(4) ARM 系统中初始化运行环境中要做哪些工作？

(5) 地址映射的特点和具体方法是什么？

(6) 在 S3C44B0X 中 Bank0 的总线数据宽度如何？如何配置？

(7) 简述 S3C44B0X 中存储控制寄存器。

(8) 请对比 Nor Flash 和 Nand Flash，并指出其在嵌入式系统中的作用。

(9) 请画出 S3C44B0X 中扩展 64 MB SDRAM 存储器扩展示意图，并给出占用 Bank 的情况及具体的配置方法。

(10) 简述 S3C44B0X 芯片中存储器空间划分，给出具体的配置方法。

第 6 章
ARM 系统中的接口设计与管理

6.1 概 述

嵌入式外围设备,是指在一个嵌入式系统的硬件构成中,除了核心控制部件——嵌入式微处理器为核心的微控制器以外的各种存储器、输入/输出接口、人机接口的显示器、键盘及串行通信接口等。根据外围设备的功能可分为以下 5 大类。

1. 存储器类型

存储器是嵌入式系统中存储数据和程序的功能部件。目前,常见的存储设备按使用的存储器类型分为:

- 静态易失性存储器(RAM,SRAM);
- 动态存储器(DRAM);
- 非易失性存储器 ROM(MASK ROM,EPROM,EEPROM,Flash);
- 硬盘、软盘、CD-ROM 等。

Flash(闪存)以可擦/写次数多,存储速度快,容量大及价格低廉等优点在嵌入式领域得到广泛应用。这些存储介质有各自的性能特征,应该根据具体的应用需求,选择最合适的存储器。

嵌入式系统的存储器按存储器所处的位置分为内部存储器和外部存储器。内部存储器位于嵌入式处理器所在的同一个芯片中,位于嵌入式处理器内部。这样,处理器不需要多余的访问电路即可快速访问内部存储器。外部存储器与嵌入式处理器分别位于不同的芯片中,位于嵌入式处理器外部。其典型的接口电路参考第 5 章相关章节。

2. 通信接口

目前存在的所有计算机通信接口在嵌入式领域中都有其广泛的应用。应用最为广泛的接口设备包括:RS-232 接口(串口 UART)、USB 接口(通用串行总线接口)、IrDA(Infra Red Data Association,红外线接口)、SPI(串行外围设备接口)、IIC 接口、CAN 总线接口、蓝牙接口

(Bluetooth)、Ethernet(以太网接口)、IEEE1394 接口和通用可编程接口 GPIO。

一般在嵌入式系统软件开发调试时,常常通过 UART 来进行各种输入/输出操作。目前,以太网接口已成为嵌入式应用中最普遍的网络接口。用于嵌入式系统中的远程数据传输,USB 接口和 IEEE1394 接口普遍使用在连接各种数字设备,如数码摄像机、数码照相机、移动 U 盘和移动硬盘等。在无线数据传输中,常见的有 IEEE802.11 系列无线网络传输接口、蓝牙接口以及红外线接口等。

3. 输入/输出设备

CRT、LCD、LED 和触摸屏等,构成了嵌入式系统中重要的信息输入/输出设备,其应用十分广泛。触摸屏可方便地实现鼠标和键盘功能。

4. 设备扩展接口

简单的嵌入式系统,如具有简单的记事本、备忘录以及日程计划等功能的 PDA,所存储的数据量并不需要很大的内存。由于目前的嵌入式系统功能越来越复杂,需要大容量内存,而大的内存使得系统成本提高和体积加大,因此一些高端的嵌入式系统都会预留可扩展存储设备接口,为日后用户有特别需求时,可购买符合扩展接口规格的装置,直接接入系统使用。扩展设备很多,但所采用的扩展接口却大同小异,如 PDA 所使用的存储卡,也可与某些规格的数码相机扩展接口通用。

随着嵌入式系统的广泛应用,对便携式扩展存储设备的要求也越来越迫切。个人计算机存储卡国际协会 PCMCIA(Personal Computer Memory Card International Association)是为开发一个低功耗、小体积、高扩展性的卡片型工业存储标准扩展装置而设立的协会。它负责对广泛使用的存储卡和 I/O 卡的外形规范、电气特性、信号定义进行管理。根据这些规范和定义而生产出来的外形如信用卡大小的产品叫做 PCMCIA 卡,也称为 PC_Card。按照卡的介质分为 Flash、SRAM、I/O 卡和硬盘卡;按照卡的厚度分为Ⅰ、Ⅱ、Ⅲ和Ⅳ型卡。广泛使用的 PCMCIA 卡常被嵌入式系统当作对外的扩展装置,应用于便携式计算机、PDA、数码相机、数字电视以及机顶盒等。

常用的扩展卡还有各种 CF 卡、SD 卡、Memory Stick 等,目前高端的嵌入式系统都留有一定的扩展卡接口。

5. 电源及辅助设备

嵌入式系统力求外观小型化、质量轻以及电源使用寿命长,例如移动电话或 PDA,体积较大或者过重的机型已经淘汰。目前发展的目标是体积小、易携带和外观设计新颖等。在便携式嵌入式系统的应用中,必须特别关注电源装置等辅助设备。

6.2 UART 接口设计

通用异步收发传输器 UART(Universal Asynchronous Receiver/Transmitter)接口是一

个并行输入串行输出的通用异步接收/发送装置。几乎所有的微控制器、PC 都提供串行接口,使用电子工业协会(EIA)推荐的 RS-232-C 标准,这是一种很常用的串行数据传输总线标准。早期它应用于计算机和终端,通过电话线和 MODEM 进行远距离的数据传输,随着微型计算机和微控制器的发展,近距离也采用了该通信方式。在近距离通信系统中,不再使用电话线和 MODEM,而直接进行端到端的连接。

RS-232-C 标准采用的接口是 9 芯或 25 芯的 D 型插头,以常用的 9 芯 D 型插头为例,各引脚定义如表 6-1 所列。

表 6-1 9 芯 D 型插头引脚描述

引脚	名称	功能描述
1	DCD	数据载波检测
2	RXD	数据接收
3	TXD	数据发送
4	DTR	数据终端准备好
5	GND	接地
6	DSR	数据设备准备好
7	RTS	请求发送
8	CTS	清除发送
9	RI	振铃指示

在设计中,由于 RS-232 的电气标准与 ARM 系列的标准不一致,因此一般需要电气转换。这里推荐一种较为经济、实用的接口电路 MAX232,以解决 ARM 系统与普通 PC 的通信问题,同时也为开发嵌入式系统,充分利用 PC 平台,提供一条快捷、方便的开发通道。MAX232 的引脚描述图如图 6-1 所示。MAX232 的内部结构和典型接口如图 6-2 所示。

关于 MAX232 具体产品 MAX232,MAX232i 是由德州仪器公司(TI)推出的一款兼容 RS-232 标准的芯片。该器件包含 2 个驱动器、2 个接收器和 1 个电压发生器电路提供 TIA/EIA-232-F 电平。该器件符合 TIA/EIA-232-F 标准,每一个接收器都将 TIA/EIA-232-F 电平转换为 5 V TTL/CMOS 电平。每一个发送器都将 TTL/CMOS 电平转换成 TIA/EIA-232-F 电平。满足或超过 TIA/EIA-232-F 规范要求,符合 ITU v.28 标准,电池供电系统只需单一 5 V 电源供电和 4 个 1.0 μF 充电泵电容,接口简单适用。更为详细的内容请参考 MAX232 的数据手册。常用的参考电路

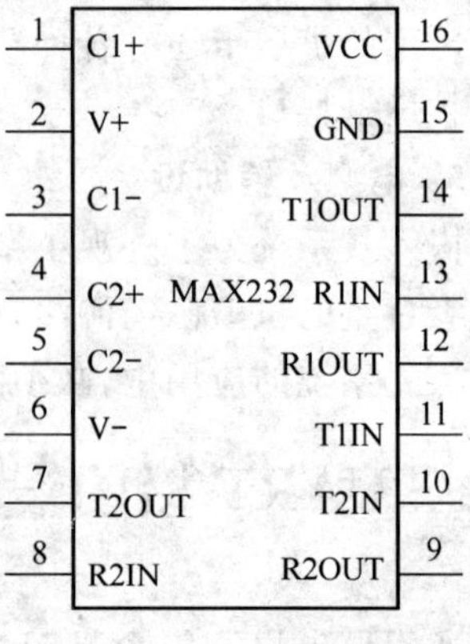

图 6-1 MAX232 引脚描述图

如图 6-3 所示。

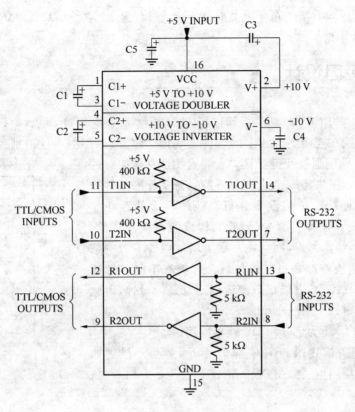

图 6-2　MAX232 内部结构和典型接口

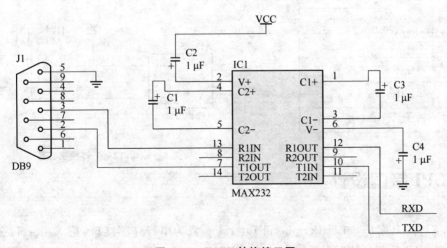

图 6-3　UART 转换接口图

在图中,J1 为 9 芯 D 型插头可以直接 PC 机。RXD,TXD 可以接 RAM 系统中任意一组 UART 接口。本电路只需要单一电源即可。注意:MAX232 有 5 V 与 3.3 V 之分。请注意参考 MAX232 芯片手册。

6.3 IIC 接口设计

IIC 总线是一种用于 IIC 器件之间连接的二线制总线。它通过 SDA(串行数据线)及 SCL(串行时钟线)两线在连接到总线上的器件之间传送信息,并根据地址识别每个器件:微控制器、存储器、LCD 驱动器以及键盘接口。带有 IIC 总线接口的器件可十分方便地用来将一个或多个微控制器及外围器件构成系统。尽管这种总线结构没有并行总线那样大的吞吐能力,但由于连接线和连接引脚少,因此其构成的系统价格低,器件间总线简单,结构紧凑,而且在总线上增加器件不影响系统的正常工作,系统修改和可扩展性好。即使有不同时钟频率的器件连接到总线上,也能很方便地确定总线的时钟,因此在嵌入式系统中得到了广泛应用。

下面以 AT24C01 为例介绍 IIC 接口的用法。

AT24C01 引脚描述图如图 6-4 所示,引脚信号描述如表 6-2 所列,其应用电路如图 6-5 所示。

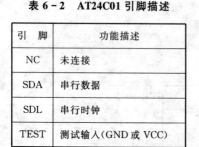

表 6-2 AT24C01 引脚描述

引脚	功能描述
NC	未连接
SDA	串行数据
SDL	串行时钟
TEST	测试输入(GND 或 VCC)

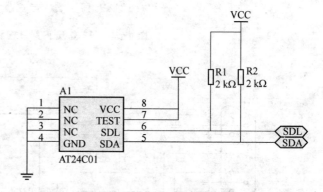

图 6-4 AT2401 引脚描述图

图 6-5 AT2401 转换接口图

6.4 SPI 接口设计

SPI 接口的全称是 Serial Peripheral Interface,意为串行外围接口,是 Motorola 公司首先在其 MC68HCXX 系列处理器上定义的。SPI 接口主要应用于 EEPROM、Flash、实时时钟和

A/D 转换器,还应用于数字信号处理器与数字信号解码器之间。

SPI 接口在 CPU 与外围低速器件之间进行同步串行数据传输,在主器件的移位脉冲下,数据按位传输,高位在前,低位在后,为全双工通信,数据传输速率总体来说要比 IIC 总线快,可达几 Mbps。

SPI 接口是以主从方式工作的。常见接口模式如图 6-6 所示。这种模式通常有一个主器件和一个或多个从器件,其接口包括以下 4 种信号:

① MOSI　主器件数据输出,从器件数据输入。
② MISO　主器件数据输入,从器件数据输出。
③ SCLK　时钟信号,由主器件产生。
④ $\overline{SS}$　从器件使能信号,由主器件控制。

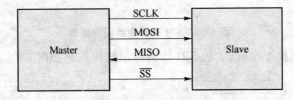

图 6-6　SPI 常用接口图

在点对点的通信中,SPI 接口不需要进行寻址操作,且为全双工通信,显得简单高效。

在多个从器件的系统中,每个从器件需要独立的使能信号,硬件上要比 IIC 系统稍微复杂一些。单点对多点的典型应用如图 6-7 所示。

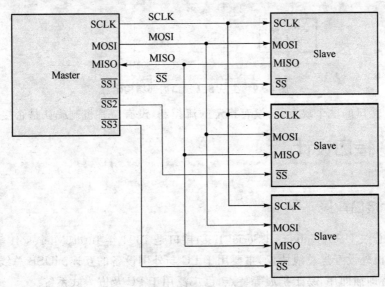

图 6-7　SPI 单点对多点的典型应用图

SPI 接口内部硬件实际上是两个简单的移位寄存器，传输的数据为 8 位，在主器件产生的从器件使能信号和移位脉冲下，按位传输，高位在前，低位在后。如图 6-8 所示，在 SCLK 的下降沿上数据改变，同时一位数据被存入移位寄存器。

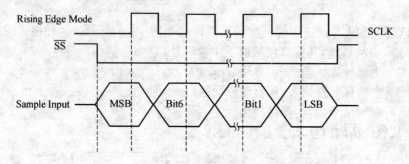

图 6-8 SPI 接口内部硬件框图

SPI 接口在硬件连接工作后，主从 SPI 接口内部结构框图如图 6-9 所示。

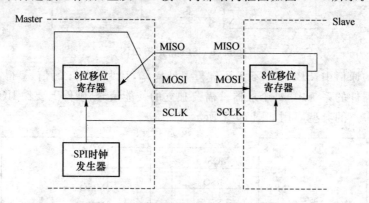

图 6-9 主从 SPI 接口内部结构示意

最后，SPI 接口的一个缺点是：没有指定的流控制，没有应答机制确认是否接收到数据。

6.5 USB 接口设计

6.5.1 USB 接口背景

通用串行总线 USB(Universal Serial Bus)接口是 1994 年 Intel、Microsoft 等多家公司联合推出的计算机外设互连总线协议，主要用于 PC 与外围设备的互连。USB 总线具有低成本、使用简单、支持即插即用、易于扩展等特点，已广泛用于 PC 及嵌入式系统。

USB 接口支持 1.5 Mbps、12 Mbps 和 480 Mbps 的数据传输速率，支持控制、中断、批量与实时 4 种数据传输模式,让外围设备可以有弹性地选择。不管是交换少量或是大量的数据,还是有无时效的限制,都有合适的传输类型。USB 的实时同步数据传输模式适合高速实时音视频数据流的传送。

基于 ARM(Advanced RISC Machines)处理器的 32 位嵌入式系统具有极高运算速度和大容量的数据处理能力,常需要设计高速接口与其他设备通信。在嵌入式系统中,通常自身集成了一个或多个 USB 接口,并且提供了相应的软件支持。

6.5.2 USB 接口原理

USB1.1 规范将 USB 分为 5 部分:控制器、控制器驱动程序、USB 芯片驱动程序、USB 设备以及针对不同 USB 设备的客户端驱动程序。USB 接口内部各部分的逻辑关系如图 6-10 所示。

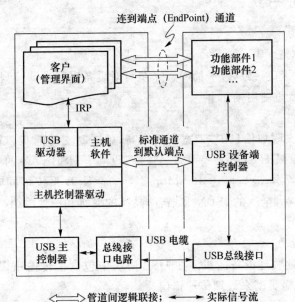

图 6-10 USB 各组成部分的逻辑关系

在使用 USB 设备时主要由以下部分组成:

① 控制器(host controller)　主要负责执行由控制器驱动程序发出的命令。

② 控制器驱动程序(host controller driver)　在控制器与 USB 设备间建立通信管道(pipe)。

③ USB 驱动程序(USB driver)　提供对不同 USB 设备及芯片的支持。

④ USB 设备(USB device)　有两类 USB 设备:一类称为功能设备(function);另一类称为 USB 集线器(HUB),可以连接多个 USB 设备。

⑤ USB 设备驱动程序(client driver software)及特定应用程序。

主控制器的驱动软件由操作系统支持，USB 设备开发人员一般只需编写客户驱动程序，实现特定功能，设备端所有功能软件需要全面设计。

USB 的 4 种数据传输模式分别是：控制型传输、中断型传输、批量型传输和实时型传输。第一种在默认通道中传输 USB 接口本身的配置等控制信息，后三种用于功能部件传输数据。中断型传输用于键盘等的异步输入/输出少量数据传输。批量型传输主要用于像硬盘等块设备的数据传输。在中断和批量的传输过程中要传递交互握手信号，确保数据准确无误。实时型传输对带宽有严格要求，但允许有一定误码，省去了交互握手信号的传递，常用于音视频数据流传输。4 种类型数据都按带宽要求分配在 1 ms 一帧的数据帧内进行传输，USB1.0 实时传输可得到的最大带宽 10.24 Mbps。

6.5.3 USB 总线优缺点

1. 优　点

(1) 使用简单

所用 USB 系统的接口一致，连线简单。系统可对设备进行自动检测和配置，支持热插拔。新添加设备系统不需要重新启动。

(2) 应用范围广

USB 系统数据报文附加信息少，带宽利用率高，可同时支持同步传输和异步传输两种传输方式。一个 USB 系统最多可支持 127 个物理设备。USB 设备的带宽可从几 kbps 到几 Mbps(在 USB2.0 版本，最高可达 480 Mbps)。一个 USB 系统可同时支持不同速率的设备，如低速的键盘和鼠标，全速的 ISDN 和语音，高速的磁盘和图像等(仅 USB2.0 版本支持高速设备)。

(3) 较强的纠错能力

USB 系统可实时地管理设备插拔。在 USB 协议中包含了传输错误管理、错误恢复等功能，同时根据不同的传输类型来处理传输错误。

(4) 总线供电

USB 总线可为连接在其上的设备提供 5 V 电压/100 mA 电流的供电，最大可提供 500 mA 的电流。USB 设备也可采用自供电方式。

(5) 低成本

USB 接口电路简单，易于实现，特别是低速设备。USB 系统接口/电缆也比较简单，成本比串口/并口低。

2. 缺　点

USB 技术还不是很成熟，特别是高速设备。市场上现有的 USB 设备价格都比较昂贵，但随着 USB 技术的日益成熟，设备的不断增加和广泛应用，其价格将会有所降低。

6.5.4 USB 系统拓扑结构

一个 USB 系统包含 3 类硬件设备,即 USB 主机(USB HOST)、USB 设备(USB DEVICE)和 USB 集线器(USB HUB),如图 6-11 所示。

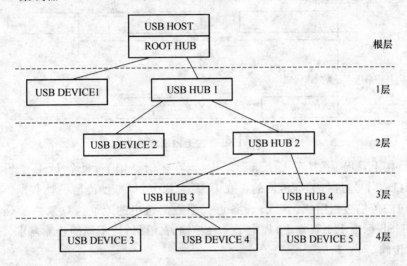

图 6-11 典型的 USB 系统拓扑结构

1. USB HOST

在一个 USB 系统中,当且仅当有一个 USB HOST 时,USB HOST 有以下功能:

- 管理 USB 系统;
- 每毫秒产生一帧数据;
- 发送配置请求对 USB 设备进行配置操作;
- 对总线上的错误进行管理和恢复。

2. USB DEVICE

在一个 USB 系统中,USB DEVICE 和 USB HUB 总数不能超过 127 个。USB DEVICE 接收 USB 总线上的所有数据包,通过数据包的地址域来判断是不是发给自己的数据包:若地址不符,则简单地丢弃该数据包;若地址相符,则通过响应 USB HOST 的数据包与 USB HOST 进行数据传输。

3. USB HUB

USB HUB 用于设备扩展连接,所有 USB DEVICE 都连接在 USB HUB 的端口上。一个 USB HOST 总与一个根 HUB(USB ROOT HUB)相连。USB HUB 为其每个端口提供 100 mA 电流供设备使用。同时,USB HUB 可以通过端口的电气变化诊断出设备的插拔操作,并通过响应 USB HOST 的数据包将端口状态汇报给 USB HOST。一般来说,USB 设备与 USB HUB 间的连线长度不超过 5 m,USB 系统的级联不能超过 5 级(包括 ROOT HUB)。

6.5.5 USB 总线数据传输

USB 总线上数据传输的结构如图 6-12 所示。

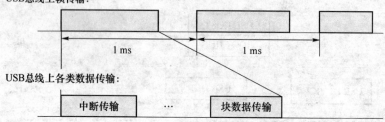

图 6-12 USB 总线上数据传输结构

从物理结构上,USB 系统是一个星形结构;但在逻辑结构上,每个 USB 逻辑设备都是直接与 USB HOST 相连进行数据传输的。在 USB 总线上,每毫秒传输一帧数据。每帧数据可由多个数据包的传输过程组成。USB 设备可根据数据包中的地址信息来判断是否响应该数据传输。在 USB 标准 1.1 版本中,规定了 4 种传输方式以适应不同的传输需求。

1. 控制传输

控制传输(control transfer)发送设备请求信息,主要用于读取设备配置信息和设备状态、设置设备地址、设置设备属性、发送控制命令等功能。全速设备每次控制传输的最大有效负荷可为 64 字节,而低速设备每次控制传输的最大有效负荷仅为 8 字节。

2. 同步传输

同步传输(isochronous transfer)仅适用于全速/高速设备。同步传输每毫秒进行一次传输,有较大的带宽,常用于语音设备。同步传输每次传输的最大有效负荷可为 1 023 字节。

3. 中断传输

中断传输(interrupt transfer)用于支持数据量少的周期性传输需求。全速设备的中断传输周期可为 1~255 ms,而低速设备的中断传输周期为 10~255 ms。全速设备每次中断传输的最大有效负荷可为 64 字节,而低速设备每次中断传输的最大有效负荷仅为 8 字节。

4. 块数据传输

块数据传输(bulk transfer)是非周期性的数据传输,仅全速/高速设备支持块数据传输,同时,当且仅当总线带宽有效时才进行块数据传输。块数据传输每次数据传输的最大有效负荷可为 64 字节。

6.5.6 USB 典型设计与应用

1. 一个 USB HOST 接口的软硬件设计

市场上现已有很多公司提供的 USB 接口器件,如 PHILIPS 公司的 PDIUSBD11/PDIUS-

BD12，OKI 公司的 MSM60581，NATIONAL 公司的 USBN9602，LUCENT 公司的 USS-820/USS-620，SCANLOGIC 公司的 SL11，等等。

同时，也有很多带 USB 接口的处理器，如 CYPRESS 公司的 EZ-USB，AMD 公司的 AM186CC，ATMEL 公司的 AT43320，Motorola 公司的 PPC823/PPC850，等等。下面给出用 SCANLOGIC 公司的 USB 接口器件 SL11HT 实现嵌入式 USB HOST 的例子。

(1) SL11HT 的特点
- 遵从 USB1.1 标准；
- 支持全速/低速传输；
- 支持主机/设备端两种模式；
- 3.3 V/5.0 V 供电；
- 片内包含 256 字节的 SRAM；
- 48 MHz 晶振输入。

当 SL11HT 用做 USB HOST 接口时，对系统有以下要求：
- 由系统维护 SOF 帧数目；
- 由系统生成 CRC5 效验码；
- 要求系统中断潜伏期小于 1.5 μs。

(2) SL11HT 的接口硬件框图

图 6-13 简单地给出了使用 SL11HT 扩展 USB 接口的接口框图。

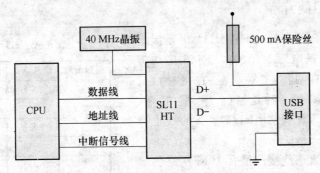

图 6-13　SL11HT 接口硬件框图

(3) USB HOST 端的软件结构

USB HOST 端的软件结构如图 6-14 所示。各部分主要功能描述如下：

① USB 接口驱动程序需实现以下功能：
- USB 接口器件的初始化。
- 计算上层数据包的效验和，发送上层的数据包；发送 SOF 帧；接收从 USB 接口传送来的数据并检查，将接收到的数据送往上层。

② USB 协议栈驱动程序需实现以下功能:
- 提供与设备驱动程序的接口;
- 读取并解析 USB 设备描述符和配置描述符;
- 为 USB 设备分配唯一的地址;
- 使用默认的配置来配置设备;
- 支持基本的 USB 命令请求;
- 连接设备与相应的驱动程序;
- 转发设备驱动程序的数据包。

③ 设备驱动程序需实现以下功能:
- 提供与应用程序的接口;
- 读取并解析 USB 设备特有的描述符,获得设备提供的传输通道;
- 发送设备特有的和基本的 USB 命令请求;
- 通过设备提供的传输通道与设备进行数据传输;
- 通过 USB 命令请求重新配置设备。

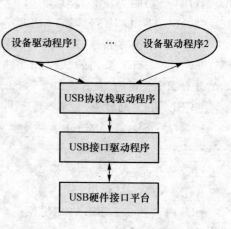

图 6-14 USB HOST 端软件结构图

6.6 RJ45 接口设计

6.6.1 RJ45 接口简介

RJ45 是接头的一种类型(例如:RJ11 也是接头的一种类型,不过它是电话上用的)。RJ45 接头根据线的不同排序法有两种:一种是橙白、橙、绿白、蓝、蓝白、绿、棕白、棕;另一种是绿白、绿、橙白、蓝、蓝白、橙、棕白、棕。因此,使用 RJ45 接头的线也有两种,即直通线和交叉线。

在实际应用中,直通线接法适合 10M 网络传输的情况;交叉线适合 10M/100M 自适应网络接法。它成为 LAN 的代名词。其具体引脚定义如表 6-3 所列。

表 6-3 RJ45 引脚描述

引脚编号	信号定义	颜色对照	双绞线对
1	TX+	橙白	1
2	TX-	橙	1
3	RX+	绿白	2
4	未用	蓝	3
5	未用	蓝白	3
6	RX-	绿	2
7	未用	棕白	4
8	未用	棕	4

6.6.2 10M/100M 以太网接口电路

作为一款优秀的网络控制器,基于 S3C4510B 的系统若没有以太网接口,其应用价值就会大打折扣,因此,就整个系统而言,以太网接口电路应是必不可少的,但同时也是相对较复杂的。从硬件的角度看,以太网接口电路主要由 MAC 控制器和物理层接口 PHY(Physical Layer)

两大部分构成,目前常见的以太网接口芯片,如 RTL8019、RTL8029、RTL8039、CS8900、DM9008 等,其内部结构也主要包含这两部分。

S3C4510B 内嵌一个以太网控制器,支持媒体独立接口 MII(Media Independent Interface)和带缓冲 DMA 接口 BDI(Buffered DMA Interface)。可在半双工或全双工提供 10 Mbps/100 Mbps 的以太网接入。在半双工模式下,控制器支持 CSMA/CD 协议;在全双工模式下,控制器支持 IEEE802.3MAC 控制层协议。

因此,S3C4510B 内部实际上已包含了以太网 MAC 控制,但并未提供物理层接口,因此,需外接一片物理层芯片提供以太网的接入通道。

常用的单口 10 Mbps/100 Mbps 高速以太网物理层接口器件主要有 RTL8201、DM9161 等,均提供 MII 接口和传统 7 线制网络接口,可方便地与 S3C4510B 接口。以太网物理层接口器件的主要功能包括:物理编码子层、物理媒体附件、双绞线物理媒体子层、10BASE-TX 编码/解码器和双绞线媒体访问单元等。

在该系统中,使用 RTL8201 作为以太网的物理层接口。图 6-15 所示为 RTL8201 的引脚分布,表 6-4 所列为相关引脚功能描述,表中仅列出芯片在 100 Mbps、MII 接口方式下的引脚定义。当工作于 7 线制网络接口方式时,部分引脚定义不同。更具体的内容和使用方法可参考 RTL8201 的用户手册。

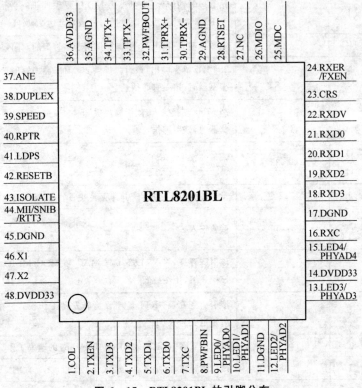

图 6-15 RTL8201BL 的引脚分布

表 6-4 RTL8201 引脚功能描述

信 号	类 型	引 脚	功能描述
TXC	O	7	发送时钟:该引脚提供连续时钟信号作为 TXD[3:0] 和 TXEN 的时序参考
TXEN	I	2	发送使能:该引脚指示目前 TXD[3:0] 上的 4 位信号有效
TXD[3:0]	I	3,4,5,6	发送数据:当 TXEN 有效时,MAC 能与 TXC 同步送出 TXD[3:0]
RXC	O	16	接收时钟:该引脚提供连续时钟信号作为 RXD[3:0] 和 RXDV 的时序参考,在 100 Mbps 时,RXC 的频率为 25 MHz, 10 Mbps 时为 2.5 MHz
COL	O	1	冲突检测:当检测到冲突时,COL 置为高电平
CRS	I/O	23	载波侦听:在非 IDEL 状态时,该引脚置为高电平
RXDV	O	22	接收数据有效:当接收 RXD[3:0] 上的数据时,该引脚置高电平,接收结束时置低电平。该信号在 RXC 的上升沿有效
RXD[3:0]	O	18,19,20,21	接收数据:该引脚随 RXC 同步将数据从 PHY 传给 MAC
RXER/FXEN	I/O	24	接收错误:当接收数据发生错误时,该引脚置高电平
MDC	I	25	站管理时钟信号:该引脚为 MDIO 提供同步时钟信号,但可能与 TXC 和 RXC 时钟异步。该时钟信号最高可达 25 MHz
MDIO	I/O	26	站数据输入/输出:该引脚提供用于站管理的双向数据信息
X2	O	47	25 MHz 晶振输出:该引脚提供 25 MHz 晶振输出。当 X1 外接 25 MHz 振荡器时,该引脚必须悬空
X1	I	46	25 MHz 晶振输入:该引脚提供 25 MHz 晶振输入。当外接 25 MHz 振荡器时,该引脚作为输入
TPRX+ TPRX-	O O	34,33	发送输出
RTSET	I	28	发送差分电阻连接:该引脚应通过一个 2.0 kΩ 的电阻下拉
TPRX+ TPRX-	I I	31,30	接收输入
ISOLATE	I	43	该引脚置高,将 RTL8201 与 MAC 和 MDC/MDIO 管理接口隔离。在该模式下,功耗最低
RPTR/RTT2	I	40	该引脚置高,将 RTL8201 设为转发器工作模式。在测试模式下,该引脚重定义为 RTT2
SPEED	I	39	该引脚置高,将 RTL8201 以 100 Mbps 的速率工作
DUPLEX	I	38	该引脚置高,使能全双工模式

续表 6-4

信号	类型	引脚	功能描述
ANE	I	37	该引脚置高使能自动协议模式,置低为强制模式
LDPS	I	41	该引脚置高,RTL8201 进入未连接省电(LDPS)模式
MII/SNIB	I/O	44	该引脚置高,RTL8201 进入 MII 模式工作
LED0/PHYAD0	O	9	连接 LED 显示
LED1/PHYAD1	O	10	全双工 LED 显示
LED2/PHYAD2	O	12	10 Mbps 连接/应答 LED 显示
LED3/PHYAD3	O	13	100 Mbps 连接/应答 LED 显示
LED4/PHYAD4	O	15	冲突 LED 显示
NC		27	目前用做测试,可作为将来的功能扩展
RESETB	I	42	芯片复位引脚,低电平复位
AVDD33	P	36	模拟电源:为片内模拟电路提供 3.3 V 电源,应接去耦合电容
DVDD33	P	48	为片内 PLL 电路提供 3.3 V 电源,应接去耦合电容并用 100 Ω/100 MHz
AGND	P	29,35	模拟地:接地
DVDD33	P	14	数字电源:为片内数字电路提供 3.3 V 电源
DGND	P	11,17,45	数字地:接地
PWFBOUT	O	32	电源反馈输出
PWFBIN	I	8	电源反馈输入

  由于 S3C4510B 片内已有 MII 接口的 MAC 控制器,而 RTL8201 也提供了 MII 接口,各种信号的定义也很明确,因此 RTL8201 与 S3C4510B 的连接比较简单。图 6-16 所示为 RTL8201 的实际应用电路图。

  S3C4510B 的 MAC 控制器可通过 MDC/MDIO 管理接口控制多达 31 个 RTL8201。每个 RTL8201 应有不同的 PHY 地址(可从 00001B~11111B)。当系统复位时,RTL8201 锁存引脚 9,10,12,13,15 的初始状态作为与 S3C4510B 管理接口通信的 PHY 地址,但该地址不能设为 00000B,否则 RTL8201 进入掉电模式。

  为减少芯片的引脚数,RTL8201 的 LED 引脚同时复用为 PHY 的地址引脚,因此引脚 9,10,12,13,15 不能直接接电源或地。图 6-17 所示为引脚 9,10,12,13,15 的连接方法,此时 RTL8201 的 PHY 地址为 00000B。引脚通过 5.1 kΩ 的电阻上拉或下拉,决定 RTL8201 的 PHY 地址。在正常工作时,LED 显示 RTL8201 的工作状态,当不需要 LED 状态显示时,LED+510 Ω 的电阻可去掉。

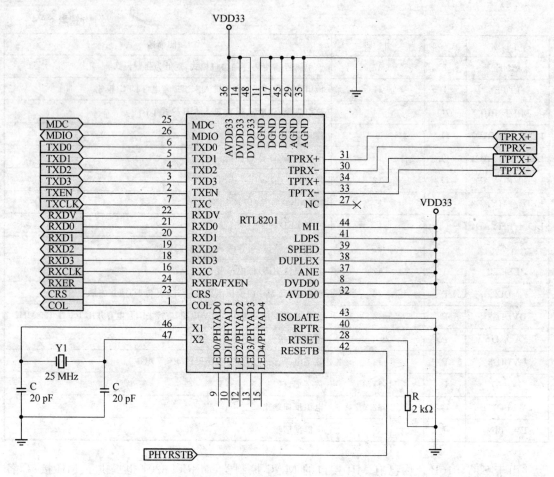

图 6-16　RTL8201 应用电路图

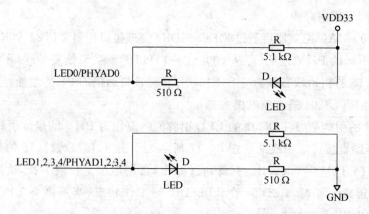

图 6-17　RTL8201 的 LED 与 PHY 地址配置

在图 6-16 中，信号的发送和接收端应通过网络隔离变压器和 RJ45 接口接入传输媒体，其实际应用电路如图 6-18 所示。

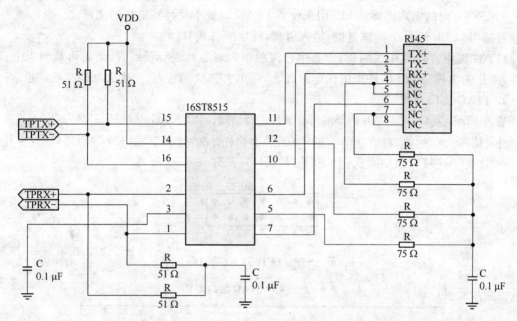

图 6-18　RTL8201 与网络隔离变压器及 RJ45 的连接图

6.7　JTAG 接口设计

1．JTAG 简介

联合测试行动小组 JTAG（Joint Test Action Group）是一种国际标准测试协议（IEEE 1149.1 兼容），主要用于芯片内部测试。现在多数高级器件都支持 JTAG 协议，如 DSP、FPGA 器件等。标准的 JTAG 接口是 4 线：TMS、TCK、TDI、TDO，分别为模式选择、时钟、数据输入和数据输出线。

JTAG 最初是用来对芯片进行测试的，JTAG 的基本原理是在器件内部定义一个测试访问口 TAP（Test Access Port）通过专用的 JTAG 测试工具对内部节点进行测试。JTAG 测试允许多个器件通过 JTAG 接口串联在一起，形成一个 JTAG 链，能实现对各个器件分别测试。目前，JTAG 接口还常用于实现在系统编程 ISP（In-System Programmable）功能，如对 Flash 等器件进行编程。

有 JTAG 口的芯片都有如下 JTAG 引脚定义：

TCK——测试时钟输入；

TDI——测试数据输入,数据通过 TDI 输入 JTAG 口;

TDO——测试数据输出,数据通过 TDO 从 JTAG 口输出;

TMS——测试模式选择,TMS 用来设置 JTAG 口处于某种特定的测试模式。

可选引脚 TRST——测试复位,输入引脚,低电平有效。

JTAG 编程方式是在线编程,传统生产流程中先对芯片进行预编程,然后再装到板上;而现在,简化的流程为先将器件固定到电路板上,再用 JTAG 编程,从而大大加快工程进度。

2．JTAG 接口电路

通过 JTAG 接口,可对芯片内部的所有部件进行访问,因而 JTAG 接口是开发调试嵌入式系统的一种简捷高效的手段。目前,JTAG 接口的连接有两种标准,即 14 针接口和 20 针接口。

14 针 JTAG 接口图如图 6-19 所示,其接口定义如表 6-5 所列。

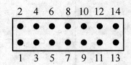

图 6-19 14 针 JTAG 接口图

表 6-5 14 针 JTAG 接口定义

引　脚	名　称	描　述
1,13	VCC	接电源
2,4,6,8,10,14	GND	接地
3	nTRST	测试系统复位信号
5	TDI	测试数据串行输入
7	TMS	测试模式选择
9	TCK	测试时钟
11	TDO	测试数据串行输出
12	NC	未连接

20 针 JTAG 接口图如图 6-20 所示,其接口定义如表 6-6 所列。

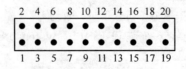

图 6-20 20 针 JTAG 接口

第6章 ARM 系统中的接口设计与管理

表 6-6 20 针 JTAG 接口定义

引脚	名称	描述
1	VCC	目标板参考电压,接电源
2	VCC	接电源
3	nTRST	测试系统复位信号
4,6,8,10,12,14,16,18,20	GND	接地
5	TDI	测试数据串行输入
7	TMS	测试模式选择
9	TCK	测试时钟
11	RTCK	测试时钟返回信号
13	TDO	测试数据串行输出
15	nRESET	目标系统复位信号
17,19	NC	未连接

采用 20 针 JTAG 仿真调试接口,JTAG 信号的定义及与 S3C2410 的连接如图 6-21 所示。在图中,JTAG 接口上的信号 nTRST 连接到 S3C2410 芯片的 $\overline{TRST}$ 引脚,达到控制 S3C2410 内部 JTAG 接口电路复位的目的。根据 S3C2410 数据手册的说明,nTRST、TDI、TMS 和 TCK 引脚上均需连接一个 10 kΩ 的上拉电阻。

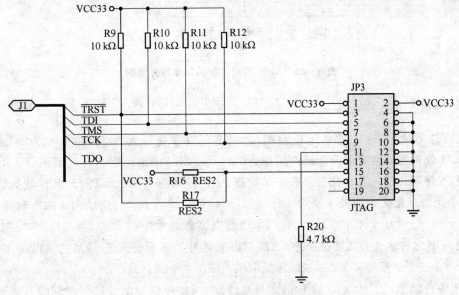

图 6-21 JTAG 硬件连接图

另外,为了能够使用 Multi-ICE 仿真器,设置了一个 0 Ω 电阻 R1 将 JTAG 接口的引脚 3 与引脚 5 短接。

6.8 其他总线接口设计

ARM 应用系统的设计包含硬件系统设计和软件系统设计两部分。这两部分设计是互相关联、密不可分的,因此系统的硬件电路设计必须仔细考虑软件设计的需求。不同 ARM 应用系统的现实需求是千差万别的,但其硬件电路的组成都有很多相似之处,本节将从硬件电路的基本组成出发,介绍 ARM 应用系统的基本硬件电路设计。

ARM 应用系统最基本的组成部分包括:电源部分、晶振电路、复位电路、ROM 和 RAM。图 6-22 所示为 ARM 应用系统的基本硬件框图,其中仿真接口连接到仿真设备,用于硬件仿真调试。

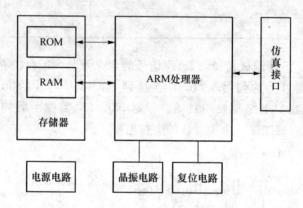

图 6-22　ARM 应用系统的基本硬件框图

6.8.1 寻址空间

ARM 体系使用单一的平板地址空间,理论上可以寻址的地址空间的大小为 2^{32} 字节(大多数 ARM 处理器通常有部分地址空间作为保留)。ARM 的地址字间可以组织成 8 位、16 位或 32 位,程序可以通过指令进行 8 位、16 位或 32 位的数据访问。当进行 32 位数据访问时,32 位字单元的地址必须能被 4 整除,即二进制地址的低 2 位是 00,地址为 a 的字包括地址为 a,a+1,a+2,a+3 这个 4 字节单元的内容,地址取值范围为 $0 \sim 2^{32}-1$;当进行 16 位数据访问时,16 位字单元的地址必须能被 2 整除,即二进制地址的最低位是 0,地址为 a 的半字包括地址为 a,a+1 这个 2 字节单元的内容,地址取值范围为 $0 \sim 2^{32}-1$。

由于各存储单元的地址是 32 位的无符号整数,因此可以对地址进行常规整数运算,运算结果进行 2^{32} 取模,当运算结果溢出时,实际结果为运算结果减 2^{32}。例如,如果运算结果为

(0xFFFFFFFF＋0x07),则实际地址为 0x07。所以,在程序中要保证地址运算特别是跳转地址不能超过 0xFFFFFFFF,否则指令执行结果将不可预知。

在实际的各种 ARM 处理器中,不同的芯片有着不同的内部具体地址空间分配。图 6-23 所示为 S3C44B0X 的初始地址空间分配。对 ARM7 TDMI 核的处理器来说,复位中断向量位于地址 0,因此 ROM 的地址位于 0x00。当然,有的 ARM 处理器可以重映射 ROM 空间到其他的地址。

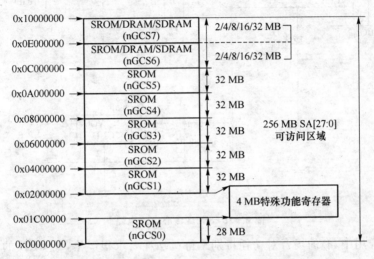

图 6-23　S3C44B0X 的初始地址分配示意图

6.8.2　电源管理设计

CPU 通常需要两种或两种以上电源,其中:一种电源是核电压(VCORE),另一种是 I/O 电压(VDD)。以 S3C44B0X 为例,它的 VDD 加为 3.3 V,核电压为 2.5 V。系统的输入电压大多数时候并不是 3.3 V,所以需要实现电源变换,由于效率和电源稳定性要求,现在通常采用 DC/DC 实现高电压到 3.3 V 的转换。目前市场上输出 3.3 V 的 DC/DC 芯片较多,MAXIM,LINEAR,MICROCHIP 等公司都有很多信号的芯片可供选择,如图 6-24 所示是 MICROCHIP 公司 TC120333 的 DC/DC 应用电路。

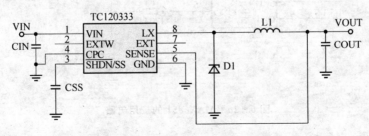

图 6-24　TC120333 的应用电路

CPU 核心电压通常并不需要消耗很大电流,出于成本和体积的考虑,大多数设计者采用 LDO 来实现,如图 6-25 中的 LD1117 就是一种很常用的 LDO;也有设计者用二极管实现从 3.3 V 到 2.5 V 的转换以节省成本,经验证,这种设计可以满足 S3C44B0X 的电源要求。

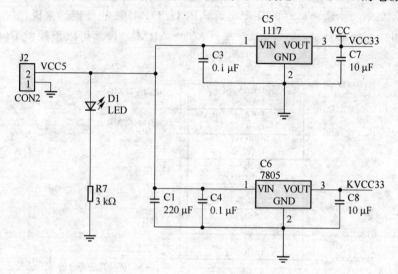

图 6-25 CPU 核心电压电路

在嵌入式应用中,有的场合对功耗特别是待机功耗要求很严格,而 CPU 的功耗通常与它的核电压相关,有的芯片如 TI OMAP1510 的核电压范围较广,可以通过待机时降低核电压来降低待机功耗。图 6-26 所示为 MAX8561 输出两种核电压的电路示意图,通过 ODI 输入引脚的电平决定是输出 1.5 V 还是 1.0 V,输出电压可以通过调节电路中的电阻来调整。

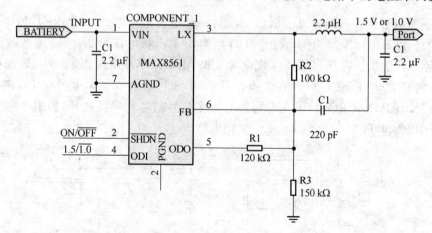

图 6-26 MAX6851 的应用电路

6.8.3 RESET 电路设计

在 CPU 系统中,复位电路主要完成系统的上电复位和系统在运行时用户的按键复位功能。复位电路可由简单的 RC 电路构成;也可使用其他相对较复杂但功能更完善的电路,如专用复位芯片。

图 6-26 所示是较简单的 RC 复位电路,经使用证明,其复位逻辑是可靠的。

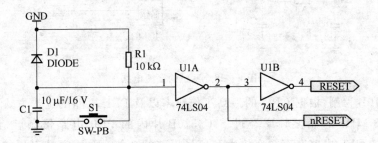

图 6-27 RC 复位电路

该复位电路的工作原理如下:在系统上电时,通过电阻 R1 向电容 C1 充电,当 C1 两端的电压未达到高电平的门限电压时,RESET 端输出为低电平,系统处于复位状态;当 C1 两端的电压达到高电平的门限电压时,RESET 端输出为高电平,系统进入正常工作状态。

当用户按下按钮 S1 时,C1 两端的电荷被放掉,RESET 端输出为低电平,系统进入复位状态,再重复以上的充电过程,系统进入正常工作状态。

两级"非"门电路用于按钮去抖动和波形整形;nRESET 端的输出状态与 RESET 端相反,用于高电平复位的器件;通过调整 R1 和 C1 的参数,可调整复位状态的时间。

图 6-28 所示是 MAX811 复位电路,MAX811 有 140 ms 的复位时间,无需任何外围器件,带手动复位引脚。此芯片有多种型号对应不同的复位电压,可以根据系统需求挑选。

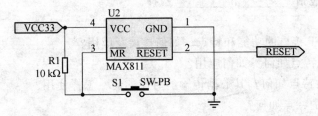

图 6-28 MAX811 复位电路

6.8.4 频率电路设计

晶振电路用于向 CPU 及其他电路提供工作时钟。大多数 CPU 可以使用无源晶体和有源晶振。接无源晶体是利用 CPU 内部的时钟振荡电路,在 CPU 的引脚 X1 和 X2 之间接一晶体就可产生稳定的时钟信号,但应该注意的是,时钟电路的走线应尽量短,以避免产生高频辐射干扰。

不同于无源晶振,有源晶振的接法略有不同。常用的有源晶振的接法如图 6-29 所示。

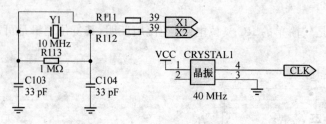

图 6-29 系统的晶振电路

以 S3C4510B 为例,根据 CPU 的最高工作频率以及 PLL 电路的工作方式,选择 10 MHz 的有源晶振,10 MHz 的晶振频率经过 S3C4510B 片内的 PLL 电路倍频后,最高可以达到 50 MHz。片内的 PLL 电路兼有频率放大和信号提纯的功能,因此,系统可以较低的外部时钟信号获得较高的工作频率,以降低因高速开关时钟所造成的高频噪声。

有源晶振的引脚 1 接 5 V 电源,引脚 2 悬空,引脚 3 接地,引脚 4 为晶振的输出,可通过一个小电阻(此处为 22 Ω)接 S3C4510B 的 XCLK 引脚。

习 题

1. 填空题

(1) 存储器是嵌入式系统中_____和_____的功能部件。

(2) UART 是指_____。

(3) USB 接口包括_____和_____两种。

2. 简答题

(1) 简述 UART 接口的功能和特点。如何扩展及应用?

(2) IIC 接口的特点如何?如何应用?

(3) SPI 接口的特点如何?其数据传输的时序如何?怎样使用?

(4) USB 接口的特点如何?

(5) RJ45 接口如何设计?可以使用其他接口芯片吗?请举例说明。

(6) JTAG 接口的作用如何?在调试中起何作用?

(7) 在电源管理中如何体现低功耗思想?

(8) 复位电路的作用如何?应该注意哪些问题?

第 7 章 ARM 系统的 I/O 端口设计与管理

7.1 概 述

在嵌入式系统中,通常 I/O 端口都不是独立的,而是与其他接口共用的。在使用这些端口时,通常需要根据不同的 CPU 设置相应的 I/O 端口寄存器,I/O 端口才能正常工作。同时,在设计应用时,还应该注意以下几个问题。

① I/O 作为输出时要注意的问题如下:

- 接收信号时片外外设可能没有输入锁存器,因此嵌入式微处理器输出信号在下次再写入新数据前应一直保持不变。输出置数指令执行时间小于 1 μs,而外设动作保持时间可能几分钟甚至几小时不变。因此,输出数据要有锁存器,存储瞬时写入的数据。
- 输出端口要有一定的驱动能力。I/O 外负载情况有动态驱动和静态驱动两种。动态驱动如 I/O 作为数据总线使用时,在指令控制下 I/O 是很短时间内输出数据,脉冲宽度一般小于 1 μs。I/O 由特定动态的 MOS 作为负载,一般可以驱动 4~8 个 TTL 电路。静态驱动是指 I/O 端口长时间处于同一种状态(0 或者 1),只有驱动信号改变时 I/O 端口状态才改变,这时驱动的一般只有一个 TTL 电路。

② 就驱动能力来说应该注意下面两个问题:

- 驱动时使用高电平驱动还是低电平拉入电流驱动。当为高电平驱动时,一般通用的 I/O 端口的最大驱动电流不能超过 4~5 mA,而低电平拉入电流一般比较大,最大可达到 25 mA。
- 电阻性负载还是电容性负载。对于电容性负载,当高频驱动时由于有电容的存在,使 I/O 驱动电路负载加重,这样会损坏 I/O 端口,同时使 I/O 端口输出电平降低。一般 I/O 电容负载不得大于 50 pF。大于 50 pF 的应该加缓冲器,缓冲器可以用"非"门、晶体管、D触发器及RS触发器等。也可以在I/O端口串联一个小于50Ω的电阻,减小因电容引起的对I/O端口的瞬时冲击。对于电阻性负载,主要考虑驱动电流是否适合。

③ 用户把微处理器I/O定义为输入端口,但是在制造芯片时为了灵活使用该端口,也允许其作为输出端口,片内输出锁存器、数据寄存器对用户定义为输入口肯定会有影响。目前,在半导体制作上解决已有的输出硬件结构与定义输入口之间相互影响问题有以下两种办法:

- 输出数据寄存器与引脚连接要控制,例如加入一个可控制的三态输出门连接到引脚。也就是说,用户定义该端口为输入口,还要定义输出数据寄存器不与该引脚连接,从而不影响输入状态。
- 硬件结构已经把输出数据寄存器永远与引脚通过逻辑电路连接起来,这时如果该端口定义为输入口,事先应在输出数据寄存器置1。由于这时引脚状态是输出数据寄存器与输入端口的状态线相"与"的结果,因此也不会影响输入状态。

④ 当输入端口是计数器捕捉寄存器输入、正交编码电路输入时,对于输入的最小脉冲宽度有一定的要求。脉冲过窄会使计数器无法正常工作。最小脉冲宽度对于不同的微处理器和不同的主频有不同的要求,一般脉冲大于 $1\mu s$ 就可以正常工作了。

⑤ 在某一个瞬时,可能有两个I/O输出,并且片外外设输出1,微处理器I/O输出0,这样可能使微处理器I/O瞬时过载,损坏I/O端口。这时,最好在两个引脚之间串联一个大于100Ω的电阻(100 kΩ以内)以限制瞬时电流。由于该电阻在CPU的I/O输出时是低阻抗,而在片外外设输入时是高阻抗,所以无影响;反之亦然。

7.2 ARM核I/O端口配置

在ARM系列中,不同的CPU,I/O端口配置大体相同,不过也有不同的地方。以下分别对ARM系列中的ARM7和ARM9中I/O端口的配置进行介绍。

7.2.1 ARM7中的I/O端口配置

以ARM7中的S3C4510B为例加以介绍。若要熟悉ARM芯片I/O端口的编程配置方法,就要熟悉所用芯片的I/O端口的功能配置和特殊功能寄存器的配置。本节主要讲述S3C4510B I/O端口的功能配置及应用。

1. S3C4510B I/O端口功能概述

S3C4510B提供了18个可编程的I/O端口,用户可将每个端口配置为输入模式、输出模式或特殊功能模式,由片内的特殊功能寄存器控制。I/O端口的功能模块如图7-1所示。

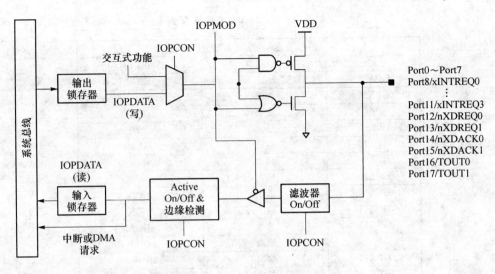

图 7-1 I/O 端口的功能模块框图

2. S3C4510B I/O 端口配置

每个端口都可通过软件设置来满足各种系统设置和设计要求。每个端口的功能通常都要在主程序开始前定义。如果一个引脚的多功能没有使用，那么这个引脚将设置为 I/O 端口。在引脚配置之前，需要对引脚的初始化状态进行设定，以避免一些问题的出现。

7.2.2 ARM9 中的 I/O 端口配置

1. S3C2410X I/O 端口概述

下面以 ARM9 中的 S3C2410X 为例介绍。S3C2410X 有 117 个多功能的输入/输出引脚。它们是：

端口 A(GPA)——23 个输出端口；

端口 B(GPB)——11 个输入/输出端口；

端口 C(GPC)——16 个输入/输出端口；

端口 D(GPD)——16 个输入/输出端口；

端口 E(GPE)——16 个输入/输出端口；

端口 F(GPF)——8 个输入/输出端口；

端口 G(GPG)——16 个输入/输出端口；

端口 H(GPH)——11 个输入/输出端口。

2. S3C2410X I/O 端口配置

S3C2410X 的 I/O 端口配置如表 7-1～7-8 所列。

表 7-1 S3C2410X 端口 A 配置

端口 A	可选引脚功能	
	I/O 端口	多功能端口
GPA22	输出	nFCE
GPA21	输出	nRSTOUT
GPA20	输出	nFRE
GPA19	输出	nFWE
GPA18	输出	ALE
GPA17	输出	CLE
GPA16	输出	nGCS5
GPA15	输出	nGCS4
GPA14	输出	nGCS3
GPA13	输出	nGCS2
GPA12	输出	nGCS1
GPA11	输出	ADDR26
GPA10	输出	ADDR25
GPA9	输出	ADDR24
GPA8	输出	ADDR23
GPA7	输出	ADDR22
GPA6	输出	ADDR21
GPA5	输出	ADDR20
GPA4	输出	ADDR19
GPA3	输出	ADDR18
GPA2	输出	ADDR17
GPA1	输出	ADDR16
GPA0	输出	ADDR0

表 7-2 S3C2410X 端口 B 配置

端口 B	可选引脚功能	
	I/O 端口	多功能端口
GPB10	输入/输出	nXDREQ0
GPB9	输入/输出	nXDACK0
GPB8	输入/输出	nXDREQ1
GPB7	输入/输出	nXDACK1
GPB6	输入/输出	nXBREQ
GPB5	输入/输出	nXBACK
GPB4	输入/输出	TCLK0
GPB3	输入/输出	TOUT3
GPB2	输入/输出	TOUT2
GPB1	输入/输出	TOUT1
GPB0	输入/输出	TOUT0

第7章 ARM系统的I/O端口设计与管理

表7-3 S3C2410X端口C配置

端口C	可选引脚功能	
	I/O端口	多功能端口
GPC15	输入/输出	VD7
GPC14	输入/输出	VD6
GPC13	输入/输出	VD5
GPC12	输入/输出	VD4
GPC11	输入/输出	VD3
GPC10	输入/输出	VD2
GPC9	输入/输出	VD1
GPC8	输入/输出	VD0
GPC7	输入/输出	LCDVF2
GPC6	输入/输出	LCDVF1
GPC5	输入/输出	LCDVF0
GPC4	输入/输出	VM
GPC3	输入/输出	VFRAME
GPC2	输入/输出	VLINE
GPC1	输入/输出	VCLK
GPC0	输入/输出	LEND

表7-4 S3C2410X端口D配置

端口D	可选引脚功能		
	I/O端口	多功能端口1	多功能端口2
GPD15	输入/输出	VD23	nSS0
GPD14	输入/输出	VD22	nSS1
GPD13	输入/输出	VD21	
GPD12	输入/输出	VD20	
GPD11	输入/输出	VD19	
GPD10	输入/输出	VD18	
GPD9	输入/输出	VD17	
GPD8	输入/输出	VD16	
GPD7	输入/输出	VD15	
GPD6	输入/输出	VD14	
GPD5	输入/输出	VD13	
GPD4	输入/输出	VD12	
GPD3	输入/输出	VD11	
GPD2	输入/输出	VD10	
GPD1	输入/输出	VD9	
GPD0	输入/输出	VD8	

表 7-5 S3C2410X 端口 E 配置

端口 E	可选引脚功能		
	I/O 端口	多功能端口 1	多功能端口 2
GPE15	输入/输出	IICSDA	
GPE14	输入/输出	IICSCL	
GPE13	输入/输出	SPICLK0	
GPE12	输入/输出	SPIMOSI0	
GPE11	输入/输出	SPIMISO0	
GPE10	输入/输出	SDDAT3	
GPE9	输入/输出	SDDAT2	
GPE8	输入/输出	SDDAT1	
GPE7	输入/输出	SDDAT0	
GPE6	输入/输出	SDCMD	
GPE5	输入/输出	SDCLK	
GPE4	输入/输出	IISSDO	IISSDI
GPE3	输入/输出	IISSDI	nSS0
GPE2	输入/输出	CDCLK	
GPE1	输入/输出	IISSCLK	
GPE0	输入/输出	IISLRCK	

表 7-6 S3C2410X 端口 F 配置

端口 F	可选引脚功能	
	I/O 端口	多功能端口
GPF7	输入/输出	EINT7
GPF6	输入/输出	EINT6
GPF5	输入/输出	EINT5
GPF4	输入/输出	EINT4
GPF3	输入/输出	EINT3
GPF2	输入/输出	EINT2
GPF1	输入/输出	EINT1
GPF0	输入/输出	EINT0

第7章 ARM系统的I/O端口设计与管理

表 7-7 S3C2410X 端口 G 配置

端口 G	可选引脚功能		
	I/O 端口	多功能端口 1	多功能端口 2
GPG15	输入/输出	EINT23	nYPON
GPG14	输入/输出	EINT22	YMON
GPG13	输入/输出	EINT21	nXPON
GPG12	输入/输出	EINT20	XMON
GPG11	输入/输出	EINT19	TCLK1
GPG10	输入/输出	EINT18	
GPG9	输入/输出	EINT17	
GPG8	输入/输出	EINT16	
GPG7	输入/输出	EINT15	SPICLK1
GPG6	输入/输出	EINT14	SPIMOSI1
GPG5	输入/输出	EINT13	SPIMISO1
GPG4	输入/输出	EINT12	LCD_PWREN
GPG3	输入/输出	EINT11	nSS1
GPG2	输入/输出	EINT10	nSS0
GPG1	输入/输出	EINT9	
GPG0	输入/输出	EINT8	

表 7-8 S3C2410X 端口 H 配置

端口 H	可选引脚功能		
	I/O 端口	多功能端口 1	多功能端口 2
GPH10	输入/输出	CLKOUT1	
GPH9	输入/输出	CLKOUT0	
GPH8	输入/输出	UCLK	
GPH7	输入/输出	RXD2	nCTS1
GPH6	输入/输出	TXD2	nRTS1
GPH5	输入/输出	RXD1	
GPH4	输入/输出	TXD1	
GPH3	输入/输出	RXD0	
GPH2	输入/输出	TXD0	
GPH1	输入/输出	nRTS0	
GPH0	输入/输出	nCTS0	

7.3 ARM 核 I/O 端口功能描述

不同 ARM 厂家的嵌入式微处理器,其 I/O 端口数量、功能有一定的差异,如驱动能力、是否带有上拉电阻等。用户应根据不同 ARM 型号的数据手册仔细查阅。同时,不同厂家的 ARM 微处理器还有不同的端口功能描述。下面仍以 ARM7 中的 S3C4510B 和 ARM9 中的 S3C2410X 的 I/O 端口为例加以介绍。

1. ARM7 中的 S3C4510B I/O 端口功能控制描述

S3C4510B 提供了 18 个可编程的 I/O 端口,用户通过设置片内的特殊功能寄存器 IOPMOD 和 IOPCON,可以将每个端口配置为输入模式、输出模式或特殊功能模式。端口 0～端口 7 的工作模式仅由 IOPMOD 寄存器控制。但通过设置 IOPCON 寄存器,端口 8～端口 11 可用做外部中断请求 INTREQ0～INTREQ3 的输入,端口 12、端口 13 可用做外部 DMA 请求 XDREQ0、XDREQ1 的输入,端口 14、端口 15 可作为外部 DMA 请求的应答信号 XDACK0、XDACK1,端口 16 可作为定时器 0 的溢出 TOUT0,端口 17 可作为定时器 1 的溢出 TOUT1。

2. ARM9 中的 S3C2410X I/O 端口功能控制描述

在 ARM9 中的 S3C2410X I/O 端口功能控制描述如下:

(1) 端口配置寄存器(GPACON～GPHCON)

在 S3C2410X 中,大多数引脚是多功能引脚。因此,应为每个引脚选择功能。端口控制寄存器(PnCON)决定了每一个引脚的功能。如果 GPF0～GPF7 及 GPG0～GPG7 在掉电模式下用做唤醒信号,则在中断模式下这些端口必须设定。

(2) 端口数据寄存器(GPADAT～GPHDAT)

如果这些端口设定为输出端口,则输出数据可写入 PnDAT 的相应位;如果这些端口设定为输入端口,则输入数据可读到 PnDAT 的相应位。

(3) 端口上拉寄存器(GPBUP～GPHUP)

端口上拉寄存器控制着每一个端口组的上拉寄存器的使能端。当相应的位设为 0 时,引脚接上拉电阻;当相应的位设为 1 时,引脚不接上拉电阻;当端口上拉寄存器使能时,上拉寄存器不进行引脚功能配置(input,output,DATAn,EINTn 等)。

(4) 特殊控制寄存器

此寄存器控制数据的上拉寄存器、Hi-Z 状态、USB 衬垫及 CLKOUT 选择位。

(5) 外部中断控制寄存器(EXTINTN)

24 个外部中断可用各种信号来请求。EXTINTn 寄存器可为外部中断请求信号配置以下触发方式:低电平触发、高电平触发、下降沿触发、上升沿触发及双沿触发。8 个外部中断引脚含有数字过滤器。仅 16 个 EINT 引脚(EINT[15:0])可用做唤醒源。

(6) 掉电模式

掉电模式及 I/O 端口由时钟及电源管理,所有 GPIO 寄存器的值在掉电模式中得到保存。EINTMASK 不能阻止唤醒掉电模式,但是,如果 EINTMASK 屏蔽了 EINT[15:4]中的一位,则唤醒操作可以执行,而 SRCPND 的 EINT4~7 位及 EINT8~23 位在唤醒完成后不设置为 1。

7.4 ARM 核 I/O 端口寄存器控制

同样,在 ARM 微处理器中对 I/O 端口的控制也是不同的。

7.4.1 ARM7 中的 S3C4510B I/O 端口寄存器控制

在 S3C4510B 中控制 I/O 口的特殊功能寄存器一共有 3 个:IOPMOD、IOPCON 和 IOPDATA。简要描述如图 7-2 所示。

寄存器	偏移地址	操 作	功能描述	复位值
IOPMOD	0x5000	读/写	I/O 口模式寄存器	0x00000000

31													18	17	16	15	14	13	12	11	10	9	8	7	6	5	4	3	2	1	0
													x	x	x	x	x	x	x	x	x	x	x	x	x	x	x	x	x	x	x

图 7-2 I/O 口模式寄存器描述

1. I/O 口模式寄存器(IOPMOD)

I/O 口模式寄存器 IOPMOD 用于配置 P17~P0。

[0] P0 口的 I/O 模式位:0=输入,1=输出。

[1] P1 口的 I/O 模式位:0=输入,1=输出。

[2] P2 口的 I/O 模式位:0=输入,1=输出。

[3~17] P3~P17 口的 I/O 模式位:0=输入,1=输出。

2. I/O 口控制寄存器(IOPCON)

I/O 口控制寄存器 IOPCON 用于配置端口 P8~P17 的特殊功能,当这些端口用做特殊功能(如外部中断请求、外部中断请求应答、外部 DMA 请求或应答和定时器溢出)时,其工作模式由 IOPCON 寄存器控制,而不再由 IOPMOD 寄存器控制。

对于特殊功能输入端口,S3C4510B 提供了一个滤波器用于检测特殊功能信号的输入,如果输入信号电平宽度等于 3 个系统时钟周期,则该信号被认为是诸如外部中断请求或外部 DMA 请求等特殊功能信号。简要描述如图 7-3 所示。

[4:0] 控制端口 8 的外部中断请求信号 0(xIRQ0)输入。

寄存器	偏移地址	操作	功能描述	复位值
IOPCON	0x5004	读/写	I/O口控制寄存器	0x00000000

31	30	29 28	27 26	25 23	22 20	19 15	14 10	9 5	4 3 2 1 0
TOEN1	TOEN0	DAK1	DAK0	DRQ1	DRQ0	xIRQ3	xIRQ2	xIRQ1	xIRQ0

图 7 - 3 I/O 口控制寄存器描述

[4]　端口 8 用做外部中断请求信号:0=禁止,1=使能。

[3]　0=低电平有效,1=高电平有效。

[2]　0=滤波器关,1=滤波器开。

[1:0]　00=电平检测,01=上升沿检测,10=下降沿检测,11=上升、下降沿均检测。

[9:5]　控制端口 9 的外部中断请求信号 1(xIRQ1)输入,使用方法同端口 8。

[14:10]　控制端口 10 的外部中断请求信号 2(xIRQ2)输入,使用方法同端口 8。

[19:15]　控制端口 11 的外部中断请求信号 3(xIRQ3)输入,使用方法同端口 8。

[22:20]　控制端口 12 的外部 DMA 请求信号 0(DRQ0)输入。

[22]　端口 12 用做外部 DMA 请求信号 0(nXDREQ0):0=禁止,1=使能。

[21]　0=滤波器关,1=滤波器开。

[20]　0=低电平有效,1=高电平有效。

[25:23]　控制端口 13 的外部 DMA 请求信号 1(DRQ1)输入。

[25]　端口 13 用做外部 DMA 请求信号 1(nXDREQ1):0=禁止,1=使能。

[24]　0=滤波器关,1=滤波器开。

[23]　0=低电平有效,1=高电平有效。

[27:26]　控制端口 14 的外部 DMA 应答信号 0(DAK0)输出。

[27]　端口 14 用做外部 DMA 信号 0(nXDACK0):0=禁止,1=使能。

[26]　0=低电平有效,1=高电平有效。

[29:28]　控制端口 15 的外部 DMA 应答信号 1(DAK1)输出。

[29]　端口 15 用做外部 DMA 信号 1(nXDACK1):0=禁止,1=使能。

[28]　0=低电平有效,1=高电平有效。

[30]　控制端口 16 作为定时器 0 溢出信号(TOEN0):0=禁止,1=使能。

[31]　控制端口 17 作为定时器 1 溢出信号(TOEN1):0=禁止,1=使能。

3. I/O 口数据寄存器(IOPDATA)

当配置为输入模式时,读取 I/O 口数据寄存器 IOPDATA 的每一位对应输入状态,当配置为输出模式时,写每一位对应输出状态。位[17:0]对应于 18 个 I/O 引脚 P17～P0,如图 7 - 4 所示。

第 7 章 ARM 系统的 I/O 端口设计与管理

寄存器	偏移地址	操作	功能描述	复位值
IOPDATA	0x5008	读/写	I/O 口数据寄存器	未定义

31		18	17	16	15	14	13	12	11	10	9	8	7	6	5	4	3	2	1	0
		P17	P16	P15	P14	P13	P12	P11	P10	P9	P8	P7	P6	P5	P4	P3	P2	P1	P0

图 7-4 I/O 口数据寄存器描述

[17:0]对应 I/O 口 P17~P0 的读/写值。I/O 口数据寄存器的值反映对应引脚的信号电平。

以上简述了 S3C4510B 的通用 I/O 口的基本工作原理,更详细的内容可参考 S3C4510B 的用户手册。

7.4.2 ARM9 中的 S3C2410X I/O 端口寄存器控制

下面介绍 ARM9 中的 S3C2410X I/O 端口控制专用寄存器。

① 端口 A 控制寄存器(GPACON/GPADAT)如表 7-9~7-11 所列。

表 7-9 端口 A 控制寄存器(GPACON/GPADAT)总体描述

寄存器	地址	读/写	描述	复位值
GPACON	0x56000000	R/W	配置端口 A 的引脚	0x7FFFFF
GPADAT	0x56000004	R/W	端口 A 数据传输	未定义
Reserved	0x56000008	—	保留	未定义
Reserved	0x5600000C	—	保留	未定义

表 7-10 端口 A 控制寄存器 GPACON 详细描述

GPACON	位	描述
GPA22	[22]	0=输出, 1=nFCE
GPA21	[21]	0=输出, 1=nRSTOUT (nRSTOUT=nRESET&nWDTRST&SW_RESET(MISCCR[16]))
GPA20	[20]	0=输出, 1=nFRE
GPA19	[19]	0=输出, 1=nFWE
GPA18	[18]	0=输出, 1=ALE
GPA17	[17]	0=输出, 1=CLE
GPA16	[16]	0=输出, 1=nGCS5
GPA15	[15]	0=输出, 1=nGCS4

续表 7-10

GPACON	位	描述
GPA14	[14]	0=输出，1=nGCS3
GPA13	[13]	0=输出，1=nGCS2
GPA12	[12]	0=输出，1=nGCS1
GPA11	[11]	0=输出，1=ADDR26
GPA10	[10]	0=输出，1=ADDR25
GPA9	[9]	0=输出，1=ADDR24
GPA8	[8]	0=输出，1=ADDR23
GPA7	[7]	0=输出，1=ADDR22
GPA6	[6]	0=输出，1=ADDR21
GPA5	[5]	0=输出，1=ADDR20
GPA4	[4]	0=输出，1=ADDR19
GPA3	[3]	0=输出，1=ADDR18
GPA2	[2]	0=输出，1=ADDR17
GPA1	[1]	0=输出，1=ADDR16
GPA0	[0]	0=输出，1=ADDR0

表 7-11 端口 A 控制寄存器 GPADAT 详细描述

GPADAT	位	描述
GPA[22:0]	[22:0]	当此端口配置为输出时，引脚状态必须与相应位相同；配置为功能引脚时，所读值不确定

② 端口 B 控制寄存器(GPBCON,GPBDAT,GPBUP)如表 7-12～7-15 所列。

表 7-12 端口 B 控制寄存器(GPBCON,GPBDAT,GPBUP)总体描述

寄存器	地址	读/写	描述	复位值
GPBCON	0x56000010	R/W	配置端口 B 引脚	0x0
GPBDAT	0x56000014	R/W	端口 B 数据寄存器	未定义
GPBUP	0x56000018	R/W	端口 B 禁止上拉寄存器	0x0
Reserved	0x5600001C	R/W	保留	未定义

第7章 ARM系统的I/O端口设计与管理

表7-13 端口B控制寄存器GPBCON详细描述

GPBCON	位	描述			
GPB10	[21:20]	00=输入,	01=输出,	10=nXDREQ0,	11=保留
GPB9	[19:18]	00=输入,	01=输出,	10=nXDACK0,	11=保留
GPB8	[17:16]	00=输入,	01=输出,	10=nXDREQ1,	11=保留
GPB7	[15:14]	00=输入,	01=输出,	10=nXDACK1,	11=保留
GPB6	[13:12]	00=输入,	01=输出,	10=nXBREQ,	11=保留
GPB5	[11:10]	00=输入,	01=输出,	10=nXBACK,	11=保留
GPB4	[9:8]	00=输入,	01=输出,	10=TCLK0,	11=保留
GPB3	[7:6]	00=输入,	01=输出,	10=TOUT3,	11=保留
GPB2	[5:4]	00=输入,	01=输出,	10=TOUT2,	11=保留
GPB1	[3:2]	00=输入,	01=输出,	10=TOUT1,	11=保留
GPB0	[1:0]	00=输入,	01=输出,	10=TOUT0,	11=保留

表7-14 端口B控制寄存器GPBDAT详细描述

GPBDAT	位	描述
GPB[10:0]	[10:0]	当此端口配置为输入端口时,外部资源数据将读入相应位;配置为输出端口时,此寄存器内的数据将送到相应引脚;配置为功能引脚时,将读到不确定值

表7-15 端口B控制寄存器GPBUP详细描述

GPBUP	位	描述
GPB[10:0]	[10:0]	0:允许相应端口引脚具有上拉功能; 1:不允许上拉

③ 端口C控制寄存器(GPCCON,GPCDAT及GPCUP)如表7-16~7-19所列。

表7-16 端口C控制寄存器(GPCCON,GPCDAT及GPCUP)总体描述

寄存器	地址	读/写	描述	复位值
GPCCON	0x56000020	R/W	配置端口C引脚	0x0
GPCDAT	0x56000024	R/W	端口C数据寄存器	未定义
GPCUP	0x56000028	R/W	端口C禁止上拉寄存器	0x0
Reserved	0x5600002C	—	保留	未定义

表 7-17 端口 C 控制寄存器 GPCCON 详细描述

GPCCON	位	描述		
GPC15	[31:30]	00=输入，	01=输出，	10=VD7，11=保留
GPC14	[29:28]	00=输入，	01=输出，	10=VD6，11=保留
GPC13	[27:26]	00=输入，	01=输出，	10=VD5，11=保留
GPC12	[25:24]	00=输入，	01=输出，	10=VD4，11=保留
GPC11	[23:22]	00=输入，	01=输出，	10=VD3，11=保留
GPC10	[21:20]	00=输入，	01=输出，	10=VD2，11=保留
GPC9	[19:18]	00=输入，	01=输出，	10=VD1，11=保留
GPC8	[17:16]	00=输入，	01=输出，	10=VD0，11=保留
GPC7	[15:14]	00=输入，	01=输出，	10=LCDVF2，11=保留
GPC6	[13:12]	00=输入，	01=输出，	10=LCDVF1，11=保留
GPC5	[11:10]	00=输入，	01=输出，	10=LCDVF0，11=保留
GPC4	[9:8]	00=输入，	01=输出，	10=VM，11=保留
GPC3	[7:6]	00=输入，	01=输出，	10=VFRAME，11=保留
GPC2	[5:4]	00=输入，	01=输出，	10=VLINE，11=保留
GPC1	[3:2]	00=输入，	01=输出，	10=VCLK，11=保留
GPC0	[1:0]	00=输入，	01=输出，	10=LEND，11=保留

表 7-18 端口 C 控制寄存器 GPCDAT 详细描述

GPCDAT	位	描述
GPC[15:0]	[15:0]	当此端口配置为输入端口时，外部资源数据将读入相应位；配置为输出端口时，此寄存器内的数据将送到相应引脚；配置为功能引脚时，将读到不确定值

表 7-19 端口 C 控制寄存器 GPCUP 详细描述

GPCUP	位	描述
GPC[15:0]	[15:0]	0：允许相应端口引脚具有上拉功能； 1：不允许上拉

④ 端口 D 控制寄存器（GPDCON,GPCDAT,GPDUP）如表 7-20～7-23 所列。

第7章 ARM系统的I/O端口设计与管理

表7-20 端口D控制寄存器(GPDCON,GPCDAT,GPDUP)总体描述

寄存器	地 址	读/写	描 述	复位值
GPDCON	0x56000030	R/W	配置端口D引脚	0x0
GPDDAT	0x56000034	R/W	端口D数据寄存器	未定义
GPDUP	0x56000038	R/W	端口D禁止上拉寄存器	0xF000
Reserved	0x5600003C	—	保留	未定义

表7-21 端口D控制寄存器GPDCON详细描述

GPDCON	位	描 述
GPD15	[31:30]	00＝输入, 01＝输出, 10＝VD23, 11＝nSS0
GPD14	[29:28]	00＝输入, 01＝输出, 10＝VD22, 11＝nSS1
GPD13	[27:26]	00＝输入, 01＝输出, 10＝VD21, 11＝保留
GPD12	[25:24]	00＝输入, 01＝输出, 10＝VD20, 11＝保留
GPD11	[23:22]	00＝输入, 01＝输出, 10＝VD19, 11＝保留
GPD10	[21:20]	00＝输入, 01＝输出, 10＝VD18, 11＝保留
GPD9	[19:18]	00＝输入, 01＝输出, 10＝VD17, 11＝保留
GPD8	[17:16]	00＝输入, 01＝输出, 10＝VD16, 11＝保留
GPD7	[15:14]	00＝输入, 01＝输出, 10＝VD15, 11＝保留
GPD6	[13:12]	00＝输入, 01＝输出, 10＝VD14, 11＝保留
GPD5	[11:10]	00＝输入, 01＝输出, 10＝VD13, 11＝保留
GPD4	[9:8]	00＝输入, 01＝输出, 10＝VD12, 11＝保留
GPD3	[7:6]	00＝输入, 01＝输出, 10＝VD11, 11＝保留
GPD2	[5:4]	00＝输入, 01＝输出, 10＝VD10, 11＝保留
GPD1	[3:2]	00＝输入, 01＝输出, 10＝VD9, 11＝保留
GPD0	[1:0]	00＝输入, 01＝输出, 10＝VD8, 11＝保留

表7-22 端口D控制寄存器GPCDAT详细描述

GPDDAT	位	描 述
GPD[15:0]	[15:0]	当此端口配置为输入端口时,外部资源数据将读入相应位;配置为输出端口时,此寄存器内的数据将送到相应的引脚;配置为功能引脚时,将读到不确定值

表7-23 端口D控制寄存器GPDUP详细描述

GPDUP	位	描述
GPD[15:0]	[15:0]	0:允许相应端口引脚具有上拉功能； 1:不允许上拉

⑤ 端口E控制寄存器(GPECON,GPEDAT,GPEUP)如表7-24～7-27所列。

表7-24 端口E控制寄存器(GPECON,GPEDAT,GPEUP)总体描述

寄存器	地址	读/写	描述	复位值
GPECON	0x56000040	R/W	配置端口E引脚	0x0
GPEDAT	0x56000044	R/W	端口E数据寄存器	未定义
GPEUP	0x56000048	R/W	端口E禁止上拉寄存器	0x0
Reserved	0x5600004C	—	保留	未定义

表7-25 端口E控制寄存器GPECON详细描述

GPECON	位	描述
GPE15	[31:30]	00=输入, 01=输出, 10=IICSDA, 11=保留
GPE14	[29:28]	00=输入, 01=输出, 10=IICSCL, 11=保留
GPE13	[27:26]	00=输入, 01=输出, 10=SPICLK0, 11=保留
GPE12	[25:24]	00=输入, 01=输出, 10=SPIMOSI0, 11=保留
GPE11	[23:22]	00=输入, 01=输出, 10=SPIMISO0, 11=保留
GPE10	[21:20]	00=输入, 01=输出, 10=SDDAT3, 11=保留
GPE9	[19:18]	00=输入, 01=输出, 10=SDDAT2, 11=保留
GPE8	[17:16]	00=输入, 01=输出, 10=SDDAT1, 11=保留
GPE7	[15:14]	00=输入, 01=输出, 10=SDDAT0, 11=保留
GPE6	[13:12]	00=输入, 01=输出, 10=SDCMD, 11=保留
GPE5	[11:10]	00=输入, 01=输出, 10=SDCLK, 11=保留
GPE4	[9:8]	00=输入, 01=输出, 10=IISSDO, 11=IISSDI
GPE3	[7:6]	00=输入, 01=输出, 10=IISSDI, 11=nSS0
GPE2	[5:4]	00=输入, 01=输出, 10=CDCLK, 11=保留
GPE1	[3:2]	00=输入, 01=输出, 10=IISSCLK, 11=保留
GPE0	[1:0]	00=输入, 01=输出, 10=IISLRCK, 11=保留

第7章 ARM系统的I/O端口设计与管理

表7-26 端口E控制寄存器GPEDAT详细描述

GPEDAT	位	描述
GPE[15:0]	[15:0]	当此端口配置为输入端口时,外部资源数据将读入相应位;配置为输出端口时,此寄存器内的数据将送到相应引脚;配置为功能引脚时,将读到不确定值

表7-27 端口E寄存器GPEUP详细描述

GPEUP	位	描述
GPE[15:0]	[15:0]	0:允许相应端口引脚具有上拉功能; 1:不允许上拉

⑥ 端口F控制寄存器(GPFCON,GPFDAT,GPFPU) 如表7-28~7-31所列。

表7-28 端口F控制寄存器(GPFCON,GPFDAT,GPFPU)总体描述

寄存器	地址	读/写	描述	复位值
GPFCON	0x56000050	R/W	配置端口F引脚	0x0
GPFDAT	0x56000054	R/W	端口F数据寄存器	未定义
GPFUP	0x56000058	R/W	端口F禁止上拉寄存器	0x0
Reserved	0x5600005C	—	保留	未定义

表7-29 端口F控制寄存器GPFCON详细描述

GPFCON	位	描述
GPF7	[15:14]	00=输入,01=输出,10=EINT7,11=保留
GPF6	[13:12]	00=输入,01=输出,10=EINT6,11=保留
GPF5	[11:10]	00=输入,01=输出,10=EINT5,11=保留
GPF4	[9:8]	00=输入,01=输出,10=EINT4,11=保留
GPF3	[7:6]	00=输入,01=输出,10=EINT3,11=保留
GPF2	[5:4]	00=输入,01=输出,10=EINT2,11=保留
GPF1	[3:2]	00=输入,01=输出,10=EINT1,11=保留
GPF0	[1:0]	00=输入,01=输出,10=EINT0,11=保留

注:如果GPF0~GPF7用于掉电模式的唤醒信号,端口设置为中断模式。

表7-30 端口F控制寄存器GPFDAT详细描述

GPFDAT	位	描述
GPF[7:0]	[7:0]	当此端口配置为输入端口时,外部资源数据将读入相应位;配置为输出端口时,此寄存器内的数据将送到相应引脚;配置为功能引脚时,将读到不确定值

表 7-31 端口 F 控制寄存器 GPFUP 详细描述

GPFUP	位	描述
GPF[7:0]	[7:0]	0:允许相应端口引脚具有上拉功能； 1:不允许上拉

⑦ 端口 G 控制寄存器(GPGCON,GPGDAT,GPGUP)如表 7-32～7-35 所列。如果 GPG[7:0]用于掉电模式的唤醒信号,此端口将在中断模式设置。

表 7-32 端口 G 控制寄存器(GPGCON,GPGDAT,GPGUP)总体描述

寄存器	地址	读/写	描述	复位值
GPGCON	0x56000060	R/W	配置端口 G 引脚	0x0
GPGDAT	0x56000064	R/W	端口 G 数据寄存器	未定义
GPGUP	0x56000068	R/W	端口 G 禁止上拉寄存器	0xF800
Reserved	0x5600006C	—	保留	未定义

表 7-33 端口 G 控制寄存器 GPGCON 详细描述

GPGCON	位	描述
GPG15	[31:30]	00=输入, 01=输出, 10=EINT23, 11=nYPON
GPG14	[29:28]	00=输入, 01=输出, 10=EINT22, 11=YMON
GPG13	[27:26]	00=输入, 01=输出, 10=EINT21, 11=nXPON
GPG12	[25:24]	00=输入, 01=输出, 10=EINT20, 11=XMON
GPG11	[23:22]	00=输入, 01=输出, 10=EINT19, 11=TCLK1
GPG10	[21:20]	00=输入, 01=输出, 10=EINT18, 11=保留
GPG9	[19:18]	00=输入, 01=输出, 10=EINT17, 11=保留
GPG8	[17:16]	00=输入, 01=输出, 10=EINT16, 11=保留
GPG7	[15:14]	00=输入, 01=输出, 10=EINT15, 11=SPICLK1
GPG6	[13:12]	00=输入, 01=输出, 10=EINT14, 11=SPIMOSI1
GPG5	[11:10]	00=输入, 01=输出, 10=EINT13, 11=SPIMISO1
GPG4	[9:8]	00=输入, 01=输出, 10=EINT12, 11=LCD_PWREN
GPG3	[7:6]	00=输入, 01=输出, 10=EINT11, 11=nSS1
GPG2	[5:4]	00=输入, 01=输出, 10=EINT10, 11=nSS0
GPG1	[3:2]	00=输入, 01=输出, 10=EINT9, 11=保留
GPG0	[1:0]	00=输入, 01=输出, 10=EINT8, 11=保留

表7-34　端口G控制寄存器GPGDAT详细描述

GPGDAT	位	描述
GPG[15:0]	[15:0]	当此端口配置为输入端口时,外部资源数据将读入相应位;配置为输出端口时,此寄存器内的数据将送到相应引脚;配置为功能引脚时,将读到不确定值

表7-35　端口G控制寄存器GPGUP详细描述

GPGUP	位	描述
GPG[15:0]	[15:0]	0:允许相应端口引脚具有上拉功能; 1:不允许上拉

⑧ 端口H控制寄存器(GPHCON,GPHDAT,GPHUP)如表7-36~7-39所列。

表7-36　端口H控制寄存器(GPHCON,GPHDAT,GPHUP)总体描述

寄存器	地址	读/写	描述	复位值
GPHCON	0x56000070	R/W	配置端口H引脚	0x0
GPHDAT	0x56000074	R/W	端口H数据寄存器	未定义
GPHUP	0x56000078	R/W	端口H禁止上拉寄存器	0x0
Reserved	0x5600007C	—	保留	未定义

表7-37　端口H控制寄存器GPHCON详细描述

GPHCON	位	描述
GPH10	[21:20]	00=输入, 01=输出, 10=CLKOUT1, 11=保留
GPH9	[19:18]	00=输入, 01=输出, 10=CLKOUT0, 11=保留
GPH8	[17:16]	00=输入, 01=输出, 10=UCLK, 11=保留
GPH7	[15:14]	00=输入, 01=输出, 10=RXD2, 11=nCTS1
GPH6	[13:12]	00=输入, 01=输出, 10=TXD2, 11=nRTS1
GPH5	[11:10]	00=输入, 01=输出, 10=RXD1, 11=保留
GPH4	[9:8]	00=输入, 01=输出, 10=TXD1, 11=保留
GPH3	[7:6]	00=输入, 01=输出, 10=RXD0, 11=保留
GPH2	[5:4]	00=输入, 01=输出, 10=TXD0, 11=保留
GPH1	[3:2]	00=输入, 01=输出, 10=nRTS0, 11=保留
GPH0	[1:0]	00=输入, 01=输出, 10=nCTS0, 11=保留

表7-38 端口H控制寄存器GPHDAT详细描述

GPHDAT	位	描述
GPH[10:0]	[10:0]	当此端口配置为输入端口时,外部资源数据将读入相应位;配置为输出端口时,此寄存器内的数据将被送到相应引脚;配置为功能引脚时,将读到不确定值

表7-39 端口H控制寄存器GPHUP详细描述

GPHUP	位	描述
GPH[10:0]	[10:0]	0:允许相应端口引脚具有上拉功能; 1:不允许上拉

⑨ 混合控制寄存器(MISCCR)对主USB或设备USB、USB附设都控制。混合控制寄存器(MISCCR)的描述如表7-40、表7-41所列。

表7-40 混合控制寄存器(MISCCR)总体描述

寄存器	地址	读/写	描述	初始值
MISCCR	0x56000080	R/W	混合控制寄存器	0x10330

表7-41 混合控制寄存器(MISCCR)详细描述

MISCCR	位	描述
保留	[21:20]	保留值为00b
nEN_SCKE	[19]	0:SCKE=正常;1:SCKE=低电平 掉电模式下保存SDRAM的值
nEN_SCLK1	[18]	0:SCLK1=正常;1:SCLK1=低电平 掉电模式下保存SDRAM的值
nEN_SCLK0	[17]	0:SCLK0=正常;1:SCLK0=低电平 掉电模式下保存SDRAM的值
nRSTCON	[16]	nRSTOUT软件控制(SW_RESET); 0:nRETOUT=0;1:nRSTOUT=1
保留	[15:14]	保留值为00b
USBSUSPND 1	[13]	USB端口1模式:0=正常,1=悬挂
USBSUSPND 0	[12]	USB端口0模式:0=正常,1=悬挂
保留	[11]	保留为0b

续表 7-41

MISCCR	位	描述
CLKSEL1	[10:8]	CLKOUT1 输出信号源： 000=MPLLCLK，001=UPLLCLK， 010=FCLK，011=HCLK， 100=PCLK，101=DCLK，11x=保留
保留	[7]	0
CLKSEL0	[6:4]	CLKOUT0 输出信号源： 000=MPLLCLK，001=UPLLCLK， 010=FCLK，011=HCLK， 100=PCLK，101=DCLK，11x=保留
USBPAD	[3]	0=设备 USB 相关 USB 附设； 1=主 USB 相关 USB 附设
MEM_HZ_CON	[2]	此位通常为 0。nGCS[7]，nWE，nOE，nBE[3:0]，nSRAS，nSCAS，ADDR[26:0]都在 CLKCON[0]=1 时受影响。0=Hi-Z，1=保留先前值
SPUCR_L	[1]	DATA[15:0]端口上拉寄存器：0=使能，1=禁止
SPUCR_H	[0]	DATA[31:16]端口上拉寄存器：0=使能，1=禁止

注：CLKOUT 仅用于内部时钟形式监视(ON/OFF 状态或频率)。

⑩ DCLK 控制寄存器(DCLKCON)定义了用于定义外部资源时钟的 DCLKn 信号。如图 7-5 所示为 DCLKn 信号的产生。仅当 CLKOUT[1:0]设置为发送 DCLKn 信号时，DCLKCON 可实际操作。表 7-42 所列是 DCLK 控制寄存器(DCLKCON)的总体描述，表 7-43 所列是其详细描述。

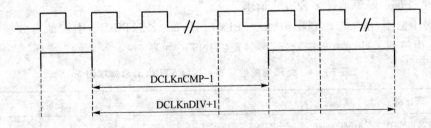

图 7-5 DCLK 控制的时序图

表 7-42 DCLK 控制寄存器(DCLKCON)总体描述

寄存器	地址	读/写	描述	复位值
DCLKCON	0x56000084	R/W	DCLK0/1 控制寄存器	0x0

表 7 – 43　DCLK 控制寄存器(DCLKCON)详细描述

DCLKCON	位	描述
DCLK1CMP	[27:24]	DCLK1 比较时钟阈值(<DCLK1DIV)。如果 DCLK1DIV=n,低等级间期为(n+1),高等级持续间期为(DCLK1DIV+1)−(n+1)
DCLKDIV	[23:20]	DCLK1 分频值 DCLK1 频率=源时钟/(DCLK1DIV+1)
保留	[19:18]	00b
DCLK1SelCK	[17]	DCLK1 源时钟选择:0=PCLK,1=UCLK(USB)
DCLK1EN	[16]	DCLK1 使能:0=禁止,1=使能
保留	[15:12]	0000b
DCLK0CMP	[11:8]	DCLK0 比较时钟索引值(<DCLK0DIV)。如果 DCLK0DIV=n,低等级间期为(n+1),高等级持续间期为(DCLK0DIV+1)−(n+1)
DCLK0DIV	[7:4]	DCLK0 分频值 DCLK0 频率=源时钟/(DCLK0DIV+1)
保留	[3:2]	00b
DCLK0SelCK	[1]	DCLK0 源时钟选择:0=PCLK,1=UCLK(USB)
DCLK0EN	[0]	DCLK0 使能:0=禁止,1=使能

⑪ 外部中断控制寄存器(EXTINTn)配置了外部中断请求的水平及边沿触发方式和信号极性。24 个外部中断可通过多种方式请求。

在等级中断中,由于考虑到噪声过滤(EINT[15:0]),EXTINTn 引脚的有效逻辑等级必须在 40 ns 内得到。外部中断控制寄存器(EXTINTn)如表 7 – 44～7 – 47 所列。

表 7 – 44　外部中断控制寄存器(EXTINTn)总体描述

寄存器	地　址	读/写	描　述	复位值
EXTINT0	0x56000088	R/W	外部中断控制寄存器 0	0x0
EXTINT1	0x5600008C	R/W	外部中断控制寄存器 1	0x0
EXTINT2	0x56000090	R/W	外部中断控制寄存器 2	0x0

表 7-45　外部中断控制寄存器 EXTINT0 详细描述

EXTINT0	位	描述
EINT7	[30:28]	设置 EINT7 触发方式： 000＝低电平,001＝高电平, 01x＝下降沿,10x＝上升沿,11x＝双沿
EINT6	[26:24]	设置 EINT6 触发方式： 000＝低电平,001＝高电平, 01x＝下降沿,10x＝上升沿,11x＝双沿
EINT5	[22:20]	设置 EINT5 触发方式： 000＝低电平,001＝高电平, 01x＝下降沿,10x＝上升沿,11x＝双沿
EINT4	[18:16]	设置 EINT4 触发方式： 000＝低电平,001＝高电平, 01x＝下降沿,10x＝上升沿,11x＝双沿
EINT3	[14:12]	设置 EINT3 触发方式： 000＝低电平,001＝高电平, 01x＝下降沿,10x＝上升沿,11x＝双沿,
EINT2	[10:8]	设置 EINT2 触发方式： 000＝低电平,001＝高电平, 01x＝下降沿,10x＝上升沿,11x＝双沿
EINT1	[6:4]	设置 EINT1 触发方式： 000＝低电平,001＝高电平, 01x＝下降沿,10x＝上升沿,11x＝双沿
EINT0	[2:0]	设置 EINT0 触发方式： 000＝低电平,001＝高电平, 01x＝下降沿,10x＝上升沿,11x＝双沿

表 7-46　外部中断控制寄存器 EXTINT1 详细描述

EXTINT1	位	描述
保留	[31]	保留
EINT15	[30:28]	设置 EINT15 的触发方式： 000＝低电平,001＝高电平, 01x＝下降沿,10x＝上升沿,11x＝双沿

续表 7-46

EXTINT1	位	描述
保留	[27]	保留
EINT14	[26:24]	设置 EINT14 的触发方式： 000=低电平,001=高电平, 01x=下降沿,10x=上升沿,11x=双沿
保留	[23]	保留
EINT13	[22:20]	设置 EINT13 的触发方式： 000=低电平,001=高电平, 01x=下降沿,10x=上升沿,11x=双沿
保留	[19]	保留
EINT12	[18:16]	设置 EINT12 的触发方式： 000=低电平,001=高电平, 01x=下降沿,10x=上升沿,11x=双沿
保留	[15]	保留
EINT11	[14:12]	设置 EINT11 的触发方式： 000=低电平,001=高电平, 01x=下降沿,10x=上升沿,11x=双沿
保留	[11]	保留
EINT10	[10:8]	设置 EINT10 的触发方式： 000=低电平,001=高电平, 01x=下降沿,10x=上升沿,11x=双沿
保留	[7]	保留
EINT9	[6:4]	设置 EINT9 的触发方式： 000=低电平,001=高电平, 01x=下降沿,10x=上升沿,11x=双沿
保留	[3]	保留
EINT8	[2:0]	设置 EINT8 的触发方式： 000=低电平,001=高电平, 01x=下降沿,10x=上升沿,11x=双沿

表 7-47 外部中断控制寄存器(EXTINT2)详细描述

EXINT2	位	描述
FLTEN23	[31]	EINT23 过滤使能： 0＝禁止,1＝使能
EINT23	[30:28]	设置 EINT23 的触发方式： 000＝低电平,001＝高电平, 01x＝下降沿,10x＝上升沿,11x＝双沿
FLTEN22	[27]	EINT22 过滤使能： 0＝禁止,1＝使能
EINT22	[26:24]	设置 EINT22 的触发方式： 000＝低电平,001＝高电平, 01x＝下降沿,10x＝上升沿,11x＝双沿
FLTEN21	[23]	EINT21 过滤使能： 0＝禁止,1＝使能
EINT21	[22:20]	设置 EINT21 的触发方式： 000＝低电平,001＝高电平, 01x＝下降沿,10x＝上升沿,11x＝双沿
FLTEN20	[19]	EINT20 过滤使能： 0＝禁止,1＝使能
EINT20	[18:16]	设置 EINT20 的触发方式： 000＝低电平,001＝高电平, 01x＝下降沿,10x＝上升沿,11x＝双沿
FLTEN19	[15]	EINT19 过滤使能： 0＝禁止,1＝使能
EINT19	[14:12]	设置 EINT19 的触发方式： 000＝低电平,001＝高电平, 01x＝下降沿,10x＝上升沿,11x＝双沿
FLTEN18	[11]	EINT18 过滤使能： 0＝禁止,1＝使能
EINT18	[10:8]	设置 EINT18 的触发方式： 000＝低电平,001＝高电平, 01x＝下降沿,10x＝上升沿,11x＝双沿

续表 7-47

EXINT2	位	描 述
FLTEN17	[7]	EINT17 过滤使能： 0＝禁止，1＝使能
EINT17	[6:4]	设置 EINT17 的触发方式： 000＝低电平，001＝高电平 01x＝下降沿，10x＝上升沿，11x＝双沿
FLTEN16	[3]	EINT16 过滤使能： 0＝禁止，1＝使能
EINT16	[2:0]	设置 EINT16 的触发方式： 000＝低电平，001＝高电平， 01x＝下降沿，10x＝上升沿，11x＝双沿

⑫ 外部中断过滤寄存器(EINTFLTn)控制 8 个外部中断(EINT[23:16])的过滤长度，如表 7-48～7-50 所列。

表 7-48 外部中断过滤寄存器(EINTFLTn)总体描述

寄存器	地 址	读/写	描 述	复位值
EINTFLT0	0x56000094	R/W	保留	
EINTFLT1	0x56000098	R/W	保留	
EINTFLT2	0x5600009C	R/W	外部中断控制寄存器 2	0x0
EINTFLT3	0x560000A0	R/W	外部中断控制寄存器 3	0x0

表 7-49 外部中断过滤寄存器(EINTFLT2)详细描述

EINTFLT2	位	描 述
FLTCLK19	[31]	EINT19 过滤时钟： 0＝PCLK，1＝EXTCLK/OSC_CLK（通过引脚 OM 选择）
EINTFLT19	[30:24]	EINT19 过滤宽度
FLTCLK18	[23]	EINT18 过滤时钟： 0＝PCLK，1＝EXTCLK/OSC_CLK（通过引脚 OM 选择）
EINTFLT18	[22:16]	EINT18 过滤宽度
FLTCLK17	[15]	EINT17 过滤时钟： 0＝PCLK，1＝EXTCLK/OSC_CLK（通过引脚 OM 选择）
EINTFLT17	[14:8]	EINT17 过滤宽度
FLTCLK16	[7]	EINT16 过滤时钟： 0＝PCLK，1＝EXTCLK/OSC_CLK（通过引脚 OM 选择）
EINTFLT16	[6:0]	EINT16 过滤宽度

表 7-50 外部中断过滤寄存器(EINTFLT3)详细描述

EINTFLT3	位	描 述
FLTCLK23	[31]	EINT23 过滤时钟： 0=PCLK,1=EXTCLK/OSC_CLK（通过引脚 OM 选择）
EINTFLT23	[30:24]	EINT23 过滤宽度
FLTCLK22	[23]	EINT22 过滤时钟： 0=PCLK,1=EXTCLK/OSC_CLK（通过引脚 OM 选择）
EINTFLT22	[22:16]	EINT22 过滤宽度
FLTCLK21	[15]	EINT21 过滤时钟： 0=PCLK,1=EXTCLK/OSC_CLK（通过引脚 OM 选择）
EINTFLT21	[14:8]	EINT21 过滤宽度
FLTCLK20	[7]	EINT20 过滤时钟： 0=PCLK,1=EXTCLK/OSC_CLK（通过引脚 OM 选择）
EINTFLT20	[6:0]	EINT20 过滤宽度

⑬ 外部中断屏蔽寄存器(EINTMASK)。20 个外部中断(EINT[23:4])可通过此寄存器的相应位置 1 来屏蔽。其描述如表 7-51～7-52 所列。

表 7-51 外部中断屏蔽寄存器(EINTMASK)总体描述

寄存器	地 址	读/写	描 述	复位值
EINTMASK	0x560000A4	R/W	外部中断屏蔽寄存器	0x00FFFFF0

表 7-52 外部中断屏蔽寄存器(EINTMASK)详细描述

EINTMASK	位	描 述
EINT23	[23]	0=中断使能,1=中断屏蔽
EINT22	[22]	0=中断使能,1=中断屏蔽
EINT21	[21]	0=中断使能,1=中断屏蔽
EINT20	[20]	0=中断使能,1=中断屏蔽
EINT19	[19]	0=中断使能,1=中断屏蔽
EINT18	[18]	0=中断使能,1=中断屏蔽
EINT17	[17]	0=中断使能,1=中断屏蔽
EINT16	[16]	0=中断使能,1=中断屏蔽
EINT15	[15]	0=中断使能,1=中断屏蔽

续表 7-52

EINTMASK	位	描述
EINT14	[14]	0=中断使能,1=中断屏蔽
EINT13	[13]	0=中断使能,1=中断屏蔽
EINT12	[12]	0=中断使能,1=中断屏蔽
EINT11	[11]	0=中断使能,1=中断屏蔽
EINT10	[10]	0=中断使能,1=中断屏蔽
EINT9	[9]	0=中断使能,1=中断屏蔽
EINT8	[8]	0=中断使能,1=中断屏蔽
EINT7	[7]	0=中断使能,1=中断屏蔽
EINT6	[6]	0=中断使能,1=中断屏蔽
EINT5	[5]	0=中断使能,1=中断屏蔽
EINT4	[4]	0=中断使能,1=中断屏蔽
保留	[3:0]	0

⑭ 外部中断悬挂寄存器(EINTPEND)。20 个外部中断(EINT[23:4])可通过在此寄存器的相应位置 1 来挂起 EINTPEND 的特定位。其描述如表 7-53~7-54 所列。

表 7-53 外部中断悬挂寄存器(EINTPEND)总体描述

寄存器	地址	读/写	描述	复位值
EINTPEND	0x560000A8	R/W	外部中断悬挂寄存器	0x0

表 7-54 外部中断悬挂寄存器(EINTPEND)详细描述

EINTPEND	位	描述
EINT23	[23]	0=中断使能,1=中断挂起
EINT22	[22]	0=中断使能,1=中断挂起
EINT21	[21]	0=中断使能,1=中断挂起
EINT20	[20]	0=中断使能,1=中断挂起
EINT19	[19]	0=中断使能,1=中断挂起
EINT18	[18]	0=中断使能,1=中断挂起
EINT17	[17]	0=中断使能,1=中断挂起
EINT16	[16]	0=中断使能,1=中断挂起

续表 7-54

EINTPEND	位	描述
EINT15	[15]	0=中断使能,1=中断挂起
EINT14	[14]	0=中断使能,1=中断挂起
EINT13	[13]	0=中断使能,1=中断挂起
EINT12	[12]	0=中断使能,1=中断挂起
EINT11	[11]	0=中断使能,1=中断挂起
EINT10	[10]	0=中断使能,1=中断挂起
EINT9	[9]	0=中断使能,1=中断挂起
EINT8	[8]	0=中断使能,1=中断挂起
EINT7	[7]	0=中断使能,1=中断挂起
EINT6	[6]	0=中断使能,1=中断挂起
EINT5	[5]	0=中断使能,1=中断挂起
EINT4	[4]	0=中断使能,1=中断挂起
保留	[3:0]	0

7.5 ARM 核 I/O 端口应用编程

作为本章的第一个例子,P3~P0 外接 4 只 LED 显示器,用做程序运行状态的显示或其他输出功能,P7~P4 外接跳线选择高、低电平用做状态输入,以控制程序流程或其他输入功能,其应用电路如图 7-6 所示。

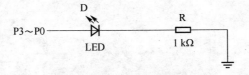

图 7-6 LED 简单应用电路

下面将详细地描述建立项目、编写程序的过程,同时可参考关于 ADS 集成编译调试环境的使用方法。

打开 CodeWarrior for ARM Developer Suite(或 ARM Project Manager),新建一个项目,并新建一个文件,名为 Init.s,具体代码如下:

```
IMPORT Main
AREA Init,CODE,READONLY
```

```
ENTRY
LDR R0, = 0x3FF0000
LDR R1, = 0xE7FFFF80     ;配置 SYSCFG,片内 4 KB Cache,4 KB SRAM
STR R1, [R0]
LDR SP, = 0x3FE1000      ;SP 指向 4 KB SRAM 的尾地址,堆栈向下生成
BL Main
B .
END
```

这段代码完成的功能如下：

配置 SYSCFG 特殊功能寄存器,将 S3C4510B 片内的 8 KB 一体化的 SRAM 配置为 4 KB Cache 和 4 KB SRAM,并将用户堆栈设置在片内的 SRAM 中。

4 KB SRAM 的地址为 0x3FE0000～(0x3FE1000-1),由于 S3C4510B 的堆栈由高地址向低地址生成,将 SP 初始化为 0x3FE1000。

完成上述操作后,程序跳转到 Main 函数执行。

保存 Init.s,并添加到新建的项目。

再新建一个文件,名为 main.c,具体代码如下：

```c
#define IOPMOD (*(volatile unsigned *)0x03FF5000)   //IO 口模式寄存器
#define IOPDATA (*(volatile unsigned *)0x03FF5008)  //IO 口数据寄存器
void Delay(unsigned int);
int Main()
{
    unsigned long LED;
    IOPMOD = 0xFFFFFFFF;        //将 IO 口置为输出模式
    IOPDATA = 0x01;
    for(;;){
      LED = IOPDATA;
      LED = (LED << 1);
      IOPDATA = LED;
      Delay(10);
      if(!(IOPDATA&0x0F))
      IOPDATA = 0x01;
         }
    return(0);
}
void Delay(unsigned int x)
{
    unsigned int i,j,k;
```

第 7 章 ARM 系统的 I/O 端口设计与管理

```
        for(i = 0;i <= x;i ++)
    for(j = 0;j < 0xff;j ++)
    for(k = 0;k < 0xff;k ++);
}
```

保存 main.c,并添加到新建的项目。此时,可对该项目进行编译、链接,生成可执行的映像文件。

可执行的映像文件主要用于程序的调试,一般在系统的 SDRAM 中运行,并不烧写入 Flash,因此,项目文件在链接时,注意程序的入口点应与系统中 SDRAM 的实际配置地址相对应。链接器默认程序的入口地址为 0x8000,该值应根据实际的 SDRAM 映射地址进行修改。

在编译链接项目文件时,链接器程序的入口地址为 0x00400000。

打开 AXD Debugger(或 ARM Debugger for Windows)的命令行窗口,执行 obey 命令:

> obey C:\memmap.txt

系统中 SDRAM 被映射到 0x00400000～(0x01400000－1),从 0x00400000 处装入生成的可执行的映像文件,并将 PC 指针寄存器修改为 0x00400000,就可单步调试或运行生成的可执行的映像文件。

该程序的运行效果为接在 P0～P3 口的 LED 显示器轮流被点亮。

习 题

简答题
(1) I/O 作为输入/输出应注意哪些问题?
(2) ARM7 中的 I/O 端口配置如何?
(3) ARM9 中的 I/O 端口配置如何?
(4) ARM7 和 ARM9 I/O 端口的使用有何不同?如何使用?

第 8 章
ARM 系统中的中断系统

8.1 概述

正常程序在执行过程中发生暂时停止的,称为异常,例如处理一个外部的中断请求。在处理异常之前,当前处理器的状态必须保留,这样当异常处理完成后,当前程序可以继续执行。处理器允许多个异常同时发生,它们将会按固定的优先级进行处理。

中断与堆栈设置和 ARM 体系结构紧密相关,ARM 是一种支持多任务操作的系统内核,内部的结构完全适应多任务应用。

当异常中断发生时,系统执行完当前指令后,将跳转到相应的异常中断处理程序处执行。当异常中断处理程序执行完成后,程序返回到发生中断指令的下一条指令处继续执行。在进入异常中断处理程序时,要保存被中断程序的执行现场,从异常中断处理程序退出时,要恢复被中断程序的执行现场。

1. 引起异常的原因

引起异常的原因如下:

① 指令执行引起的异常有软件中断、未定义指令(包括所要求的协处理器不存在时的协处理器指令)、预取址中止(存储器故障)和数据中止。

② 外部产生的中断有复位、FIQ 和 IRQ。

2. ARM 中异常中断的种类

(1) 复位(RESET)

① 当处理器复位引脚有效时,系统产生复位异常中断,程序跳转到复位异常中断处理程序处执行,包括系统加电和系统复位。

② 通过设置 PC 跳转到复位中断向量处执行称为软复位。

(2) 未定义指令

当 ARM 处理器或者是系统中的协处理器认为当前指令未定义时,产生未定义指令的异常中断,可以通过该异常中断机制仿真浮点向量运算。

(3) 软件中断

这是一个由用户定义的中断指令(SWI)。可用于用户模式下的程序调用特权操作指令。在实时操作系统中可以通过该机制实现系统功能调用。

(4) 指令预取中止(prefetch abort)

如果处理器预取指令的地址不存在,或者该地址不允许当前指令访问,当被预取的指令执行时,处理器产生指令预取终止异常中断。

(5) 数据访问中止(data abort)

如果数据访问指令的目标地址不存在,或者该地址不允许当前指令访问,处理器产生数据访问终止异常中断。

(6) 外部中断请求(IRQ)

当处理器的外部中断请求引脚有效,而且 CPSR 的 I 控制位被清除时,处理器产生外部中断请求异常中断。系统中各外设通过该异常中断请求处理服务。

(7) 快速中断请求(FIQ)

当处理器的外部快速中断请求引脚有效,而且 CPSR 的 F 控制位被清除时,处理器产生外部中断请求异常中断。

3. 异常的响应过程

除了复位异常外,当异常发生时,ARM 处理器尽可能完成当前指令(除了复位异常)后,再去处理异常,并执行以下动作:

① 将引起异常指令的下一条指令的地址保存到新模式的 R14 中,若异常是从 ARM 状态进入,LR 寄存器中保存的是下一条指令的地址(当前 PC+4 或 PC+8,与异常的类型有关);若异常是从 Thumb 状态进入,则在 LR 寄存器中保存当前 PC 的偏移量,这样,异常处理程序就不需要确定异常是从何种状态进入的。例如:在软件中断异常 SWI,指令 MOV PC,R14_svc 总是返回到下一条指令,不管 SWI 是在 ARM 状态执行,还是在 Thumb 状态执行。

② 将 CPSR 的内容保存到要执行异常中断模式的 SPSR 中。

③ 设置 CPSR 相应的位进入相应的中断模式。

④ 通过设置 CPSR 的第 7 位来禁止 IRQ。如果异常为快速中断和复位,则还要设置 CPSR 的第 6 位来禁止快速中断。

⑤ 给 PC 强制赋向量地址值。

ARM 处理器内核会自动执行以上几步,程序计数器 PC 总是跳转到相应的固定地址。如果异常发生时,处理器处于 Thumb 状态,则当异常向量地址载入 PC 时,处理器自动切换到 ARM 状态;而当异常处理返回时,又自动切换到 Thumb 状态。

4. 异常中断处理返回

异常处理完毕后，ARM 微处理器会执行以下几步操作从异常返回：

① 将所有修改过的用户寄存器从处理程序的保护栈中恢复。

② 将 SPSR 复制回 CPSR 中，将连接寄存器 LR 的值减去相应的偏移量后送到 PC 中。

③ 若在进入异常处理时设置了中断禁止位，则要在此清除。复位异常处理程序不需要返回。

5. ARM 系统中的中断向量表

当一个异常或中断发生时，处理器会把 PC 设置为一个特定的存储器地址。这一地址放在一个称为向量表（vector table）的特定地址范围内。向量表的入口是一些跳转指令，跳转到专门处理某个异常或中断的子程序。存储器映射地址 0x00000000 是为向量表保留的。在有些处理器中，向量表可以选择定位在存储空间的更高地址（从偏移量 0xFFFF0000 开始）。

当一个异常或中断发生时，处理器挂起正常的执行转而从向量表装载指令。每一个向量表入口包含一条指向一个特定子程序的跳转指令。同时需要注意以下几点：

① 中断向量表指定了各异常中断及其处理程序的对应关系。它通常存放在存储地址的低端。在 ARM 体系中，异常中断向量表的大小为 32 字节，其中每个异常中断占据 4 字节，保留了 4 字节空间。

② 每个异常中断对应的中断向量表中的 4 字节的空间中存放了一个跳转指令或者一个向 PC 寄存器中赋值的数据访问指令。通过这两个指令，程序将跳转到相应的异常中断处理程序处执行。

③ 当几个异常中断同时发生时，系统并不能按照一定的次序来处理这些异常中断。例如：当 FIQ、IRQ 和第三个其他中断同时发生时，FIQ 比 IRQ 优先级高，IRQ 会忽略，直到 FIQ 返回到用户代码为止。

ARM 所支持的各个异常中断的中断向量地址以及中断的处理优先级如表 8-1 所列。

表 8-1 ARM 核所支持的 7 种中断异常

中断类型	处理模式	入口地址	优先级	中断返回指令
复位 Reset	管理模式	0x00	1（最高）	
未定义指令 Undefined	未定义的指令	0x04	6（最低）	MOVS pc,lr
软件中断 Software Interrupt	软件中断	0x08	6	MOVS pc,lr
指令预取中止 Prefetch Abort	指令预取中止	0x0C	5	SUBS pc,lr,#4
数据中止 Data Abort	数据中止	0x10	2	SUBS pc,lr,#4
外部中断请求 IRQ	外部中断请求	0x18	4	SUBS pc,lr,#4
快速中断请求 FIQ	快速中断请求	0x1C	3	SUBS pc,lr,#4

第 8 章 ARM 系统中的中断系统

注 意 由于 ARM 内核支持流水线工作，LR 寄存器存储的地址可能是发生中断处后面指令的地址，所以不同的中断处理完成后，必须将 LR 寄存器值经过处理后再写入 R15(PC) 寄存器。

8.2 ARM 系统中断控制器

在 ARM 系统中，都可以响应以上异常中断。但是，随着 ARM 的发展，不同 ARM 版本中集成的中断控制器有所不同。例如在 S3C44B0X 中，其中断控制器可接收来自 30 个中断源的中断请求。这些中断源来自 DMA、UART 和 SIO 等芯片内部外围或接口芯片的外部引脚。在这些中断源中，有 4 个外部中断（EINT4/5/6/7）是逻辑"或"的关系。它们共用一条中断请求线。UART0 和 UART1 的错误中断也是逻辑"或"的关系。

然而，在 S3C4510B 中，支持多达 21 个中断源，中断请求可由内部功能模块和外部引脚信号产生。S3C4510B 的所有中断都可以归类为 IRQ 或 FIQ。

在 S3C2410X 中，其中断控制器可接收来自 56 个中断源的中断请求。这些中断源来自 DMA、UART 和 IIC 等芯片内部外围或接口芯片的外部引脚。在这些中断源中，UARTn 和 EINTn 是"或"的关系。

中断控制器的任务是在片内外围和外部中断源组成的多重中断发生时，经过优先级判断选择其中一个中断，通过 FIQ 或 IRQ 向 ARM 内核发出 FIQ 或 IRQ 中断请求。仲裁程序依据硬件优先权逻辑电路进行优先级判断，并将结果写回中断挂起寄存器，中断寄存器有助于通知用户中断源中产生了哪一个中断。下面介绍 ARM7 和 ARM9 中的中断控制器。

1. S3C4510B 的中断控制器

ARM7 TDMI 核可以识别两种类型的中断：正常中断请求 IRQ（Normal Interrupt Request）和快速中断请求 FIQ（Fast Interrupt Request）。因此，S3C4510B 的所有中断都可以归类为 IRQ 或 FIQ。S3C4510B 的中断控制器对每一个中断源都有一个中断悬挂位（interrupt pending bit）。

S3C4510B 用以下 4 个寄存器控制中断的产生和对中断进行处理：

① 中断优先级寄存器（interrupt priority register） 每一个中断源的索引号写入一个预定义的中断优先级寄存器，以获得特定的优先级。中断优先级预定义为 0～20。

② 中断模式寄存器（interrupt mode register） 为每一个中断源定义中断模式，是 IRQ 还是 FIQ。

③ 中断悬挂寄存器（interrupt pending register） 指示中断请求处于悬挂状态（未处理）。如果中断悬挂位置位，则中断悬挂状态会一直保存，直到 CPU 通过写 1 到中断悬挂寄存器的相应位清除（注意是写 1 清除，而不是写 0）。当中断悬挂位置位时，无论中断屏蔽寄存器是否

为0,中断服务程序都开始执行。在中断服务程序中,必须通过向中断悬挂寄存器的相应位写1来清除中断悬挂标志,以避免由于同一个中断悬挂位导致中断服务程序的反复执行。

④ 中断屏蔽寄存器(interrupt mask register) 如果中断屏蔽位为1,则对应的中断会禁止;如果中断屏蔽位为0,则对应的中断请求能正常响应。但如果全局中断屏蔽位(位21)为1,则所有的中断都会禁止。当有中断请求产生时,对应的中断悬挂位会置为1,在全局中断屏蔽位和对应的中断屏蔽位为0时,中断请求就会响应。

2. S3C2410X 中断控制器

S3C2410X 中断控制器可接收56个中断源的中断请求。中断源由DMA控制器、UART及IIC等内部外设提供。这些中断源中,UARTn和EINTn中断是以逻辑"或"输入中断控制器的。

当从内部外设和外部中断请求引脚接收到多个中断请求时,经过中断仲裁后,中断控制器向ARM920T请求FIQ或者IRQ。

仲裁过程与硬件优先级有关,仲裁结果写入中断请求寄存器。中断请求寄存器帮助用户确定哪个中断产生。其中断处理过程如图8-1所示。

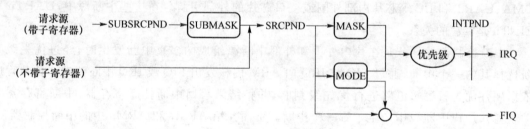

图8-1 S3C2410X中断处理框图

3. S3C44B0X 中断控制器

S3C44B0X 的中断控制器有30个中断源。S3C44B0X支持新的中断处理模式称为向量中断模式(vectored interrupt mode),在多个中段请求发生时,由硬件优先级逻辑确定应该有哪个中断得到服务,同时硬件逻辑使中断向量表的跳转指令加载到(0x18 或 0x1C)位置,在该位置执行跳转指令使程序跳到相应的中断服务线程,因此相对于传统的ARM的软件方法能够大大减少中断进入延时。

分支指令机器代码＝0xEA000000 +(((〈destination address〉−〈vector address〉−0x8)>>2)

其中:destination address 为中断服务线程ISR的开始地址。

vector address 为中断源在中断向量表中的地址,即分支指令所在地址。

分支指令机器代码由硬件自动产生。

中断源在中断向量表中的位置如表8-2所列。

第8章 ARM 系统中的中断系统

表 8 – 2　S3C44B0X 的中断向量表

中断源	向量地址	描　述	中断源	向量地址	描　述
EINT0	0x00000020	外部中断	INT_TIMER1	0x00000064	定时器 1 中断
EINT1	0x00000024	外部中断	INT_TIMER2	0x00000068	定时器 2 中断
EINT2	0x00000028	外部中断	INT_TIMER3	0x0000006C	定时器 3 中断
EINT3	0x0000002C	外部中断 3	INT_TIMER4	0x00000070	定时器 4 中断
EINT4/5/6/7	0x00000030	外部中断 4/5/6/7	INT_TIMER5	0x00000074	定时器 5 中断
INT_TICK	0x00000034	RTC	INT_URXD0	0x00000080	UART0 接收中断
INT_ZDMA0	0x00000040	DMA0	INT_URXD1	0x00000084	UART1 接收中断
INT_ZDMA1	0x00000044	DMA1	INT_IIC	0x00000088	IIC
INT_BDMA0	0x00000048	桥 DMA0	INT_SIO	0x0000008C	SIO
INT_BDMA1	0x0000004C	桥 DMA1	INT_UTXD0	0x00000090	UART0 发送中断
INT_WDT	0x00000050	看门狗定时器中断	INT_UTXD1	0x00000094	UART1 发送中断
INT_UERR0/1	0x00000054	UART0/1 错误中断	INT_RTC	0x000000A0	RTC
INT_TIMER0	0x00000060	定时器 0 中断	INT_ADC	0x000000C0	ADC

8.3　ARM 系统中断源

如前所述，在 ARM 系统中，随着 ARM 的发展，不同系列的 ARM 微处理器，不仅中断控制器不同，所支持的中断源也有所差异。

1. S3C4510B 的中断源

S3C4510B 可支持 21 个中断源，如表 8 – 3 所列。

表 8 – 3　S3C4510B 的中断源

索引号	中断源	索引号	中断源
[20]	IIC 总线中断	[9]	GDMA 通道 1 中断
[19]	以太网控制器 MAC 接收中断	[8]	GDMA 通道 0 中断
[18]	以太网控制器 MAC 发送中断	[7]	UART1 接收与错误中断
[17]	以太网控制器 BDMA 接收中断	[6]	UART1 发送中断
[16]	以太网控制器 BDMA 发送中断	[5]	UART0 接收与错误中断
[15]	HDLC 通道 B 接收中断	[4]	UART0 发送中断
[14]	HDLC 通道 B 发送中断	[3]	外部中断 3
[13]	HDLC 通道 A 接收中断	[2]	外部中断 2
[12]	HDLC 通道 A 发送中断	[1]	外部中断 1
[11]	定时器 1 中断	[0]	外部中断 0
[10]	定时器 0 中断		

2. S3C2410X 的中断源

S3C2410X 中断控制器支持的 56 个中断源,如表 8-4 所列。

表 8-4 S3C2410X 的中断源

中断源	描述	仲裁组	中断源	描述	仲裁组
INT_ADC	ADC EOC and Touch 中断(INT_ADC/INT_TC)	ARB5	INT_UART2	UART2 中断(ERR, RXD, TXD)	ARB2
INT_RTC	RTC 报警中断	ARB5	INT_TIMER4	定时器 4 中断	ARB2
INT_SPI1	SPI1 中断	ARB5	INT_TIMER3	定时器 3 中断	ARB2
INT_UART0	UART0 中断(ERR, RXD, and TXD)	ARB5	INT_TIMER2	定时器 2 中断	ARB2
INT_IIC	IIC 中断	ARB4	INT_TIMER1	定时器 1 中断	ARB2
INT_USBH	USB 主机 中断(Host)	ARB4	INT_TIMER0	定时器 0 中断	ARB2
INT_USBD	USB 设备 中断(Device)	ARB4	INT_WDT	看门狗中断	ARB1
Reserved	保留	ARB4	INT_TICK	时间片中断	ARB1
INT_UART1	UART1 中断(ERR, RXD, and TXD)	ARB4	nBATT_FLT	电池故障中断	ARB1
INT_SPI0	SPI0 中断	ARB4	Reserved	保留	ARB1
INT_SDI	SDI 中断	ARB3	EINT8_23	外部中断 8~23	ARB1
INT_DMA3	DMA 通道 3 中断	ARB3	EINT4_7	外部中断 4~7	ARB1
INT_DMA2	DMA 通道 2 中断	ARB3	EINT3	外部中断 3	ARB0
INT_DMA1	DMA 通道 1 中断	ARB3	EINT2	外部中断 2	ARB0
INT_DMA0	DMA 通道 0 中断	ARB3	EINT1	外部中断 1	ARB0
INT_LCD	LCD 中断(INT_FrSyn and INT_FiCnt)	ARB3	EINT0	外部中断 0	ARB0

3. S3C44B0X 的中断源

在 S3C44B0X 中,其中断控制器管理 30 个中断源。在 30 个中断源中,有 26 个中断源提供给中断控制器。4 个外部中断(EINT4/5/6/7)请求是通过"或"的形式提供为 1 个中断源送至中断控制器,2 个 UART 错误中断(UERROR0/1)也是如此。所有中断源如表 8-5 所列。

表 8-5 S3C44B0X 的中断源

中断源	描述	MasterGroup	SlaveID	中断源	描述	MasterGroup	SlaveID
EINT0	外部中断 0	mGA	sGA	INT_TIMER1	定时器 1 中断	mGC	sGB
EINT1	外部中断 1	mGA	sGB	INT_TIMER2	定时器 2 中断	mGC	sGC
EINT2	外部中断 2	mGA	sGC	INT_TIMER3	定时器 3 中断	mGC	sGD
EINT3	外部中断 3	mGA	sGD	INT_TIMER4	定时器 4 中断	mGC	sGKA
EINT4/5/6/7	外中断 4/5/6/7	mGA	sGKA	INT_TIMER5	定时器 5 中断	mGC	sGKB
TICK_RTC	定时器滴答中断	mGA	sGKB	INT_URXD0	UART0 接收中断	mGD	sGA

续表 8-5

中断源	描述	MasterGroup	SlaveID	中断源	描述	MasterGroup	SlaveID
INT_ZDMA0	DMA0 中断	mGB	sGA	INT_URXD1	UART1 接收中断	mGD	sGB
INT_ZDMA1	DMA1 中断	mGB	sGB	INT_IIC	IIC 中断	mGD	sGC
INT_BDMA0	桥 DMA0 中断	mGB	sGC	INT_SIO	SIO 中断	mGD	sGD
INT_BDMA1	桥 DMA1 中断	mGB	sGD	INT_UTXD0	UART0 发送中断	mGD	sGKA
INT_WDT	看门狗定时器中断	mGB	sGKA	INT_UTXD1	UART1 发送中断	mGD	sGKB
INT_UERR0/1	UART0/1 错误中断	mGB	sGKB	INT_RTC	RTC	警告中断	mGKA
INT_TIMER0	定时器 0 中断	mGC	sGA	INT_ADC	ADC	结束中断	mGKB

注　意　EINT4，EINT5，EINT6 和 EINT7 分享同一个中断请求源。因此，ISR（中断服务程序）要通过读取 EXTINPND[3:0] 寄存器来区别这 4 个中断源。它们的中断处理程序（ISR）必须在处理结束时将 EXTINPND[3:0] 中对应位写 1 来清除该位。

8.4　ARM 系统中断模式

在 ARM 中断系统中，支持 FIQ 和 IRQ 两种中断模式：
FIQ　快速中断模式；
IRQ　普通中断模式。
它们均由相应的寄存器控制。在 ARM 中对 FIQ 和 IRQ 两种模式的管理参见 8.5 节。

1. IRQ 和 FIQ 的区别

① 对于 FIQ，必须尽快处理事件并离开这个模式；
② IRQ 可以被 FIQ 中断，但 IRQ 不能中断 FIQ；
③ 为使 FIQ 更快，FIQ 模式具有更多的私有寄存器。

2. 程序状态寄存器 CPSR 的 F 位和 I 位

① CPSR 的 F 位=1，处理器不接受 FIQ；
② CPSR 的 I 位=1，处理器不接受 IRQ。
因此，为了使能相应中断机制，CPSR 的 F 位或 I 位必须被清 0，同时中断屏蔽寄存器 INTMASK 的相应位也必须被清 0。

8.5　ARM 系统中断控制器的控制寄存器

在 ARM 系统中，由于 ARM 系列不同，管理的中断源和优先级也不同。在 S3C44B0X 中，中断采用固定的中断向量表；而在 S3C2410X 和 S3C4510B 中，虽然仍然采用了部分固定的中断向量表，却增加了中断偏移寄存器 INTOFFSET，因而对中断的管理又有所不同。因此，读者应注意所使用的 ARM 系列。

8.5.1 S3C44B0X 中断控制器的控制寄存器

S3C44B0X 中断控制器的控制寄存器如表 8-6 所列。

表 8-6 S3C44B0X 中断控制器的控制寄存器

寄存器符号	名称	地址	读/写	功能描述	初始值
INTCON	中断控制寄存器	0x01E00000	R/W	中断控制寄存器	0x7
INTPND	中断悬挂寄存器	0x01E00004	R/W	指示中断请求状态	0x0000000
INTMOD	中断模式寄存器	0x01E00008	R/W	中断模式寄存器	0x0000000
INTMSK	中断屏蔽寄存器	0x01E0000C	R/W	确定哪个中断源被屏蔽,屏蔽的中断源将不被服务	0x07FFFFFF
I_PSLV	IRQ 矢量模式寄存器	0x01E00010	R/W	确定 slave 组的 IRQ 优先级	0x1B1B1B1B
I_PMST	IRQ 矢量模式寄存器	0x01E00014	R/W	master 寄存器的 IRQ 优先级	0x00001F1B
I_CSLV	IRQ 矢量模式寄存器	0x01E00018	R	当前 slave 寄存器的 IRQ 优先级	0x1B1B1B1B
I_CMST	IRQ 矢量模式寄存器	0x01E0001C	R	当前 master 寄存器的 IRQ 优先级	0x0000xx1B
I_ISPR	IRQ 矢量模式寄存器	0x01E00020	R	IRQ 中断服务挂起寄存器(同时仅能设置一个服务位)	0x00000000
I_ISPC	IRQ 中断服务清除寄存器	0x01E00024	W	IRQ 中断服务清除寄存器	未定义
F_ISPR	FIQ 矢量模式寄存器	0x01E00038	R	FIQ 中断服务挂起寄存器(同时仅能设置一个服务位)	0x00000000
F_ISPC	FIQ 中断服务清除寄存器	0x01E0003C	W	FIQ 中断服务清除寄存器	未定义

1. 中断控制寄存器 INTCON

中断控制寄存器 INTCON 中各位的定义如表 8-7 所列。

表 8-7 INTCON 寄存器中各位的定义

位名称	位	描述	初始值
Reserved	[3]	保留	0
V	[2]	该位允许 IRQ 使用向量模式: 0=向量中断模式,1=非向量中断模式	1
I	[1]	该位允许 IRQ 中断: 0=IRQ 中断允许,1=保留 注:在使用 IRQ 中断之前该位必须清除	1
F	[0]	该位允许 FIQ 中断: 0=FIQ 中断允许(FIQ 中断不支持向量中断模式), 1=保留 注:在使用 FIQ 中断之前该位必须清除	1

第8章 ARM系统中的中断系统

2. 中断悬挂寄存器 INTPND

INTPND 寄存器中的 26 位对应于 26 个中断源。当某个中断产生时,INTPND 中相应的 pending 位就会置 1,说明该中断还未处理。中断服务程序中必须清除该 pending 位,从而使系统能够及时响应下一次中断。INTPND 是一个只读寄存器,清除 pending 位的方式是向 I_ISPC/F_ISPC 的相应位写 1。在多个中断同时发生时,INTPND 将所有发生的中断 pending 位都置 1。虽然中断请求可以通过 INTMSK 寄存器屏蔽,但是如果被屏蔽的中断发生了,INTPND 中的 pending 位仍然会置 1。INTPND 寄存器中各位的定义如表 8-8 所列。

表 8-8 INTPND 寄存器中各位的定义

位名称	位	描述	位名称	位	描述
EINT0	[25]	0=无中断请求,1=中断请求有效	INT_TIMER1	[12]	0=无中断请求,1=中断请求有效
EINT1	[24]	0=无中断请求,1=中断请求有效	INT_TIMER2	[11]	0=无中断请求,1=中断请求有效
EINT2	[23]	0=无中断请求,1=中断请求有效	INT_TIMER3	[10]	0=无中断请求,1=中断请求有效
EINT3	[22]	0=无中断请求,1=中断请求有效	INT_TIMER4	[9]	0=无中断请求,1=中断请求有效
EINT4/5/6/7	[21]	0=无中断请求,1=中断请求有效	INT_TIMER5	[8]	0=无中断请求,1=中断请求有效
INT_TICK	[20]	0=无中断请求,1=中断请求有效	INT_URXD0	[7]	0=无中断请求,1=中断请求有效
INT_ZDMA0	[19]	0=无中断请求,1=中断请求有效	INT_URXD1	[6]	0=无中断请求,1=中断请求有效
INT_ZDMA1	[18]	0=无中断请求,1=中断请求有效	INT_IIC	[5]	0=无中断请求,1=中断请求有效
INT_BDMA0	[17]	0=无中断请求,1=中断请求有效	INT_SIO	[4]	0=无中断请求,1=中断请求有效
INT_BDMA1	[16]	0=无中断请求,1=中断请求有效	INT_UTXD0	[3]	0=无中断请求,1=中断请求有效
INT_WDT	[15]	0=无中断请求,1=中断请求有效	INT_UTXD1	[2]	0=无中断请求,1=中断请求有效
INT_UERR0/1	[14]	0=无中断请求,1=中断请求有效	INT_RTC	[1]	0=无中断请求,1=中断请求有效
INT_TIMER0	[13]	0=无中断请求,1=中断请求有效	INT_ADC	[0]	0=无中断请求,1=中断请求有效

3. 中断模式寄存器 INTMOD

INTMOD 寄存器中的 26 位对应于 26 个中断源。当 INTMOD 中的每个位都设置为 1 时,ARM7 TDMI 内核将以 FIQ(快速中断)模式操作;否则,将以 IRQ(普通中断)模式操作。INTMOD 寄存器各位的定义如表 8-9 所列。

表 8-9 INTMOD 寄存器各位的定义

位名称	位	描述	位名称	位	描述
EINT0	[25]	0=IRQ 模式,1=FIQ 模式	INT_TIMER1	[12]	0=IRQ 模式,1=FIQ 模式
EINT1	[24]	0=IRQ 模式,1=FIQ 模式	INT_TIMER2	[11]	0=IRQ 模式,1=FIQ 模式
EINT2	[23]	0=IRQ 模式,1=FIQ 模式	INT_TIMER3	[10]	0=IRQ 模式,1=FIQ 模式

续表 8-9

位名称	位	描述	位名称	位	描述
EINT3	[22]	0=IRQ 模式,1=FIQ 模式	INT_TIMER4	[9]	0=IRQ 模式,1=FIQ 模式
EINT4/5/6/7	[21]	0=IRQ 模式,1=FIQ 模式	INT_TIMER5	[8]	0=IRQ 模式,1=FIQ 模式
INT_TICK	[20]	0=IRQ 模式,1=FIQ 模式	INT_URXD0	[7]	0=IRQ 模式,1=FIQ 模式
INT_ZDMA0	[19]	0=IRQ 模式,1=FIQ 模式	INT_URXD1	[6]	0=IRQ 模式,1=FIQ 模式
INT_ZDMA1	[18]	0=IRQ 模式,1=FIQ 模式	INT_IIC	[5]	0=IRQ 模式,1=FIQ 模式
INT_BDMA0	[17]	0=IRQ 模式,1=FIQ 模式	INT_SIO	[4]	0=IRQ 模式,1=FIQ 模式
INT_BDMA1	[16]	0=IRQ 模式,1=FIQ 模式	INT_UTXD0	[3]	0=IRQ 模式,1=FIQ 模式
INT_WDT	[15]	0=IRQ 模式,1=FIQ 模式	INT_UTXD1	[2]	0=IRQ 模式,1=FIQ 模式
INT_UERR0/1	[14]	0=IRQ 模式,1=FIQ 模式	INT_RTC	[1]	0=IRQ 模式,1=FIQ 模式
INT_TIMER0	[13]	0=IRQ 模式,1=FIQ 模式	INT_ADC	[0]	0=IRQ 模式,1=FIQ 模式

4. 中断屏蔽寄存器 INTMSK

在 INTMSK 寄存器中,除了全局屏蔽位,其余 26 位依次对应于 26 个中断源。当 INTMSK 的某个屏蔽位为 1,同时该位对应的中断事件发生时,CPU 是不会对中断请求进行响应的。如果屏蔽位为 0,则 CPU 将对中断请求进行响应。

如果全局屏蔽位为 1,则所有的中断请求都不会被响应,但是当中断发生时,相应的 pending 位仍将置 1。INTMSK 寄存器中各位的定义如表 8-10 所列。

表 8-10 INTMSK 寄存器中各位的定义

位名称	位	描述	位名称	位	描述
Reserved	[27]	保留	INT_TIMER0	[13]	0=中断服务允许,1=中断屏蔽
Global	[26]	0=中断服务允许,1=中断屏蔽	INT_TIMER1	[12]	0=中断服务允许,1=中断屏蔽
EINT0	[25]	0=中断服务允许,1=中断屏蔽	INT_TIMER2	[11]	0=中断服务允许,1=中断屏蔽
EINT1	[24]	0=中断服务允许,1=中断屏蔽	INT_TIMER3	[10]	0=中断服务允许,1=中断屏蔽
EINT2	[23]	0=中断服务允许,1=中断屏蔽	INT_TIMER4	[9]	0=中断服务允许,1=中断屏蔽
EINT3	[22]	0=中断服务允许,1=中断屏蔽	INT_TIMER5	[8]	0=中断服务允许,1=中断屏蔽
EINT4/5/6/7	[21]	0=中断服务允许,1=中断屏蔽	INT_URXD0	[7]	0=中断服务允许,1=中断屏蔽
INT_TICK	[20]	0=中断服务允许,1=中断屏蔽	INT_URXD1	[6]	0=中断服务允许,1=中断屏蔽
INT_ZDMA0	[19]	0=中断服务允许,1=中断屏蔽	INT_IIC	[5]	0=中断服务允许,1=中断屏蔽
INT_ZDMA1	[18]	0=中断服务允许,1=中断屏蔽	INT_SIO	[4]	0=中断服务允许,1=中断屏蔽
INT_BDMA0	[17]	0=中断服务允许,1=中断屏蔽	INT_UTXD0	[3]	0=中断服务允许,1=中断屏蔽
INT_BDMA1	[16]	0=中断服务允许,1=中断屏蔽	INT_UTXD1	[2]	0=中断服务允许,1=中断屏蔽
INT_WDT	[15]	0=中断服务允许,1=中断屏蔽	INT_RTC	[1]	0=中断服务允许,1=中断屏蔽
INT_UERR0/1	[14]	0=中断服务允许,1=中断屏蔽	INT_ADC	[0]	0=中断服务允许,1=中断屏蔽

第8章 ARM 系统中的中断系统

5. IRQ 矢量模式寄存器

优先级产生模块包括 5 个单元：1 个主单元和 4 个辅单元。每个辅单元管理 6 个中断源。主优先级产生单元管理 4 个辅单元和 2 个中断源。

每个辅单元有 4 个可编程的优先级源(sGn)和 2 个固定优先级源(kn)。每个辅单元的 4 个中断源，其优先级由 I_PSLV 寄存器决定。另外，2 个固定源的优先级在 6 个源中是最低的。

主优先级产生单元通过 I_PMST 寄存器决定 4 个辅单元和 2 个中断源之间的优先级。2 个中断源：INT_RTC 和 INT_ADC 在 26 个中断源中优先级是最低的。

如果几个中断请求同时发生，I_ISPR 寄存器将其中具有最高优先级的中断源对应位置 1。中断矢量模式寄存器的地址和描述如表 8-11 所列。

表 8-11 中断矢量模式寄存器

寄存器	地 址	读/写	描 述	初始值
I_PSLV	0x01E00010	R/W	确定 slave 组的 IRQ 优先级	0x1B1B1B1B
I_PMST	0x01E00014	R/W	master 寄存器的 IRQ 优先级	0x00001F1B
I_CSLV	0x01E00018	R	当前 slave 寄存器的 IRQ 优先级	0x1B1B1B1B
I_CMST	0x01E0001C	R	当前 master 寄存器的 IRQ 优先级	0x0000xx1B
I_ISPR	0x01E00020	R	IRQ 中断服务挂起寄存器(同时仅能设置一个服务位)	0x00000000

6. IRQ/FIQ 中断服务寄存器(I_ISPC/F_ISPC)

对应着 IRQ 的 I_ISPR 和 I_ISPC 寄存器，在 FIQ 中断模式下，也有与中断服务相关的寄存器如表 8-12 所列。

表 8-12 FIQ 中断服务寄存器

寄存器	地 址	读/写	描 述	初始值
F_ISPR	0x01E00038	R	FIQ 中断服务挂起寄存器(每次只有 1 位被设置)	0x00000000
F_ISPC	0x01E0003C	W	FIQ 中断服务清除寄存器(一旦设置，INTPND 的相应位清 0)	未定义

I_ISPC/F_ISPC 清除中断 pending 位(INTPND)。I_ISPC/F_ISPC 也通知中断控制器，中断服务(ISR)已经结束。在某个中断的 ISR 结束时，该中断相应的 pending 位也必须清 0。

要将 INTPND 的某一位清 0，方法是向 I_ISPC/F_ISPC 的相应位写 1。

在清除 I_ISPC/F_ISPC 时，还必须注意：I_ISPC/F_ISPC 寄存器在 ISR 中只能被操作一次。

如果没有遵守以上两点,当中断请求发生时,I_ISPR/F_ISPR 和 INTPND 寄存器可能还是 0。

I_ISPC/F_ISPC 寄存器中各位的定义如表 8-13 所列。

表 8-13 I_ISPC/F_ISPC 寄存器中各位的定义

位名称	位	描述	初始值
EINT0	[25]	0＝未改变,1＝清除中断 pending 位	0
EINT1	[24]	0＝未改变,1＝清除中断 pending 位	0
EINT2	[23]	0＝未改变,1＝清除中断 pending 位	0
EINT3	[22]	0＝未改变,1＝清除中断 pending 位	0
EINT4/5/6/7	[21]	0＝未改变,1＝清除中断 pending 位	0
INT_TICK	[20]	0＝未改变,1＝清除中断 pending 位	0
INT_ZDMA0	[19]	0＝未改变,1＝清除中断 pending 位	0
INT_ZDMA1	[18]	0＝未改变,1＝清除中断 pending 位	0
INT_BDMA0	[17]	0＝未改变,1＝清除中断 pending 位	0
INT_BDMA1	[16]	0＝未改变,1＝清除中断 pending 位	0
INT_WDT	[15]	0＝未改变,1＝清除中断 pending 位	0
INT_UERR0/1	[14]	0＝未改变,1＝清除中断 pending 位	0
INT_TIMER0	[13]	0＝未改变,1＝清除中断 pending 位	0
INT_TIMER1	[12]	0＝未改变,1＝清除中断 pending 位	0
INT_TIMER2	[11]	0＝未改变,1＝清除中断 pending 位	0
INT_TIMER3	[10]	0＝未改变,1＝清除中断 pending 位	0
INT_TIMER4	[9]	0＝未改变,1＝清除中断 pending 位	0
INT_TIMER5	[8]	0＝未改变,1＝清除中断 pending 位	0
INT_URXD0	[7]	0＝未改变,1＝清除中断 pending 位	0
INT_URXD1	[6]	0＝未改变,1＝清除中断 pending 位	0
INT_IIC	[5]	0＝未改变,1＝清除中断 pending 位	0
INT_SIO	[4]	0＝未改变,1＝清除中断 pending 位	0
INT_UTXD0	[3]	0＝未改变,1＝清除中断 pending 位	0
INT_UTXD1	[2]	0＝未改变,1＝清除中断 pending 位	0
INT_RTC	[1]	0＝未改变,1＝清除中断 pending 位	0
INT_ADC	[0]	0＝未改变,1＝清除中断 pending 位	0

8.5.2 S3C4510B 中断控制器的控制寄存器

在 S3C4510B 中断控制器所用的控制寄存器如表 8-14 所列。

表 8-14 S3C4510B 中断控制器的控制寄存器

寄存器	偏移地址	读/写	功能描述	复位值
INTMOD	0x4000	R/W	中断模式寄存器	0x00000000
INTPND	0x4004	R/W	中断悬挂寄存器	0x00000000
INTMSK	0x4008	R/W	中断屏蔽寄存器	0x003FFFFF

1. 中断模式寄存器

中断模式寄存器 INTMOD(Interrupt Mode Register) 通过每一位的设置决定每一种中断是按快速中断(FIQ)还是按正常中断(IRQ)响应。只用到中断模式位[20:0]。其余各位未用。

INTMOD 的 21 位对应于 21 个中断源,当中断模式位置 1 时,ARM7 TDMI 核按 FIQ 方式处理对应的中断,否则按 IRQ 方式处理中断。21 个中断源映射如表 8-15 所列。

表 8-15 INTMOD 的 21 个中断源映射

位	中断源描述	位	中断源描述	位	中断源描述
[20]	IIC 中断	[13]	HDLC 通道 A 接收中断	[6]	UART1 发送中断
[19]	以太网控制器 MAC 接收中断	[12]	HDLC 通道 A 发送中断	[5]	UART0 接收与错误中断
[18]	以太网控制器 MAC 发送中断	[11]	定时器 1 中断	[4]	UART0 发送中断
[17]	以太网控制器 BDMA 接收中断	[10]	定时器 0 中断	[3]	外部中断 3
[16]	以太网控制器 BDMA 发送中断	[9]	GDMA 通道 1 中断	[2]	外部中断 2
[15]	HDLC 通道 B 接收中断	[8]	GDMA 通道 0 中断	[1]	外部中断 1
[14]	HDLC 通道 B 发送中断	[7]	UART1 接收与错误中断	[0]	外部中断 0

2. 中断悬挂寄存器

中断悬挂寄存器 INTPND(Interrupt Pending Register) 保持每一个中断源的中断悬挂位。该寄存器对应的中断悬挂位应在中断服务程序中首先清除,以避免由于同一个中断悬挂位导致中断服务程序的反复执行。只用到中断悬挂位[20:0]。其余各位未用。

INTPND 寄存器的 21 位对应于 21 个中断源,当产生中断请求时,对应的中断悬挂位置 1,在中断服务程序中应通过向对应位写 1 的方式清除中断悬挂位。21 个中断源映射如表 8-16 所列。

表 8-16　INTPND 的 21 个中断源映射

位	中断源描述	位	中断源描述	位	中断源描述
[20]	IIC 中断	[13]	HDLC 通道 A 接收中断	[6]	UART1 发送中断
[19]	以太网控制器 MAC 接收中断	[12]	HDLC 通道 A 发送中断	[5]	UART0 接收与错误中断
[18]	以太网控制器 MAC 发送中断	[11]	定时器 1 中断	[4]	UART0 发送中断
[17]	以太网控制器 BDMA 接收中断	[10]	定时器 0 中断	[3]	外部中断 3
[16]	以太网控制器 BDMA 发送中断	[9]	GDMA 通道 1 中断	[2]	外部中断 2
[15]	HDLC 通道 B 接收中断	[8]	GDMA 通道 0 中断	[1]	外部中断 1
[14]	HDLC 通道 B 发送中断	[7]	UART1 接收与错误中断	[0]	外部中断 0

3. 中断屏蔽寄存器

中断屏蔽寄存器 INTMSK(Interrupt Mask Register)保持每一个中断源的中断屏蔽位。只用到中断屏蔽位[20:0]。其余各位未用。

INTMSK 的 21 位对应于 21 个中断源,当中断屏蔽位置 1 时,对应的中断请求不能被 CPU 响应,当中断屏蔽位为 0 时,中断请求会响应。但如果全局屏蔽位[21]为 1 时,所有的中断请求都不能响应(但只要中断请求产生,对应的中断悬挂位都会被设置),当全局屏蔽位清除时,中断请求会得到响应。21 个中断源映射如表 8-17 所列。

表 8-17　INTMSK 的 21 个中断源映射

位	中断源描述	位	中断源描述
[20]	IIC 中断	[9]	GDMA 通道 1 中断
[19]	以太网控制器 MAC 接收中断	[8]	GDMA 通道 0 中断
[18]	以太网控制器 MAC 发送中断	[7]	UART1 接收与错误中断
[17]	以太网控制器 BDMA 接收中断	[6]	UART1 发送中断
[16]	以太网控制器 BDMA 发送中断	[5]	UART0 接收与错误中断
[15]	HDLC 通道 B 接收中断	[4]	UART0 发送中断
[14]	HDLC 通道 B 发送中断	[3]	外部中断 3
[13]	HDLC 通道 A 接收中断	[2]	外部中断 2
[12]	HDLC 通道 A 发送中断	[1]	外部中断 1
[11]	定时器 1 中断	[0]	外部中断 0
[10]	定时器 0 中断	[21]	全局中断屏蔽位: 0 = 使能中断请求; 1 = 禁止所有的中断请求

关于 S3C4510B 的中断控制器的工作原理和使用方法的更详细内容,可参考 S3C4510B 用户手册。

8.5.3 S3C2410X 中断控制器的控制寄存器

中断控制器的控制寄存器有:源请求寄存器、中断模式寄存器、屏蔽寄存器、优先级寄存器和中断请求寄存器等,如表 8-18 所列。

表 8-18 S3C2410X 中断控制器的控制寄存器

寄存器	名 称	偏移地址	读/写	功能描述	复位值
SRCPND	源请求寄存器	0x4A000000	R/W	指示中断请求状态: 0 = 无中断请求; 1 = 已经认可的中断源请求	0x00000000
INTMOD	中断模式寄存器	0x4A000004	R/W	中断模式寄存器	0x00000000
INTMSK	中断屏蔽寄存器	0x4A000008	R/W	中断屏蔽寄存器	0x003FFFFF
PRIORITY	中断优先级寄存器	0x4A00000C	R/W	中断优先级控制寄存器	0x7F
INTPND	中断悬挂寄存器	0x4A000010	R/W	中断状态指示寄存器: 0 = 中断无请求; 1 = 被确认的中断请求	0x00000000
INTOFFSET	中断偏移寄存器	0x4A000014	R	指示 IRQ 中断请求源	0x00000000
SUBSRCPND	子中断源请求寄存器	0x4A000018	R/W	子中断状态指示寄存器: 0 = 子中断无请求; 1 = 被确认的子中断请求	0x00000000
INTSUBMSK	子中断屏蔽寄存器	0x4A00001C	R/W	子中断屏蔽寄存器: 0 = 子中断服务有效; 1 = 子中断服务无效	0x7FF

1. 源请求寄存器 SRCPND

所有中断请求首先存入 SRCPND,它们基于中断模式寄存器分为两组:FIQ 和 IRQ。多数 IRQ 的仲裁过程基于优先级寄存器。

SRCPND 由 32 位组成,每一位与一个中断源相关。如果某个中断源产生中断请求并等待中断服务,其对应的位将会置 1。相应的,寄存器也指出了哪个中断源在请求服务。注意, SRCPND 中的每个位都是由中断源自动置位的,与 INTMSK 寄存器无关。此外,SRCPND 寄存器不会受优先级逻辑影响。

在中断服务函数中 SRCPND 的相应位必须清 0,否则,中断控制器会认为是同一个源的另一个中断。换句话说,如果 SRCPND 的某个位仍然为 1,中断控制器会认为又有一个有效的新的中断在请求服务。

相应位清 0 的时机由用户需求决定。如果想要从同一个中断源接收另一个有效的中断,应该在刚进入 ISR 时清 0,然后使能中断。

可以通过向 SRCPND 写入数据来使某位清 0,但要注意 SRCPND 中只有为 1 的位才会成为写入数据的位,而 SRCPND 中为 0 的位不会改变。其对应关系如表 8-19 所列。

表 8-19 SRCPND 寄存器位对应表

中断源	描述	仲裁组	中断源	描述	仲裁组
INT_ADC	ADC EOC and Touch 中断(INT_ADC/INT_TC)	ARB5	INT_UART2	UART2 中断(ERR,RXD and TXD)	ARB2
INT_RTC	RTC 报警中断	ARB5	INT_TIMER4	定时器 4 中断	ARB2
INT_SPI1	SPI1 中断	ARB5	INT_TIMER3	定时器 3 中断	ARB2
INT_UART0	UART0 中断(ERR,RXD and TXD)	ARB5	INT_TIMER2	定时器 2 中断	ARB2
INT_IIC	IIC 中断	ARB4	INT_TIMER1	定时器 1 中断	ARB2
INT_USBH	USB 主机中断(Host)	ARB4	INT_TIMER0	定时器 0 中断	ARB2
INT_USBD	USB 设备中断(Device)	ARB4	INT_WDT	看门狗中断	ARB1
Reserved	保留	ARB4	INT_TICK	时间片中断	ARB1
INT_UART1	UART1 中断(ERR,RXD and TXD)	ARB4	nBATT_FLT	电池故障中断	ARB1
INT_SPI0	SPI0 中断	ARB4	Reserved	保留	ARB1
INT_SDI	SDI 中断	ARB3	EINT8_23	外部中断 8~23	ARB1
INT_DMA3	DMA 通道 3 中断	ARB3	EINT4_7	外部中断 4~7	ARB1
INT_DMA2	DMA 通道 2 中断	ARB3	EINT3	外部中断 3	ARB0
INT_DMA1	DMA 通道 1 中断	ARB3	EINT2	外部中断 2	ARB0
INT_DMA0	DMA 通道 0 中断	ARB3	EINT1	外部中断 1	ARB0
INT_LCD	LCD 中断(INT_FrSyn and INT_FiCnt)	ARB3	EINT0	外部中断 0	ARB0

2. 中断模式寄存器 INTMOD

此寄存器由 32 个对应中断源的位组成。如果某位置 1,则相应的中断设置为 FIQ 模式;否则,设置为 IRQ 模式。

注意:只有 1 个中断源能够设置为 FIQ 模式,因此 INTMOD 中只有 1 位能置 1。其对应关系如表 8-20 所列。

第8章 ARM系统中的中断系统

表 8-20 INTMOD 寄存器位对应表

中断源	位	描述	初始值	中断源	位	描述	初始值
INT_ADC	[31]	0=IRQ,1=FIQ	0	INT_UART2	[15]	0=IRQ,1=FIQ	0
INT_RTC	[30]	0=IRQ,1=FIQ	0	INT_TIMER4	[14]	0=IRQ,1=FIQ	0
INT_SPI1	[29]	0=IRQ,1=FIQ	0	INT_TIMER3	[13]	0=IRQ,1=FIQ	0
INT_UART0	[28]	0=IRQ,1=FIQ	0	INT_TIMER2	[12]	0=IRQ,1=FIQ	0
INT_IIC	[27]	0=IRQ,1=FIQ	0	INT_TIMER1	[11]	0=IRQ,1=FIQ	0
INT_USBH	[26]	0=IRQ,1=FIQ	0	INT_TIMER0	[10]	0=IRQ,1=FIQ	0
INT_USBD	[25]	0=IRQ,1=FIQ	0	INT_WDT	[9]	0=IRQ,1=FIQ	0
Reserved	[24]	未用	0	INT_TICK	[8]	0=IRQ,1=FIQ	0
INT_URRT1	[23]	0=IRQ,1=FIQ	0	nBATT_FLT	[7]	0=IRQ,1=FIQ	0
INT_SPI0	[22]	0=IRQ,1=FIQ	0	Reserved	[6]	未用	0
INT_SDI	[21]	0=IRQ,1=FIQ	0	EINT8_23	[5]	0=IRQ,1=FIQ	0
INT_DMA3	[20]	0=IRQ,1=FIQ	0	EINT4_7	[4]	0=IRQ,1=FIQ	0
INT_DMA2	[19]	0=IRQ,1=FIQ	0	EINT3	[3]	0=IRQ,1=FIQ	0
INT_DMA1	[18]	0=IRQ,1=FIQ	0	EINT2	[2]	0=IRQ,1=FIQ	0
INT_DMA0	[17]	0=IRQ,1=FIQ	0	EINT1	[1]	0=IRQ,1=FIQ	0
INT_LCD	[16]	0=IRQ,1=FIQ	0	EINT0	[0]	0=IRQ,1=FIQ	0

3. 中断屏蔽寄存器 INTMSK

INTMSK 也是一个相对于中断源的 32 位寄存器,每个中断源对应一位,如果某位置 1,则 CPU 不会响应相应的中断请求(注意即使这种情况下,SRCPND 的位还是会置 1),如果置 0,则相应的中断请求可以响应。其对应关系如表 8-21 所列。

表 8-21 INTMSK 寄存器位对应表

中断源	位	描述	初始值
INT_ADC	[31]	0=中断服务允许,1=中断屏蔽	1
INT_RTC	[30]	0=中断服务允许,1=中断屏蔽	1
INT_SPI1	[29]	0=中断服务允许,1=中断屏蔽	1
INT_UART0	[28]	0=中断服务允许,1=中断屏蔽	1
INT_IIC	[27]	0=中断服务允许,1=中断屏蔽	1
INT_USBH	[26]	0=中断服务允许,1=中断屏蔽	1

续表 8-21

中断源	位	描 述	初始值
INT_USBD	[25]	0=中断服务允许,1=中断屏蔽	1
Reserved	[24]	未用	1
INT_UART1	[23]	0=中断服务允许,1=中断屏蔽	1
INT_SPI0	[22]	0=中断服务允许,1=中断屏蔽	1
INT_SDI	[21]	0=中断服务允许,1=中断屏蔽	1
INT_DMA3	[20]	0=中断服务允许,1=中断屏蔽	1
INT_DMA2	[19]	0=中断服务允许,1=中断屏蔽	1
INT_DMA1	[18]	0=中断服务允许,1=中断屏蔽	1
INT_DMA0	[17]	0=中断服务允许,1=中断屏蔽	1
INT_LCD	[16]	0=中断服务允许,1=中断屏蔽	1
INT_UART2	[15]	0=中断服务允许,1=中断屏蔽	1
INT_TIMER4	[14]	0=中断服务允许,1=中断屏蔽	1
INT_TIMER3	[13]	0=中断服务允许,1=中断屏蔽	1
INT_TIMER2	[12]	0=中断服务允许,1=中断屏蔽	1
INT_TIMER1	[11]	0=中断服务允许,1=中断屏蔽	1
INT_TIMER0	[10]	0=中断服务允许,1=中断屏蔽	1
INT_WDT	[9]	0=中断服务允许,1=中断屏蔽	1
INT_TICK	[8]	0=中断服务允许,1=中断屏蔽	1
nBATT_FLT	[7]	0=中断服务允许,1=中断屏蔽	1
Reserved	[6]	未用	1
EINT8_23	[5]	0=中断服务允许,1=中断屏蔽	1
EINT4_7	[4]	0=中断服务允许,1=中断屏蔽	1
EINT3	[3]	0=中断服务允许,1=中断屏蔽	1
EINT2	[2]	0=中断服务允许,1=中断屏蔽	1
EINT1	[1]	0=中断服务允许,1=中断屏蔽	1
EINT0	[0]	0=中断服务允许,1=中断屏蔽	1

4. 中断优先级寄存器 PRIORITY

在 S3C2410X 中,中断优先级寄存器 PRIORITY 对中断进行分组管理。对应每一分组的详细情况如表 8-22 所列。

表8-22 PRIORITY 寄存器位对应表

组别	位	描述	初始值
ARB_SEL6	[20:19]	仲裁6组优先级设置： 00 = REQ 0-1-2-3-4-5, 01 = REQ 0-2-3-4-1-5, 10 = REQ 0-3-4-1-2-5, 11 = REQ 0-4-1-2-3-5	0
ARB_SEL5	[18:17]	仲裁5组优先级设置： 00 = REQ 1-2-3-4, 01 = REQ 2-3-4-1, 10 = REQ 3-4-1-2, 11 = REQ 4-1-2-3	0
ARB_SEL4	[16:15]	仲裁4组优先级设置： 00 = REQ 0-1-2-3-4-5, 01 = REQ 0-2-3-4-1-5, 10 = REQ 0-3-4-1-2-5, 11 = REQ 0-4-1-2-3-5	0
ARB_SEL3	[14:13]	仲裁3组优先级设置： 00 = REQ 0-1-2-3-4-5, 01 = REQ 0-2-3-4-1-5, 10 = REQ 0-3-4-1-2-5, 11 = REQ 0-4-1-2-3-5	0
ARB_SEL2	[12:11]	仲裁2组优先级设置： 00 = REQ 0-1-2-3-4-5, 01 = REQ 0-2-3-4-1-5, 10 = REQ 0-3-4-1-2-5, 11 = REQ 0-4-1-2-3-5	0
ARB_SEL1	[10:9]	仲裁1组优先级设置： 00 = REQ 0-1-2-3-4-5, 01 = REQ 0-2-3-4-1-5, 10 = REQ 0-3-4-1-2-5, 11 = REQ 0-4-1-2-3-5	0
ARB_SEL0	[8:7]	仲裁0组优先级设置： 00 = REQ 1-2-3-4, 01 = REQ 2-3-4-1, 10 = REQ 3-4-1-2, 11 = REQ 4-1-2-3	0
ARB_MODE6	[6]	仲裁6组优先级旋转允许： 0 = 优先级不旋转, 1 = 优先级旋转允许	1
ARB_MODE5	[5]	仲裁5组优先级旋转允许： 0 = 优先级不旋转, 1 = 优先级旋转允许	1
ARB_MODE4	[4]	仲裁4组优先级旋转允许： 0 = 优先级不旋转, 1 = 优先级旋转允许	1
ARB_MODE3	[3]	仲裁3组优先级旋转允许： 0 = 优先级不旋转, 1 = 优先级旋转允许	1
ARB_MODE2	[2]	仲裁2组优先级旋转允许： 0 = 优先级不旋转, 1 = 优先级旋转允许	1
ARB_MODE1	[1]	仲裁1组优先级旋转允许： 0 = 优先级不旋转, 1 = 优先级旋转允许	1
ARB_MODE0	[0]	仲裁0组优先级旋转允许： 0 = 优先级不旋转, 1 = 优先级旋转允许	1

5. 中断请求寄存器 INTPND

每个位显示了相应的中断请求(没有屏蔽并等待中断服务)是否具有最高的优先级。由于 INTPND 寄存器处于优先级逻辑之后,只有 1 位能置 1,并且只有这个中断请求能向 CPU 产生 IRQ 中断。在中断服务程序中,可通过读此寄存器来知道哪个中断源正在被服务。

同 SRCPND 寄存器一样,寄存器必须在中断服务程序中清 0(SRCPND 清 0 之后)。每个中断源对应一个位,如果某位置 1,则 CPU 不会响应相应的中断请求;如果置 0,则相应中断请求可以响应。详细对应关系如表 8-23 所列。

表 8-23 INTPND 寄存器位对应表

中断源	位	描述	初始值
INT_ADC	[31]	0=无中断请求,1=中断请求有效	0
INT_RTC	[30]	0=无中断请求,1=中断请求有效	0
INT_SPI1	[29]	0=无中断请求,1=中断请求有效	0
INT_UART0	[28]	0=无中断请求,1=中断请求有效	0
INT_IIC	[27]	0=无中断请求,1=中断请求有效	0
INT_USBH	[26]	0=无中断请求,1=中断请求有效	0
INT_USBD	[25]	0=无中断请求,1=中断请求有效	0
Reserved	[24]	未用	0
INT_UART1	[23]	0=无中断请求,1=中断请求有效	0
INT_SPI0	[22]	0=无中断请求,1=中断请求有效	0
INT_SDI	[21]	0=无中断请求,1=中断请求有效	0
INT_DMA3	[20]	0=无中断请求,1=中断请求有效	0
INT_DMA2	[19]	0=无中断请求,1=中断请求有效	0
INT_DMA1	[18]	0=无中断请求,1=中断请求有效	0
INT_DMA0	[17]	0=无中断请求,1=中断请求有效	0
INT_LCD	[16]	0=无中断请求 1=中断请求有效	0
INT_UART2	[15]	0=无中断请求,1=中断请求有效	0
INT_TIMER4	[14]	0=无中断请求,1=中断请求有效	0
INT_TIMER3	[13]	0=无中断请求,1=中断请求有效	0
INT_TIMER2	[12]	0=无中断请求,1=中断请求有效	0
INT_TIMER1	[11]	0=无中断请求,1=中断请求有效	0
INT_TIMER0	[10]	0=无中断请求,1=中断请求有效	0
INT_WDT	[9]	0=无中断请求,1=中断请求有效	0
INT_TICK	[8]	0=无中断请求,1=中断请求有效	0

续表 8-23

中断源	位	描述	初始值
nBATT_FLT	[7]	0=无中断请求,1=中断请求有效	0
Reserved	[6]	未用	0
EINT8_23	[5]	0=无中断请求,1=中断请求有效	0
EINT4_7	[4]	0=无中断请求,1=中断请求有效	0
EINT3	[3]	0=无中断请求,1=中断请求有效	0
EINT2	[2]	0=无中断请求,1=中断请求有效	0
EINT1	[1]	0=无中断请求,1=中断请求有效	0
EINT0	[0]	0=无中断请求,1=中断请求有效	0

注 意

- 如果 FIQ 模式中断发生,INTPND 的相应位不会旋转,因为 INTPND 寄存器仅在 IRQ 模式下有效。
- 清除 INTPND 寄存器时的注意事项:INTPND 寄存器通过写 1 来使某位清 0。如果某位从 1 写成 0,则 INTPND 寄存器和 INTOFFSET 寄存器可能有非期望值出现。因此,不要向 INTPND 寄存器中为 1 的位写 0,最方便的清除 INTPND 寄存器的方法是向 INTPND 寄存器中写入当前 INTPND 寄存器的值,如 INTPND=INTPND。

6. 中断偏移寄存器 INTOFFSET

INTOFFSET 寄存器中的值表示在 INTPND 寄存器中是哪个中断请求。此位将会在 SRCPND 和 INTPND 寄存器清 0 之后自动清 0。其对应关系如表 8-24 所列。

表 8-24 INTOFFSET 寄存器位对应表

中断源	中断偏移值	中断源	中断偏移值
INT_ADC	31	INT_UART2	15
INT_RTC	30	INT_TIMER4	14
INT_SPI1	29	INT_TIMER3	13
INT_UART0	28	INT_TIMER2	12
INT_IIC	27	INT_TIMER1	11
INT_USBH	26	INT_TIMER0	10
INT_USBD	25	INT_WDT	9
Reserved	24	INT_TICK	8
INT_UART1	23	nBATT_FLT	7

续表 8-24

中断源	中断偏移值	中断源	中断偏移值
INT_SPI0	22	Reserved	6
INT_SDI	21	EINT8_23	5
INT_DMA3	20	EINT4_7	4
INT_DMA2	19	EINT3	3
INT_DMA1	18	EINT2	2
INT_DMA0	17	EINT1	1
INT_LCD	16	EINT0	0

注 意 FIQ 中断不影响此寄存器,因为它只在 IRQ 模式下有效。

7. 子中断源请求寄存器 SUBSRCPND

可以通过向 SUBSRCPND 写入数据来使某位清 0,但要注意只有 SUBSRCPND 中为 1 的位才会成为写入数据的位,而 SUBSRCPND 中为 0 的位不会改变。其对应关系如表 8-25 所列。

表 8-25 SUBSRCPND 寄存器位对应表

子中断源	位	描 述	初始值
Reserved	[31:11]	未用	0
INT_ADC	[10]	0=无中断请求,1=中断请求有效	0
INT_TC	[9]	0=无中断请求,1=中断请求有效	0
INT_ERR2	[8]	0=无中断请求,1=中断请求有效	0
INT_TXD2	[7]	0=无中断请求,1=中断请求有效	0
INT_RXD2	[6]	0=无中断请求,1=中断请求有效	0
INT_ERR1	[5]	0=无中断请求,1=中断请求有效	0
INT_TXD1	[4]	0=无中断请求,1=中断请求有效	0
INT_RXD1	[3]	0=无中断请求,1=中断请求有效	0
INT_ERR0	[2]	0=无中断请求,1=中断请求有效	0
INT_TXD0	[1]	0=无中断请求,1=中断请求有效	0
INT_RXD0	[0]	0=无中断请求,1=中断请求有效	0

8. 子中断屏蔽寄存器 INTSUBMSK

此寄存器有 11 位,每一位对应一个中断源,如果某位置 1,说明此位对应的中断请求不被 CPU 响应(注意:即使在这种情况下,SUBSRCPND 寄存器还是置 1 的),如果屏蔽位为 0,则相应中断请求可响应。其对应关系如表 8-26 所列。

表 8-26 INTSUBMSK 寄存器位对应表

子中断源	位	描 述	初始值
Reserved	[31:11]	未用	0
INT_ADC	[10]	0＝无中断请求,1＝中断请求有效	1
INT_TC	[9]	0＝无中断请求,1＝中断请求有效	1
INT_ERR2	[8]	0＝无中断请求,1＝中断请求有效	1
INT_TXD2	[7]	0＝无中断请求,1＝中断请求有效	1
INT_RXD2	[6]	0＝无中断请求,1＝中断请求有效	1
INT_ERR1	[5]	0＝无中断请求,1＝中断请求有效	1
INT_TXD1	[4]	0＝无中断请求,1＝中断请求有效	1
INT_RXD1	[3]	0＝无中断请求,1＝中断请求有效	1
INT_ERR0	[2]	0＝无中断请求,1＝中断请求有效	1
INT_TXD0	[1]	0＝无中断请求,1＝中断请求有效	1
INT_RXD0	[0]	0＝无中断请求,1＝中断请求有效	1

8.6 ARM 系统中断应用编程

下面的程序是 SNDS100 Board version 1.0 的初始化代码和中断控制代码。读者可以通过这些代码来理解中断控制器的工作过程。

下面是 INIT.S 代码节选。第三行开始存放的是外部 ROM Bank0 开始的代码,也就是 CPU 复位以后开始执行的代码。这里存放的主要是一系列中断向量。当 CPU 在产生某种中断的时候就会自动去执行相应的分支。程序中,64～87 行配置系统相关的特殊寄存器;92～100 行安装异常处理向量;138～150 行是 IRQ 和 FIQ 中断处理程序。它们都是保存环境后跳转到 ISR_IrqHandler 和 ISR_FiqHandler 去执行的。这两个函数都是在 C 代码中定义的函数。这样就实现了由汇编到 C 程序的跳转,然后的中断处理过程就可以在 C 代码中完成了。程序的 114 行跳转到 C 的主程序开始执行相关的代码。

```
1: …
2:
3: ;在地址 0 处,这里是一系列分支
4:         B     Reset_Handler
5:         B     Undefined_Handler
6:         B     SWI_Handler
7:         B     Prefetch_Handler
```

```
 8:          B        Abort_Handler
 9:          NOP           ;Reserved_vector
10:          B        IRQ_Handler
11:          B        FIQ_Handler
12:
13:
14: ;================================================================
15: ;建立默认中断处理向量入口地址
16: ;================================================================
17: FIQ_Handler
18:     SUB     sp,sp,#4
19:     STMFD   sp!,{r0}
20:     LDR     r0,=HandleFiq
21:     LDR     r0,[r0]
22:     STR     r0,[sp,#4]
23:     LDMFD   sp!,{r0,pc}
24:
25: IRQ_Handler
26:     SUB     sp,sp,#4
27:     STMFD   sp!,{r0}
28:     LDR     r0,=HandleIrq
29:     LDR     r0,[r0]
30:     STR     r0,[sp,#4]
31:     LDMFD   sp!,{r0,pc}
32:
33: Prefetch_Handler
34:     …
35: Abort_Handler
36:     …
37: Undefined_Handler
38:     …
39: SWI_Handler
40:     …
41:
42:     AREA Main,CODE,READONLY
43:
44: ;================================================================
45: ;重新设置入口指针
46: ;;================================================================
```

```
47:            EXPORT Reset_Handler
48: Reset_Handler                              ;/* 复位入口处 */
49: INITIALIZE_STACK
50: …
51:
52:    ORR r1,r0,#LOCKOUT 1 FIQ_MODE
53:    MSR cpsr,r1
54:    MSR spsr,r2
55:    LDR sp, = FIQ_STACK
56:
57:    ORR r1,r0,#LOCKOUT 1IRQ_MODE
58:    MSR cpsr,r1
59:    MSR spsr,r2
60:    LDR sp, = IRQ_STACK
61:
62: …
63:
64:    ldr    r0, = 0x03ff0000
65:    ldr    r1, = 0x87ffff96              ;设置 SYSCFG
66:    str    r1,[r0,#0]
67:    ldr    r1, = 0x03ff5000
68:    ldr    r0, = 0x0003bf5c
69:    str    r0,[r1,#0]
70:    ldr    r0, = 0x03ff3008
71:    ldr    r1, = 0x0fff0e42
72:    str    r1,[r0,#0]
73:    ldr    r0, = 0x03ff300c
74:    ldr    r1, = 0x0a490e7f
75:    str    r1,[r0,#0]
76:    ldr    r1, = 0x03ff5008
77:    ldr    r0, = 0x00030048
78:    str    r0,[r1,#0]
79:    ldr    r1, = 0x03ff5004
80:    ldr    r0, = 0x085c6318
81:    ldr    r0, = RAM_REG
82:    ldmia  r0,{r1 - r12}
83:    ldr    r0, = 0x03ff3010              ;设置 stram 刷新
84:    stmia  r0,{r1 - r12}
85:    ldr    r0, = 0x03ff0000
```

```
 86:    ldr     r1,=0x87ffff96
 87:    str     r1,[r0,#0]
 88:
 89:    ;==========================================================
 90:    ;建立中断异常向量表
 91:    ;==========================================================
 92:    EXCEPTION_VECTOR_TABLE_SETUP
 93:        LDR r0,=HandlerReset              ;中断向量表的存储位置
 94:        LDR r1,=ExceptionHandlerTable     ;中断处理程序分配
 95:        MOV r2,#8                         ;中断数量为8个
 96:    ExceptLoop
 97:        LDR r3,[r1],#4
 98:        STR r3,[r0],#4
 99:        SUBS r2,r2,#1                     ;减1计数
100:        BNE ExceptLoop
101:    …
102:
103:    ;==========================================================
104:    ;初始化存储器空间,使后面的C代码正常运行
105:    ;==========================================================
106:    …
107:
108:    ;==========================================================
109:    ;现在进入C程序
110:    ;==========================================================
111:
112:
113:        IMPORT   C_Entry
114:        BL       C_Entry
115:
116:    ;==========================================================
117:    ;中断向量功能定义
118:    ;用C编程构成的函数调用
119:    ;==========================================================
120:    SystemUndefinedHandler
121:    …
122:
123:    SystemSwiHandler
124:    …
```

```
125:
126:   MakeSVC
127:   …
128:
129:   SystemPrefetchHandler
130:   …
131:
132:   SystemAbortHandler
133:
134:
135:   SystemReserv
136:   …
137:
138:   SystemIrqHandler
139:   IMPORT ISR_IrpHandler
140:   STMFD sp!,{r0 - r12,lr}
141:   BL ISR_IrpHandler
142:   LDMFD sp!,{r0 - r12,lr}
143:   SUBS pc,lr,#4
144:
145:   SystemFiqHandler
146:   IMPORT ISR_FiqHandler
147:   STMFD sp!,{r0 - r7,lr}
148:   BL ISR_FiqHandler
149:   LDMFD sp!,{r0 - r7,lr}
150:   SUBS pc,lr,#4
151:
152:
153:   AREA ROMDATA,DATA,READONLY
154:
155: RAM_REG DCD 0x0210f00a,0x00800050,0x02004050,0x00000040,0x00000040
156:   DCD 0x00000040,0x00000040,0x0c020180,0x10030180,0x00000180
157:   DCD 0x00000180,0xb5278300
158:   ;=============================================================
159:   ;中断服务向量表入口地址
160:   ;=============================================================
161: ExceptionHandlerTable
162:   DCD UserCodeArea
163:   DCD SystemUndefinedHandler
```

```
164: DCD SystemSwiHandler
165: DCD SystemPrefetchHandler
166: DCD SystemAbortHandler
167: DCD SystemReserv
168: DCD SystemIrqHandler
169: DCD SystemFiqHandler
170:
171: ALIGN
172:
173: ;/*************************/
174:     AREA SYS_STACK,NOINIT
175: ;/*************************/
176:              %           USR_STACK_SIZE
177: USR_STACK
178:              %           UDF_STACK_SIZE
179: UDF_STACK
180:              %           ABT_STACK_SIZE
181: ABT_STACK
182:              %           IRQ_STACK_SIZE
183: IRQ_STACK
184:              %           FIQ_STACK_SIZE
185: FIQ_STACK
186:              %           SUP_STACK_SIZE
187: SUP_STACK
188:
189: ;/*************************/
190:
191: END
```

下面是 ISR.C 的节选部分。上面提到的 ISR_IrqHandler 和 ISR_FiqHandler 就是在这个程序中实现的。在开始使用这些中断之前,程序编写人员应当在主程序中调用 SysSetInterrupt 将自己的中断处理函数安装到本文的中断处理系统中来。当 FIQ 中断产生后,第 33 行先得到中断源的编号,然后第 34 行清除挂起位,第 35 行根据中断源的编号进入相应的处理程序进行数据处理。

```
1:    #include "snds.h"
2:
3:    #include "std.h"
4:    #include "isr.h"
5:
```

```
 6: volatile U32 IntOffSet;
 7: /*******************************/
 8: /*中断服务向量表的虚拟功能原型*/
 9: /*******************************/
10: static void DummyIsr(void){}
11:
12: void (*InterruptHandlers[MAXHNDLRS])(void);
13:
14: void ClrIntStatus(void)
15: {
16:     INTMASK = 0x3fffff;
17:     INTPEND = 0x1fffff;
18:     INTMODE = 0x1fffff;
19: }
20:
21: ...
22:
23: void ISR_IrqHandler(void);
24: {
25:     IntOffSet = (U32)INTOFFSET;
26:     Clear_PendingBit(IntOffSet>>2);
27:     (*InterruptHandlers[IntOffSet>>2])();    //调用中断服务程序
28:
29: }
30:
31: void ISR_FiqHandler(void)
32: {
33:     IntOffSet = (U32)INTOFFSET;
34:     Clear_PendingBit(IntOffSet>>2);
35:     (*InterruptHandlers[IntOffSet>>2])();    //调用中断服务程序
36: }
37:
38: void InitIntHandlerTable(void)
39: {
40:    REG32 i;
41:
42:    for(i = 0;i<MAXHNDLRS;i++)
43:        InterruptHandlers[i] = DummyIsr;
44: }
```

```
45:
46:    void SysSetInterrupt(REG32 vector,void( * handler)())
47:    {
48:        InterruptHandlers[vector] = Handler;
49:
50:    }
51:
52:    void InitInterrup(void)
53:    {
54:        ClrIntStatus();                                 // 清除所有中断
55:        InitIntHandlerTable();
56:    }
57:
58:    void SetIntMode(void)
59:    {
60:        U32 rINTMASK;
61:        U32 rINTPEND;
62:        U32 rINTMODE;
63:
64:        INTMASK = 0x3fffff;
65:        INTMODE = 0x1fffff;
66:
67:        INTMODE = rINTMODE;
68:        INTPEND = 0x1fffff;
69:        INTMASK = rINTMASK;
70:    }
```

习　　题

1. 填空题

(1) 引起异常的原因有_____、_____。

(2) ARM 异常中断的种类有_____、_____、_____、_____、_____、_____。

2. 简答题

(1) 简述异常的响应过程。

(2) ARM 系统中的中断向量表的构成如何？优先级如何？ARM 处理器如何实现对中断向量的访问？

（3）简述 S3C44B0X 的中断控制器。

（4）简述 S3C2410X 的中断控制器。

（5）简述 S3C4510B 的中断控制器。

（6）简述 S3C44B0X 的中断源。

（7）简述 S3C2410X 的中断源。

（8）简述 S3C4510B 的中断源。

（9）简述 S3C2410X 的中断控制器寄存器对中断源的控制。在 S3C4510B 和 S3C44B0X 中是如何控制的？

（10）举例说明中断编程与应用。

第 9 章
ARM 系统中的人机接口技术

在嵌入式应用系统中,通常都要有人机对话功能。它包括人对应用系统的状态干预与数据输入、应用系统向人报告运行状态与运行结果。

9.1 概述

1. 人机通道配置类型

嵌入式应用系统中,人机对话配置水平和规模与应用系统的规模和特点有关。嵌入式应用系统的类型有多种多样,如智能仪表、控制单元、数据采集系统和分布式监测系统等。但是,对于各种类型的嵌入式应用系统,是人机通道配合的结合。常见的人机通道配置技术如图 9-1 所示。

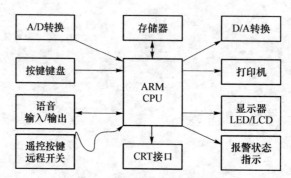

图 9-1 人机常用接口配置技术

嵌入式应用系统中,人对系统状态的干预和数据输入的外部最常用的是键和键盘,有对系统状态实现干预的功能键和向系统输入数据的数字键等。近年来,针对嵌入式系统的特点、应用环境,也开始使用非接触的人机接口,如遥控按键、远程开关及语音输入/输出接口等,还添加了网络接口、USB接口、触摸屏及鼠标接口等。

2. 人机接口配置特点

嵌入式应用系统的人机接口是应用系统与人之间的信息传递渠道。因此,其接口特点与嵌入式应用系统的特点以及用户的特点有关。

① 专用性。一般来讲,嵌入式系统都是专用的计算机应用系统,其人机接口配置完全根据系统功能要求而定,例如显示器显示位数、键盘数量、报警指示以及选用何种微型打印机等都是其专用的,不具有通用性。

② 小型价廉。嵌入式应用系统本身的特点是成本低,环境适应性强,配置灵活。因此,相应的外部设备以配置小型、微型、廉价型为原则。

③ I/O 接口型。扩展人机接口常以 I/O 端口方式扩展。

④ 存储器型扩展。扩展人机接口也可以使用存储器型扩展。尤其是对应大于 8 位精度的 A/D 转换和 D/A 转换更加有效。

9.2 ARM 系统中的键盘接口

9.2.1 键盘接口

在 ARM 系统中,为了控制系统的工作状态,以及向系统中输入数据,应用系统应该有按键或键盘。例如复位用复位键、功能转换用功能键以及数据输入用数字键盘等。在嵌入式应用系统中除了复位按键用专门的复位电路及专一的复位功能外,其他的按键或键盘都是以开关状态来设置控制功能或输入数据的。

1. 键输入过程与软件结构

当所设置的功能键或数字键按下时,计算机应用系统应完成该按键所设定的功能。因此,键信息输入是与软件结构密切相关的过程。对某些应用系统如智能仪表,键输入程序是整个应用程序的核心部分之一。

对于一组建或一个键盘,总有一个接口电路与 CPU 相连。通过软件完成键盘输入信息,CPU 可以采用中断方式或查询方式了解有无键盘输入,并检查是哪一个键被按下,将该键编码送入键盘扫描缓存区,供其他程序享用。其键盘输入过程流程图如图 9-2 所示。如果是功能键,则通过相应的转移指

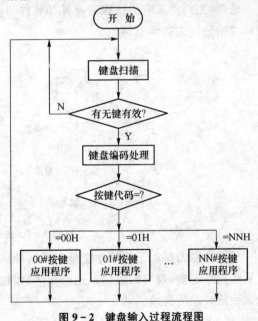

图 9-2 键盘输入过程流程图

令转入该键功能程序。最后又回到原始状态。

2. 键输入接口与软件解决的任务

键盘输入接口与软件应可靠而快速地实现键信息输入与键功能任务。为此应解决以下问题。

（1）键开关状态的可靠输入

目前，无论是按键或键盘都是利用机械触点的合、断作用。一个电压信号通过机械触点的闭合、断开过程，其波形如图 9-3 所示。由于机械触点的弹性作用，在闭合、断开瞬间都有抖动过程，会出现一系列负脉冲。抖动时间的长短，与开关的机械特性有关，一般为 5～10 ms。

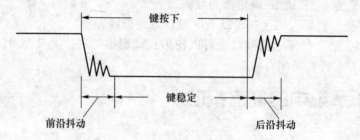

图 9-3 按键闭合与断开时的电压抖动

按键的稳定闭合期，由操作人员的按键动作确定，一般为十分之几秒到几秒时间。为了保证 CPU 对键盘的一次闭合，仅作一次键处理，必须去除抖动影响。

通常，去抖动影响的措施有硬件和软件两种。图 9-4 所示是用 R-S 触发器或单稳态电路构成的硬件去抖动电路。

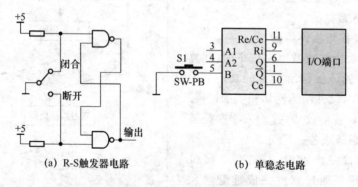

图 9-4 去抖动开关电路

采用软件去抖动影响的办法是利用软件延时的方法来进行的。一般是在 2～10 ms 内两次采集扫描键盘，观察扫描结果是否相同，如相同则可以得到一个稳定的键盘扫描结果，从而达到去除抖动的目的。

(2) 对按键进行编码给定键值或直接给出键号

一组按键或键盘都要通过 I/O 口线查询按键的开关状态。根据键盘结构不同,采用不同的编码方法。但无论有无编码,以及采用什么形式的键盘编码,都要转换为相应的键盘编码或键盘代号置于寄存器中,有利于实现根据图 9-2 所示的功能键的执行要求。

例如用 4 行、4 列线构成的 16 个键的键盘,在使用一个 8 位 I/O 口线的高、低 4 位对 16 个键进行编码时,16 个键的编码如图 9-5(a)所示。按照二进制编码,各键相应的键值为 88H,84H,82H,81H,48H,44H,…,18H,14H,12H,11H。这种编码软件较为简单直观,但其间隔差异太大,给后面形成转移(散转)入口地址安排不方便。因而往往采用依次序排列的编码方式,如图 9-5(b)所示的方法。

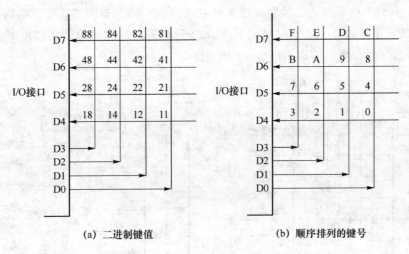

(a) 二进制键值　　　　　　　　　(b) 顺序排列的键号

图 9-5　行列式键盘编码的键值与键号

(3) 选择键盘监测方法

对于计算机应用系统,键盘扫描只是 CPU 工作的一部分,键盘处理只是在有键按下时才有意义。对是否有键按下的信息输入方式有中断和查询方式两种。

(4) 编制好键盘程序

一个完整的键盘监控程序应解决以下任务:

① 监测有无按键按下。

② 有键按下后,在无硬件除抖动电路时,应有软件延时方法除去抖动影响。

③ 有可靠的逻辑处理办法。如 n 键锁定,即只处理一个键,其间任何按下又松开的键不产生影响;不管一次按键持续有多长时间,仅执行一次按键功能程序。

④ 输出确定的键号以满足相应转移指令要求。

9.2.2 常见的键盘接口

1. 独立式按键

（1）独立式按键结构

独立式按键是指直接用 I/O 口线构成的单个按键电路。每个独立式按键单独占用一根 I/O 口线，每根 I/O 口线上的按键的工作状态不会影响其他 I/O 口线的工作状态。独立式按键电路如图 9-6 所示。

独立式按键电路配置灵活，软件结构简单，但每个按键必须占用一根 I/O 口线，在按键较多时，I/O 口线浪费较大。故在按键数量不多时，常采用这种按键电路。

在图 9-6(a)为中断方式的独立式按键电路，图 9-6(b)为查询方式按键电路。通常按键输入都采用低电平有效。上拉电阻保证了按键断开时，I/O 口线有确定的高电平。当 I/O 口内部有上拉电阻时，外电路可以不配置上拉电阻。

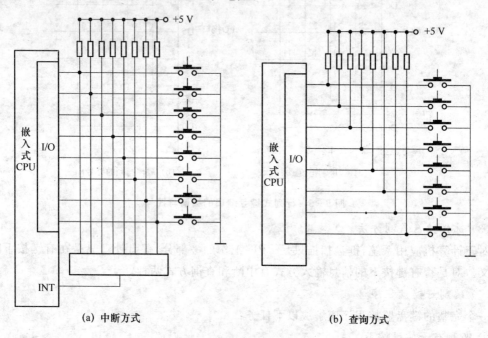

图 9-6 独立式按键电路

（2）独立式按键的软件结构

对于独立式按键电路的采集，其软件结构较为简单。只需访问各个 I/O 端口便可知道各按键的开关状态。

2. 行列式键盘

行列式键盘又称为矩阵式键盘,用 I/O 口线组成行、列结构,按键设置在行列的交点上。例如 2×2 的行列结构可构成 4 个键的键盘,4×4 的行列结构可构成 16 个键的键盘。因此,在按键数量较多时,可以节省 I/O 口线。

(1) 键盘工作原理

行列式键盘电路原理如图 9-7 所示。

按键设置在行、列线的交点处,行、列线分别连接到键开关的两端。当行线通过上拉电阻接+5 V 时,被钳位在高电平状态。

键盘中有无按键按下是由列线送入全扫描字、行线读入行线状态来判断的。其方法是:将列线的所有 I/O 线均置成低电平,然后将行线电平状态读入寄存器中。如果有键按下,总会有一根行线电平被拉至低电平,从而使行输入不全为高电平。

键盘中哪一个键按下是由列线逐列置低电平后,检查行输入状态。其方法是:依次给列线送低电平,然后查所有行线状态。如果全为 1,则所按下的键不在此列。如果不全为 1,则所按下的键必在此列,而且是在与 0 电平行线相交的交点上的那个键。

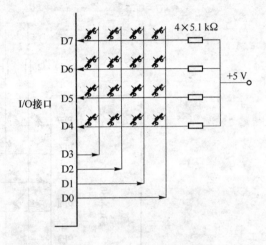

图 9-7 行列式键盘原理电路

(2) 键盘工作方式

在嵌入式系统中,键盘扫描只是 CPU 工作内容之一。CPU 在忙于各项工作任务时,要兼顾键盘扫描,既保证不失时机地响应键盘操作,又不过多占用 CPU 时间。因此,要根据应用系统中 CPU 的忙、闲情况,选择键盘的工作方式。键盘的工作方式有编程扫描方式、定时扫描方式和中断扫描方式三种。虽然这三种工作方式不同,但其原理基本一致,只是扫描的时间有所差异。编程扫描方式是用户需要扫描键盘时调用扫描程序进行扫描获取键码;定时扫描方式是指用户利用定时器管理键盘,在定时时间内调用扫描程序进行扫描获取键码;中断扫描方式是指当用户按下键盘有效而产生中断时,在中断程序中调用扫描程序进行扫描获取键码。在所有的工作方式中,键盘扫描程序都需完成以下功能:

① 判断键盘上有无键按下;

② 去除键的机械抖动影响;

③ 计算出键盘的键号;

④ 键闭合一次仅进行一次键功能操作。

9.2.3 实 例

下面以 S3C44B0X 的 I/O 口 PF 口组成的行列式键盘为例,介绍编程扫描工作方式的工作过程与键盘扫描子程序。

在该键盘中,键值与键号相一致,依次排列为 0~15,共 16 个键,由 PF 口的高 4 位 PF7~PF4 和 PF3~PF0 组成 4×4 键盘,如图 9-8 所示。

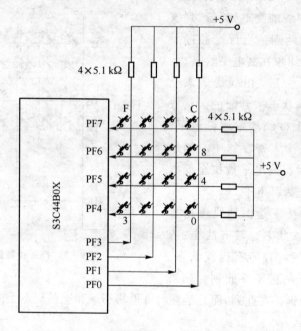

图 9-8 S3C44B0X 扩展行列式键盘

接口中利用了 PF 口的相关寄存器,PF 口的寄存器有 3 个:数据寄存器 PDATF、上拉电阻配置寄存器 PUPF 和控制寄存器 PCONF。

控制 PF 用道的 3 个寄存器描述如表 9-1 所列。

表 9-1 S3C44B0X 中的 PDATF、PUPF 和 PCONF 寄存器

寄存器	地 址	读/写	描 述	初始值
PCONF	0x01D20034	R/W	Port F 的配置寄存器	0x0000
PDATF	0x01D20038	R/W	Port F 的数据寄存器	未定义
PUPF	0x01D2003C	R/W	Port F 的上拉电阻配置寄存器	0x000

对 PCONF 寄存器控制的描述如表 9-2 所列。

表9-2 PCONF寄存器控制表

PCONF	位	描述
PF8	[21:19]	000=输入,001=输出,010=nCTS1,011=SIOCLK,100=IISCLK,其余=保留
PF7	[18:16]	000=输入,001=输出,010=RXD1,011=SIORXD,100=IISDI,其余=保留
PF6	[15:13]	000=输入,001=输出,010=TXD1,011=SIORDY,100=IISDO,其余=保留
PF5	[12:10]	000=输入,001=输出,010=nRTS1,011=SIOTXD,100=IISLRCK,其余=保留
PF4	[9:8]	00=输入,01=输出,10=nXBREQ,11=nXDREQ0
PF3	[7:6]	00=输入,01=输出,10=nXBACK,11=nXDACK0
PF2	[5:4]	00=输入,01=输出,10=nWAIT,11=保留
PF1	[3:2]	00=输入,01=输出,10=IICSDA,11=保留
PF0	[1:0]	00=输入,01=输出,10=IICSCL,11=保留

对数据寄存器PDATF的描述如表9-3所列。

表9-3 数据寄存器PDATF描述表

PDATF	位	描述
PF[8:0]	[8:0]	当端口配置为输入口时,该位的值对应引脚的状态;配置为输出口时,对应引脚的状态和该位的值相同;配置为功能引脚时,如果读该位的值,将是一个不确定的值

对上拉电阻配置寄存器PUPF的描述如表9-4所列。

表9-4 上拉电阻配置寄存器PUPF描述表

PUPF	位	描述
PF[8:0]	[8:0]	0:允许上拉电阻连接到对应引脚;1:不允许

对键盘的具体操作如下:

1. 寄存器设置

程序中,首先通过设置PCONF寄存器来实现端口功能配置,然后再分别设置PDATF及

PUPF 寄存器。

(1) 设置 PCONF 寄存器

由于需要设定 PF0～3 为输出口，PF4～7 为输入口，因此，在端口工作之前设置：

rPCONF = 000 000 000 00 01 01 01 01 B = 0x55;

(2) 设置 PDATF 寄存器

当 PF0～3 作为输出口输出扫描码时，可采用以下语句：

rPDATF = 0xf0;   //PF0～3 全写入 0

当 PF4～7 作为输入口读入键值时，采用以下语句：

Keyval = (rPDATF&0xf0)>>4;

(3) 设置 PUPF 寄存器

设置内部上拉电阻的语句如下：

rPUPF = 0x00;   //使能 PF0～7 的内部上拉电阻

2. 键盘扫描流程图

行扫描法获取键值的程序流程图如图 9-9 所示。

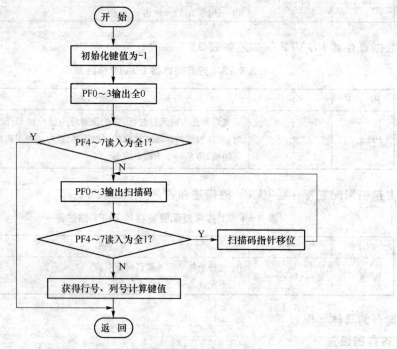

图 9-9 键盘扫描程序流程图

第 9 章 ARM 系统中的人机接口技术

3. 键盘扫描程序实例程序

```c
#include <string.h>
#include <stdio.h>
char ReadKeyVal(void)
{
    unsigned char i,j,H_val,L_val;
    char keyval = -1;
    rPCONF = 0x55;
    rPUPF = 0x00;
    rPDATF = 0xf0;
    if((L_val = (rPDATF&0xf0))!= 0xf0)               //是否有键按下
    {
        H_val = 0xfe;                                 //行值,从第 0 行开始判断
        for(i = 0;i < 4;i++)
        //行扫描法获取键值的程序
        rPDATF = H_val;                               //行电平输出
        for(j = 0;j < 100;j++);                       //软件延时
        if((L_val = (rPDATF&0xf0))!= 0xf0)
        {                                             //该行是否有键按下
            L_val = ((L_val >> 4))|0xf0;              //设置行值格式
            Keyval = get_val(H_val) × 4 + get_val(L_val);
            return keyval;
        }
        else
            H_val = H_val << 1;                       //判断下一行
        }
    }
    return keyval;
}
//行扫描法获取键值的程序
//get_val 子函数是由扫描值、读取的列值分别得到行号、列号
//根据输入 8 位二进制数判断是哪一行,哪一列
char get_val(unsigned char val)
{
    unsigned char i,x;
    x = 0;
    for(i = 0;i < 4;i++)
    {
        if((~val) == 1) return x;                     //全 1 返回
```

·219·

```
        val = (val >> 1) | 0x80 ;
        x = x + 1 ;
    }
}
```

9.3　ARM 系统中的 LCD 接口

9.3.1　LCD 接口

液晶显示器 LCD(Liquid Crystal Display),具有体积小、质量轻、功耗低等优点,是电子信息产品的重要显示器件之一,将会获得更广泛的应用。本节讨论 M68HC08 系列单片机与 LCD 的接口技术与基本编程方法。

1. LCD 介绍

下面简要介绍 LCD 的基本特点及分类方法。

(1) LCD 的特点

LCD 作为电子信息产品的主要显示器件,相对于其他类型的显示部件来说,有其自身的特点,概要如下:

① 低电压微功耗　LCD 的工作电压一般为 3~5 V,每平方厘米液晶显示屏的工作电流为 μA 级,所以液晶显示器件是电池供电的电子设备的首选显示器件。

② 平板型结构　LCD 的基本结构是由两片玻璃组成的很薄的盒子。这种结构具有使用方便、生产工艺简单等优点。特别是在生产上,适宜采用集成化生产工艺,通过自动生产流水线可以快速大批量生产。

③ 使用寿命长　LCD 器件本身几乎没有什么老化问题。如能注意器件防潮、防压、防划伤、防紫外线照射和防静电等,同时注意使用温度,则 LCD 可以使用很长时间。

④ 被动显示　对 LCD 来说,环境光线越强显示内容越清晰。人眼所感受的外部信息 90% 以上是外部物体对光的反射,而不是物体自身发光,所以被动显示更适合人的视觉习惯,更不容易引起疲劳。这在信息量大、显示密度高、观看时间长的场合更为重要。

⑤ 显示信息量大不易于彩色化　LCD 与 CRT 相比,由于 LCD 没有荫罩限制,像素可以做得很小,这对于高清晰电视是一种理想的选择方案。同时,液晶易于彩色化,方法也很多。特别是液晶的彩色可以做得更逼真。

⑥ 无电磁辐射　CRT 工作时,不仅会产生 X 射线,还会产生其他电磁辐射,影响环境;LCD 则不会产生这类问题。

(2) LCD 的分类

液晶显示器件分类方法多种多样,这里简要介绍几种分类方法。

1) 按电光效应分类

所谓电光效应是指在电的作用下,液晶分子的初始排列改变为其他排列形式,从而使液晶盒的光学性质发生变化,也就是说,以电通过液晶分子对光进行了调制。不同的电光效应可以制成不同类型的显示器件。

按电光效应分类,LCD 可分为电场效应类、电流效应类、电热写入效应类和热效应类。其中,电场效应类又可分为扭曲向列效应(TN)类、宾主效应(GH)类和超扭曲效应(STN)类等。MCU 系统中应用较广泛的是 TN 型和 STN 型液晶器件。由于 STN 型液晶器件具有视角宽、对比度好等优点,几乎所有 32 位以上的点阵 LCD 都已经采用了 STN 效应结构,所以 STN 型正逐步代替 TN 型而成为主流。

2) 按显示内容分类

按显示内容分类,LCD 可分为字段式(或称为笔画式)、点阵字符式和点阵图形式 3 种。

字段式 LCD 是指以长条笔画状显示像素组成的液晶显示器件。它以七段显示最为常用,也包括为专用液晶显示器设计的固定图形及少量汉字。其主要应用于数字仪表、计算器和计数器中。

点阵字符式 LCD 是由显示的基本单元内一定数量的点阵组成,专门用于显示数字、字母、常用图形符号及少量自定义符号或汉字。这类显示器将 LCD 控制器、点阵驱动器和字符存储器等全部制作在一块印刷电路板上,构成便于应用的液晶显示模块。点阵字符式液晶显示模块在国际上已经规范化,有统一的引脚与编程结构。字符式液晶显示模块有内置 192 个字符,另外用户可自定义 5×7 点阵字符或 5×11 点阵字符若干个。显示行数一般为 1 行、2 行、4 行 3 种。每行可显示 8 个、16 个、20 个、24 个、32 个和 40 个字符不等。

点阵图形式除可显示字符外,还可以显示各种图形信息和汉字等,显示自由度大。常见的模块点阵从 80×32 到 640×480 不等。

3) 按 LCD 的采光方式分类

LCD 器件按其采光方式分类,分为带背光源和不带背光源两大类。不带背光的 LCD 靠背面的反射膜将射入的自然光从下面反射出来完成的。大部分计数、计时、仪表和计算器等计量显示部件都是用自然光的光源,可以选择使用不带背光的 LCD 器件。如果产品需要在弱光或黑暗条件下使用,可以选择带背光型 LCD,但背光源增加了能耗。

2. 点阵字符型 LCD 的接口特性

已经知道,点阵字符型 LCD 是专门用于显示数字、字母、图形符号及少量自定义符号的液晶显示器。这类显示器把 LCD 控制器、点阵驱动器、字符存储器、显示体及少量的阻容元件等集成为一个液晶显示模块。鉴于字符型液晶显示模块目前在国际上已经规范化,其电特性及接口特性是统一的。因此,只要设计出一种型号的接口电路,在指令上稍加修改即可使用各种规格的字符型液晶显示模块。

字符型液晶显示模块的控制器大多数为日立公司生产的 HD44780 及其兼容的控制电路，如 SED1278(SEIKO EPSON)、KS0066(SAMSUNG)、NJU6408(NERJAPAN RADIO) 等。下面介绍 HD44780 的接口特性。

点阵字符型液晶显示接口模块的主要特点如下：

① 液晶显示屏是由若干 5×8 或 5×11 的点阵块组成的显示字符群。每个点阵块为一个字符位，字符间距和行距都为一个点的宽度。

② 主控制电路为 HD44780(HITACHI) 及其他公司的全兼容电路。因此从程序员角度来说，LCD 的显示接口与编程是面向 HD44780 的，只要了解 HD44780 的编程结构即可进行 LCD 的显示编程。

③ 内部具有字符发生器 ROM(CG ROM, Character-Generator ROM)，可显示 192 种字符(160 个 5×7 点阵字符和 32 个 5×10 点阵字符)。

④ 具有 64 字节的自定义字符 RAM(CG RAM, Character-Generator RAM)，可以定义 8 个 5×8 点阵字符或 4 个 5×11 点阵字符。

⑤ 具有 64 字节的数据显示 RAM(DD RAM, Data-Display RAM)，供显示编程时使用。

⑥ 标准接口特性，与 M68HC08 系列 MCU 容易接口。

⑦ 模块结构紧凑、轻巧、装配容易。

⑧ 单一 5 V 电源供电(宽温型需要加一个 7 V 驱动电源)。

⑨ 低功耗、高可靠性。

9.3.2　S3C44B0X LCD 控制器

1. S3C44B0X 的内部 LCD 控制器介绍

S3C44B0X 内置 LCD 控制器可以支持规格为每像素 2 位(4 级灰度)或每像素 4 位(16 级灰度)的黑白 LCD，也可以支持每像素 8 位(256 级颜色)的彩色 LCD 屏。LCD 控制器可以通过编程支持不同 LCD 屏的要求，例如行列像素数、数据总线宽度、接口时序和刷新频率等。

LCD 控制器的主要的工作，是将定位在系统存储器显示缓冲区中的 LCD 图像数据传送到外部 LCD 驱动器。

(1) LCD 控制器的主要特性

- 支持彩色/灰度/黑白 LCD 屏。
- 支持 3 种显示类型 LCD 屏，即 4 位双扫描、4 位单扫描和 8 位单扫描显示类型。
- 支持多种虚拟显示屏(支持硬件方式的水平/垂直滚动)。
- 采用系统存储器作为显示缓冲区存储器。
- 专门的 DMA 操作用于支持图像数据的获取。
- 支持多种屏幕分辨率：

典型的屏幕分辨率有 640×480,320×240,2 048×2 048,1 024×4 096 等。
最大虚拟屏幕分辨率(彩色模式)有 4 096×1 024,2 048×2 048,1 024×4 069 等。
- 支持黑白、4 级灰度和 16 级灰度。
- 支持 STN 型 256 级色彩 LCD 显示屏。
- 支持低功耗模式(SL_IDLE 模式)。

(2) LCD 控制器的外部接口信号

VFRAME:LCD 控制器与 LCD 驱动器之间的帧同步信号。该信号告诉 LCD 屏新的一帧开始了。LCD 控制器在一个完整帧显示完成后立即插入一个 VFRAME 信号,开始新一帧的显示。该信号与 LCD 模块的 YD 信号相对应。

VLINE:LCD 控制器与 LCD 驱动器之间的线同步脉冲信号。该信号用于 LCD 驱动器将水平线(行)移位寄存器的内容传送给 LCD 屏显示。LCD 控制器在整个水平线(整行)数据移入 LCD 驱动器后,插入一个 VLINE 信号。该信号与 LCD 模块的 LP 信号相对应。

VCLK:LCD 控制器与 LCD 驱动器之间的像素时钟信号。由 LCD 控制器送出的数据在 VCLK 的上升沿处送出,在 VCLK 的下降沿处被 LCD 驱动器采样。该信号与 LCD 模块的 XCK 信号相对应。

VM:LCD 驱动器的 AC 信号。VM 信号被 LCD 驱动器用于改变行和列的电压极性,从而控制像素点的显示或熄灭。VM 信号可以与每个帧同步,也可以与可变数量的 VLINE 信号同步。该信号与 LCD 模块的 DISP 信号相对应。

VD[3:0]:LCD 像素点数据输出端口。与 LCD 模块的 D[3:0]相对应。

VD[7:4]:LCD 像素点数据输出端口。与 LCD 模块的 D[7:4]相对应。

2. LCD 控制器的操作

(1) 显示类型

S3C44B0X 的 LCD 控制器支持 3 种 LCD 驱动器:4 位双扫描、4 位单扫描和 8 位单扫描显示模式。其中,8 位单扫描方式如图 9-10 所示。

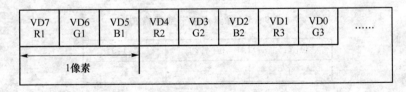

图 9-10 8 位单扫描方式

8 位单扫描显示采用 8 位并行数据线进行"行"数据连续移位输出,直到整个帧的数据都被移出为止。彩色像素点的显示要求 3 种颜色的图像数据,这使得行数据移位寄存器需要传输 3 倍于每行像素点个数的数据。图 9-10 中,这个 RGB 数据通过平行数据线连续地移位至 LCD 驱动器。

图9-11所示是LM057QC1T01的扫描模式图,可见LM057QC1T01是按照8位单扫描模式工作的。在8位单扫描方式中,LCD控制器的8条(VD[7:0])数据输出可以直接与LCD驱动器连接。

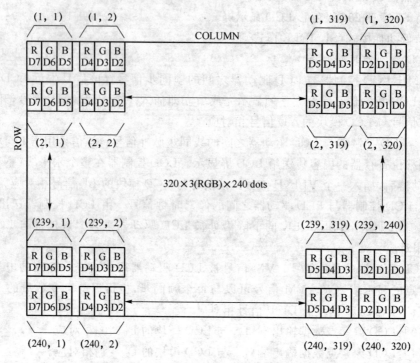

图9-11　LM057QC1T01的扫描模式

(2) 像素点字节数据格式(BSWP=0)

在彩色模式下,1字节8位(3位红色、3位绿色、2位蓝色)的图像数据对应于一个像素点。像素点字节在存储器中保存的格式为332模式,如表9-5所列。

表9-5　像素点字节数据格式

位[7:5]	位[4:2]	位[1:0]
红	绿	蓝

(3) 虚拟显示

S3C44B0X支持硬件方式的平行或垂直滚动。如果要使屏幕滚动,可以通过修改LCDSADDR1和LCDSADDR2寄存器中的LCDBASEU和LCDBASEL的值来实现。但不是通过修改PAGEWIDTH和OFFSIZE来实现。LCDBASEU、LCDBASEL、PAGEWIDTH和OFFSIZE的定义可以通过图9-12来认识。

第 9 章 ARM 系统中的人机接口技术

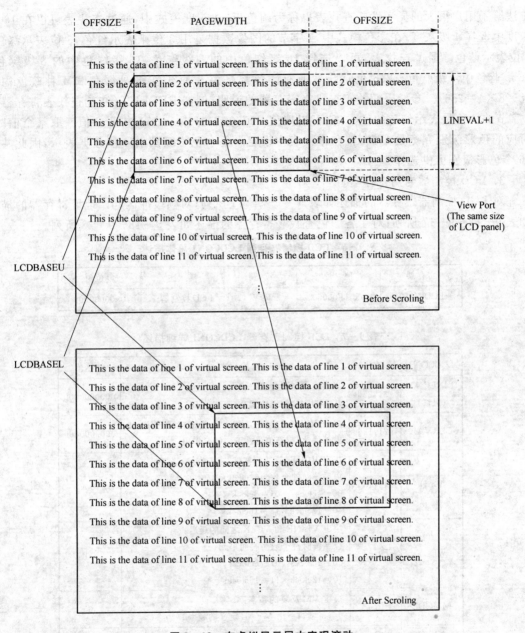

图 9 - 12 在虚拟显示屏中实现滚动

从图中可以看出,如果要实现滚动,则显示缓冲区的大小要大于 LCD 显示屏的大小。

(4) 查找表

S3C44B0X 可以支持调色板表(即查找表),用于各种色彩选择或灰度级别的选择。这种方法给予用户很大的灵活性。查找表也称为调色板,在灰度模式中,通过查找表可以在16级灰度中选择4级灰度;在彩色模式中,1字节的图像数据是用3位来表示红色,3位表示绿色,2位表示蓝色。通过查找表,可以选择16级红色中的8级红色,16级绿色中的8级绿色,16级蓝色中4级蓝色。256色意味着所有颜色都是由8种红色、8种绿色和4种蓝色构成($8×8×4=256$)。参考后面关于查找表寄存器的说明,例如REDLUT(红色查找表寄存器),1字节的3位是表示红色的,这3位可以取值000,001,010,…,111共8个值。取某个值时,对应的色彩级别究竟是多少,就在查找表中设定。每个色彩级别由4位数据表示,因此共有16个色彩级别可供选择。

3. LCD 控制器专用寄存器

对LCD控制器寄存器的描述如表9-6~9-11所列;对帧缓冲区起始地址寄存器的描述如表9-12~9-17所列;对于各颜色查找表寄存器的描述如表9-18~9-23所列。

表9-6 LCD控制寄存器 LCDCON1 总体描述

寄存器	地 址	读/写	描 述	复位值
LCDCON1	0x01F00000	R/W	LCD控制器1	0x00000000

表9-7 LCD控制寄存器 LCDCON1 详细描述

LCDCON1	位	描 述	初始值
LINECNT（只读）	[31:22]	提供线寄存器的状态: 从LINEVAL倒数到0	0000000000
CLKVAL	[21:12]	决定VCLK的频率。如果这些位在ENVID=1时被修改,则新值将在下一帧起作用	0000000000
WLH	[11:10]	决定VLINE脉冲的宽度: 以系统时钟个数为时间单元, 00=4clocks, 01=8clocks, 10=12clocks, 11=16clocks	00
WDLY	[9:8]	决定VLINE和VCLK之间的延迟: 以系统时钟个数为时间单元, 00=4clocks, 01=8clocks, 10=12clocks, 11=16clocks	00
MMODE	[7]	决定VM反复的频率: 0=每帧,1=由MVAL定义的频率	0
DISMODE	[6:5]	用于选择显示模式: 00=4位双扫描显示方式, 01=4位单扫描显示方式, 10=8位单扫描显示方式, 11=未用	00

第9章 ARM系统中的人机接口技术

续表9-7

LCDCON1	位	描述	初始值
INVCLK	[4]	决定 VCLK 激活边沿： 0＝视频数据在 VCLK 的下降沿处被获取， 1＝视频数据在 VCLK 的上升沿处被获取	0
INVLINE	[3]	决定 VLINE 脉冲的极性： 0＝正常，1＝反向	0
INVFRAME	[2]	决定 VFRAM 脉冲的极性： 0＝正常，1＝反向	0
INVVD	[1]	决定 VD[7:0]数据线的极性： 0＝正常，1＝VD[7:0]输出反向	0
ENVID	[0]	视频输出和逻辑使能/禁止： 0＝禁止视频输出和逻辑，清空 LCD 的 FIFO； 1＝使能视频输出和逻辑	0

表9-8 LCD控制寄存器 LCDCON2 总体描述

寄存器	地址	读/写	描述	复位值
LCDCON2	0x01F00004	R/W	LCD 控制器 2	0x00000000

表9-9 LCD控制寄存器 LCDCON2 详细描述

LCDCON2	位	描述	初始值
LINEBLANK	[31:21]	确定在行线持续时间中的空白时间，这一设置可以对 VLINE 信号的频率进行微调。LINEBLANK 的单位是 MCLK。例如：如果 LINEBLANK 的值是 10，那么空白时间将在 10 个系统时钟之间插入 VCLK	0x000
HOZVAL	[20:10]	确定 LCD 屏的水平像素(LCD 的长)个数。HOZVAL 决定必须适合的条件是总数字节的 1 行是 2n 字节。如果 1 行有 15 字节，而 LCD 的 x 大小是单色模式的 120 个点，即 x=120，则不能被支持。如果 1 行有 16 字节(2n)，而单一模式为 x=128，则能被支持。另外的 8 个点将会被液晶投影板驱动器丢弃	0x000
LINEVAL	[9:0]	确定 LCD 垂直像素(LCD 的长)个数	0x000

表 9-10　LCD 控制寄存器 LCDCON3 总体描述

寄存器	地　址	读/写	描　述	复位值
LCDCON3	0x01F00040	R/W	测试模式允许寄存器	0x00

表 9-11　LCD 控制寄存器 LCDCON3 详细描述

LCDCON3	位	描　述	初始值
Reserved	[2:1]	测试保留位	0
SELFREF	[0]	LCD 自刷新模式使能位： 0＝LCD 自刷新模式不允许， 1＝LCD 自刷新模式允许	0

表 9-12　帧缓冲区起始地址寄存器 LCDSADDR1 总体描述

寄存器	地　址	读/写	描　述	复位值
LCDSADDR1	0x01F00008	R/W	帧缓冲区起始地址寄存器 1	0x000000

表 9-13　帧缓冲区起始地址寄存器 LCDSADDR1 详细描述

LCDSADDR1	位	描　述	初始值
MODESEL	[28:27]	用来选择黑白、灰度或彩色模式： 00＝单色模式，01＝4 等级的灰度模式， 10＝16 等级的灰度模式，11＝彩色模式	00
LCDBANK	[26:21]	用来指定视频缓冲区在系统存储器的 Bank 地址 A[27:22]	0x00
LCDBASEU	[20:0]	表示显示缓冲区上部的地址计数器的起始地址 A[21:1]	0x000000

表 9-14　帧缓冲区起始地址寄存器 LCDSADDR2 总体描述

寄存器	地　址	读/写	描　述	复位值
LCDSADDR2	0x01F0000C	R/W	帧缓冲区起始地址寄存器 2	0x000000

表 9-15 帧缓冲区起始地址寄存器 LCDSADDR2 详细描述

LCDSADDR2	位	描 述	初始值
BSWP	[29]	字节交换控制位： 1＝交换使能，0＝交换禁止	0
MVAL	[28:21]	决定在 MMODE 位设置为逻辑 1 时，VM 信号翻转的频率	0x00
LCDBASEL	[20:0]	表示显示缓冲区底部的地址计数器的值 A[21:1]，它与 LCDBASEU 的关系如下： LCDBASEL ＝ LCDBASEU ＋ （PAGEWIDTH ＋ OFFSIZE）×（LINEVAL＋1）	0x0000

注 意

- LCDBANK 在 ENVID＝1 时不可改变；
- 如果 LCDBASEU 和 LCDBASEL 在 ENVID＝1 时改变了，则新值将在下一帧显示开始时采用；
- 用户可以改变 LCDBASEU 和 LCDBASEL 的值，从而实现屏幕的滚动。

表 9-16 帧缓冲区起始地址 LCDSADDR3 总体描述

寄存器	地 址	读/写	描 述	复位值
LCDSADDR3	0x01F00010	R/W	虚拟屏幕地址设置	0x000000

表 9-17 帧缓冲区起始地址 LCDSADDR3 详细描述

LCDSADDR3	位	描 述	初始值
OFFSIZE	[19:9]	虚拟显示屏的偏移大小（以 16 位为单位）。这个值定义了某一行的第一个字与前一行最后一个字之间的距离	0x0000
PAGEWIDTH	[8:0]	虚拟显示屏的页宽度（以 16 位为单位）。这个值定义了一帧中显示区的宽度	0x000

表 9-18 红色查找表寄存器总体描述

寄存器	地 址	读/写	描 述	复位值
REDLUT	0x01F00014	R/W	红色查找表寄存器	0x00000000

表 9-19 红色查找表寄存器详细描述

REDLUT	位	描述	初始值
REDVAL	[31:0]	定义 8 种红色(可以取 16 种颜色) 000=REDVAL[3:0], 001=REDVAL[7:4] 010=REDVAL[11:8], 011=REDVAL[15:12] 100=REDVAL[19:16], 101=REDVAL[23:20] 110=REDVAL[27:24], 111=REDVAL[31:28]	0x00000000

表 9-20 绿色查找表寄存器总体描述

寄存器	地址	读/写	描述	复位值
GREENLUT	0x01F00018	R/W	绿色查找表寄存器	0x00000000

表 9-21 绿色查找表寄存器详细描述

GREENLUT	位	描述	初始值
GREENVAL	[31:0]	定义 8 种绿色(可以取 16 个颜色): 000=GREENVAL[3:0], 001=GREENVAL[7:4] 010=GREENVAL[11:8], 011=GREENVAL[15:12] 100=GREENVAL[19:16], 101=GREENVAL[23:20] 110=GREENVAL[27:24], 111=GREENVAL[31:28]	0x00000000

表 9-22 蓝色查找表寄存器总体描述

寄存器	地址	读/写	描述	复位值
BLUELUT	0x01F0001C	R/W	蓝色查找表寄存器	0x0000

表 9-23 蓝色查找表寄存器详细描述

BULELUT	位	描述	初始值
BLUEVAL	[15:0]	定义 4 种蓝色(可以选择 8 种颜色): 00=BLUEVAL[3:0], 01=BLUEVAL[7:4] 10=BLUEVAL[11:8], 11=BLUEVAL[15:12]	0x0000

9.3.3 S3C2410X LCD 控制器

S3C2410X 中的 LCD 控制器由传送逻辑构成。这种逻辑将位于系统内存显示缓冲区中的 LCD 视频数据传送到外部的 LCD 驱动器。

LCD 控制器支持单色,使用基于时间的抖动算法和帧频控制的方法,可以支持每像素 2 位(4 级灰度)或每像素 4 位(16 级灰度)的单色 LCD 显示屏。也支持彩色 LCD 接口,可以是每像素 8 位(256 种颜色)和每像素 12 位(4 096 种颜色)的 STN LCD。

支持每像素 1 位、2 位、4 位和 8 位带有调色板的 TFT 彩色 LCD 和每像素 16 位与 24 位的无调色板真彩色显示。

根据屏幕的水平与垂直像素数,数据界面的数据宽度,界面时间和自刷新速率,LCD 控制器可以编程以支持各种不同要求的显示屏。

1. 特　点

(1) STN 型 LCD 显示屏
- 支持 3 种扫描方式:4 位单扫、4 位双扫和 8 位单扫。
- 支持单色、4 级灰度和 16 级灰度屏。
- 支持 256 色和 4 096 色彩色 STN 屏。
- 支持多种屏幕尺寸:

  典型的屏幕尺寸有 640×480,320×240,160×160 和其他。

  最大虚拟屏幕尺寸达 4 MB。

  256 色模式下最大虚拟屏幕尺寸有 4 096×1 024,2 048×2 048,1 024×4 096 及其他。

(2) TFT 型 LCD 显示屏
- 支持 1 位、2 位、4 位和 8 位(每像素)调色板 TFT 显示。
- 支持 16 位/像素非调色板真彩色 TFT 显示。
- 支持 24 位/像素非调色板真彩色 TFT 显示。

(3) 24 位/像素模式下最大支持 16M 彩色 TFT

支持多种屏幕尺寸:
- 典型分辨率为 640×480、320×240、160×160 及其他多种规格的 LCD。
- 最大虚拟显示达 4 MB。
- 虚拟显示尺寸在 64 K 色模式下:2 048×1 024 及其他。

(4) 共同特点

LCD 控制器有一个专用 DMA,它不断从位于系统内存中的显示缓冲区获取视频数据。其特点归纳如下:
- 专用中断功能(INT_FrSyn and INT_FiCnt)。
- 使用系统内存作为显存。
- 支持多种虚拟显示屏(支持水平/垂直滚屏)。
- 对于不同的显示屏,支持可编程定时控制。

- 支持小端和大端字节模式以及 WinCE 数据格式。
- 支持 SEC TFT LCD 触摸屏。

注　意
- WinCE 不支持 12 位数据包格式。
- 请检查 WinCE 是否支持 12 彩色模式。

(5) 外部接口信号

VFRAME/VSYNC/STV：帧同步信号(STN)/垂直同步信号(TFT)/SEC TFT 信号。

VLINE/HSYNC/CPV：行同步脉冲信号(STN)/水平同步信号(TFT)/SEC TFT 信号。

VCLK/LCD_HCLK：像素时钟信号(STN/TFT)/SEC TFT 信号。

VD[23:0]：LCD 像素数据输出端口(STN/TFT/SEC TFT)。

VM/VDEN/TP：LCD 驱动器交流信号(STN)/数据使能信号(TFT)/SEC TFT 信号。

LEND/STH：行结束信号(TFT)/SEC TFT 信号。

LCD_PWREN：LCD 屏电源控制信号。

LCDVF0：SEC TFT 信号 OE。

LCDVF1：SEC TFT 信号 REV。

LCDVF2：SEC TFT 信号 REVB。

(6) LCD 控制器框图

S3C2410X 中 LCD 控制器用来传送视频数据和产生需要的控制信号，如 VFRAME，VLINE，VCLK 和 VM 等。除控制信号外，S3C2410X 中的 LCD 控制器还有传送视频数据的端口，如图 9-13 中 VD[23:0]所示。LCD 控制器由 REGBADNK，LCDCDMA，VIDPRCS，TIMEGEN，LPC3600 组成。

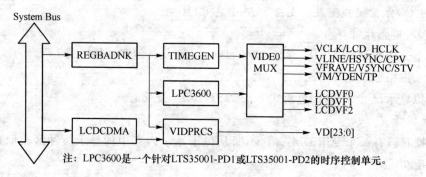

图 9-13　LCD 控制器框图

REGBADNK 有 17 个可编程寄存器组和用来配置 LCD 控制器的 256×16 的调色板存储器。LCDCDMA 是一个专用 DMA，自动传送帧数据到 LCD 驱动器。利用这个专用的

DMA,视频数据可以在没有 CPU 的参与下自动显示。VIDPRCS 从 LCDCDMA 接收视频数据,然后将其转换成适合的数据格式通过数据端口 VD[23:0]发送到 LCD 驱动器上,例如 4 位/8 位单扫描或 4 位双扫描模式。TIMEGEN 由可编程逻辑组成,支持各种常见 LCD 驱动器的定时与速率界面的不同要求。TIMEGEN 模块产生 VFRAME,VLINE,VCLK 和 VM 等信号。

数据流描述如下:

LCDCDMA 有先入先出 FIFO(First-In First-Out)存储器。当 FIFO 为空或者部分为空时,LCDCDMA 模块就以爆发式传送模式从帧存储器中取数据(每次爆发式请求连续取 16 字节,期间不允许总线控制权的转变)。当传送请求被位于内存控制器中的总线仲裁器接受时,将有连续 4 字的数据从系统内存送到外部的 FIFO。FIFO 的大小总共为 28 字,其中分别有 12 字的 FIFOL 和 16 字的 FIFOH。S3C2410X 有两个 FIFO 存储器以支持双扫描显示模式。在单扫描模式下只有一路 FIFO(FIFOH)工作。

2. STN 型 LCD 控制操作

TIMEGEN(脉冲发生器)用来产生 LCD 驱动器的控制信号,如 VFRAME,VLINE,VCLK 和 VM。这些控制信号与寄存器组中控制寄存器 LCDCON1/2/3/4/5 的配置密切相关。

基于这些 LCD 控制寄存器的可编程配置,TIMEGEN 就能产生可编程的控制信号,以支持多种不同类型的 LCD 驱动器。

以帧为周期,在整个第一行中,插入一个 VFRAME(帧)脉冲信号。VFRAME 信号使行指针回到显示器的顶行重新开始新的一帧。

VM 信号使 LCD 驱动器的行和列电压极性交替变换,用做对像素的开与关。VM 信号的触发速率决定于 LCDCON1 寄存器中 MMODE 位和 LCDCON4 寄存器 MVAL 区的设置。若 MMODE 位为 0,则 VM 信号每帧触发一次。若 MMODE 位为 1,则 VM 信号在指定数量的 VLINE 信号后的触发,VLINE 数量由 MVAL[7:0]的值决定。当 MMODE=1 时,VM 信号的速率与 MVAL[7:0]的值有关,公式为

$$\text{VM 速率} = \text{VLINE 速率}/(2 \times \text{MVAL}) \tag{9-1}$$

VFRAME 和 VLINE 脉冲的产生取决于 LCDCON2/3 寄存器中 HOZVAL 和 LINEVAL 的配置,它们都与 LCD 屏的尺寸和显示模式有关。换句话说,HOZVAL 和 LINEVAL 可由 LCD 屏与显示模式决定,公式为

$$\text{HOZVAL} = (\text{水平显示尺寸}/\text{有效 VD 数据队列数}) - 1 \tag{9-2}$$

彩色显示模式下,显示尺寸公式为

$$\text{水平显示尺寸} = 3 \times \text{水平像素数}$$

在 4 位单扫描模式下,有效 VD 数据队列数应为 4。若用 4 位双扫描显示,有效的 VD 数

据队列数也应为4,但在8位单扫描模式下,有效的VD数据队列数应为8。

单扫描情况:

$$\text{LINEVAL} = (\text{垂直显示尺寸}) - 1 \qquad (9-3)$$

双扫描情况:

$$\text{LINEVAL} = (\text{垂直显示尺寸}/2) - 1 \qquad (9-4)$$

VCLK信号的速率(单位为Hz)取决于LCDCON1寄存器中CLKVAL的配置。表9-24定义了VCLK与CLKVAL的关系。CLKVAL的最小值为2。

$$\text{VCLK} = \text{HCLK}/(\text{CLKVAL} \times 2)$$

帧频(帧速率,单位为Hz)就是VFRAM信号的频率。帧频和寄存器LCDCON1/2/3/4中WLH[1:0](VLINE脉冲宽度),WDLY[1:0](VCLK延迟于VLINE脉冲的宽度),HOZVAL,LINEBLANK和LINEVAL及VCLK和HCLK密切相关。大多数LCD驱动器都有适合它们的帧频。帧频可由下列公式计算得出:

$$\text{帧频} = 1/\{[(1/\text{VCLK}) \times (\text{HOZVAL}+1) + (1/\text{HCLK}) \times \\ (A+B+(\text{LINEBLANK} \times 8))] \times (\text{LINEVAL}+1)\} \qquad (9-5)$$

式中:$A = 2^{(4+\text{WLH})}$,$B = 2^{(4+\text{WDLY})}$。

表9-24 VCLK与CLKVAL间的关系(STN,HCLK=60 MHz)

CLKVAL	60 MHz/X	VCLK
2	60 MHz/4	15.0 MHz
3	60 MHz/6	10.0 MHz
⋮	⋮	⋮
1023	60 MHz/2 046	29.3 kHz

3. 视频操作

S3C2410X的LCD控制器可支持8位彩色模式(256色模式)、12位彩色模式(4 096色模式)、4级灰度模式、16级灰度模式以及单色模式。对于灰度或彩色模式,需要基于时间抖动和帧速率控制的方法来实现灰度或彩色的分级,也可以通过一个可编程的查找表选择。单色模式则不需要这些模块(FRC和查找表),基本上通过转换视频数据使FIFOH(如果是双扫描显示类型则还有FIFOL)的数据串行化为4位(若为4位双扫描或8位单扫描显示类型时为8位)数据流到LCD驱动器。

4. 查找表

S3C2410X能支持多样选择的颜色或灰度映射的颜色查找表,确保用户使用弹性化。颜色查找表是可以选择彩色或灰度级别(在4级灰度模式下,可选择16级灰度中的4级;在256色模式下,可选择16级红色中的8种、16级绿色中的8种和8级蓝色中的4种)的调色板。换句话说,在4级灰度模式下,利用查找表用户可以选择16级灰度中的4级。在16级灰度模式下,灰度级别是不能选择的。在可能的16级灰度中所有的16种灰度必须选择。在256色模式下,3位代表红色,3位代表绿色,2位代表蓝色。这256种颜色是由8种红色、8种绿色和4种蓝色(8×8×4＝256种)组合而成的。在其他模式下,查找表可适当选择。8种红色可从16级红色选择,8种绿色可从16级绿色选择,4种蓝色可从8级蓝色选择。而在4 096色模式下的选择与在256色模式下的不同。

5. 灰度模式操作

S3C2410X的LCD控制器支持2种灰度模式:每像素2位灰色(4级灰度)和每像素4位灰色(16级灰度)。2位/像素灰色模式下使用一个查找表(BLUELUT),允许在16级可能的灰度中选择4种。2位/像素灰色查找表用的是蓝色查找表(BLUELUT)寄存器中BLUEVAL[15:0],就像在彩色模式下使用的蓝色查找表一样。0级灰度由BLUEVAL[3:0]指定。若BLUEVAL[3:0]值为9,则0级灰度就代表16级灰度中的第9级灰度。若BLUEVAL[3:0]值为15,则0级灰度就代表16级灰度中的第15级灰度,依此类推。按上面介绍的方法,1级灰度由BLUEVAL[7:4]指定,2级灰度由BLUEVAL[11:8]指定,而3级灰度就由BLUEVAL[15:12]指定。BLUEVAL[15:0]中这四组值就分别代表灰度0、灰度1、灰度2和灰度3。在16级灰度模式下就不需要选择了。

6. 256级彩色模式操作

S3C2410X的LCD控制器可支持8位/像素的256色显示模式。利用抖动算法和帧频控制,彩色显示模式下可产生256种颜色。每像素的8位可编码成为3位代表红色、3位代表绿色和2位代表蓝色。彩色显示模式使用单独的红色、绿色和蓝色查找表。它们分别用寄存器REDLUT中REDVAL[31:0]、寄存器GREENLUT中GREENVAL[31:0]和寄存器BLUELUT中BLUEVAL[15:0]作为可编程的查找表项。

和灰度显示一样,寄存器REDLUT共8组。每组4位,也就是REDVAL[31:28],REDLUT[27:24],REDLUT[23:20],REDLUT[19:16],REDLUT[15:12],REDLUT[11:8],REDLUT[7:4]和REDLUT[3:0],分别指定一种红色级别。每组中的4位的可能组合数为16,每种红色级别应指定为16种可能级别中的一种。换言之,用户利用这种查找表可以选择适合的红色级别。对于绿色,寄存器GREENLUT中的GREENVAL[31:0]作为查找表,与红色查找表作同样的处理。同样,寄存器BLUELUT中BLUEVAL[15:0]也被指派为查找表。对于蓝色,与8级红色或绿色级别不同,只有2位,可以指定4级蓝色。

7. 4 096级彩色模式操作

S3C2410X的LCD控制器可以支持12位/像素的4 096色显示模式。利用抖动算法和帧频控制,这种彩色显示模式可产生4 096种颜色。代表一个像素的12位编码为4位代表红色、4位代表绿色和4位代表蓝色。4 096色显示模式下不使用颜色查找表。

(1) 抖动和帧频控制

对于STN型LCD显示屏(单色除外),视频数据都必须经过抖动算法的处理。DITH-FRC有两个功能,如为减少闪烁而设的基于时间的抖动算法和为在STN型屏上显示灰色或彩色的帧频控制。这里介绍在STN型屏上基于帧频控制的灰色或彩色显示原理。例如,为了显示总共16级灰度中的第3级灰度(3/16),显示的像素需要开3个单门时间而关闭13个单门时间。换言之,在16帧数据中,一个特定的像素在3帧中是显示的,而在其他13帧中这一像素是不显示的。这16帧数据是周期性显示的。这是在显示屏上显示灰度的基本原理,即所谓的基于帧频控制的灰度显示。实际例子如表9-25所列。如表中代表14级灰度的,需要6/7的占空比,即6个单门时间像素显示而1个单门时间像素不显示。

使用STN型LCD时,应注意闪变噪声是由邻近帧中的像素同时开关产生的。例如,若第一帧中所有的像素都是开的,而下一帧中所有的像素都是关的,闪变噪声将会达到最大。为了减小屏上的闪变噪声,像素开与关的概率应相近。为了实现这一点,可使用基于时间的抖动算法,它可以使每帧中邻近像素的样式多样化。对于16级灰度,帧频控制的灰度级别和占空比间的关系是:第15级灰度应该使像素保持开状态,第14级灰度应有6个单门时间是开、1个单门时间是关,第13级灰度应使4个单门时间开和1个单门时间关,……而第0级灰度应使像素始终是关的,如表9-25所列。

表9-25 抖动占空比实例

预抖动数据(灰度级数)	占空比	预抖动数据(灰度级数)	占空比
15	1	7	1/2
14	6/7	6	3/7
13	4/5	5	2/5
12	3/4	4	1/3
11	5/7	3	1/4
10	2/3	2	1/5
9	3/5	1	1/7
8	4/7	0	0

(2) 显示类型

LCD控制器支持3种类型的LCD驱动器:4位双扫描、4位单扫描和8位单扫描显示模式。图 9-14 所示为单色显示方式下的 3 种显示类型。图 9-15 所示为在彩色显示方式下的 3 种显示类型。

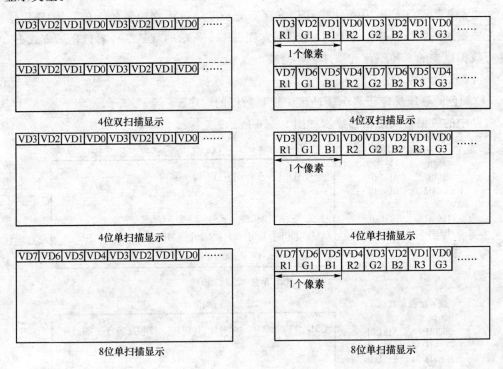

图 9-14　单色显示(STN)　　　　图 9-15　彩色显示(STN)

1) 4 位双扫描显示方式

4 位双扫描采用 8 位并行数据线同时移送数据至显示屏的上半屏和下半屏。8 个平行数据线中有 4 位数据移入上半屏,而另 4 位数据移入下半屏,见图 9-14。当每个半屏中数据移送完毕时一帧便结束。LCD 控制器引出的 8 个 LCD 输出端(VD[7:0])可直接与 LCD 驱动器相连。

2) 4 位单扫描显示方式

4 位单扫描采用 4 位并行数据线将行数据一次连续移出,直到整个帧的数据被移出为止。从 LCD 控制器引出的 4 个 LCD 输出端(VD[3:0])可直接连到 LCD 驱动器上,而 LCD 输出端的另 4 个端口(VD[7:4])则没用。

3) 8 位单扫描显示方式

8 位单扫描采用 8 位并行数据线将行数据一次连续移出,直到整个帧的数据被移出为止。从 LCD 控制器引出的 8 个 LCD 输出端(VD[7:0])可直接连到 LCD 驱动器上。

4) 256 色显示方式

彩色显示下每个像素的图像数据需要 3 位(红、绿、蓝),即每行的移位寄存器数量相当于 3 倍的水平像素数。所以,一个水平移位寄存器的长度是行像素数量的 3 倍。RGB 数据以连续的位数据通过并行线移位至 LCD 驱动器。图 9-15 所示的就是 3 种彩色显示方式下,像素在并行数据线中的 3 种颜色和顺序。

5) 4 096 色显示方式

3 种颜色的顺序决定于显示缓冲区中视频数据的顺序。

内存中的数据格式及扫描显示如图 9-16 所示。

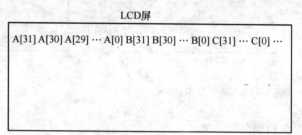

图 9-16 缓冲区视频数据与 LCD 屏的对应

(3) 内存中数据的格式(STN,BSWP=0)

- 4 级灰度模式下,一个像素由 2 位视频数据表示。
- 16 级灰度模式下,一个像素由 4 位视频数据表示。
- 256 级彩色模式下,一个像素由 8 位(其中 3 位红色、3 位绿色、2 位蓝色)视频数据表示。其彩色数据格式如表 9-26 所列。

表 9-26 内存中数据的格式

位[7:5]	位[4:2]	位[1:0]
Red	Green	Blue

- 4 096 级彩色模式下,一个像素由 12 位(其中 4 位红色、4 位绿色、4 位蓝色)视频数据表示。表 9-27 所列为字内彩色数据格式(视频数据必须以 3 字为界)RGB 顺序。

表 9-27 彩色数据格式

DATA	[31:28]	[27:24]	[23:20]	[19:16]
Word#1	Red(1)	Green(1)	Blue(1)	Red(2)
Word#2	Blue(3)	Red(4)	Green(4)	Blue(4)
Word#3	Green(6)	Blue(6)	Red(7)	Green(7)
DATA	[15:12]	[11:8]	[7:4]	[3:0]
Word#1	Green(2)	Blue(2)	Red(3)	Green(3)
Word#2	Red(5)	Green(5)	Blue(5)	Red(6)
Word#3	Blue(7)	Red(8)	Green(8)	Blue(8)

(4) 时序要求

应利用 VD[7:0]信号将视频数据从内存传送到 LCD 驱动器。VCLK 信号是将数据移入 LCD 驱动器中移位寄存器的时钟信号。一行数据被移入 LCD 驱动器中的移位寄存器后,便插入一个 VLINE 信号以显示此行(表明一行的结束)。

VM 信号则为显示器提供一个交流信号。LCD 用此信号使行和列电压的极性交替,这样可以使像素开或关,因为若用直流电压,LCD 中的等离子体会被破坏。VM 信号可配置成每帧触发或在指定数量的 VLINE 信号后触发。图 9-17 所示为 LCD 驱动器接口的时序要求。

8. TFT 型 LCD 控制器操作

TIMEGEN(脉冲发生器)产生适合 LCD 驱动器的各种控制信号,如 VSYNC,HSYNC,VCLK,VDEN 和 LEND 等信号。这些控制信号与寄存器组中的控制寄存器 LCDCON1/2/3/4/5 的配置密切相关。基于这些可编程 LCD 控制寄存器,脉冲发生器可以产生可编程的信号,可支持各种不同类型的 LCD 驱动器。

VSYNC 和 HSYNC 脉冲的产生取决于寄存器 LCDCON2/3 中 HOZVAL 与 LINEVAL 的配置值。HOZVAL 与 LINEVAL 的值与实际 LCD 屏和尺寸有关,公式如下:

$$HOZVAL = (水平显示尺寸) - 1$$
$$LINEVAL = (垂直显示尺寸) - 1 \tag{9-6}$$

VCLK 的速率(单位为 Hz)取决于寄存器 LCDCON1 中 CLKVAL 的值。表 9-28 定义了 VCLK 与 CLKVAL 之间的关系。CLKVAL 的最小值为 0。其关系式为

$$VCLK = HCLK/[(CLKVAL+1) \times 2] \tag{9-7}$$

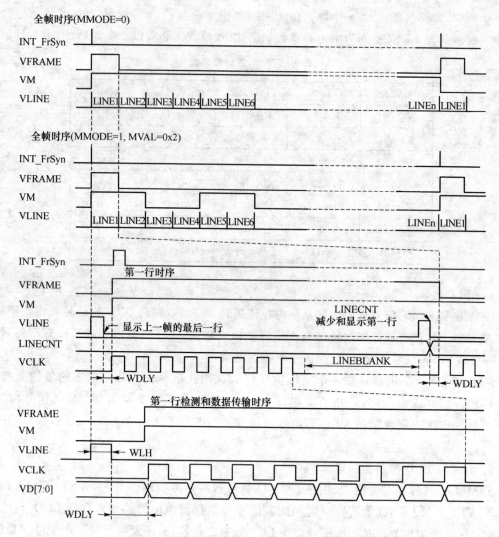

图 9-17 8 位单扫描显示方式 STN 型 LCD 时序图

表 9-28 VCLK 与 CLKVAL 的关系 (TFT, HCLK＝60 MHz)

CLKVAL	60 MHz/x	VCLK
1	60 MHz/4	15.0 MHz
2	60 MHz/6	10.0 MHz
⋮	⋮	⋮
1 023	60 MHz/2 048	30.0 kHz

帧频即为 VSYNC 信号的频率。帧频与控制寄存器 LCDCON1 及 LCDCON2/3/4 中的 VSYNC、VBPD、VFPD、LINEVAL、HSYNC、HBPD、HFPD、HOZVAL 和 CLKVAL 都有关联。大多数 LCD 驱动器都有与其相匹配的帧频。帧频可由以下公式得出：

$$帧频 = 1/\{[(VSPW+1)+(VBPD+1)+(LINEVAL+1)+(VFPD+1)] \times [(HSPW+1)+(HBPD+1)+(HFPD+1)+(HOZVAL+1)] \times [2 \times (CLKVAL+1)/HCLK]\} \quad (9-8)$$

(1) 视频操作

S3C2410X 中 TFT LCD 控制器支持 1 位/像素、2 位/像素、4 位/像素或 8 位/像素带调色板显示和 16 位/像素或 24 位/像素无调色板真彩色显示。

(2) 256 色调色板

S3C2410X 支持多种颜色映射选择的 256 色调色板，使用户的操作更具弹性。

(3) 内存中数据的格式（TFT）

这一部分包括每种显示模式的几个例子。表 9-29 所列为 24 位/像素显示时，内存中数据的格式；表 9-30 所列为 24 位/像素显示模式下 VD 引脚描述。表 9-31 所列为 16 位/像素显示时，内存中数据的格式；表 9-32、表 9-33 所列为 16 位/像素显示模式下 VD 引脚描述。表 9-34 所列为 8 位/像素显示时，内存中数据的格式。表 9-35 所列为 4 位/像素显示时，内存中数据的格式。表 9-36 所列为 2 位/像素显示时，内存中数据的格式。

表 9-29 24 位/像素显示

(BSWP=0,HWSWP=0,BPP24BL=0)		
D	[31:24]	[23:0]
000H	虚拟位	P1
004H	虚拟位	P2
008H	虚拟位	P3
⋮	⋮	⋮
(BSWP=0,HWSWP=0,BPP24BL=1)		
D	[31:8]	[7:0]
000H	P1	虚拟位
004H	P2	虚拟位
008H	P3	虚拟位
⋮	⋮	⋮

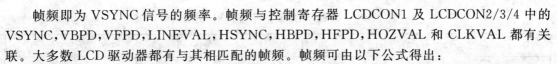

表 9-30 24位/像素显示模式下 VD 引脚描述

VD	23	22	21	20	19	18	17	16	15	14	13	12
RED	7	6	5	4	3	2	1	0				
GREEN									7	6	5	4
BLUE												
VD	11	10	9	8	7	6	5	4	3	2	1	0
RED												
GREEN	3	2	1	0								
BLUE					7	6	5	4	3	2	1	0

表 9-31 16位/像素显示模式

(BSWP=0,HWSWP=0)		
D	[31:16]	[15:0]
000H	P1	P2
004H	P3	P4
008H	P5	P6
⋮	⋮	⋮
(BSWP=0,HWSWP=1)		
D	[31:16]	[15:0]
000H	P2	P1
004H	P4	P3
008H	P6	P5
⋮	⋮	⋮

```
┌─────────────────────────┐
│ ┌─────────────────────┐ │
│ │ P1 P2 P3 P4 P5 ……   │ │
│ │                     │ │
│ │      LCD屏           │ │
│ └─────────────────────┘ │
└─────────────────────────┘
```

第9章 ARM系统中的人机接口技术

表9-32　16位/像素显示模式下VD引脚的连接方式一(5:6:5)

VD	23	22	21	20	19	18	17	16	15	14	13	12
RED	4	3	2	1	0							
GREEN							NC		5	4	3	2
BLUE												
VD	11	10	9	8	7	6	5	4	3	2	1	0
RED												
GREEN	1	0		NC							NC	
BLUE						4	3	2	1	0		

表9-33　16位/像素显示模式下VD引脚的连接方式二(5:5:5:1)

VD	23	22	21	20	19	18	17	16	15	14	13	12
RED	4	3	2	1	0	1						
GREEN							NC		4	3	2	1
BLUE												
VD	11	10	9	8	7	6	5	4	3	2	1	0
RED												
GREEN	0	1		NC							NC	
BLUE					4	3	2	1	0	1		

注　意　未使用的VD引脚可用做GPIO。

表9-34　8位/像素显示模式

	(BSWP=0,HWSWP=0)			
D	[31:24]	[23:16]	[15:8]	[7:0]
000H	P1	P2	P3	P4
004H	P5	P6	P7	P8
008H	P9	P10	P11	P12
⋮	⋮	⋮	⋮	⋮
	(BSWP=1,HWSWP=0)			
D	[31:24]	[23:16]	[15:8]	[7:0]
000H	P4	P3	P2	P1
004H	P8	P7	P6	P5

续表 9-34

D	[31:24]	[23:16]	[15:8]	[7:0]
008H	P12	P11	P10	P9
⋮	⋮	⋮	⋮	⋮

```
┌─────────────────────────────────────────────┐
│  │P1│P2│P3│P4│P5│P6│P7│P8│P9│P10│P11│P12│……  │
│                                             │
│                   LCD屏                      │
└─────────────────────────────────────────────┘
```

表 9-35 4 位/像素显示模式

(BSWP=0,HWSWP=0)								
D	[31:28]	[27:24]	[23:20]	[19:16]	[15:12]	[11:8]	[7:4]	[3:0]
000H	P1	P2	P3	P4	P5	P6	P7	P8
004H	P9	P10	P11	P12	P13	P14	P15	P16
008H	P17	P18	P19	P20	P21	P22	P23	P24
⋮	⋮	⋮	⋮	⋮	⋮	⋮	⋮	⋮
(BSWP=1,HWSWP=0)								
D	[31:28]	[27:24]	[23:20]	[19:16]	[15:12]	[11:8]	[7:4]	[3:0]
000H	P7	P8	P5	P6	P3	P4	P1	P2
004H	P15	P16	P13	P14	P11	P12	P9	P10
008H	P23	P24	P21	P22	P19	P20	P17	P18
⋮	⋮	⋮	⋮	⋮	⋮	⋮	⋮	⋮

表 9-36 2 位/像素显示模式(BSWP=0,HWSWP=0)

D	[31:30]	[29:28]	[27:26]	[25:24]	[23:22]	[21:20]	[19:18]	[17:16]
000H	P1	P2	P3	P4	P5	P6	P7	P8
004H	P17	P18	P19	P20	P21	P22	P23	P24
008H	P33	P34	P35	P36	P37	P38	P39	P40
⋮	⋮	⋮	⋮	⋮	⋮	⋮	⋮	⋮
D	[15:14]	[13:12]	[11:10]	[9:8]	[7:6]	[5:4]	[3:2]	[1:0]
000H	P9	P10	P11	P12	P13	P14	P15	P16
004H	P25	P26	P27	P28	P29	P30	P31	P32
008H	P41	P42	P43	P44	P45	P46	P47	P48
⋮	⋮	⋮	⋮	⋮	⋮	⋮	⋮	⋮

(4) 使用 256 色调色板(TFT)

1) 调色板的配置和格式控制

S3C2410X 为 TFT 型 LCD 控制提供了 256 色调色板。

256 色调色板由 256(深度)×16 位 SPSRAM 组成,这种调色板可支持 5:6:5(R:G:B)(见表 9-37)和 5:5:5:1(R:G:B:I)(见表 9-38)两种格式。在这两种格式中,用户可以从 64K 色选择 256 色显示。

当用户使用 5:5:5:1 格式时,亮度数据(I)可用做每个 GRB 数据的共同 LSB(最低有效位),即 5:5:5:1 格式等同于 R(5+I):G(5+I):B(5+I)格式。

使用 5:5:5:1 格式时,例如,用户可如表 9-38 那样配置调色板,然后将引脚 VD 接到 TFT LCD 屏,其中:

$$R(5+I) = VD[23:19] + VD[18], VD[10] \text{ 或 } VD[2]$$
$$G(5+I) = VD[15:11] + VD[18], VD[10] \text{ 或 } VD[2]$$
$$B(5+I) = VD[7:3] + VD[18], VD[10] \text{ 或 } VD[2])$$

将寄存器 LCDCON5 中的 FRM565 设置成 0。图 9-18 所示是两种格式的 16 位/像素显示(无调色板)。图 9-19 所示是两种模式下 TFT LCD 时序。

表 9-37 5:6:5 格式

INDEX\Bit Pos.	15	14	13	12	11	10	9	8	7	6	5	4	3	2	1	0	地址
00H	R4	R3	R2	R1	R0	G5	G4	G3	G2	G1	G0	B4	B3	B2	B1	B0	0x4D000400
01H	R4	R3	R2	R1	R0	G5	G4	G3	G2	G1	G0	B4	B3	B2	B1	B0	0x4D000404
⋮																	⋮
FFH	R4	R3	R2	R1	R0	G5	G4	G3	G2	G1	G0	B4	B3	B2	B1	B0	0x4D0007FC
Number of VD	23	22	21	20	19	15	14	13	12	11	10	7	6	5	4	3	

表 9-38 5:5:5:1 格式

INDEX\Bit Pos.	15	14	13	12	11	10	9	8	7	6	5	4	3	2	1	0	地址
00H	R4	R3	R2	R1	R0	G4	G3	G2	G1	G0	B4	B3	B2	B1	B0	I	0x4D000400
01H	R4	R3	R2	R1	R0	G4	G3	G2	G1	G0	B4	B3	B2	B1	B0	I	0x4D000404
⋮																	⋮
FFH	R4	R3	R2	R1	R0	G4	G3	G2	G1	G0	B4	B3	B2	B1	B0	I	0x4D0007FC
Number of VD	23	22	21	20	19	15	14	13	12	11	7	6	5	4	3	2	

注意 表 9-37 和表 9-38 中:
- 地址 0x4D000400 是调色板的起始地址。

- VD18、VD10 和 VD2 的输出值是一样的,即 I。
- DATA[31:16]是未用的。

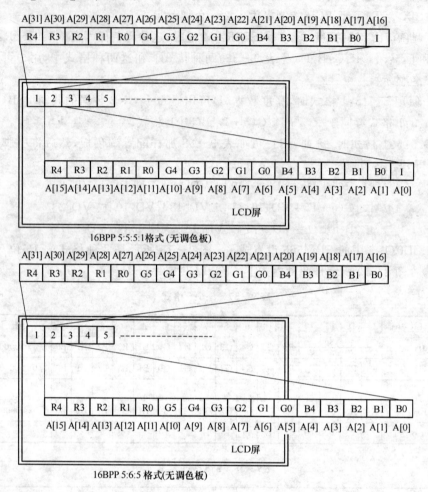

图 9-18 16 位/像素显示(TFT)

2) 调色板的读/写操作

当用户在调色板上执行读/写操作时,需检查一下寄存器 LCDCON5 中的 HSTATUS 和 VSTATUS,因为在 HSTATUS 和 VSTATUS 状态为活动期间,读/写操作是禁止执行的。

3) 调色板的临时配置

S3C2410X 允许用户在没有大的修改情况下对一帧填入一种颜色,这样可以将帧缓冲或调色板填入一种颜色。要显示同种颜色的一帧,可将要显示的颜色值写入寄存器 TPAL 中的 TPALVAL,并将 TPALEN 置 1。

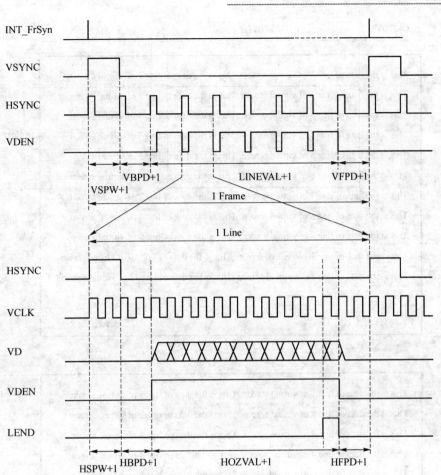

图 9-19 TFT LCD 时序

（5）虚拟显示（TFT/STN）

S3C2410X 支持硬件方式的水平和垂直滚屏。要实现滚屏，可修改 LCDSADDR1 寄存器中的 LCDBASEU 和 LCDSADDR2 寄存器中的 LCDBASEL 的值（见图 9-20）。但不是通过修改 LCDSADDR3 寄存器中的 PAGEWIDTH 和 OFFSIZE 来实现。

显示缓冲区中的图像在尺寸上应比 LCD 显示屏稍大。

（6）LCD 的电源控制（STN/TFT）

S3C2410X 有电源控制（PWREN）功能。启用电源控制时，引脚 LCD_PWREN 的输出值是由 ENVID 控制的。换言之，当引脚 LCD_PWREN 连接至 LCD 屏的电源开启控制端后，LCD 屏的电源就自动由 ENVID 的设置确定，如图 9-21 所示。

S3C2410X 亦有极性反转位（INVPWREN），可以 PWREN 信号的极性反转。

此功能只有当 LCD 屏有电源控制端口且正确连接至 LCD_PWREN 引脚时才有效。

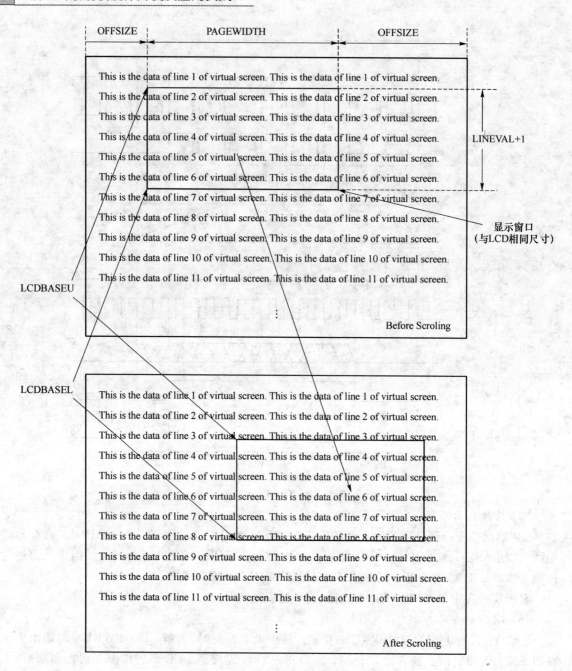

图 9-20 虚拟显示滚屏(单扫描)示例

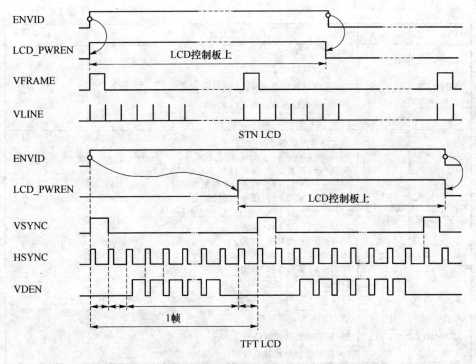

图 9-21 电源控制功能举例(PWREN=1,INVPWREN=0)

(7) LCD 控制器专用寄存器

① LCD 控制器 LCDCONn 的总体描述和详细描述如表 9-39~9-48 所列。

表 9-39 LCDCON1 的总体描述

寄存器	地 址	读/写	描 述	复位值
LCDCON1	0x4D000000	R/W	LCD 控制寄存器 1	0x00000000

表 9-40 LCDCON1 的详细描述

LCDCON1	位	描 述	初始值
LINECNT (只读)	[27:18]	行计数器状态位,值由 LINEVAL 递减至 0	0000000000
CLKVAL	[17:8]	决定 VCLK and CLKVAL[9:0]的速率: STN:VCLK=HCLK/(CLKVAL×2) (CLKVAL≥2) TFT:VCLK=HCLK/[(CLKVAL+1)×2](CLKVAL≥0)	0000000000
MMODE	[7]	决定 VM 信号的速率: 0=每帧触发,1=触发速率由 MAVL 决定	0

续表 9-40

LCDCON1	位	描述	初始值
PNRMODE	[6:5]	显示模式选择位： 00＝4 位双扫描显示模式(STN)； 01＝4 位单扫描显示模式(STN)； 10＝8 位单扫描显示模式(STN)； 11＝TFT 型 LCD 显示	00
BPPMODE	[4:1]	单个像素的位数选择： 0000＝STN 型 1 位/像素，单色模式； 0001＝STN 型 2 位/像素，4 级灰度模式； 0010＝STN 型 4 位/像素，16 级灰度模式； 0011＝STN 型 8 位/像素，彩色模式； 0100＝STN 型 12 位/像素，彩色模式； 1000＝TFT 型 1 位/像素； 1001＝TFT 型 2 位/像素； 1010＝TFT 型 4 位/像素； 1011＝TFT 型 8 位/像素； 1100＝TFT 型 16 位/像素； 1101＝TFT 型 24 位/像素	0000
ENVID	[0]	LCD 和逻辑信号使能位： 0＝视频输出和控制信号无效； 1＝视频输出和控制信号有效	0

表 9-41 LCDCON2 的总体描述

寄存器	地 址	读/写	描述	复位值
LCDCON2	0x4D000004	R/W	LCD 控制寄存器 2	0x00000000

表 9-42 LCDCON2 的详细描述

LCDCON2	位	描述	初始值
VBPD	[31:24]	TFT：垂直后沿(VBPD)指在一帧开始时，垂直同步时期 　　　后非活动的行数； STN：使用 STN 型 LCD 时此位应为 0	0x00
LINEVAL	[23:14]	TFT/STN：决定 LCD 屏的垂直尺寸	0000000000
VFPD	[13:6]	TFT：垂直后沿(VBPD)指在一帧结束时，垂直同步时期 　　　后非活动的行数； STN：使用 STN 型 LCD 时此位应为 0	00000000
VSPW	[5:0]	TFT：通过对非活动行的计数，垂直同步脉冲宽度决定 　　　VSYNC 脉冲的高电平宽度； STN：使用 STN 型 LCD 时此位应为 0	000000

第 9 章 ARM 系统中的人机接口技术

表 9-43 LCDCON3 的总体描述

寄存器	地址	读/写	描述	复位值
LCDCON3	0x4D000008	R/W	LCD 控制寄存器 3	0x00000000

表 9-44 LCDCON3 的详细描述

LCDCON3	位	描述	初始值
HBPD(TFT)	[25:19]	TFT:水平后沿(HBPD)为 HSYNC 下降沿与有效数据之间 VCLK 的周期数	0000000
WDLY(STN)		STN:WDLY[1:0]位通过对 HCLK 的计数决定 VLINE 与 VCLK 之间的延迟。WDLY[7:2]为保留位。 00=16 HCLK,　01=32 HCLK, 10=48 HCLK,　11=64 HCLK	
HOZVAL	[18:8]	TFT/STN:决定 LCD 屏的水平尺寸,HOZVAL 值必须确定,以满足一行有 4n 字节的条件。如单色模式下,LCD 一行有 120 个点,但 120 个点是不被支持的,因为一行包含 15 字节(不是 4 的倍数)。而单色模式下一行有 128 个点是可以支持的,因为一行包含 16 字节(是 4 的倍数)。LCD 屏将丢弃多余的 8 个点	00000000000
HFPD(TFT)	[7:0]	TFT:水平前沿(HFPD)为有效数据与 HSYNC 上升沿之间 VCLK 的周期数	0x00
LINEBLANK(STN)		STN:确定行扫描的返回时间,可微调 VLINE 的速率。LINEBLANK 的最小数为 HCLK×8。如:LINEBLANK=10,返回时间在 80 HCLK 期间插入 VCLK	

表 9-45 LCDCON4 的总体描述

寄存器	地址	读/写	描述	复位值
LCDCON4	0x4D00000C	R/W	LCD 控制寄存器 4	0x00000000

表 9-46 LCDCON4 的详细描述

LCDCON4	位	描述	初始值
MVAL	[15:8]	STN:如果 MMODE=1,则这两位定义 VM 信号速率的变化	0x00
HSPW(TFT)	[7:0]	TFT:水平同步脉冲宽度。通过 VCLK 的计数确定 HSYNC 脉冲的高电平宽度	0x00
WLH(STN)		STN:通过 HCLK 的计数,WLH[1:0]确定 VLINE 脉冲的高电平宽度,WLH[7:2]作为保留位。 00=16 HCLK,　01=32 HCLK, 10=48 HCLK,　11=64 HCLK	

表 9-47 LCDCON5 的总体描述

寄存器	地 址	读/写	描 述	复位值
LCDCON5	0x4D000010	R/W	LCD 控制寄存器 5	0x00000000

表 9-48 LCDCON5 的详细描述

LCDCON5	位	描 述	初始值
Reserved	[31:17]	保留位,值为 0	0
VSTATUS	[16:15]	TFT:垂直扫描状态(只读)。 　　00＝VSYNC,01＝BACK Porch, 　　10＝ACTIVE,11＝FRONT Porch	00
HSTATUS	[14:13]	TFT:水平扫描状态(只读)。 　　00＝HSYNC,01＝BACK Porch, 　　10＝ACTIVE,11＝FRONT Porch	00
BPP24BL	[12]	TFT:确定 24 位/像素显示时输出数据的格式。 　　0＝LSB 有效,1＝MSB 有效	0
FRM565	[11]	TFT:确定 16 位/像素显示时输出数据的格式。 　　0＝5:5:5:1 格式,1＝5:6:5 格式	0
INVVCLK	[10]	STN/TFT:确定 VCLK 的有效性。 　　0＝VCLK 下降沿时取数据, 　　1＝VCLK 上升沿时取数据	0
INVVLINE	[9]	STN/TFT:指明 VLINE/HSYNC 脉冲的极性。 　　0＝正常,1＝反转	0
INVVFRAME	[8]	STN/TFT:指明 VFRAME/VSYNC 脉冲的极性。 　　0＝正常,1＝反转	0
INVVD	[7]	STN/TFT:指明 VD(视频数据)脉冲的极性。 　　0＝正常,1＝反转	0
INVVDEN	[6]	TFT:指明 VDEN 信号的极性。 　　0＝正常,1＝反转	0
INVPWREN	[5]	STN/TFT:指明 PWREN 信号的极性。 　　0＝正常,1＝反转	0
INVLEND	[4]	TFT:指明 LEND 信号的极性。 　　0＝正常,1＝反转	0
PWREN	[3]	STN/TFT:LCD_PWREN 输出信号使能位。 　　0＝PWREN 信号无效,1＝PWREN 信号有效	0
ENLEND	[2]	TFT:LEND 输出信号使能位。 　　0＝LEND 信号无效,1＝LEND 信号有效	0
BSWP	[1]	STN/TFT:字节交换控制位。 　　0＝不可交换,1＝可以交换	0
HWSWP	[0]	STN/TFT:半字节交换控制位。 　　0＝不可交换,1＝可以交换	0

② LCD 帧缓冲起始地址寄存器 LCDSADDRn 的描述如表 9-49～9-54 所列。

表 9-49 LCDSADDR1 的总体描述

寄存器	地 址	读/写	描 述	复位值
LCDSADDR1	0x4D000014	R/W	STN/TFT：帧缓冲起始地址寄存器 1	0x00000000

表 9-50 LCDSADDR1 的详细描述

LCDSADDR1	位	描 述	初始值
LCDBANK	[29:21]	指明系统内存中视频缓冲区的位置 A[30:22]。LCDBANK 的值是不可改变的,在移动观察窗口时也同样。LCD 帧缓冲应确保在 4 MB 连续区域内,在移动观察窗口时 LCD-BANK 的值是不可改变的。因此,在使用函数 malloc()时务必要小心	0x00
LCDBASEU	[20:0]	对双扫描 LCD,指示帧缓冲区或帧缓冲区的开始地址 A[21:1]；对单扫描 LCD,指示帧缓冲区的开始地址 A[21:1]	0x000000

表 9-51 LCDSADDR2 的总体描述

寄存器	地 址	读/写	描 述	复位值
LCDSADDR2	0x4D000018	R/W	STN/TFT：帧缓冲起始地址寄存器 2	0x00000000

表 9-52 LCDSADDR2 的详细描述

LCDSADDR2	位	描 述	初始值
LCDBASEL	[20:0]	对双扫描 LCD,指示使用双扫描 LCD 时帧存储区的开始地址 A[21:1]；对单扫描 LCD,指示帧存储区的末地址 A[21:1] LCDBASEL=(((帧的末地址)≫1)+1= LCDBASEU+(PAGEWIDTH+OFFSIZE)×(LINEVAL+1)	0x0000

注 意 当 LCD 控制器启用时,用户可通过改变 LCDBASEU 和 LCDBASEL 的值实现滚屏。但是,在一帧结束时,LCDBASEU 和 LCDBASEL 的值务必不能改变,可参考 LCD-CON1 寄存器中的 LINECNT 域,因为 LCD 的 FIFO 是在换帧前取数据的。所以,若这时要换帧,预取的 FIFO 数据将被丢弃,LCD 屏的显示也会出现错误。检查 LINECNT 时,需先屏蔽所有中断；否则,由于中断服务程序的执行时间,读取的 LINECNT 的值也会被丢弃。

表 9-53 LCDSADDR3 的总体描述

寄存器	地址	读/写	描述	复位值
LCDSADDR3	0x4D00001C	R/W	STN/TFT：虚拟屏地址设置	0x00000000

表 9-54 LCDSADDR3 的详细描述

LCDSADDR3	位	描述	初始值
OFFSIZE	[21:11]	虚拟屏幕偏移尺寸设置。该值定义了上一LCD行上显示的最后半字的地址与下一LCD行上显示的前半字的地址之间的差值	00000000000
PAGEWIDTH	[10:0]	虚拟屏幕页宽度（半字的数值）。该值确定在一帧中显示的区域宽度	000000000

注：PAGEWIDTH 和 OFFSIZE 的值必须在位 ENVID 为 0 时才能改变。

【例1】 LCD屏的分辨率为 320×240，16级灰度，单扫描帧起始地址为 0x0C500000，偏移点数为 2 048 点(512 半字)，则

LINEVAL＝240－1＝0xEF

PAGEWIDTH＝320×4/16＝0x50

OFFSIZE＝512＝0x200

LCDBANK＝0x0C500000≫22＝0x31

LCDBASEU＝0x100000≫1＝0x80000

LCDBASEL＝0x80000＋(0x50＋0x200)×(0xEF＋1)＝0xA2B00

【例2】 LCD屏的分辨率为 320×240，16级灰度，双扫描帧起始地址为 0x0C500000，偏移点数为 2 048 点(512 半字)，则

LINEVAL＝120－1＝0x77

PAGEWIDTH＝320×4/16＝0x50

OFFSIZE＝512＝0x200

LCDBANK＝0x0C500000≫22＝0x31

LCDBASEU＝0x100000≫1＝0x80000

LCDBASEL＝0x80000＋(0x50＋0x200)×(0x77＋1)＝0x91580

【例3】 LCD屏的分辨率为 320×240，彩色，单扫描帧起始地址为 0x0C500000，偏移点数为 2 048 点(512 半字)，则

LINEVAL＝240－1＝0xEF

PAGEWIDTH＝320×8/16＝0xA0

OFFSIZE＝512＝0x200

LCDBANK＝0x0C500000≫22＝0x31

LCDBASEU＝0x100000≫1＝0x80000

LCDBASEL＝0x80000＋(0xA0＋0x200)×(0xEF＋1)＝0xA7600

③ 颜色查找表寄存器的描述如表9-55～9-60所列。

表 9-55 红色查找表寄存器的总体描述

寄存器	地址	读/写	描述	复位值
REDLUT	0x4D000020	R/W	STN：红色查找表寄存器	0x00000000

表 9-56 红色查找表寄存器的详细描述

REDLUT	位	描述	初始值
REDVAL	[31:0]	定义选择16种色度中8种适当的红色组合： 000＝REDVAL[3:0], 001＝REDVAL[7:4], 010＝REDVAL[11:8], 011＝REDVAL[15:12], 100＝REDVAL[19:16],101＝REDVAL[23:20], 110＝REDVAL[27:24],111＝REDVAL[31:28]	0x00000000

表 9-57 绿色查找表寄存器的总体描述

寄存器	地址	读/写	描述	复位值
GREENLUT	0x4D000024	R/W	STN：绿色查找表寄存器	0x00000000

表 9-58 绿色查找表寄存器的详细描述

GREENLUT	位	描述	初始值
GREENVAL	[31:0]	定义选择16种色度中8种适当的绿色组合： 000＝GREENVAL[3:0], 001＝GREENVAL[7:4], 010＝GREENVAL[11:8], 011＝GREENVAL[15:12], 100＝GREENVAL[19:16],101＝GREENVAL[23:20], 110＝GREENVAL[27:24],111＝GREENVAL[31:28]	0x00000000

表 9-59 蓝色查找表寄存器的总体描述

寄存器	地址	读/写	描述	复位值
BLUELUT	0x4D000028	R/W	STN：蓝色查找表寄存器	0x0000

表 9-60 蓝色查找表寄存器的详细描述

BULELUT	位	描述	初始值
BLUEVAL	[15:0]	定义选择 8 种色度中 4 种适当的蓝色组合： 00=BLUEVAL[3:0], 01=BLUEVAL[7:4], 10=BLUEVAL[11:8], 11=BLUEVAL[15:12]	0x0000

注　意　不能使用 0x14A0002C 到 0x14A00048 的地址空间。这个区域是为测试模式保留的。

④ 抖动模式寄存器的描述如表 9-61 和表 9-62 所列。

表 9-61 抖动模式寄存器的总体描述

寄存器	地址	读/写	描述	复位值
DITHMODE	0x4D00004C	R/W	STN：抖动模式寄存器。此寄存器复位值为 0x00000。 不过用户可将此值修改为 0x12210 （对于此寄存器的最终值可参考源程序）	0x00000

表 9-62 抖动模式寄存器的详细描述

DITHMODE	位	描述	初始值
DITHMODE	[18:0]	根据 LCD 屏,使用下列中的一个值： 0x00000 或 0x12210	0x00000

⑤ 临时调色板寄存器的描述如表 9-63 和表 9-64 所列。

表 9-63 临时调色板寄存器的总体描述

寄存器	地址	读/写	描述	复位值
TPAL	0x4D000050	R/W	TFT：临时调色板寄存器。此寄存器的值为下一帧的视频数据	0x00000000

表 9-64 临时调色板寄存器的详细描述

TPAL	位	描述	初始值
TPALEN	[24]	临时调色板寄存器使能位： 0=无效,1=有效	0
TPALVAL	[23:0]	临时调色板寄存器： TPALVAL[23:16]：RED； TPALVAL[15:8]：GREEN； TPALVAL[7:0]：BLUE	0x000000

⑥ LCD 中断悬挂寄存器的描述如表 9-65 和表 9-66 所列。

表 9-65 LCD 中断悬挂寄存器的总体描述

寄存器	地址	读/写	描述	复位值
LCDINTPND	0x4D000054	R/W	指示 LCD 中断请求状态	0x0

表 9-66 LCD 中断悬挂寄存器的详细描述

LCDINTPND	位	描述	初始值
INT_FrSyn	[1]	LCD 帧同步中断请求位: 0 = 无中断请求,1 = 帧已插入中断请求	0
INT_FiCnt	[0]	LCD FIFO 中断请求位: 0 = 无中断请求, 1 = 当 LCD FIFO 达到触发水平时发出中断请求	0

⑦ LCD 中断源记录寄存器如表 9-67 和表 9-68 所列。

表 9-67 LCD 中断源记录寄存器的总体描述

寄存器	地址	读/写	描述	复位值
LCDSRCPND	0x4D000058	R/W	指示 LCD 中断源记录情况	0x0

表 9-68 LCD 中断源记录寄存器的详细描述

LCDSRCPND	位	描述	初始值
INT_FrSyn	[1]	LCD 帧同步中断源记录位: 0 = 无中断请求,1 = 帧同步中断请求有效	0
INT_FiCnt	[0]	LCD FIFO 中断源记录位: 0 = 无中断请求, 1 = 当 LCD FIFO 到达触发水平时发出中断请求	0

⑧ LCD 中断屏蔽寄存器的描述如表 9-69 和表 9-70 所列。

表 9-69 LCD 中断屏蔽寄存器的总体描述

寄存器	地址	读/写	描述	复位值
LCDINTMSK	0x4D00005C	R/W	确定被屏蔽的中断源: 被屏蔽的中断源将不会响应	0x3

表 9-70 LCD 中断屏蔽寄存器的详细描述

LCDINTMSK	位	描述	初始值
FIWSEL	[2]	决定 LCD FIFO 的触发水平： 0=4 字,1=8 字	
INT_FrSyn	[1]	屏蔽 LCD 帧同步中断： 0=中断服务允许,1=中断服务被屏蔽	1
INT_FiCnt	[0]	屏蔽 LCD FIFO 帧同步中断： 0=中断服务允许,1=中断服务被屏蔽	1

⑨ LPC3600 控制寄存器如表 9-71 和表 9-72 所列。

表 9-71 LPC3600 控制寄存器的总体描述

寄存器	地　址	读/写	描　述	复位值
LPCSEL	0x4D000060	R/W	控制 LPC3600 的模式	0x4

表 9-72 LPC3600 控制寄存器的详细描述

LPCSEL	位	描　述	初始值
Reserved	[2]	保留	1
RES_SEL	[1]	1 = 240×320	0
LPC_EN	[0]	LPC3600 使能位： 0=LPC3600 无效,1=LPC3600 有效	0

(8) 寄存器设置向导(STN)

通过对专用寄存器的设置,LCD 控制器可支持多种尺寸的 LCD 屏,VCLK 的频率由 CLKVAL 的值决定。CLKVAL 的取值原则是：必须使 VCLK 的值大于数据传输速率。LCD 控制器中 VD 端口的数据传输速率决定着 CLKVAL 寄存器的值,如表 9-73 所列。

数据传输速率由以下方程给出：

$$数据传输速率 = HS \times VS \times FR \times MV \qquad (9-9)$$

式中:HS 为 LCD 屏的水平尺寸;VS 为 LCD 屏的垂直尺寸;FR 为帧频;MV 为模式依赖值。

寄存器 LCDBASEU 的值为帧缓冲区的首地址。对 4 字访问时,低 4 位必须清除。寄存器 LCDBASEL 的值由 LCD 的尺寸和 LCDBASEU 的值确定。

第9章 ARM 系统中的人机接口技术

表 9-73 各种显示模式下 MV 的值

模式	MV 的值
单色，4 位单扫描显示	1/4
单色，8 位单扫描或 4 位双扫描显示	1/8
4 级灰度，4 位单扫描显示	1/4
4 级灰度，8 位单扫描或 4 位双扫描显示	1/8
16 级灰度，4 位单扫描显示	1/4
16 级灰度，8 位单扫描或 4 位双扫描显示	1/8
彩色，4 位单扫描显示	3/4
彩色，8 位单扫描或 4 位双扫描显示	3/8

LCDBASEL 的值由以下方程给出：

$$\text{LCDBASEL} = \text{LCDBASEU} + \text{LCDBASEL 的偏移量} \tag{9-10}$$

【例 4】 LCD 屏的分辨率为 160×160，4 级灰度，80 帧/秒，4 位单扫描显示，HCLK 频率为 60 MHz，WLH=1，WDLY=1。则

数据传输速率=160×160×80×1/4=512 kHz

CLKVAL=58

VCLK=517 kHz

HOZVAL=39

LINEVAL=159

LINEBLANK=10

LCDBASEL=LCDBASEU+3200

注意 系统负担越高，CPU 的表现越差。

【例 5】（虚拟屏寄存器）4 级灰度，虚拟屏的分辨率为 1 024×1 024，LCD 屏的分辨率为 320×240，LCDBASEU=0x64，4 位双扫描。则

1 半字=8 个像素（4 级灰度）

虚拟屏的 1 行=128 半字=1 024 像素

LCD 屏的 1 行=320 像素=40 半字

OFFSIZE=128-40=88=0x58

PAGEWIDTH=40=0x28

LCDBASEL=LCDBASEU+(PAGEWIDTH+OFFSIZE)×(LINEVAL+1)=
100+(40+88)×120=0x3C64

(9) 灰度选择向导

利用帧频控制(FRC)S3C2410X LCD 控制器可产生 16 级灰度。帧频控制的特点是可导致意想不到的灰度类型。这些不希望有的错误类型在快速响应的 LCD 上或在比较低的帧速率时可能会显示出来。

因为 LCD 灰度显示的质量依赖于 LCD 本身的特点,用户可先观察 LCD 所有的灰度水平,然后再选择合适的灰度水平。

可通过以下步骤来选择灰度质量:

- 从 SAMSUNG 获取最新的抖动模式寄存器值。
- 在 LCD 上显示 16 级灰度条。
- 修改帧频到最佳值。
- 改变 VM 交替周期以获得最佳质量。
- 观察完 16 级灰度条后,可选用在 LCD 正常显示的灰度。
- 只使用质量好的灰度。

LCD 自刷新总线带宽计算向导 S3C2410X LCD 控制器可支持多种 LCD 分辨率。

【例 6】 LCD 屏的分辨率为 640×480,8 位/像素,60 帧/秒,16 位数据总线带宽,SDRAM(Trp=2HCLK,Trcd=2HCLK,CL=2HCLK)和 HCLK 频率为 60 MHz。则

LCD 数据率 $= 8 \times 640 \times 480 \times 60/8 = 18.432$ MB/s

LCD DMA 突发传输计数 $= 18.432/16 = 1.152$ MB/s

$Pdma = (Trp + Trcd + CL + (2 \times 4) + 1) \times (1/60 \text{ MHz}) = 0.250$ ms

LCD 系统调用 $= 1.152 \times 250 = 0.288$ s

系统总线占用率 $= (0.288/1) \times 100 = 28.8\%$

(10) 寄存器设置向导(TFT LCD)

VCLK 的频率和帧频由寄存器 CLKVAL 的值决定:

$$帧频 = 1/\{[(VSPW+1)+(VBPD+1)+(LIINEVAL+1)+(VFPD+1)] \times$$
$$[(HSPW+1)+(HBPD+1)+(HFPD+1)+(HOZVAL+1)] \times$$
$$[2 \times (CLKVAL+1)/HCLK]\}$$

实际应用中,由于内存带宽的限制,必须考虑系统的时序,以避免 FIFO 跑空的情况出现。

【例 7】 TFT LCD 屏的分辨率为 240×240,下列参量须由 LCD 的分辨率和驱动器的规格参考设定:VSPW=2,VBPD=14,LINEVAL=239,VFPD=4,HSPW=25,HBPD=15,HOZVAL=239,HFPD=1。帧频目标值为 60~70 Hz,则 CLKVAL=5,HCLK=60 MHz,按上述帧频公式计算得帧频为

$$帧频 = 1/\{[3+15+240+5] \times [26+16+2+240] \times [2 \times 6/(60 \times 10^6)]\} = 67 \text{ Hz}$$

9.3.4 应用实例

1. LCD 接口控制电路部分的设计

液晶的显示原理是在显示像素上施加电场,而这个电场由显示像素前后两个电极上的电位信号差所产生。在显示像素上建立直流电场是非常容易的,但直流电场将导致液晶材料的化学反应和电极老化,从而迅速降低液晶材料的寿命,因此必须建立交流驱动电场。

液晶显示驱动器通过对其输出到液晶显示器电极 L 的电位信号进行相位、峰值和频率等参数的调制来建立交流驱动电场,以实现液晶显示器的显示效果。液晶显示驱动系统仅仅是一个被动系统,也就是说,仅有驱动系统是不能实现液晶显示器显示的,它还需要控制电路提供驱动系统所必需的扫描时序信号和显示数据。这种控制电路称为液晶显示控制器。因此,液晶显示的应用电路框架有两种,如图 9-22 所示。

图 9-22 液晶显示的应用电路

基于上面的应用电路,有两种液晶显示模块:一种是带 LCD 控制器的显示模块(通常 LCD 控制器芯片都集成有 LCD 驱动器);另一种是只带 LCD 驱动器的显示模块。S3C44B0X 内置 LCD 控制器,因此可以选用不含 LCD 控制器只含驱动器的 LCD 模块,能有效节约成本。

S3C44B0X 内置的 LCD 控制器的作用是将显示缓存(在系统存储器中)的 LCD 数据传输到外部 LCD 驱动器,并产生必需的 LCD 控制信号。它支持灰度 LCD 和彩色 LCD。在灰度 LCD 上,使用基于时间抖动算法(time-base dithering algorithm)和 FRC(Frame Rate Control)方法,可以支持单色、4 级灰度和 16 级灰度模式的灰度 LCD。在彩色 LCD 上,可以支持 256 种色彩。不同尺寸的 LCD 具有不同数量的垂直和水平像素、数据接口、数据宽度、接口时间和刷新率。LCD 控制器可以进行编程,控制相应的寄存器值以适应不同的 LCD 显示面板。

图 9-23 所示为 LCD 控制器的逻辑框图。从框图可以看出,LCD 控制器是用来实现传输显示数据及产生必要的控制信号的,如 VFRAME、VLINE、VCLK 和 VM。除了控制信号,还有显示数据的数据端口 VD[7:0](包括 VD[3:0] 和 VD[7:4])。

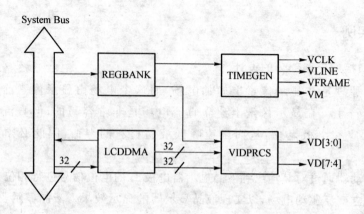

图 9-23　LCD 控制器的逻辑框图

LCD 控制器包括 REGBANK，LCDDMA，VIDPRCS 和 TIMEGEN。REGBANK 有 18 个可编程寄存器，用于配置 LCD 控制器。LCDDMA 为专用 DMA，可以自动将显示数据从帧内存传送到 LCD 驱动器中。通过专用 DMA，可以实现在不需要 CPU 介入的情况下显示数据。VIDPRCS 从 LCDDMA 接收数据，将相应格式的数据通过 TIMEGEN（包含可编程逻辑），以支持常见的 LCD 驱动器所需要的不同接口时间和速率。TIMEGEN 部分产生 VFRAME，VLINE，VCLK 和 VM 等信号。

当 LCDDMA 中的 FIFO 存储区为空或部分为空时，LCDDMA 请求从帧存储器预取数据（使用突发传输模式，一次领取 4 字，在传输期间，不允许总线控制权转让）。FIFO 存储区总的尺寸是 24 字（12 个 FIFOL 和 12 个 FIFOH，用来支持双扫描，在扫描模式下，仅 12 个 FIFOH 可用）。

LCD 控制器提供的外部接口信号，如表 9-74 所列。

表 9-74　LCD 控制器的外部接口信号

外部接口	接口信号
VFRAME	LCD 控制器和驱动器之间的帧同步信号。通过 LCD 屏新的一帧显示，LCD 控制器在一个完整帧显示后发出 VFRAME 信号
VLINE	LCD 控制器和驱动器之间同步脉冲信号。LCD 驱动器通过它将水平移位寄存器的内容显示到 LCD 屏上。LCD 控制器在一整行数据全部传输到 LCD 驱动器后发出 VLINE 信号
VCLK	LCD 控制器和驱动器之间的像素时钟信号
VM	LCD 驱动器所使用的交流信号。驱动器用 VM 打开或关闭像素的行和列电压极性
VD[3:0]	LCD 像素数据输出端口
VD[7:4]	LCD 像素数据输出端口

由于 S3C44B0X 内含 LCD 控制器，并提供这些信号，所以它能与大多数不含控制器的 LCD 模块无缝连接。以 UG－32－F04－WCBN0－A 为例，它是三星公司的 320×240 单色 STNLCD 模块，二者的连接图如图 9－24 所示。

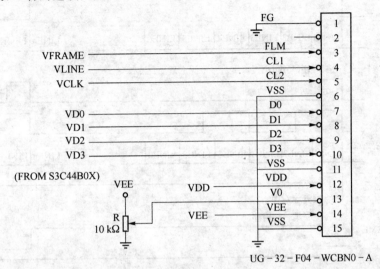

图 9－24　LCD 连接图

图像数据通过 VD[7:0] 从内存传输到 LCD 驱动器。用 VCLK 信号作为数据传向 LCD 驱动器的移位寄存器的同步信号。当每一行数据移到 LCD 驱动器的移位寄存器后，就产生一个 VLINE 信号。VM 信号给显示提供交流信号。LCD 用它来改变行列电压的极性，从而决定某个点亮还是暗，这是因为长时间由直流信号驱动将使 LCD 迅速老化。它能配置为每一帧同步或者预先设置的 VLINE 信号同步。图 9－25 所示为 8 位单扫描显示的时序图。

LCD 控制器支持 8 位彩色显示、4 级灰度显示和 16 级灰度显示。在 4 级灰度显示模式中，使用查找表，允许在 16 级可能的灰度中选择 4 级灰度显示。该查找表和彩色查找表中的蓝色查找表共用一个寄存器 BLUEVAL[15:0]，灰度 0 由 BLUEVAL[3:0] 值表示，灰度 1 由 BLUEVAL[7:4] 值表示，灰度 2 由 BLUEVAL[11:8] 值表示，灰度 3 由 BLUEVAL[15:12] 值表示。4 级灰度显示模式不使用查找表。在彩色 8 位显示模式中，3 位为红，3 位为绿，2 位为蓝，可以同时显示 8 种红色、8 种绿色和 4 种蓝色，合起来最多显示 256 色。红、绿、蓝分别使用不同的查找表，红色、绿色查找表入口都是 32 位（分成 8 组），分别由 REDVAL[31:0]、GREENVAL[31:0] 寄存器指示，蓝色查找表入口为 16 位（分成 4 组），由 BLUEVAL[15:0] 寄存器指示。也就是说，红色、绿色可以在 32 位颜色组合中选择 8 色进行显示，蓝色可以在 16 位颜色组合中选择 4 色进行显示。

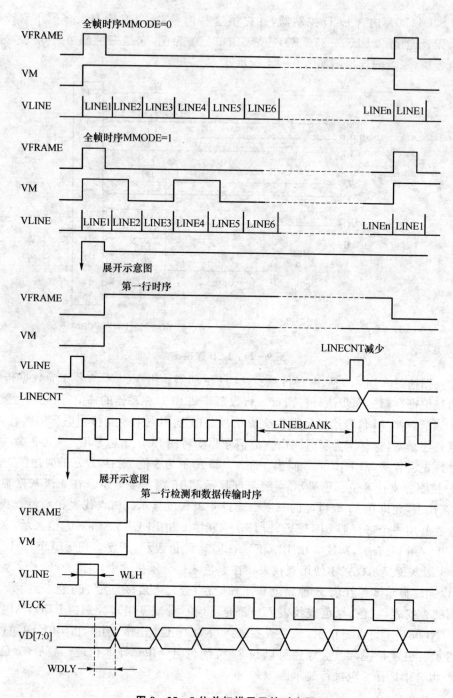

图 9-25 8位单扫描显示的时序图

第 9 章　ARM 系统中的人机接口技术

S3C44B0X 的 LCD 控制器支持 3 种 LCD 驱动：4 位双扫描、4 位单扫描和 8 位单扫描显示模式。无论单色显示还是彩色显示都有这 3 种显示模式。4 位双扫描显示中，显示区域被分成高半部分和低半部分，控制器用 8 位数据同时把显示区域的高半部分和低半部分数据发送给移位寄存器，8 位数据中的 4 位移到高半部分，另 4 位移到低半部分，VD[7:0] 直接连到 LCD 驱动器上。4 位单扫描显示中显示区域不分割，控制器将 4 位数据发给移位寄存器，VD[3:0] 直接连到 LCD 驱动器上，VD[7:4] 不连接。8 位单扫描显示同 4 位单扫描模式类似，只是每次发送的数据是 8 位，引脚 VD[7:4] 直接连到 LCD 驱动器上。图 9 - 26 所示为 4 位双扫描显示，图 9 - 27 所示为 4 位单扫描显示，图 9 - 28 所示为 8 位单扫描显示。

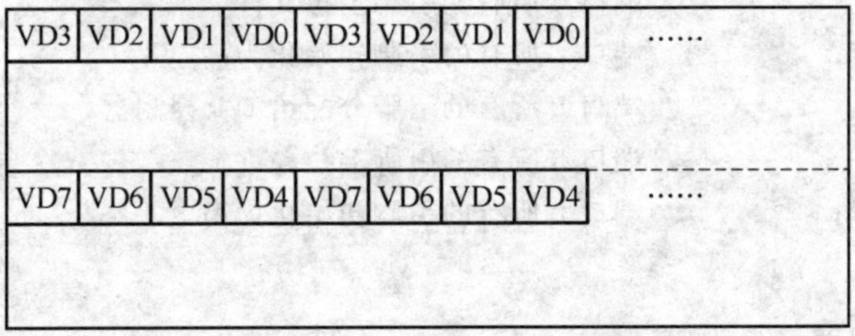

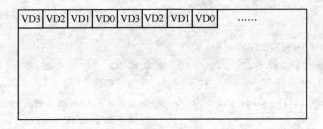

图 9 - 26　4 位双扫描显示

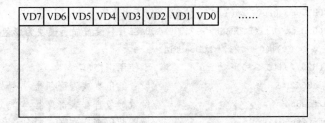

图 9 - 27　4 位单扫描显示

图 9 - 28　8 位单扫描显示

S3C44B0X 支持 LCD 自刷新模式，以减少电源消耗，这时 VCLK 为低，VD 保持先前的值，其他信号不变，这时电源管理模式可以进入 SLL_IDLE 模式。

2. LCD 接口程序设计

LCD 驱动程序包括初始化 S3C44B0X 端口 D 和端口 C 的函数、初始化 LCD 控制器的函数、打开和关闭 LCD 显示模块的函数以及在 LCD 显示模块上显示条纹的函数，都有详细的注释。

初始化端口 D 和端口 C 函数如下：

```
void port_Init(void)
{
    rPCONC = 0x5f55ffff;      //GPC15 为输出端口，GPC4～GPC7 分配给 LCD 数据线 VD7～VD4
    rPUPC = 0x0;              //端口 C 所有的引脚上拉允许
    rPDATC = 0x53fff;         //端口 C 所有的引脚初始化为高电平
    rPCOND = 0xaaaa;          //端口 D 所有的引脚分配给 LCD 控制器
    rPUPD = 0x0;              //端口 D 所有的引脚上拉允许
    rPDATD = 0x53fff;         //端口 D 所有的引脚初始化为高电平
}
```

初始化 LCD 控制器函数如下：

```
void LCD_Init()
{
    Int i;
    D32 LCDBASEU,LCDBASEL,LCDBANK;
    LCDDisplayOpen(FALSE);                        //关闭 LCD
    rLCDCON1 = (0);                               //关闭视频输出
    rLCDCON2 = (239)|(119<<10)|(15<<21);          //设置确定行扫描的返回时间为 15 个 MCLK,设置屏幕
                                                  //  为彩色 320×240 点
    LCDBANK = 0xc000000 >> 22;                    //设置显示缓冲区首地址在系统存储器中的位置
    LCDBASEU = 0x0;                               //设置缓冲区的开始地址
    LCDBASEL = LCDBASUE + (160) 240;
    rLCDSADDR1 = (0x3<<27)|(LCDBANK<<21)| LCDBASEU;//设置显示模块为彩色模式等
    rLCDSADDR2 = (0<<29)|(0<<21)| LCDBASEL;
    rLCDSADDR3 = (320/2)|(0<<9);                  //不使用虚拟屏
    rREDLUT = 0xfca86420;                         //设置红色查找表寄存器,与特定的显示要求有关
    rGREENLUT = 0xfca86420;                       //设置绿色查找表寄存器,与特定的显示要求有关
    rBLUELUT = 0xffffffa50;                       //设置蓝色查找表寄存器,与特定的显示要求有关
    rLCDCON1 = rLCDCON1_ENVID|0<<1|0<<210<<3|(2<<5)|1<<7|(0x3<<8)|(0x3<<10)|(CLKVAL
            <<12);
    //使能视频输出,8 位单扫描方式,设置 WDLY,WLH,CLKVAL
    //显示缓冲区清 0
    for(i = 0;i<80×240;i++)
```

第9章 ARM系统中的人机接口技术

```
    {
        *(PLCDBuffer16 + i) = 0x0;
    }
}
```

GPC15 用来打开和关闭 LCD。打开和关闭 LCD 显示模块函数如下:

```
Void LCDDisplayOpen(U8 isOpen)
{
    If(isOpen)
    {
        rPDATC| = 0x8000;         //打开 LCD
    }
    Else
    {
        rPDATC& = 0x7fff;         //关闭 LCD
    }
}
```

在 LCDBANK 寄存器中,已经定义了显示缓冲区在系统存储器的段首地址为 0xC000000,要显示字符、图片,只需将字符、图片取模得到的数据送到该缓冲区即可。但是要注意,彩色 LCD 是 8 位数据表示一个像素。对缓冲区首地址进行如下定义:

```
U32 pLCDBuffer16 = (U32 *)0xc000000;
```

下面举一个在整屏上显示相间条纹的程序,显示暗条纹的函数如下:

```
void LCDstripe()
{
    Int i,LCDdata;
    for(i = 0;i<(320×240)/4;i++)
    {
        LCDdata0 = 0x0ffff0000;
        *(pLCDBuffer16 + i) = LCDdata;    //向帧缓冲区送数据,每次4个像素的数据
    }
}
```

在上例中,只显示明、暗条纹,所以填充缓冲区的是常数。如果要显示各种图像,则缓冲区中的图像数据必须严格按一定的规则填充。图 9-29 所示是单色 4 位双扫描模式的缓冲区数据与 LCD 屏的对应图,图 9-30 是单色 4 位单扫描模式和单色 8 位单扫描模式的缓冲区数据与 LCD 屏的对应图。

在对应图中,并非每位对应一个点。在 4 级灰度模式中,每 2 位数据对应一个点;在

16级灰度模式中,每4位数据对应一个点;在彩色模式中,每8位数据(3位红色、3位绿色、2位蓝色)表示一个点,彩色数据格式为:位[7:5]表示红色,位[4:2]表示绿色,位[1:0]表示蓝色。

读者可以根据上面的原则组织图像数据,显示各种图形。

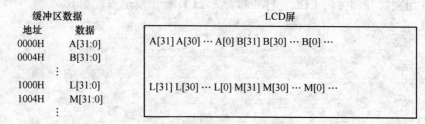

图9-29 缓冲区数据与LCD屏的对应(单色4位双扫描模式)

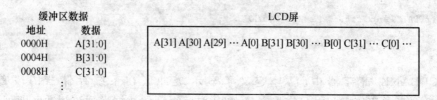

图9-30 缓冲区数据与LCD屏的对应(单色4位单扫描与单色8位单扫描模式)

9.4 ARM系统中的PS/2接口

当前嵌入式系统技术已得到广泛应用,但传统嵌入式系统的人机接口多采用小键盘操作的文本菜单方式,用户操作较为不便。利用PS/2接口连接鼠标,在点阵LCD的单片机系统上实现图形化用户界面的方案。用窗口菜单和图形按钮取代了传统的键盘操作,具有成本低、效果好等特点,具有很强的实用性。

9.4.1 PS/2接口和协议

1. 接口的物理特性

PS/2接口用于连接鼠标和键盘,由IBM最初开发和使用。物理上的PS/2接口有两种类型的连接器:5引脚的DIN和6引脚的mini-DIN。图9-31所示为5引脚的DIN连接器的引脚图。图9-32所示为6引脚的mini-DIN连接器的引脚图。

表9-75所列为两种连接器的引脚定义。其实,这两种连接器都只有4个引脚有意义。它们分别是Clock(时钟引脚)、DATA(数据引脚)、+5V(电源引脚)和Ground(电源地)。使

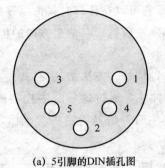
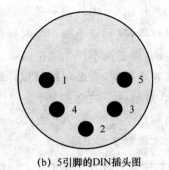

(a) 5引脚的DIN插孔图   (b) 5引脚的DIN插头图

图 9-31　5 引脚 DIN 连接器引脚图

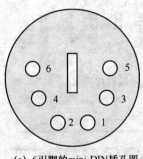
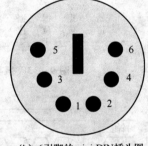

(a) 6引脚的mini-DIN插孔图   (b) 6引脚的mini-DIN插头图

图 9-32　6 引脚 mini-DIN 连接器引脚图

用中,主机提供+5 V电源给鼠标,鼠标的地连接到主机电源地上。另外两个引脚 Clock(时钟引脚)和DATA(数据引脚)都是集电极开路的,所以必须接大阻值的上拉电阻。它们平时保持高电平,有输出时才被拉到低电平,之后自动上浮到高电平。

表 9-75　5 引脚和 6 引脚的连接器引脚定义

引脚名	5 引脚的 DIN 连接器	6 引脚的 mini-DIN 连接器
1	时钟(Clock)	数据(DATA)
2	数据(DATA)	未用(保留)
3	未用(保留)	电源地(GND)
4	电源地(GND)	电源+5 V(VCC)
5	电源+5 V(VCC)	时钟(Clock)
6		未用(保留)

2. 接口协议原理

PS/2 接口采用一种双向同步串行协议,即每在时钟线上发一个脉冲,就在数据线上发送一位数据。在相互传输中,主机拥有总线控制权,即它可以在任何时候抑制鼠标的发送。方法是把时钟线一直拉低,鼠标就不能产生时钟信号和发送数据。在两个方向的传输中,时钟信号都是由鼠标产生的,即主机不产生通信时钟信号。

如果主机要发送数据,它必须控制鼠标产生时钟信号。方法是:主机首先下拉时钟线至少 100 μs 抑制通信,然后再下拉数据线,最后释放时钟线。通过这一时序控制鼠标产生时钟信号。当鼠标检测到这个时序状态,会在 10 ms 内产生时钟信号。主机与鼠标之间传输数据帧的时序如图 9-33 和图 9-34 所示。

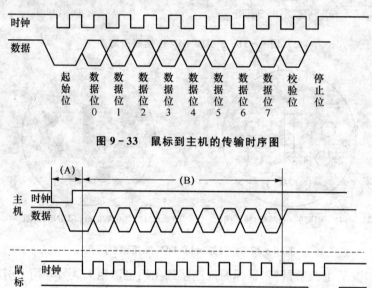

图 9-33 鼠标到主机的传输时序图

图 9-34 主机到鼠标的传输时序图

9.4.2 PS/2 接口鼠标的工作模式和协议数据包格式

1. PS/2 接口鼠标的 4 种工作模式

PS/2 接口鼠标的 4 种工作模式是:RESET 模式,当鼠标上电或主机发复位命令(0xFF)给它时进入这种模式;Stream 模式,鼠标的默认模式,当鼠标上电或复位完成后,自动进入此模式,鼠标基本上以此模式工作;Remote 模式,只有在主机发送了模式设置命令(0xF0)后,鼠标才进入这种模式;Wrap 模式,只用于测试鼠标与主机连接是否正确。

2. 数据包结构

PS/2 接口鼠标在工作过程中,会及时把它的状态数据发送给主机,如表 9-76 所列。

表 9-76 发送的数据包格式表

	位 7	位 6	位 5	位 4	位 3	位 2	位 1	位 0
字节 0	Y 溢出	X 溢出	Y 符号位	X 符号位	总是 1	中间按钮	右边按钮	左边按钮
字节 1	X 移动大小							
字节 2	Y 移动大小							
字节 3	Z 移动大小							

字节 0 中的位 2、位 1、位 0 分别表示左键、右键、中键的状态,状态值 0 表示释放,1 表示按下。字节 1 和字节 2 分别表示 X 轴和 Y 轴方向的移动计量值,是二进制补码值。字节 3 的低 4 位表示滚轮的移动计量值,也是二进制补码值,高 4 位作为扩展符号位。这种数据包由带滚轮的三键三维鼠标产生。若是不带滚轮的三键鼠标,产生的数据包没有字节 3,其余的相同。

9.4.3 PS/2 接口鼠标设计与实现

1. 接口设计

由于 PS/2 接口鼠标采用双向同步串行协议,时钟脉冲信号(以下皆称 Clock)总是由鼠标产生,因此可以考虑这种方案:鼠标的 Clock 接主机的某一外中断线,数据线(以下皆称 DATA)接主机的某一 I/O 口线,如图 9-35 所示。

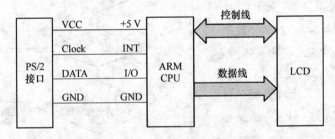

图 9-35 PS/2 接口鼠标原理图

在主机程序中,利用每个数据位的时钟脉冲触发中断,在中断例程中实现数据位的判断和接收。在实验过程中,通过合适的编程,能够正确控制并接收鼠标数据。但该方案有一点不足,由于每个 Clock 都要产生一次中断,中断频繁,需要耗用大量的主机资源。

由于鼠标与主机之间以双向同步串行协议传送数据,若不考虑 Clock,仅考虑 DATA,则其数据帧的时序与单片机的 UART 异步串行时序类似,因此采用了另一种方案:鼠标的 Clock 仍旧接主机的外中断,但鼠标的 DATA 改接 UART 的接收引脚 RXDx。在初始化过程中,主机利用 Clock 来的外中断和引脚 RXDx 作为 I/O 口线功能来实现数据的传输。初始化完成后,切换到 RXDx 功能,即 UART 的接收引脚功能。由于鼠标已处于 Stream 工作模式,因此能主动发送数据。这样,主机可以在每收到一帧数据时中断一次。中断次数大大降低,减少了主机资源的耗用。

不过,在此方案中,必须实现另一个功能:主机波特率的自适应。因为 PS/2 接口的鼠标一般工作在 10~20 kHz 时钟频率。不同厂家制造的鼠标工作时钟频率不同。嵌入式设备主机要做到与不同鼠标的波特率同步和自适应,才能够正确接收鼠标传送的数据。波特率的自适应是这样实现的:鼠标上电自检时会产生一串时钟脉冲,利用鼠标时钟脉冲产生的中断,结合主机的定时器测量时钟脉冲周期,可以得出所用鼠标的时钟频率,进而求出波特率。通过设置相应的波特率寄存器,实现了波特率的自适应。

2. 软件设计

鼠标软件实现原理框图如图 9-36 所示。

(1) 鼠标初始化

最简单的初始化就是当鼠标上电自检完成后,主机给鼠标发送一个使能鼠标数据传送命令(0xF4),鼠标就会在默认设置状态下工作。主机也可实现自定义初始化,如:复位 3 次(Snd_CMD(0xFF), Snd_CMD(0xFF), Snd_CMD(0xFF));设置采样率(Snd_CMD(0xF3), Snd_CMD(0x0A));设置解析度(2 点/毫米)(Snd_CMD(0xE8), Snd_CMD(0x01));设置缩放比例(1:1):(Snd_CMD(0xE6));使能鼠标数据传送(Snd_CMD(0xF4))。鼠标每收到一个命令都会给出一个应答(0xFA)。

(2) 两种方案的实现过程

在点阵式 LCD 显示屏上实现图形化的人机接口界面,主要有两个方面:一个是菜单图标的实现;另一个是光标的实现。

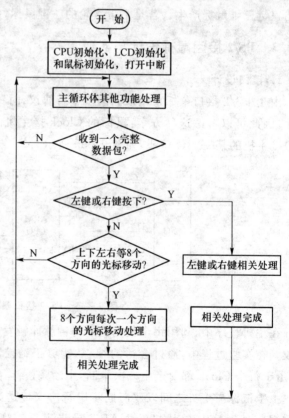

图 9-36 鼠标软件实现原理框图

第 9 章　ARM 系统中的人机接口技术

实现菜单图标,显示屏一般工作在图形显示模式。菜单图标有正常显示状态和反显状态,它们都可用函数来实现:

voidDraw_ICON(signed int xICON, signed int yICON,unsigned char * pDatICON)

其中:xICON 和 yICON 是图标所在位置的左上角坐标值;pDatICON 是各个图标及其不同显示状态的点阵码值。反显状态是当图标被光标滑到或点取时才显现的。

实现光标,也分两种情况:一种是单层显示的 LCD,只能由程序画出光标。但是,当光标移动较快时,画出光标的点阵图形需要耗用较多的主机资源。另一种是双层显示光标功能的 LCD,只需程序控制它的光标移动位置,无需程序画出光标的点阵图形,因而耗用主机资源较少,实现起来效果较好。

两种方案的软件实现过程基本相同。但后一种方案中,初始化时要实现主机波特率的自适应,关闭时钟脉冲中断和打开串口中断;然后主机利用 UART 的接收功能接收鼠标数据。

两种方案简单、明了,容易实现,都已在实验中得到验证。后一种方案已在某一仪表系统中得到成功应用。总体来说,随着嵌入式处理器性能的不断提高,在嵌入式设备中接入鼠标,既可灵活使用,也可减少因接入许多按键而占用的口线数,还能使 LCD 的图形化显示界面更美观、更人性化。

9.5　ARM 系统中的人机接口应用

随着科技的发展,ARM 在社会各方面的应用越来越广。S3C2410 是三星公司生产的基于 ARM 920T 内核的 RISC 微处理器,主频可达 203 MHz,适用于信息家电、Smart Phone、Tab-Iet、手持设备和移动终端等。其中,集成的 LCD 控制器具有通用性,可与大多数 LCD 显示模块接口。CJM10C0101 是一种用非晶硅 TFT 作为开关器件的有源矩阵液晶显示器。该模块包括 TFT LCD 显示屏、驱动电路和背光源,其接口为 TTL 电平。分辨率为 640×480,用 18 位数据信号能显示 262 144 色。6 点视角是最佳视角。

在以三星 ARM 芯片 S3C2410 为核心,USB,UART,LCD 和 TOUCH PANEL 等作为输入/输出设备,Flash 和 SDRAM 作为存储器,加上固化在 Flash 里面的嵌入式 Linux 组成的嵌入式系统中,我们致力于使此系统用本国生产的 TFLCD 作为显示输出,因此研究设计了驱动 CJM10C0101 型 26.4 cm(10.4 in)TFT LCD 屏的硬件适配电路与嵌入式 Linux 下的显示驱动程序。

1. S3C2410 LCD 控制器介绍

(1) 引　　脚

S3C2410 LCD 控制器用于传输视频数据和产生必要的控制信号,像 VFRAME,VLINE,

VCLK 和 VM 等。除了控制信号,S3C2410 还有输出视频数据的端口 VD[23:0],如图 9-37 所示。

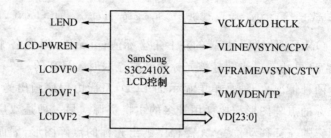

图 9-37　S3C2410 LCD 控制器的外部引脚图

将要用到的引脚描述如下:

VCLK——像素时钟信号;

VD[23:0]——LCD 像素输出端口;

VM/VDEN/TP——LCD 驱动器的 AC 偏置信号(STN)/数据使能信号(TFT)/SEC TFT 源驱动器数据加载脉冲信号。

(2) 寄存器介绍

S3C2410 的 LCD 控制寄存器主要有:LCDCON1 寄存器、LCDCON2 寄存器、LCDCON3 寄存器、LCDCON4 寄存器和 LCDCON5 寄存器等。

(3) 控制流程

LCD 控制器由 REGBANK,LCDCDMA,VIDPRCS,TIMEGEN 和 LPC3600 组成,如图 9-38 所示。

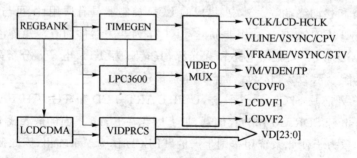

图 9-38　S3C2410 LCD 控制器的内部方框图

REGBANK 有 17 个可编程寄存器组和 256×16 的调色板存储器,用来设定 LCD 控制器。

LCDCDMA 是一个专用 DMA,自动从帧存储器传输视频数据到 LCD 控制器,用这个特殊的 DMA,视频数据可不经过 CPU 干涉就显示在屏幕上。

VIDPRCS 接收从 LCDCDMA 发来的视频数据,并在将其改变为合适数据格式后经 VD[23:0]送到 LCD 驱动器,如 4 位/8 位单扫描或 4 位双扫描显示模式。

TIMEGEN 由可编程逻辑组成,以支持不同 LCD 驱动器的接口时序和速率的不同要求。TIMEGEN 产生 VFRAME,VLINE,VCLK 和 VM 等信号。

数据流描述如下:FIFO 存储器位于 LCDCDMA。当 FIFO 空或部分空时,LCDCDMA 要求从基于突发传输模式的帧存储器中取来数据,存入要显示的图像数据,而这个帧存储器是 LCD 控制器在 RAM 中开辟的一片缓冲区。当这个传输请求被存储控制器中的总线仲裁器接收后,从系统存储器到内部 FIFO 就会成功传输 4 字。FIFO 总的大小是 28 字,其中低位 FIFOL 是 12 字,高位 FIFOH 是 16 字。S3C2410 有两个 FIFO 来支持双扫描显示模式。在单扫描模式下,只使用一个 FIFO(FIFOH)。

(4) TFT 控制器操作

S3C2410 支持 STN LCD 和 TFT LCD,这里只介绍其对 TFT LCD 的控制。

参照公式(9-6)、(9-8),可得出 HOZVAL=639,LINEVAL=479。其余主要寄存器的值在下面给出。

2. CJM10C0101 的逻辑、时序要求

各时间参数如表 9-77 所列。时序图如图 9-39 所示。

表 9-77　时间参数表

参　数	符　号	数　值	单　位
帧周期	t_1	16.7	ms
垂直显示时间	t_2	$480 \times t_3$	
行扫描时间	t_3	$800 \times t_c$ 31.78	μs
水平显示时间	t_4	$640 \times t_c$	
时钟周期	t_c	39.72	ns

根据时序要求,设定 VM/VDEN 信号作为 LCD 的 ENAB 信号,VCLK 信号作为 LCD 的 NCLK 信号。要想得到合适的 VM 和 VCLK 波形,就要正确设定寄存器的值,根据寄存器的值与 VM 和 VCLK 波形的关系,设定了以下关键寄存器的值:

HSPW =10,HBPD=100,HFPD=47,VSPW =1,VBPD=37,VFPD=4

S3C2410 的 HCLK 工作频率为 100 MHz 左右,因此根据公式(3)设 CLKVAL-1。这些值将在驱动程序中具体体现。

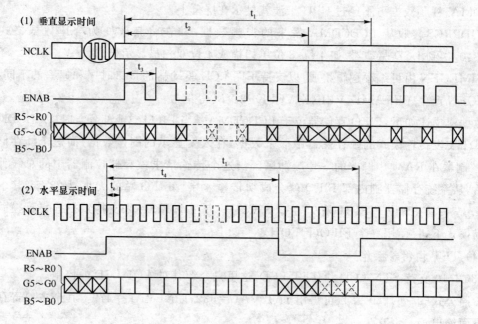

图 9-39　CJM10C0101 的时序图

3. 硬件驱动电路的组成

因为开发板引出线有限,只引出了 16 根视频数据线,所以利用这 16 根数据线扩充为 18 根作为 CJM10C0101 的数据输入线,即 RB 信号的最低两位共用一根数据线。CJM10C0101 要求其电源电压 VDD 的典型值为 5 V,并且 LCD 数据和控制信号的高电平输入电压 VIH 在[3.5 V,VDD]范围内,低电平输入电压 VIL 在[0,1.5 V]范围内,故用 4 片 74LVC4245 进行 3～5 V 的逻辑电平转换,具体电路如图 9-40 所示。同时考虑到通用性,使 74LVC4245 的电源为 3 V/5 V 可选,这样也能驱动 3 V 逻辑电平的 TFT LCD。

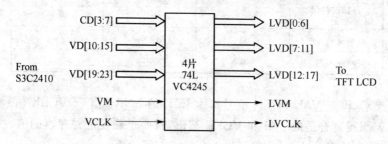

图 9-40　CJM10C0101 驱动电路

4. 嵌入式 Linux 下驱动程序的开发

FrameBuffer 是出现在 Linux 2.2.xx 内核当中的一种驱动程序接口,对应的源文件在目录 linux/drivers/video/下,总的抽象设备文件为 fbcon.C。这种接口将显示设备抽象为帧缓冲区。用户可以将它看成是显示内存的一个映像。在使用帧缓冲时,Linux 是将显卡置于图形模式下的。

根据以上对 LCD 各主要寄存器设置分析得出的结果,开发了基于 FrameBuffer 机制的 S3C2410 FB 驱动程序。下面是经过调试成功的部分代码,作用是对显示屏初始化和设置 LCD 控制寄存器的值。

```
/* s3c2410fb.C */
..........................
#ifdef CONFIG_rS3C2410-SMDK
static struct s3c2410fb-mach-info xxx-stn-info-initdata = {
    pixclock:174757, bpp:16,
#ifdef CoNFIGF-FB-S3C2410-EMUL          //显示屏幕初始化
    xres:    96,
#else
    xres:    640,
#endif
    yres:    480,
hsync_len: 5, vsync_len: 1,
left_margin: 7, upper_margin: 1,
right_margin: 3, lower_margin: 3,
sync: 0, cmap-static: 1,
reg:{                                    //设置 LCD 控制寄存器的值
    lcdconl:LCD1-BPP-16T|LCD1-PNR-TFT|LCD1-CLKVAL(1),
    LCDcon2:LCD2-VBPD(37)|LCD2-VFPD(4)|LCD2-VSPW(1),
    lcdcon3:LCD3-HBPD(100)|LCD3-HFPD(47),
    lcdcon4:LCD4-HSPW(10)|LCD4-MVAL(13),
    lcdcon5:LCD5-FRM565|LCD5-HWSWP | LCD5-PWREN,
    },
};
#endif
..........................
```

5. 结 果

经过硬件方面的调试修改,在 S3C2410 开发板上的 VCLK 和 VM 引脚上成功地得到了 CJM10C0101 所需的时钟信号和复合控制信号;在软件方面修改了 S3C2410 的驱动程序,经编译整个系统后再重新写到 Flash 中,重启后能正确显示原系统的静态启动画面,并且画面清晰稳定,达到了预期的效果。这套装置可用在工业控制和车载通信等领域作为显示输出设备,再配以适当的触摸屏可组成方便可靠的输入/输出设备。

习 题

1. 填空题

(1) 嵌入式系统中人机接口配置特点包括_____、_____、_____和_____四种。

(2) 常见键盘的种类有_____和_____。

2. 简答题

(1) 简述行列式键盘的工作原理。

(2) 简述 LCD 的基本特点和分类方法。

(3) 简述 S3C2410X 中 LCD 控制器的基本用法。

(4) 简述 S3C44B0X 中 LCD 控制器的基本用法。

(5) 简述 ARM 系统中鼠标工作原理。

(6) 简述 ARM 系统中 PS/2 接口的扩展方法。

(7) 试在 S3C2410X 中扩展 8×8 的键盘,并编程实现。

第 10 章
ARM 系统软件开发环境与开发工具

嵌入式系统的更新变化越来越快,嵌入式系统设计开发工程师面临着强烈的市场需求以及日益错综复杂的设计挑战,对开发时间要求比较紧,尤其是消费类产品,更是要求快速开发、生产和上市。正确选择一套先进的、功能强大的,同时又使用方便、界面友好的系统软件开发环境和开发工具至关重要。

10.1 概 述

由于嵌入式系统是一个受资源限制的系统,因此直接在嵌入式系统硬件上进行编程开发显然是不合理的。在嵌入式系统的开发过程中,一般采用的方法是:首先在通用 PC 上的集成开发环境中编程;然后通过交叉编译和链接,将程序转换成目标平台(嵌入式系统)可以运行的二进制代码;接着通过嵌入式调试系统将其调试正确;最后将程序下载到目标平台上运行。

因此,选择合适的开发工具和调试工具,对整个嵌入式系统的开发都非常重要。

10.1.1 嵌入式系统开发所面临的问题

嵌入式软件开发区别于桌面软件系统开发的一个显著的特点是,它一般需要一个交叉编译和调试环境,即编辑和编译软件在主机上进行(如在 PC 的 Windows 操作系统下),编译好的软件需要下载到目标机上运行(如在一个 PPC 的目标机上的 VxWorks 操作系统下),主机和目标机建立起通信连接,并传输调试命令和数据。由于主机和目标机往往运行着不同的操作系统,而且处理器的体系结构也彼此不同,因而提高了嵌入式系统开发的复杂性。

总的来说,嵌入式系统开发所面临的问题主要表现在以下几个方面。

1. 涉及多种 CPU 及多种 OS

嵌入式的 CPU 或处理器可谓多种多样,包括 Pentium、MIPS、PPC、ARM 和 XScale 等,而且应用都很广,在其上运行的操作系统也有不少,如 VxWorks、Linux、Nuclears 和 WinCE

等,即使在一个公司内,也会同时使用好几种处理器,甚至几种嵌入式操作系统。如果需要同时调试多种类型的板子,每个板子上又运行着多个任务或进程,则复杂性是可想而知的。

2. 开发工具种类繁多

不仅各种操作系统有各自的开发工具,在同一系统下开发的不同阶段也有不同的开发工具。如在用户的目标板开发初期,需要硬件仿真器来调试硬件系统和基本的驱动程序,在调试应用程序阶段可以使用交互式的开发环境进行软件调试,在测试阶段需要一些专门的测试工具软件进行功能和性能的测试,在生产阶段需要固化程序及出厂检测等。一般每一种工具都要从不同的供应商处购买,都要单独去学习和掌握,这无疑增加了系统开发的成本和难度。

3. 对目标系统的观察和控制

由于嵌入式硬件系统千差万别,软件模块和系统资源也多种多样,要使系统能正常工作,软件开发者必须对目标系统具有完全的观察和控制能力,例如硬件的各种寄存器、内存空间、操作系统的信号量、消息队列、任务和堆栈等。

此外,嵌入式系统变化更新比较快,对开发时间要求比较紧,尤其是消费类产品更是如此,如果有一套功能强大的嵌入式软件集成开发工具可以满足嵌入式软件开发各个阶段的需求,同时又使用方便,界面友好,则是最理想的。

10.1.2 开发环境

1. 交叉开发环境

作为嵌入式系统应用的 ARM 处理器,其应用软件的开发属于跨平台开发,因此,需要一个交叉开发环境。交叉开发是指在一台通用计算机上进行软件的编辑编译,然后下载到嵌入式设备中进行运行调试的开发方式。用来开发的通用计算机可以是 PC 和工作站等,运行通用的 Windows 或 Unix 操作系统。开发计算机一般称为宿主机,嵌入式设备称为目标机。在宿主机上编译好程序,下载到目标机上运行,交叉开发环境提供调试工具,对目标机上运行的程序进行调试。

交叉开发环境一般由运行于宿主机上的交叉开发软件和宿主机到目标机的调试通道组成。运行于宿主机上的交叉开发软件至少包含编译调试模块,其编译器为交叉编译器。宿主机一般为基于 X86 体系的台式计算机,而编译后的代码必须在 ARM 体系结构的目标机上运行,这就是所谓的交叉编译。在宿主机上编译好目标代码后,通过宿主机到目标机的调试通道将代码下载到目标机,然后由运行于宿主机的调试软件控制代码在目标机上进行调试。为了方便调试开发,交叉开发软件一般为一个整合编辑、编译汇编链接、调试、工程管理及函数库等功能模块的集成开发环境 IDE(Integrated Development Environment)。

组成 ARM 交叉开发环境的宿主机到目标机的调试通道一般有以下 3 种:

(1) 在线仿真器 ICE

在线仿真器 ICE(In Circuit Emulator)是一种模拟 CPU 的设备。它使用仿真头完全取代目标板上的 CPU，可以完全仿真 ARM 芯片的行为，提供更加深入的调试功能。在与宿主机连接的接口上，在线仿真器也是通过串行端口或并行端口、网口、USB 口通信。在线仿真器为了能够全速仿真时钟速度很高的 ARM 处理器，通常必须采用极其复杂的设计和工艺，因而其价格比较昂贵。在线仿真器通常用在 ARM 的硬件开发中，在软件开发中使用较少。其价格昂贵，也是在线仿真器难以普及的原因。

(2) Angel 调试监控软件

Angel 调试监控软件也称为驻留监控软件，是一组运行在目标机上的程序，可以接收宿主机上调试器发送的命令，执行诸如设置断点、单步执行目标程序、读/写存储器、查看或修改寄存器等操作。宿主机上的调试软件一般通过串行端口、以太网口、并行端口等通信端口与 Angel 调试监控软件进行通信。与基于 JTAG 的调试不同，Angel 调试监控程序需要占用一定的系统资源，如内存、通信端口等。驻留监控软件是一种比较低廉有效的调试软件，不需要任何其他硬件调试和仿真设备。Angel 调试监控程序的不便之处在于它对硬件设备的要求比较高，一般在硬件稳定之后才能进行应用软件的开发；同时，它占用目标板上的一部分资源，如内存、通信端口等，而且不能对程序的全速运行进行完全仿真，在一些要求严格的情况下不是很适合。

(3) 基于 JTAG 的 ICD

JTAG 的 ICD(In Circuit Debuger)也称为 JTAG 仿真器，是通过 ARM 芯片的 JTAG 边界扫描口进行调试的设备。JTAG 仿真器通过 ARM 处理器的 JTAG 调试接口与目标机通信，通过并口或串口、网口、USB 口与宿主机通信。JTAG 仿真器价格比较低，连接比较方便。通过现有的 JTAG 边界扫描口与 ARM CPU 核通信，属于完全非插入式(即不使用片上资源)调试。它无需目标存储器，不占用目标系统的任何应用端口。通过 JTAG 方式可以完成以下功能：

- 读/写 CPU 的寄存器，访问控制 ARM 处理器内核；
- 读/写内存，访问系统中的存储器；
- 访问 ASIC 系统；
- 访问 I/O 系统；
- 控制程序单步执行和实时执行；
- 实时设置基于指令地址值或数据值的断点。

基于 JTAG 仿真器的调试是目前 ARM 开发中采用最多的一种方式。

2. 仿真开发环境

(1) 嵌入式产品的开发周期

典型的嵌入式微控制器开发项目的第一个阶段是用 C 编译器从源程序生成目标代码，生成的目标代码将包括物理地址和一些调试信息。目前，代码可以用软件模拟器、目标监控器或在线仿真器来执行和调试。软件模拟器是在 PC 或工作站平台上，以其 CPU（如 X86）及其系统资源来模拟目标 CPU（如 P51XA），并执行用户的目标代码；而目标监控器则是将生成的目标代码下载到用户目标板的程序存储器中，并在下载的代码中增加一个监控器任务软件，用来监视和控制用户目标代码的执行，用户通过目标板上的串行口或其他调试端口，利用台式计算机来调试程序。

程序的调试是通过设置断点，使程序在指定的指令位置停止运行来实现的。在程序中止的时候，检查存储器和寄存器的内容，作为发现程序错误的线索。

程序经过调试，找到所有的错误后，修改源代码，重新编译，以一种标准格式生成目标代码文件，比如 Intel HEX。这个目标代码将存储在最终产品的非挥发存储器，比如 EPROM 或 Flash 中。

（2）为什么需要仿真器

软件模拟器和目标监控器提供了一种经济的调试手段，对于很多设计来说已经足够。但是也有很多场合，需要利用仿真器来找到程序错误。无论在哪种场合，仿真器都能够缩短调试时间，简化系统集成，增加可靠性，优化测试步骤，从而使其物有所值。更常见的情况是，工程师在项目的不同阶段同时使用软件模拟器和仿真器，特别是在较大的开发项目中。

软件模拟器和软件调试器在断点之外只提供很少的几种功能，比如显示端口内容和代码覆盖。没有检测事件和条件及作出反应的手段，也没有办法记录 MCU 的总线周期和判断程序执行后的情况。如果 MCU 有片上 EPROM 或 Flash 存储器，并且运行在单片模式，则只有仿真器才能够对系统进行调试，而不过多占用和消耗 MCU 资源。

在线仿真器可以很容易地做到这些事情，并且还能够提供很多其他功能。仿真器是软件和硬件之间的桥梁。在项目进行的某些阶段，必须让程序在实际的硬件上面运行。

（3）仿真器究竟是什么

仿真器可以替代目标系统中的 MCU，仿真其运行。它运行起来与实际的目标处理器一样，但是增加了其他功能，使用户能够通过台式计算机或其他调试界面来观察 MCU 中的程序和数据，并控制 MCU 的运行。仿真器是调试嵌入式软件的一个经济、有效的手段。Nohau 公司的 EMUL51XA－PC 系列仿真器用来调试 Philips P51XA 系列 MCU，而 EMUL51－PC 系列仿真器则支持众多厂家的 8051 系列单片机。

（4）内部和外部模式

内部模式是指程序和数据位于 MCU 芯片内部，以 Flash 或 EPROM 的形式存在，地址和数据总线对于用户并不可见，由此节省下来的芯片引脚作为 I/O 口提供给用户。内部模式也称为单片模式，所有的程序执行都发生在内部 ROM 中。为了有效地仿真这种芯片，要求仿真器使用 Bondout 或增强型 Hooks 芯片。

外部模式是当程序存储器(可能还有部分数据存储器),位于 MCU 外部的情况下,需要有地址和数据总线来访问这部分存储器。外部模式也称扩展模式。标准产品芯片、Bondout 芯片和增强型 Hooks 芯片都能够产生这种工作模式。这种情况下,芯片的地址和数据总线引脚不能作为通用 I/O 口使用。Nohau 公司的仿真器使用这 3 种芯片来实现有效的程序调试。

(5) Bondout、增强型 Hooks 芯片和标准产品芯片

Bondout、增强型 Hooks 芯片和标准产品芯片是仿真器所使用的、用来替代目标 MCU 的 3 种仿真处理器。只有 Bondout 和增强型 Hooks 芯片能够实现单片调试,标准产品芯片不能。与标准产品芯片相比,Bondout 芯片有一些增加的引脚,连接到芯片内部硅片的电路节点上,所有又称为超脚芯片。P51XA 系列单片机仿真器都使用 Bondout 芯片,EMUL51XA-PC 就是很好的例子。

增强型 Hooks 芯片利用各种芯片引脚上没有的机器周期来提供地址和数据总线,一些 80C51 系列仿真器就是使用增强型 Hooks 芯片。有趣的是,一些增强型 Hooks 芯片也是标准的产品芯片。使用增强型 Hooks 芯片作为仿真 CPU,需要一些额外的特殊功能电路从复用的芯片引脚中分解出地址、数据总线及必须的控制信号,用户的目标板没有这些电路,所有仍然是单片工作模式。采用 Bondout 芯片和增强型 Hooks 芯片能够实现从功能到芯片功耗的极为精确的仿真。

(6) 比较软件模拟器和目标监控器

软件模拟器设计师必须考虑到每一件事情,特别是那些只有在硬件搭起来以后才会出现的因素,比如电容、定时、电感及芯片版本等,随着 CPU 速度的增加,这些变得越来越重要。

目标监控器是在实际硬件中运行的。为了使监控器程序能够运行起来,目标系统必须是一个完整的、能够工作的系统。而仿真器在目标系统硬件不完整或一点硬件都没有的情况下也可以运行。但目标监控器可以安装在最终产品的程序中,随时都可以激活,用来进行调试,所以这对于测试和维护来说有一定的优势。

(7) 仿真器的优点

仿真器具有软件模拟器和目标监控器的所有功能,并具有下面一些优点:

① 不使用目标系统或 CPU 资源 目标监控器内核一般需要 10 KB 的 ROM、10~20 字节的 RAM 以及一个空闲的通信端口。一个好的仿真器不会使用上面任何一项。仿真器对于目标系统应当是不可见的,也就是所谓的"全透明仿真"。

② 硬件断点 软件断点的实现是通过在用户目标代码中插入 2 字节的 TRAP(陷井)指令,将正常的程序流偏转到调试器上。如果程序计数器碰巧落到第 2 字节上,程序就会崩溃。Nohau 仿真器的硬件断点功能使用比较器,将系统总线状态与预先设定的锁存器内容相比较,用以监测对于指定地址的访问,而不修改任何程序存储器内容。区域断点需要使用硬件断点来实现,但是软件断点仍然是很方便、很有用的,所以 Nohau 仿真器提供了两种断点功能,

即软件断点和硬件断点。

当用户的目标程序存放在ROM中时,软件断点是不能用的,因为无法插入TRAP指令。对于ROM程序存储器系统,只能使用硬件断点。

③ 跟踪功能(TRACE)　跟踪以时间为线索记录所有的处理器机器周期以及可选的外部信号电平。跟踪功能能够记录所有的取指操作,并且在采用流水线并行处理模式的单片机中,如P51XA,区分在流水线中取消的指令以及那些成功执行的指令。跟踪的开始通过条件触发来实现,这样可以实现过滤功能,只有感兴趣的指令周期被记录下来,其余的被舍弃。软件模拟器和目标监控器没有跟踪存储器,也不能实现跟踪功能。

④ 条件触发　这是非常强大和便于使用的功能。当某些事件发生时,可以进行某个预先设定的行动。条件包括地址、数据、时钟周期和外部信号,这些条件可以触发一个断点、启动/停止跟踪记录、记录一个时间标记以及其他由仿真器功能所决定的行动。这种强大的工具只有在仿真器中才能实现。Nohau仿真器的条件触发功能与跟踪功能有机地结合在一起,具有三级时间触发,最高级触发具有计数功能。

⑤ 实时显示存储器和I/O口内容　使用仿真器后,可以实时地观察存储器和I/O口的内容,而不仅仅是软件模拟。用户可以将自己特别喜欢的外设芯片连接到Nohau仿真器特性板的下部,然后在调试界面中访问它。如果了解外设的所有细节,那么可以非常精确地进行系统模拟。

在很多情况下发现,只有在接入实际的硬件系统后某些问题才会出现。采用仿真器能够从一开始就进入这一阶段,从而及早发现问题,更快地完成调试任务。

因为仿真器内部自带的RAM可以与目标系统中的ROM互相替代,所以在ROM目标系统中也可以简易地进行程序代码和数据的调试和修改。

同样,当目标系统中还没有装上存储器时,可以使用仿真器中的仿真存储器对系统进行调试。仿真存储器的大小、分辨率和映像地址可以由用户选择。

⑥ 硬件性能分析　软件模拟器和目标监控器只能模拟系统运行,然后进行性能分析;而仿真器则更进一步,在实际硬件上面进行性能分析,这样就增加了精度。而且,使用实际的硬件能够发现在软件模拟中无法发现的错误。虚假中断以及其他一些故障可能会出乎意料地消耗CPU资源,导致严重的性能问题,而且很难发现。利用仿真器的性能分析,这些问题很容易暴露。

⑦ 将仿真器与目标系统相连接　需要以下两个步骤:

第一步,需要选择适当的适配器连接方法,最好选用焊接和插座方式。P51XA系列单片机仿真器支持PLCC插座和表面安装两种目标连接方式。焊接适配器价格较高而且不可靠,不推荐用户使用。

第二步,仿真器上面的软件和跳线器必须正确配置,与目标板及软件初始化程序相匹配。Nohau仿真器一般使用默认设置就可以工作。

对于 P51XA 系列单片机,只要在用户的目标板上焊接一个芯片插座(PLCC 或表面安装形式)、插入 EMUL51XA-PC 的特性板适配器接头,在 PC 或便携式计算机上运行调试软件即可。然后就可以用随仿真提供的 time.c 测试程序对目标系统进行测试了。

10.1.3　选择合适的嵌入式系统软硬件调试工具

嵌入式系统设计人员正同时面临着调试工具的渐变和剧变。在渐变方面,调试工具正遵循着一般的设计趋势,向标准化开放式系统迈进。而剧变则可能表现在操作层面,因为开发人员在向嵌入式调试工具中增加无线连接功能。

嵌入式系统需要两种调试形式:一种基于软件,另一种则以硬件为中心。而且,业界在这两方面都已经做了大量标准化工作。其中,基于软件的调试正在转向一种基于 Eclipse 框架的开放式系统方法。大多数软件开发工具公司现在都有相应的插件,使其调试工具成为 Eclipse 集成开发环境(IDE)的一部分。例如,由于 Altium 公司的 TaskingVX 工具允许内部集成在 Eclipse 平台中,以支持更多的工具配置选项。嵌入式工具公司也加入到 Eclipse 基金会中来,从而有助于确保嵌入式工具能在未来 Eclipse 平台的进一步开发中扮演重要角色。

这些工具插件的普及正在帮助催生 Eclipse 的标准化扩展途径,使原本针对企业级软件开发而创建的 Eclipse 平台如今也包含了嵌入式和器件级软件。这其中的一个倡导项目,便是由风河系统公司牵头的器件软件开发平台(DSDP)。该平台涵盖了嵌入式系统的大量特定硬件要求。

DSDP 倡导组织正在努力克服 Eclipse 处理调试方式的严苛性问题。原来的 Eclipse(3.1 版以前)接口具有"target-process-thread"堆栈帧层次,当调试视图改变时会跟着改变调试的相关内容。而 DSDP 组织则提供了可自适应的接口层,如用做浏览器和调试模型之间的桥的内容适配器,因此允许内容定制和模型驱动的内容浏览。这种方法还支持针对目标硬件的特殊配置实现调试器的定制。朝着实现这种方法迈出的第一步出现在 2006 年中期发布的 Eclipse(3.2 版)中,并且仍在不断得到修正。

在硬件调试方面,通过在线仿真(ICE)以及类似的工具来查看处理器内部的方法,正在从用外绑定处理器的定制探测转向内置调试。目前可以访问这种内置功能的标准接口是 IEEE 1149.1 标准所定义的 JTAG 接口。JTAG 的初衷是使用每个芯片内部的硬件资源检查高密度 PCB 上的连接完整性。如今,JTAG 可以用做以追踪内置软件、读取内部处理器寄存器的访问端口,甚至用于存储器和可配置逻辑的板上编程。

将 JTAG 用于硬件调试的其中一个新兴趋势是通过单个接口同时控制多个器件的能力。JTAG 的定义允许器件以菊花链的结构连接在一起,因此单个控制器可以访问电路板上的所有器件。而在嵌入式开发中,工具供应商最早是将 JTAG 接口用于单器件访问,即访问处理器。

然而,现代系统设计通常要使用两个以上处理器,因此开发人员需要将单独的工具连接到每个处理器,然后独立地调试每个器件。硬件工具的相应措施是逐渐使用调试器探测菊花链处理器,并对它们同时实施控制以获得更协调的调试效果。另外,探测器能够通过处理器的JTAG接口访问其他硬件,如存储器。

Macraigor系统公司的OCDemon系列探测器就是近期涌现出来的这类多功能JTAG探测的一个例子。器件通过支持软件的配置可以控制目标处理器,从而提供对处理器操作和寄存器访问的控制。

此外,它还能控制与目标处理器连接的闪存。这种功能允许开发人员用单个器件和连接来加载软件,并测试它的执行情况,从而提高反复调试的速度。

然而,由于有潜力改变嵌入式系统调试实现的地点和方式,硬件调试的下一步发展是JTAG硬件调试像其他各种数据传送方式那样采用无线连接。到处理器的JTAG连接已经从并行端口转向USB,因此再从USB转到无线USB或其他无线形式只需一小步即可。

硬件调试连接无线化所提供的优势不言而喻:简化访问连接,并且无须使用线缆,还给现场系统维护和升级提供了新的可能性。通过JTAG接口已经可以使用硬件调试和存储器编程的全部功能。而使连接无线化,将允许已部署系统中这些功能的性能随时得以充分发挥。

根据所实现的无线链路类型,嵌入式系统设计可以通过便携式计算机实现现场调试和维护,甚至可以通过与互联网的Wi-Fi连接实现远程操作。这样就扩展了维护方式,并且开启了多种应用可能性,如收集事件统计数据用于故障分析,或确定应用模式以改进设计。

10.2 常用ARM系统软件开发工具介绍

10.2.1 开发工具综述

ARM应用软件的开发工具根据功能的不同,分别有编译软件、汇编软件、链接软件、调试软件、嵌入式实时操作系统、函数库、评估板、JTAG仿真器和在线仿真器等,目前世界上有40多家公司提供以上不同类别的产品。

用户选用ARM处理器开发嵌入式系统时,选择合适的开发工具可以加快开发进度,节省开发成本。因此,一套含有编辑软件、编译软件、汇编软件、链接软件、调试软件、工程管理及函数库的集成开发环境(IDE)一般来说是必不可少的,至于嵌入式实时操作系统、评估板等其他开发工具则可以根据应用软件规模和开发计划选用。

使用集成开发环境开发基于ARM的应用软件,包括编辑、编译、汇编和链接等工作全部在PC上即可完成,调试工作则需要配合其他的模块或产品方可完成,目前常见的调试方法有以下几种。

第10章　ARM系统软件开发环境与开发工具

1. 指令集模拟器

部分集成开发环境提供了指令集模拟器,可方便用户在 PC 上完成一部分简单的调试工作,但是由于指令集模拟器与真实的硬件环境相差很大,因此即使用户使用指令集模拟器调试通过的程序也有可能无法在真实的硬件环境下运行,用户最终必须在硬件平台上完成整个应用的开发。

2. 驻留监控软件

驻留监控软件(resident monitors)是一段运行在目标板上的程序,集成开发环境中的调试软件通过以太网口、并行端口和串行端口等通信端口与驻留监控软件进行交互,由调试软件发布命令通知驻留监控软件控制程序的执行、读/写存储器、读/写寄存器及设置断点等。

驻留监控软件是一种比较低廉有效的调试方式,不需要任何其他硬件调试和仿真设备。ARM 公司的 Angel 就是该类软件,大部分嵌入式实时操作系统也采用该类软件进行调试,不同的是在嵌入式实时操作系统中,驻留监控软件是作为操作系统的一个任务存在的。

驻留监控软件的缺点在于,它对硬件设备的要求比较高,一般在硬件稳定之后才能进行应用软件的开发,同时它占用目标板上的一部分资源,而且不能对程序的全速运行进行完全仿真,所以对一些要求严格的情况不是很适合。

3. JTAG 仿真器

JTAG 仿真器也称为 JTAG 调试器,是通过 ARM 芯片的 JTAG 边界扫描口进行调试的设备。JTAG 仿真器比较便宜,连接比较方便,通过现有的 JTAG 边界扫描口与 ARM CPU 核通信,属于完全非插入式(即不使用片上资源)调试,它无需目标存储器,不占用目标系统的任何端口,而这些是驻留监控软件所必需的。另外,由于 JTAG 调试的目标程序在目标板上执行,仿真更接近于目标硬件,因此许多接口问题,如高频操作限制、AC 和 DC 参数不匹配及电线长度的限制等被最小化了。使用集成开发环境配合 JTAG 仿真器进行开发是目前采用最多的一种调试方式。

4. 在线仿真器

在线仿真器使用仿真头完全取代目标板上的 CPU,可以完全仿真 ARM 芯片的行为,提供更加深入的调试功能。但这类仿真器为了能够全速仿真时钟速度高于 100 MHz 的处理器,通常必须采用极其复杂的设计和工艺,因而其价格比较昂贵。在线仿真器通常用在 ARM 的硬件开发中,在软件的开发中较少使用,其价格高昂也是在线仿真器难以普及的因素。

下面选取了 ARM SDT, ARM ADS, MULTI 2000, Hitools for ARM, Embest IDE for ARM 五种集成开发环境向读者作一个简单介绍。这些产品在国内有相对较畅通的销售渠道,用户容易购买。前三种由国外厂商出品,历史比较悠久,在全球范围内应用较为广泛,后两种由国内厂商推出,具有很高的性价比。另外,选取了国际市场上较流行的两种 JTAG 仿真器:EPI 公司的 JEENI 和 ARM 公司的 Multi-ICE。

(1) ARM SDT

ARM SDT 的英文全称是 ARM Software Development Kit,是 ARM 公司（www.arm.com)为方便用户在 ARM 芯片上进行应用软件开发而推出的一整套集成开发工具。ARM SDT 经过 ARM 公司逐年的维护和更新,目前的最新版本是 2.5.2,但从版本 2.5.1 开始,ARM 公司宣布推出一套新的集成开发工具 ARM ADS 1.0,取代 ARM SDT,今后将不会再看到 ARM SDT 的新版本。

ARM SDT 由于价格适中,同时经过长期的推广和普及,目前拥有最广泛的 ARM 软件开发用户群体,也被相当多的 ARM 公司的第三方开发工具合作伙伴集成在自己的产品中,比如美国 EPI 公司的 JEENI 仿真器。

ARM SDT(以下关于 ARM SDT 的描述均是以版本 2.5.0 为对象)可在 Windows 95/98/NT 以及 Solaris 2.5/2.6 和 HP-UX 10 上运行,支持最高到 ARM9(含 ARM9)的所有 ARM 处理器芯片的开发,包括 Strong ARM。

ARM SDT 包括以下一套完整的应用软件开发工具：

① armcc　ARM 的 C 编译器,具有优化功能,兼容于 ANSI C。

② tcc　THUMB 的 C 编译器,同样具有优化功能,兼容于 ANSI C。

③ armasm　支持 ARM 和 Thumb 的汇编器。

④ armlink　ARM 连接器,连接一个或多个目标文件,最终生成 ELF 格式的可执行映像文件。

⑤ armsd　ARM 和 Thumb 的符号调试器。

以上工具为命令行开发工具,均被集成在 SDT 的两个 Windows 开发工具 ADW 和 APM 中,用户无须直接使用命令行工具。

⑥ APM　Application Project Manageer,ARM 工程管理器,完全图形界面,负责管理源文件,完成编辑、编译、链接并最终生成可执行映像文件等功能。

⑦ ADW　Application Debugger Windows,ARM 调试工具,ADW 提供一个调试 C、C++ 和汇编源文件的全窗口源代码级调试环境,在此也可以执行汇编指令级调试,同时可以查看寄存器、存储区和栈等调试信息。

⑧ ARM SDT 还提供一些实用程序,如 fromELF,armprof,decaxf 等,可以将 ELF 文件转换为不同的格式、执行程序分析以及解析 ARM 可执行文件格式等。

⑨ ARM SDT 集成快速指令集模拟器,用户可以在硬件完成以前完成一部分调试工作。ARM SDT 提供 ANSI C,C++,Embedded C 函数库,所有库均以 lib 形式提供,每个库都分为 ARM 指令集和 Thumb 指令集两种,同时在各指令集中也分为高字节结尾(big endian)和低字节结尾(little endian)两种。

用户使用 ARM SDT 开发应用程序可选择配合 Angel 驻留模块或者 JTAG 仿真器进行,

第 10 章 ARM 系统软件开发环境与开发工具

目前大部分 JTAG 仿真器均支持 ARM SDT。

ARM SDT 2.5.0 的零售价一般在 4 000~4 500 美元。

（2）ARM ADS

ARM ADS 的英文全称为 ARM Developer Suite，是 ARM 公司推出的新一代 ARM 集成开发工具，用来取代 ARM 公司以前推出的开发工具 ARM SDT，目前 ARM ADS 的最新版本为 1.2。

ARM ADS 起源于 ARM SDT，对一些 SDT 的模块进行了增强，并替换了一些 SDT 的组成部分，用户可以感受到的最强烈的变化是 ADS 使用 CodeWarrior IDE 集成开发环境替代了 SDT 的 APM，使用 AXD 替换了 ADW，现代集成开发环境的一些基本特性如源文件编辑器语法高亮、窗口驻留等功能在 ADS 中得以体现。

ARM ADS 支持所有 ARM 系列处理器，包括最新的 ARM 9E 和 ARM 10，除了 ARM SDT 支持的运行操作系统外，还可以在 Windows 2000/Me 以及 RedHat Linux 上运行。

ARM ADS 由以下六部分组成：

① 代码生成工具（code generation tools）　由源程序编译、汇编和链接工具集组成。ARM 公司针对 ARM 系列每一种结构都进行了专门的优化处理。这一点除了作为 ARM 结构的设计者的 ARM 公司，其他公司都无法办到。ARM 公司宣称，其代码生成工具最终生成的可执行文件最多可以比其他公司工具套件生成的文件小 20%。

② 集成开发环境（CodeWarrior IDE from Metrowerks）　CodeWarrior IDE 是 Metrowerks 公司一套比较有名的集成开发环境，有不少厂商将它作为界面工具集成在自己的产品中。CodeWarrior IDE 包含工程管理器、代码生成接口、语法敏感编辑器、源文件和类浏览器、源代码版本控制系统接口和文本搜索引擎等，其功能与 Visual Studio 相似，但界面风格比较独特。ADS 仅在其 PC 版本中集成了该 IDE。

③ 调试器（debuggers）　包括两个调试器：ARM 扩展调试器 AXD（ARM eXtended Debugger）和 ARM 符号调试器 ARMSD（ARM Symbolic Debugger）。AXD 基于 Windows 9X/NT 风格，具有一般意义上调试器的所有功能，包括简单和复杂断点设置、栈显示、寄存器和存储区显示、命令行接口等。ARMSD 作为一个命令行工具辅助调试或者用在其他操作系统平台上。

④ 指令集模拟器（instruction set simulators）　用户使用指令集模拟器无需任何硬件即可在 PC 上完成一部分调试工作。

⑤ ARM 开发包（ARM firmware suite）　由一些底层的例程和库组成，帮助用户快速开发基于 ARM 的应用和操作系统。具体包括系统启动代码、串行口驱动程序、时钟例程和中断处理程序等，Angel 调试软件也包含在其中。

⑥ ARM 应用库（ARM applications library）　ADS 的 ARM 应用库完善和增强了 SDT

中的函数库,同时还包括一些相当有用的提供了源代码的例程。

用户使用 ARM ADS 开发应用程序与使用 ARM SDT 完全相同,同样是选择配合 Angel 驻留模块或者 JTAG 仿真器进行,目前大部分 JTAG 仿真器均支持 ARM ADS。

ARM ADS 的零售价为 5 500 美元,如果选用不固定的许可证方式则需要 6 500 美元。

(3) Multi 2000

Multi 2000 是美国 Green Hills 软件公司(www.ghs.com)开发的集成开发环境,支持 C/C++/Embedded C++/Ada 95/Fortran 编程语言的开发和调试,可运行于 Windows 平台和 Unix 平台,并支持各类设备的远程调试。

Multi 2000 支持 Green Hills 公司的各类编译器以及其他遵循 EABI 标准的编译器,同时 Multi 2000 支持众多流行的 16 位、32 位和 64 位处理器和 DSP,如 PowerPC、ARM、MIPS、X86、Sparc、TriCore 和 SH-DSP 等,并支持多处理器调试。

Multi 2000 包含完成一个软件工程所需要的所有工具。这些工具可以单独使用,也可集成第三方系统工具。Multi 2000 各模块相互关系及与应用系统相互作用如下:

① 工程生成工具(project builer) 实现对项目源文件、目标文件、库文件以及子项目的统一管理,显示程序结构,检测文件相互依赖关系,提供编译和链接的图形设置窗口,并可对编程语言进行特定环境设定。

② 源代码调试器(source-level debugger) 提供程序装载、执行、运行控制和监视所需要的强大的窗口调试环境,支持各类语言的显示和调试,同时可以观察各类调试信息。

③ 事件分析器(event analyzer) 提供用户观察和跟踪各类应用系统运行和 RTOS 事件的可配置的图形化界面,它可移植到很多第三方工具或集成到实时操作系统中,并对以下事件提供基于时间的测量:任务上下文切换、信号量获取/释放、中断和异常、消息发送/接收及用户定义事件。

④ 性能剖析器(performance profiler) 提供对代码运行时间的剖析,可基于表格或图形显示结果,有效地帮助用户优化代码。

⑤ 实时运行错误检查工具(run-time error checking) 提供对程序运行错误的实时检测,对程序代码大小和运行速度只有极小影响,并具有内存泄漏检测功能。

⑥ 图形化浏览器(graphical brower) 提供对程序中的类、结构变量、全局变量等系统单元的单独显示,并可显示静态的函数调用关系以及动态的函数调用表。

⑦ 文本编辑器(text editor) Multi 2000 的文本编辑器是一个具有丰富特性的用户可配置的文本图形化编辑工具,提供关键字高亮显示和自动对齐等辅助功能。

⑧ 版本控制工具(version control system) Multi 2000 的版本控制工具与 Multi 2000 环境紧密结合,提供对应用工程的多用户共同开发功能。Multi 2000 的版本控制工具通过配置对支持很多流行的版本控制程序,如 Rational 公司的 ClearCase 等。

第10章 ARM系统软件开发环境与开发工具

(4) Embest IDE

Embest IDE 英文全称是 Embest Integrated Development Environment,是深圳市英蓓特信息技术有限公司(www.embedinfo.com)推出的一套应用于嵌入式软件开发的新一代集成开发环境。

Embest IDE 是一个高度集成的图形界面操作环境,包含编辑器、编译器、汇编器、链接器和调试器等工具,其界面同 MicroSoft Visual Studio 类似。Embest IDE 支持 ARM、Motorola 等多家公司不同系列的处理器。对于 ARM 系列处理器,目前支持到 ARM9 系列,包括 ARM7、ARM5 等低系列芯片。

Embest IDE 运行的主机环境为 Windows 95/98/NT/Me/2000,支持的开发语言包括标准 C、Embedded C 和汇编语言。

Embest IDE 包括编辑器、编译器、连接器、调试器和工程管理器等功能模块,用户同时可选配 Embest JTAG 仿真器。Embest IDE 的所有与处理器和调试设备相关模块均采用即插即用方式,可在同一个工作区内同时管理多个应用软件和库工程。各工程均可配置不同的处理器和仿真器,用户可在各工程中无缝切换。

Embest IDE 的主要特性如下:

① 工程管理器　图形化的工程管理工具,负责应用源程序的文件组织和管理,提供编译、链接和库文件的设置窗口。

② 源码编辑器　标准的文本编辑功能,支持语法关键字和关键字色彩显示等。

③ 编译工具　集成著名优秀自由软件 GNU 的 GCC 编译器,并经过优化和严格测试。

④ 调试器　源码级调试,提供了图形和命令行两种调试方式,可进行断点设置、单步执行和异常处理,可查看修改内存、寄存器及变量等,可查看函数栈,可进行反汇编等。

⑤ 调试设备　Embest JTAG 仿真器,一端是一个 DB25 的接口,连接到主机的并行口,另一端是 IDC 插头,连接到目标板的 JTAG 接口。

⑥ 联机帮助　中、英文两种版本在线帮助文档。

用户可以使用 Embest IDE 配合 Embest JTAG 仿真器进行应用软件的开发,Embest IDE 同时也支持一些国内外常用的 JTAG Cable 线。

Embest IDE 的零售价格为人民币 9 600 元(包括 Embest JTAG 仿真器)。

(5) Hitool for ARM

由 Hitool International Inc.(www.hitoolsys.com)出品,是一种较新的 ARM 嵌入式应用软件开发系统,主要包括 Hitool ARM Debugger、GNU Compiler(内建)、JTAG Cable、评估板以及嵌入式实时操作系统 ThreadX 等。其中,编译器模块可以替换成 ARM ADS Compiler 或 ARM SDT Compiler。

其主要特点如下:

① 近似 MS Visual Studio 的调试界面风格，可以在 Win98/ME/NT 等多种 Win32 环境下运行。

② 优秀的工程管理器、源代码和二进制代码编辑器、字符串搜索引擎以及调试目标的自由拖放等功能。

③ 支持汇编、C 以及 C++ 源码级调试，不仅可以通过串口和并口进行本地调试，也可以通过 TCP/IP 进行远端调试。

④ 集成了 S-Record、Binary 和 Disassembly 格式的内存上下载工具及 Flash 编程工具。

⑤ 支持多种常用的 JTAG Cable，具备通过宏和脚本实现的自动化调试功能。

（6）JEENI 仿真器

JEENI 仿真器是美国 EPI 公司（www.epitools.com）生产的专门用于调试 ARM7 系列的开发工具。它与 PC 之间通过以太网口或串口连接，与 ARM7 目标板之间通过 JTAG 口连接。该仿真器使用独立电源。

JEENI 仿真器支持 ARM/Thumb 指令，支持汇编/高级语言调试。用户应用程序通过 JEENI 仿真器下载到目标 RAM 中。通过 JEENI 仿真器，用户可以观察/修改 ARM7 的寄存器和存储器的内容，可以在所下载的程序上设置断点，可以汇编/高级语言单步执行程序，也可以全速运行程序，还可以观察高级语言变量的数据结构及内容，并对变量的内容在线修改。

JEENI 内部使用了一片带有高速缓存的 ARM 处理器，支持对调试操作的快速响应，如：单步、读/写存储器、读/写寄存器和下载应用程序到目标板。JEENI 的这种结构，允许以太网接口在处理器执行 JTAG 指令的同时访问存储器。这种设计极大地提高了下载速度。

JEENI 仿真器能够很好地与 SDT 2.5 工具连接，用户可使用 SDT 的编译器和调试界面。对那些正在使用 ARM BlackICE/EmbeddedICE JTAG 接口的用户来说，JEENI 仿真器是即插即用的替代品。JEENI 仿真器可用于 ARM SDT 2.11a 或 SDT 2.5，大多数第三方的调试器也都支持 JEENI。

（7）Multi-ICE

Multi-ICE 是 ARM 公司自己的 JTAG 在线仿真器，目前的最新版本是 2.1。

Multi-ICE 的 JTAG 链时钟可以设置为 5 kHz～10 MHz，实现 JTAG 操作的一些简单逻辑由 FPGA 实现，使得并行口的通信量最小，以提高系统的性能。Multi-ICE 硬件支持低至 1 V 的电压。Multi-ICE 2.1 还可以外部供电，不需要消耗目标系统的电源，这对调试类似手机等便携式、电池供电设备是很重要的。

Multi-ICE 2.x 支持该公司的实时调试工具 MultiTrace，MultiTrace 包含一个处理器，因此可以跟踪触发点前后的轨迹，并且可以在不终止后台任务的同时对前台任务进行调试，在微处理器运行时改变存储器的内容，所有这些特性使延时降到最低。

Multi-ICE 2.x 支持 ARM 7、ARM 9、ARM 9E、ARM 10 和 Intel Xscale 微结构系列。它

第10章 ARM系统软件开发环境与开发工具

通过TAP控制器串联,提供多个ARM处理器及混合结构芯片的片上调试。它还支持低频或变频设计以及超低压核的调试,并且支持实时调试。

Multi-ICE提供支持Windows NT4.0、Windows 95/98/2000/Me、HPUX 10.20和Solaris V2.6/7.0的驱动程序。

Multi-ICE的主要优点如下:
① 下载速度和单步速度快。
② 用户控制的输入/输出位。
③ 可编程的JTAG位传送速率。
④ 开放的接口,允许调试非ARM的核或DSP。
⑤ 网络连接到多个调试器。
⑥ 目标板供电或外接电源。

(8) RealView MDK

RealView MDK开发工具源自德国Keil公司,被全球10万以上嵌入式系统开发工程师验证和使用,是ARM公司目前最新推出的针对各种嵌入式处理器的软件开发工具。RealView MDK集成了业内最领先的技术,融合了中国多数软件开发工程师所需的特点和功能。它包括 μVision 3集成开发环境与RealView编译器,支持ARM 7、ARM 9和最新的Cortex-M3核处理器,自动配置启动代码,集成Flash烧写模块,强大的Simulation设备模拟和性能分析等功能。

RealView MDK的突出特性如下:
① 菜鸟的"阿拉伯飞毯"——启动代码生成向导,自动引导,一日千里。

启动代码与系统硬件结合紧密,必须用汇编语言编写,因而成为许多工程师难以跨越的门槛。RealView MDK的 μVision 3工具可以自动生成完善的启动代码,并提供图形化的窗口,并可轻松修改。无论对于初学者还是有经验的开发工程师,都能大大节省时间,提高开发效率。

② 高手的"无剑胜有剑"——软件模拟器,完全脱离硬件的软件开发过程。

RealView MDK的设备模拟器可以仿真整个目标硬件,包括快速指令集仿真、外部信号和I/O仿真、中断过程仿真、片内所有外围设备仿真等。开发工程师在无硬件的情况下即可开始软件开发和调试,使软硬件开发同步进行,大大缩短开发周期。而一般的ARM开发工具仅提供指令集模拟器,只能支持ARM内核模拟调试。

③ 专家的"哈雷望远镜"——性能分析器,看得更远、更细、更清楚。

RealView MDK的性能分析器好比哈雷望远镜,使用户看得更远和更准,它可辅助查看代码覆盖情况、程序运行时间及函数调用次数等高端控制功能,指导用户轻松地进行代码优化,成为嵌入式开发高手。通常这些功能只有价值数千美元的昂贵的Trace工具才能提供。

④ 未来战士的"激光剑"——Cortex-M3 支持。

RealView MDK 支持的 Cortex-M3 核是 ARM 公司最新推出的针对微控制器应用的内核。它提供业界领先的高性能和低成本的解决方案，未来几年将成为 MCU 应用的热点和主流。目前，国内只有 ARM 公司的 MDK 和 RVDS 开发工具可以支持 Cortex-M3 芯片的应用开发。

⑤ 业界最优秀的编译器——RealView 编译器，代码更小，性能更高。

RealView MDK 的 RealView 编译器与 ADS 1.2 比较如下：

代码长度　　比 ADS 1.2 编译的代码长度小 10%。

代码性能　　比 ADS 1.2 编译的代码性能高 20%。

⑥ 配备 ULINK 2 仿真器＋Flash 编程模块，轻松实现 Flash 烧写。

RealView MDK 无需寻求第三方编程软件与硬件支持，通过配套的 ULINK 2 仿真器与 Flash 编程工具，轻松实现 CPU 片内 Flash、外扩 Flash 烧写，并支持用户自行添加 Flash 编程算法；而且能支持 Flash 整片删除、扇区删除、编程前自动删除以及编程后自动校验等功能，轻松方便。

⑦ 绝对的高性价比——国际品质，本土价格。

RealView MDK 中国版保留了 RealView MDK 国际版的所有卓越性能，而产品价格和国内普通开发工具的价格差不多；另外，还根据不同需求，专门定制了 4 个版本，以满足工程师们不同的需要。这绝对是开发工具的首选。

⑧ 更贴身的服务——专业的本地化的技术支持和服务。

RealView MDK 中国版用户将享受到专业的本地化的技术支持和服务，包括电话、Email、论坛和中文技术文档等，这将为国内工程师们开发出更有竞争力的产品提供更多的助力。

10.2.2　如何选择开发工具

选择嵌入式软件工具，例如汇编语言、编译器和连接程序，都是很让人头疼的。开发工具不仅与软件有关，更重要的是与所使用的开发板有关。下面主要从选择开发板的角度加以说明：

① 要注意硬件资源（包括 CPU、ROM、RAM 及各种接口），其中 NanD Flash、Nor Flash 和 SDRAM 的大小一定要满足自己开发的要求。

② 初学者对软件资源一定要注意，因为不同的开发板提供的软件资源差别很大。一般必须包括：嵌入式开发操作系统以及相应的驱动（最好有源代码）、开发工具、调试工具、学习用源代码、底板原理图、相应的技术支持等。

③ 供应商的技术支持力度如何。嵌入式行业是客户研发和售后支持具有高度互动性的行业，供应商的技术支持有时会成为用户产品上市的关键因素，因此在供应商的技术支持能力

方面,一定要慎重考察。

考察供应商能不能提供充分的支持,一个有效的方法就是到这个公司的技术支持论坛上看看。在论坛上,用户发贴询问的问题,是否能够及时得到回复。没有专业支持团队的公司,是没有办法为用户提供及时的支持的。对于用户在论坛上询问的问题,有的厂商一个月才答复,有的甚至不予回答。

能否提供完备的技术支持,是衡量一个 ARM 开发板公司是否是专业的,是否能够在产业链上起到承上启下的作用,是否能够为用户创造价值的重要标准。

总之,用户在购买开发板的时候,选择的不是开发板,而是为自己提供服务的合作伙伴。开发板的价格是公司服务价值的体现,所以目前很多追求最低价开发板的消费理念是偏颇的。选择开发板,选择一个为自己服务的公司,一定要慎重。

10.3 常用 ARM 系统软件开发环境介绍

10.3.1 建立 ARM 系统软件开发环境

嵌入式系统开发环境的搭建需要解决以下 4 个方面的问题,即主机如何与开发板通信、程序如何下载到开发板、程序如何编译及程序如何调试。

1. 通信环境

Linux 一般自带了一个 Minicom 的通信终端程序,它的功能与 Windows 下的超级终端功能相似,通过 Minicom 可以设置、监视串口工作状态,接收、显示串口收到的信息,并且在主机与开发板之间传递数据和控制指令,从而实现在主机上调试开发板的目的。

设置方法如下:

① 在主机上打开一个终端窗口,输入 Minicom;

② 设置主机串口波特率为 115 200、数据位为 8 位、停止位为 1 位、奇偶校验位无、数据流控制位无;

③ 保存设置;

④ 重新启动 Minicom。

2. 程序下载环境

在程序开发期间,经常需要把程序下载到开发板上运行来测试程序,所以下载环境也是必不可少的,将程序下载到开发板的办法有很多种。下面主要讨论 3 种:

(1) 通过 NFS(网络文件系统)下载

在开发时,如果每次下载文件都进行实际的数据传输,那将是非常麻烦和费时的,而采用 NFS 服务将会大大提高开发效率。

配置 NFS 的步骤如下：

① 安装 NFS 软件包，一般系统已经默认安装。

② 编辑/etc/exports 文件，添加需要共享的目录，书写规则是：共享目录主机(参数)，其中每个共享规则一行。例如：/mnt/test 192.168.0.199(ro,sync,no-root squash)。该规则代表将/mnt/test 目录以读/写同步方式共享给主机 192.168.0.199，如果登陆到 NFS 主机的用户是 root，那么该用户就具有 NFS 主机的 root 用户的权限。

③ 客户端运行以下命令 MOUNT NFS 文件系统：mount-t nfs 192.168.0.20:/mnt/test /mnt/ide。这样，开发板可以看到分区上的所有内容，从而直接运行这个分区上的程序，不需要再进行实际数据的传输。这种方式在程序开发阶段是必不可少的。

(2) 通过 Minicom 下载

由于 Minicom 自带下载功能，所以不用安装和设置任何文件就可以把文件下载到开发板上，不过它要通过串口进行实际的数据传输，速度很慢，通常只能下载小文件。

(3) 通过 TFTP(简单文件传输协议)下载

这种下载文件也需要进行实际的数据传输，不过它是通过网口进行的，比串口的速度快了很多，可以下载比较大的文件。如果仅仅是传输较大的文件到开发板，可以采用这种方式。

3. 交叉编译环境

由于开发主机的 X86 体系结构和开发板体系结构的差别，因此在开发主机上能运行的程序不能在目标机上运行。为了使在开发主机上编译通过的程序能够在目标机上运行，必须使用交叉编译工具链来编译程序。本来可以自己建立嵌入式 Linux 的交叉编译环境，但这一过程非常繁琐，而且经常出现各个版本软件的匹配问题，所以推荐使用现成的交叉编译环境，相应的交叉编译器可从网上下载。

下面以 ARM 架构为例，介绍交叉编译环境的建立：

① 解压交叉编译器 tar-jxvf arm-Linux.tar.bz2 或 tar-zxvf arm-Linux.tar.gz；

② 将解压后的工具链复制/usr/local/arch_name 目录下 cp-r arm-Linux /usr/local/；

③ 在/etc/profile 文件中修改 PATH 环境变量，添加工具链的路径：PATH＝$PATH:/usr/local/arm-Linux。

这样，交叉编译环境就建好了，现可将源程序编译为在开发主机上运行的可执行程序，如：arm-Linux-gcc-o hello hello.c。

4. 交叉调试环境

调试是嵌入式软件开发不可少的一个环节，它的调试方式和通用软件开发过程中的调试方式有所差别。在嵌入式软件开发中，调试时采用的是在宿主机和开发板之间进行的交叉调试，调试器仍然运行在宿主机的通用操作系统之上，但被调试的进程却运行在基于特定硬件平台的嵌入式操作系统中，调试器和被调试的进程通过串口或者网络进行通信，调试器可以控制、访问被调试进程，读取被调试进程的当前状态，并能够改变被调试进程的运行状态。而在通用软件开发中，调试器与被调试进程往往运行在同一台计算机上。调试器是一个单独运行着的进程，它通过操作系统提供的调试接口来控制被调试进程。

交叉调试(cross debug)，又称为远程调试(remote debug)。它允许调试器以某种方式控制目标机上被调试的进程，并能够查看和修改目标机上内存单元、寄存器以及被调试进程中变量值等。

下面以 GDB 6.0 为例介绍交叉调试环境的建立：

① 在宿主机上交叉编译 gdb

gdb6.0/configure--prefix = /usr/local/arm-Linux--hOSt = i686-PC-Linux--target = arm-Linux
make

② 交叉编译 gdbserver

mkdir gdbserver
cd gdbserver
export CC = arm-Linux-gcc
../gdb6.0/gdb/gdbserver/configure arm-Linux
make

③ 将 gdbserver 复制到开发板/bin 目录下（要用到下载工具）。

④ 在开发板上启动 gdbserver

gdbserver 192.168.0.20:2345 hello

⑤ 宿主机通过该端口与开发板建立调试通道。

arm-Linux-gdb hello
(gdb) target remote 192.168.0.199:2345

10.3.2 RealView MDK 集成开发环境的使用

在这一小节里，详细介绍 ARM 开发软件 RealView MDK（The RealView Microcontroller Development Kit (MDK)）。通过学习在 RealView MDK 集成开发环境下编写、编译一个工程的例子，使读者掌握在 RealView MDK 集成开发环境下开发用户应用程序。本小节还介绍如何使用 RealView MDK 调试工程，使读者对于调试工程有初步的理解，为进一步使用和掌握调试工具起抛砖引玉的作用。

1. 概　述

RealView MDK 集成开发环境支持基于 ARM 7，ARM 9，Cortex-M1 和 Cortex-M3 微处

理器设备。完美支持工业标准的编辑工具和精确的调试和模拟。其组成结构如图10-1所示。

它主要包括：

- μVision IDE 调试和模拟环境；
- RealView 业界领先的 C/C++ ARM 编译器；
- MicroLib 高性能优化实时库；
- Real-Time Trace 提供对 Cortex-M3 处理器实时跟踪；
- Keil RTX 精确的实时操作系统；
- 利用设备数据库提供微处理器设备详细的启动代码；
- 为 ULINK 产品提供 Flash 编程算法；
- 提供了大量例子和模版，使用户能够快速地上手工作。

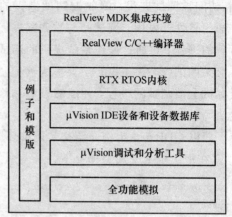

图 10-1　RealView MDK 组成结构图

RealView MDK 集成开发环境评估版有 16 KB 的代码长度限制，正式版可以通过有效的序列号将评估版转换成正式版。

2. μVision IDE 调试和模拟环境

μVision IDE 在全球拥有庞大的用户群，超过10万开发工程师在使用 Keil 开发工具。不管以前是用8位、16位 MCU，还是现在改用 ARM 32位处理器，μVision IDE 都简单易用，让用户很快上手。

μVision IDE 主要特性如下：

- 功能强大的源代码编辑器；
- 可根据开发工具配置的设备数据库；
- 用于创建和维护工程的工程管理器；
- 集汇编、编译和链接过程于一体的编译工具；
- 用于设置开发工具配置的对话框；
- 真正集成高速 CPU 及片上外设模拟器的源码级调试器；
- 高级 GDI 接口，可用于目标硬件的软件调试和 ULINK 2 仿真器的连接；
- 用于下载应用程序到 Flash ROM 中的 Flash 编程器；
- 完善的开发工具手册、设备数据手册和用户向导。

(1) μVision IDE

1) 概　述

Keil 的 μVision IDE 是一个集工程生成、源代码编辑、程序调试和全功能环境模拟于一体

第 10 章　ARM 系统软件开发环境与开发工具

的项目管理器。μVision 开发平台易于使用，并可快速帮助用户在工作中建立嵌入式程序。μVision 的编辑器和调试器整合为单个应用程序提供了天衣无缝的嵌入式项目开发环境。

对于大多数利用 Keil 开发工具 μVision IDE 的开发者而言，很容易建立嵌入式应用工程，开始他们的项目。单击桌面上 μVision 的快捷图标或从开始菜单选择 Keil μVision 3 运行程序，进入如图 10-2 所示的界面，在项目菜单中选择新建项目或打开已有的项目即可。μVision 提供了用户所熟悉和类似的例子供参考。

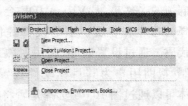

图 10-2　建立或打开工程

2) 项目管理

项目管理器集成了所有源程序如编译器、汇编器和链接器等所要求的编译与链接的所有程序。μVision 包括了以下几个强大工具使得项目管理更加容易。

① 设备支持　设备数据库自动配置工具为用户所选择的微处理器提供配置。一个项目最困难的部分之一是在针对用户所使用的芯片选择合适的编译器、汇编器和链接器。μVision 提供的设备数据库可以使单调的工作变得更加容易。

当建立一个新的项目时，μVision 会根据所选择的芯片自动配置所需要的编译器、汇编器和链接器。图 10-3 所示是一个选择 MSC-51 微处理器的例子。对于其他支持的微处理器可以添加或设定专用相关设备数据库。

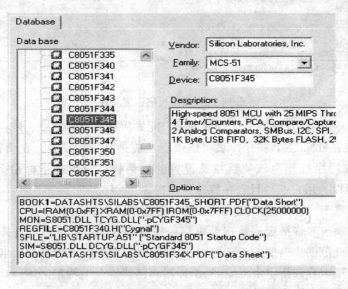

图 10-3　MCS-51 微处理选择

② 启动代码工具　该工具可自动添加到项目中。设置启动代码是嵌入式软件平台最为麻烦的一件事。μVision IDE 会自动根据所选择的芯片和它所识别的硬件提供恰当的启动代码。通过设置向导，利用所熟悉的对话框控制，帮助用户为其目标硬件设置启动代码。具体可以通过图 10-4 选择是否将启动代码加入到工程中，通过图 10-5 所示的启动代码设置向导完成设置。

图 10-4　启动代码设置选择

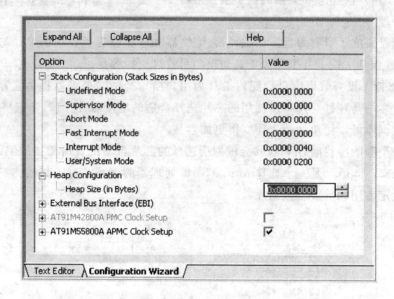

图 10-5　启动代码设置向导

③ 设置工具　μVision 可以通过设置为用户配置所有的目标文件、分组或单个的源文件。单击工具栏上"设置目标"工具按钮就可以改变当前选择目标设置。在项目工作区，可通过右击目标、组或源程序打开为该项目特殊设置的对话框。设置对话框由多个标签构成，如图 10-6 所示，可以为用户的项目选择特殊的设置。

- "设备"选项卡容许为用户的项目选择特定设备。
- "目标"选项卡容许指定存储器模块和存储器参数。用户可以进入外部存储器的片外存储器地址范围。典型的，当开始新的项目时需要重新设置本选项卡。
- "输出"选项卡容许指定由汇编器、编译器和链接器产生特定文件。
- "链接"选项卡容许设置链接文件的内容。
- C/C++, Asm 和 Linker 选项卡容许进入特殊工具设置和当前显示工具设置。
- "调试"选项卡设置 μVision 调试器。

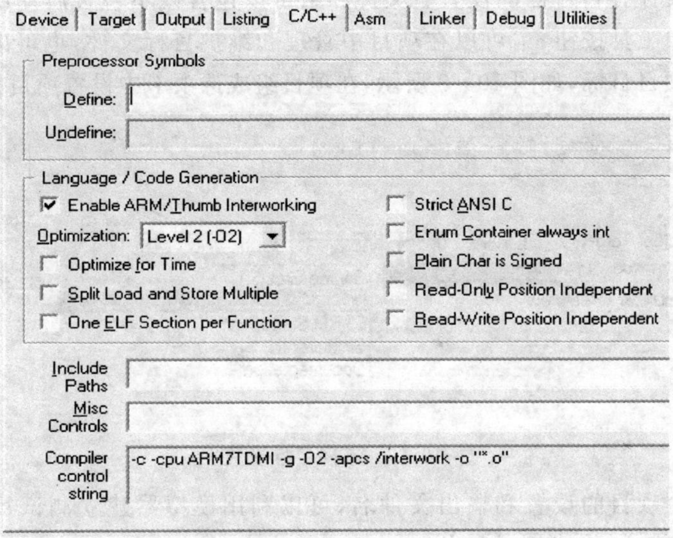

第 10 章 ARM 系统软件开发环境与开发工具

图 10-6 设置工具标签

- "实用"选项卡可以为目标系统设置 Flash 存储器编程。

④ 目标与分组　μVision 项目工程由一个或多个目标文件、一个或多个文件组以及源文件构成。一个目标是所有的文件组和工具开发平台设置组成的。当然,许多项目需要单个目标文件,但也可以同时建立多个目标文件。对于不同的操作,每个目标产生不同的目标文件。

图 10-7 和图 10-8 所示是两个目标同时进行的情况。这两个目标是 RealView 模拟器和 CARM 模拟器,建立了两个截然不同的二进制文件。RealView 模拟器利用 RealView 编辑工具产生 ARM 目标文件,CARM 模拟器使用 Keil 编辑工具产生 ARM 目标文件。

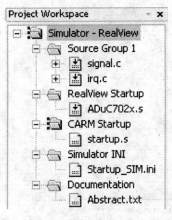

图 10-7　RealView 模拟器

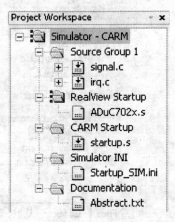

图 10-8　CARM 模拟器

不同的项目文件有它自己的设置。文件和组可以包含或不包含启动或其他特殊的源代码。单击设置编辑工具按钮，可以在项目中管理和维护目标文件，也可以在项目组成选项卡中管理自己的项目目标，如图10－9所示，在项目组成选项卡中设置项目目标、组和文件。

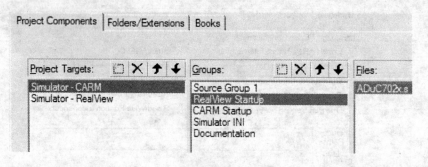

图10－9　不同目标设置

可以定义每个项目的设置和输出文件名，可以利用模拟器建立测试目标和其他烧写在ROM中的正式版本目标。

在项目目标内，可以有一个或多个文件组容许一起访问所有的源文件。组在软件分块设计中十分有用。文件夹仅仅是一个组的源文件。

⑤ 源文件　在一个项目工作区中显示如图10－10所示。每个项目可以设置一个或多个目标。每个目标可以由它自己设置和输出文件名，也可以利用模拟器建立测试目标和其他烧写在ROM中的正式版本目标。在项目目标内，可以有一个或多个文件组容许一起访问所有的源文件。图10－10所示为AT91M55800A微处理器的所有文件组和源文件组成。

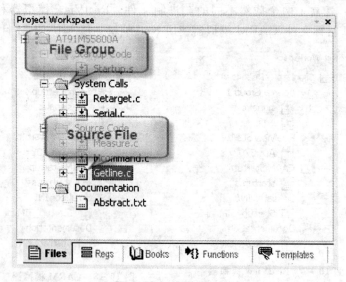

图10－10　源文件实例

第10章 ARM系统软件开发环境与开发工具

在项目菜单中提供了访问所有项目管理对话框,包括:新建项目、目标、组及文件夹打开项目等。

⑥ 编译建立工程　μVision 集成了用户程序所需的编辑、汇编和链接程序。单击工具栏上的"建立目标"工具按钮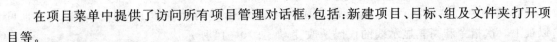,编译和汇编用户的目标源文件,最后一起链接成可执行文件。

汇编和编译器自动产生附加文件并加入项目中,附加文件信息利用在建立或改变这些文件时的情况。

对 μVision 编译和汇编源文件时,其状态信息如错误信息和警告信息等将在输出窗口上显示。

⑦ 项目工作区　在 μVision 3 中支持多项目文件管理区。容许同时进行多个项目一起工作。这是在 μVision 3 中特有的。可以从项目菜单建立工作区,可以建立自己所需要的多个项目文件,也可以在任何时候改变项目数。

3) 文件编辑

μVision 中的文件编辑器,类似 Visual C++,这里不再赘述。

(2) μVision 调试器

1) 概　述

Keil 公司的 μVision 调试器支持利用 PC 或 laptop(便携式电脑)调试用户的目标系统和调试接口。μVision 包括传统的特点如简单的和复杂的断点、观察窗口和执行控制,也可以进行高级的跟踪、捕获、模拟执行、代码覆盖范围和逻辑分析。

2) 查看数据和程序代码

μVision 调试器为用户的目标应用程序提供了多种不同种类观察数据和代码的方法。

① 源代码窗口　显示高级语言和汇编语言源代码,如图 10-11 所示。

② 反汇编窗口　混合显示高级语言和汇编代码,如图 10-12 所示。

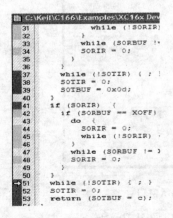

图 10-11　源代码显示

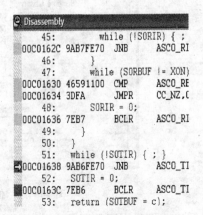

图 10-12　反汇编窗口显示

③ 系统寄存器窗口　项目工作的寄存器表显示系统寄存器如图10-13所示。寄存器可以被上一次指令和高亮显示线的代码所改变，如图10-14所示。

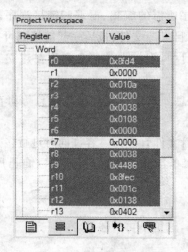

图10-13　系统寄存器显示窗口

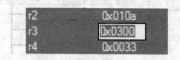

图10-14　寄存器改变

④ 信号窗口　显示用户应用程序中主要的符号标志，如图10-15所示。

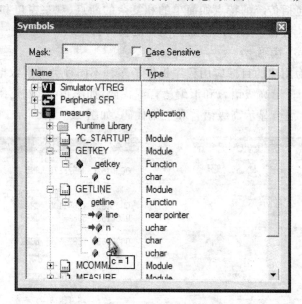

图10-15　信号显示窗口

⑤ 输出窗口　显示不同的调试命令的信息输出，如图10-16所示。
⑥ 存储器窗口　显示最多4个存储器区域中代码和数据，如图10-17所示。

第10章 ARM系统软件开发环境与开发工具

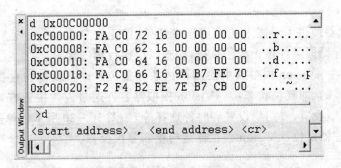

图10-16 输出窗口

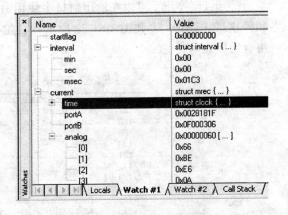

图10-17 存储器显示窗口

⑦ 观察调用堆栈窗口　显示本地变量、用户定义的表达式和堆栈调用,如图10-18和图10-19所示。

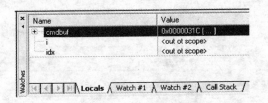

图10-18 用户定义变量显示　　　　图10-19 用户表达式观察窗口

3) 执行代码

μVision 调试器提供了对嵌入式应用程序开始、停止和单步运行等运行控制。用户可以使用断点和跟踪存储器条件停止程序执行,检查以前执行程序代码。

① 复　位　在 μVision 模拟器中使用调试条件复位。许多设备的自身设置是基于某些引脚复位时间进行的(即复位状态)。μVision 模拟器容许通过设置按钮打开设置模拟器的设备复位参数,如总线设置、看门狗设置和时钟选择等,如图 10-20 所示。单击工具栏上的复位按钮可以使微处理器复位,μVision 模拟器运行重新复位操作。

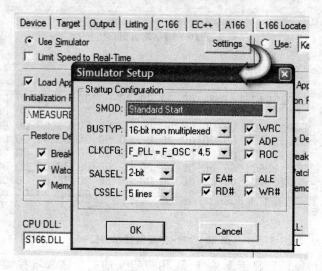

图 10-20　复位操作

② 运行/停止　可以在输出窗口中使用命令或在工具栏上使用命令按钮控制程序的运行和停止,如图 10-21 和图 10-22 所示。在输出窗口中输入 g、标号,运行程序,按下 Ctrl+C 组合键停止运行。

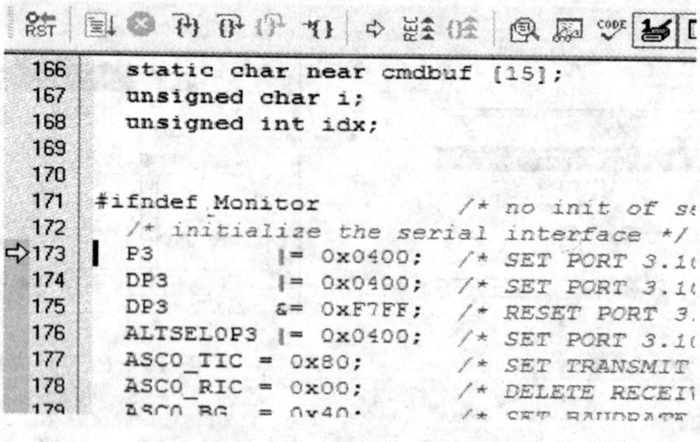

图 10-21　程序运行/停止

③ 单步运行　μVision 调试器支持不同方法的单步运行应用程序，包括单步进入、单步结束、单步步出和运行至光标处等多种方式。

g,main
>g
Go
Output Window
Build
Command
Find in Files

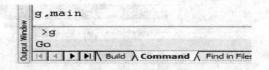

图 10-22　输出窗口命令

④ 跟踪运行　为了运行程序，μVision 调试器存储所有的跟踪运行信息。跟踪记录分析程序是断点或手工停止的优先级等。分为棒形跟踪和观察跟踪。通过跟踪记录回卷，当所选择的命令执行后，改变和反应寄存器的值显示在寄存器窗口上。

⑤ 断点运行　在程序中设置断点，引起停止执行或调试功能。断点可以从程序存储器中获取指令(执行断点)，读或写本地存储器(存储器中断)或条件表达式计算为真(条件中断)等触发。

μVision IDE 容许将断点设置在书写的源程序代码中来调试程序。在调试任务中可以将断点设置在活动编辑处。可以通过右击或工具设置按钮将断点设置源程序命令行上。断点命令包括：设置取消断点、断点容许与禁止、禁止所有断点和清除所有断点 4 种方式。

4) 高级分析工具

与许多调试器一样，μVision 调试器可以显示程序在执行什么。μVision 提供的高级分析工具，除可以显示程序是如何运行的外，还可以帮助用户优化程序。

① 代码覆盖　标记已经执行的代码。代码覆盖帮助用户彻底测试其应用程序和调整测试策略，如图 10-23 所示。在代码覆盖图 10-23 中利用如下标记：

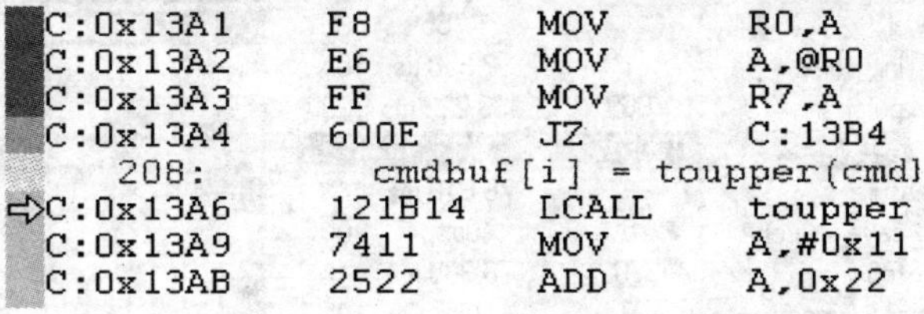

C:0x13A1　F8　MOV　R0,A
C:0x13A2　E6　MOV　A,@R0
C:0x13A3　FF　MOV　R7,A
C:0x13A4　600E　JZ　C:13B4
208:　cmdbuf[i] = toupper(cmd]
C:0x13A6　121B14　LCALL　toupper
C:0x13A9　7411　MOV　A,#0x11
C:0x13AB　2522　ADD　A,0x22

图 10-23　代码覆盖标记

- 用灰色检查块标记没有代码的行；
- 用灰色块标记非全速执行的行(指令)；
- 用绿色块标记全速执行的行(指令)；
- 用蓝色标记已经经过的分支；
- 用橙色标记已经跳过的分支；
- 下一将要执行的行用黄色标记。

单击工具栏上“代码覆盖”工具按钮，打开“代码覆盖”对话框。在对话框中可显示应用程序中使用指令的百分比情况，如图 10-24 所示。

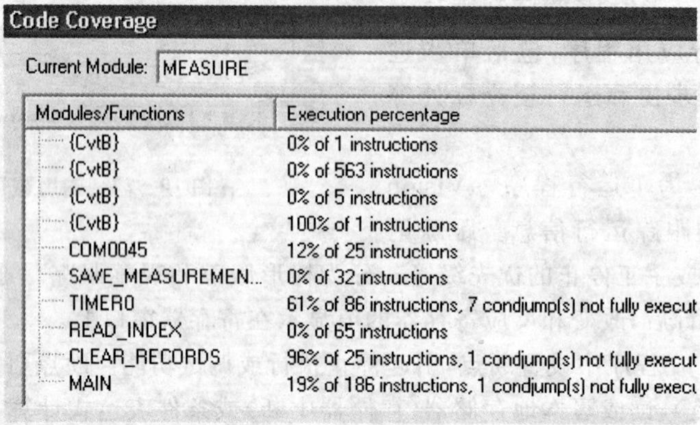

图 10-24 "代码覆盖"情况

当然,也可以在输出窗口中使用命令存储和保存多任务代码的覆盖情况,如图 10-25 所示。

② 性能分析 记录和显示所选择的功能和程序模块执行的次数。图表显示程序每部分所耗费的时间。单击"性能分析"工具按钮 显示性能分析结果,如图 10-26 所示。

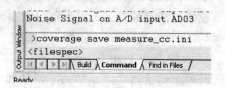

图 10-25 代码覆盖存储

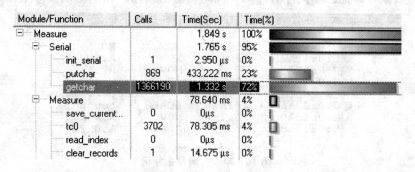

图 10-26 性能分析器

可以利用性能分析器提供的信息决定执行应用程序的热点。当然,也可以集中精力关注影响程序执行快慢的那部分程序。

③ 执行剖视器 记录程序的每一条汇编指令和对应的高级语言描述执行的时间和次数,如图 10-27 所示。执行剖视器操作可以通过调试菜单或环境菜单选择允许或静止在调试窗口显示剖视器信息。可以累计显示每条指令或高级语言描述的执行次数和时间,如图 10-28 所示。

④ 逻辑分析器 绘图显示信号和程序中变量随时间变化的曲线。单击工具栏上"逻辑分析器"工具按钮 ,打开"逻辑分析器"对话框如图 10-29 所示。

第 10 章 ARM 系统软件开发环境与开发工具

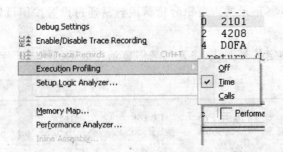

图 10-27 执行剖视器操作

```
       37: int getchar (void) {
       38:
260.700 μs 0x01000F06   4770      BX      LR
           0x01000F08   FFFC0014  DD      0xFFFC0014
           0x01000F0C   FFFC001C  DD      0xFFFC001C
           0x01000F10   E59FC000  LDR     R12,[PC]
           0x01000F14   E12FFF1C  BX      R12
           0x01000F18   01000F1D  DD      0x01000F1D
       39:    while (!(US0_CSR & US_RXRDY));
       40:
444.012 ms 0x01000F1C   4803      LDR     R0,[PC,#0x0
204.929 ms 0x01000F1E   6800      LDR     R0,[R0,#0x0
136.619 ms 0x01000F20   2101      MOV     R1,#0x01
136.619 ms 0x01000F22   4208      TST     R0,R1
409.857 ms 0x01000F24   D0FA      BEQ     getchar(0x
```

图 10-28 剖视器累计显示

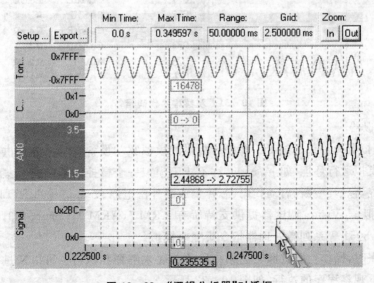

图 10-29 "逻辑分析器"对话框

信号是由逻辑分析器记录的。逻辑分析器很容易通过设置按钮设置或通过在符号窗口中拖动符号加以实现。

使用光标来快速锁定信号变化,将光标悬停显示在信息的第四个字母上。图10-30所示为光标处的显示结果。

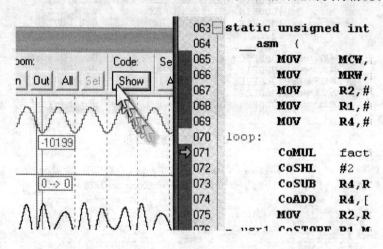

图 10-30 显示结果

逻辑分析器可以根据用户的命令或信号改变的情形运行。

单击图 10-31 中的 Show 按钮就可以观察程序代码在指针处的执行情况。

图 10-31 观察程序代码运行

5) 内核模拟器

μVision 模拟器允许仅通过 PC 和 Keil 提供的模拟驱动设备或第三方提供的设备调试程序。一个好的模拟运行环境,如 μVision,远不止于模拟一个微控制器的指令集。它可以模拟全部的目标系统,包括:中断、启动代码、芯片集成的外围电路、外部信号和 I/O 口等。

① 指令模拟　μVision 调试器提供支持所有 ARM 7,ARM 9,Cortex-M3,XC16x,C16x,ST10 和 251 与 8051 等系列微处理器指令集完全模拟。

当调试程序时,操作代码按照它们相一致的功能来解释和执行。可以通过在混合模式或汇编代码模式下观察程序的执行,如图 10-32 所示。

第10章 ARM系统软件开发环境与开发工具

每条指令执行后,所有的寄存器和标志均会更新。其结果在项目空间寄存器表中加以显示。当单步调试(运行)程序时,受影响的寄存器会高亮显示,如图10-33所示。指令周期是精确模拟的。因此,很容易测定功能或模块执行时间。而时间是由精确的周期决定的。

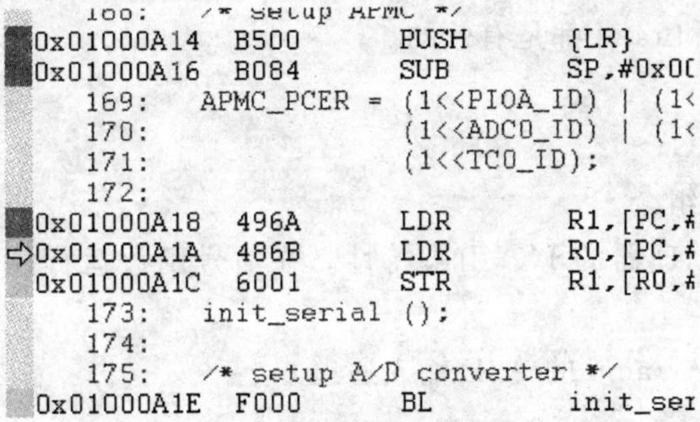

```
    168:       /* setup APMC */
0x01000A14    B500       PUSH      {LR}
0x01000A16    B084       SUB       SP,#0x00
    169:       APMC_PCER = (1<<PIOA_ID) | (1<
    170:                   (1<<ADC0_ID) | (1<
    171:                   (1<<TC0_ID);
    172:
0x01000A18    496A       LDR       R1,[PC,#
0x01000A1A    486B       LDR       R0,[PC,#
0x01000A1C    6001       STR       R1,[R0,#
    173:       init_serial ();
    174:
    175:       /* setup A/D converter */
0x01000A1E    F000       BL        init_ser
```

图 10-32 指令模拟运行　　　　　图 10-33 指令模拟中寄存器显示

② 中断模拟器　在 μVision 调试器中,支持所有中断真实模拟。中断的触发和执行与实际目标系统一致。对每个支持的设备(微处理器),其中断系统对话框都进行了专门的设计。每个中断源包括所有的中断设置,并都在中断系统对话框显示,如图10-34所示。

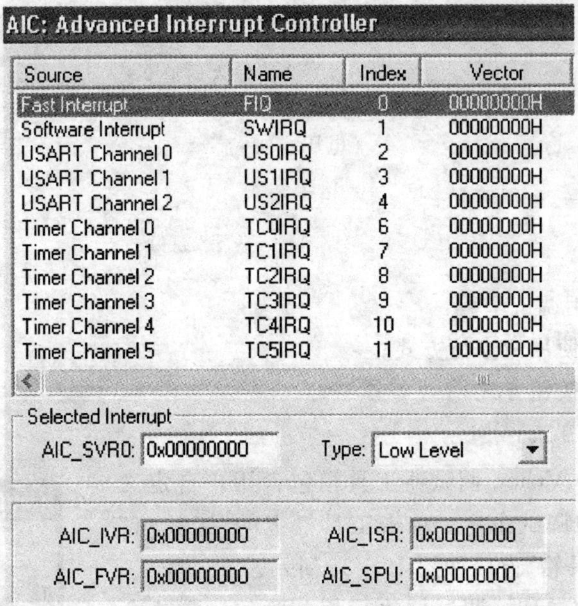

图 10-34 中断模拟器

可以通过该对话框指定中断允许或禁止,改变中断的优先级,中断请求允许或禁止和改变全局的中断标志。更多的,中断模拟器允许在中断服务例程内部设置断点,停止程序执行。

③ 外围电路模拟器　模拟集成在芯片包括特殊功能寄存器上的电路影响。

④ 调试功能　μVision调试器包含了一个C函数语言。可以使用程序输出和建立模拟输入。建立的许多调试函数,如 printf,memset 和 rand 都是有效的。

可以建立:
- 信号函数模拟数字和模拟信号输入 CPU;
- 用户函数、扩展命令调试范围和行动的组合。

信号函数描述外部硬件特性以及输入微处理器的 I/O 引脚特性。在信号函数运行的背景下,μVision调试器模拟目标程序。

例如:下面信号函数产生一个模拟信号输入 ramp 的 A/D 输入通道 0 上。

```
SIGNAL void analog0 (float limit)
{
  float volts;

  printf ("ANALOG0 ( % f) ENTERED\n", limit);
  while (1) {                      /* 无限循环 */
    volts = 0;
    while(volts <= limit){
      AIN0 = volts;                /* 设置 A/D 输入通道 0 */
      swatch(0.5);                 /* 延时 0.5 s */
      volts += 0.5;                /* 电压增加 */
    }
  }
}
```

可有多种方法使用调试函数:
- 从输出窗口中使用命令行方式;
- 从工具箱中的按钮方式;
- 从定义的断点方式。

⑤ 工具箱按钮　μVision调试器工具箱包含用户自定义设置按钮、函数功能和调试命令。单击工具栏上的"工具箱"工具按钮,显示"工具箱"窗口如图 10 - 35 所示。

当单击"工具箱"按钮时,调试器执行相关联的函数或命令。工具箱可以在任何时候使用,即使在运行拟定目标程序时也可以。

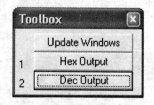

图 10 - 35　工具箱

可以在命令窗口中定义"工具箱"按钮。例如：

define button "Hex Output","radix = 16"
define button "Decimal Output","radix = 10"

⑥ AGSI 驱动　AGSI 是第三方合作开发伙伴应用程序接口。Keil μVision 模拟中使用它建立直接接口模拟驱动。AGSI 的目的是对嵌入式软件开发平台提供灵活的、高效的模拟运行环境。

AGSI 是由 Keil 利用 Microsoft Visual C++和模版提供的 DLLs(动态链接库)。

AGSI 驱动可以模拟以下信息：
- 具有全功能绘图能力的 LCD 触摸屏；
- 键盘；
- 外部集成电路和设备；
- 全系统硬件和环境。

6) 外围电路模拟器

μVision 调试器模拟许多微处理集成在芯片上的外围电路。当通过设备数据库设置项目选择微处理器时，μVision 调试器自动设置调试器外围电路模拟。随着逻辑和时序模拟，在目标硬件系统设计完成前，尽可能测试应用程序。对于那些在实际硬件中难以调试的硬件，如模拟器，是很容易找出硬件的瑕疵和不足的。

① A/D 转换模拟　μVision 调试器模拟集成在许多设备芯片上的 A/D 转换器。完全模拟所有的寄存器，模拟输入的模拟信号，并且这些信号可以实时加以修改和显示。

在"A/D 转换"对话框中显示与 A/D 转换相关的虚拟寄存器，并且允许修改相关的特殊功能寄存器，如图 10-36 所示。

μVision 调试器为模拟电压输入定义了专门的变量(称为虚拟目标寄存器)。为了模拟不同的输入电压，可以改变这些寄存器的值，并可以在对话框或命令行上实现其改变。

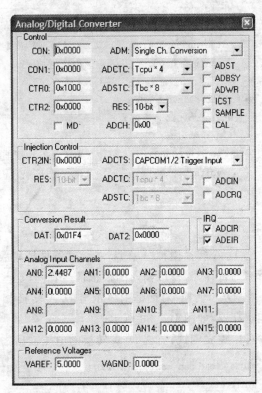

图 10-36　"A/D 转换"对话框

例如，在命令行上实现：

```
AN2 = 2.5
```

进入命令窗口设置模拟输入通道0的电压为2.5 V。

在程序调试期间，可以为 µVision 调试器建立 C 描述作为运行背景。其描述可以改变模拟输入的值，用以模拟真实世界的信号输入。模拟一个正弦波、三角波和其他复杂波形输入是比较容易的。

图10-37所示为利用C描述的一个三角波输入的例子。程序代码如下：

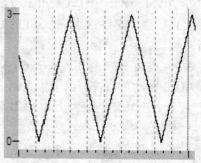

图 10-37　C 描述的三角波

```
SIGNAL void analog1 (float limit) {
  float volts;
  printf ("ANALOG0 ( % f) ENTERED\n",limit);
  while(1){                    /*无限循环*/
    volts = 0;
    while(volts <= limit){
      an1 = volts;             /*模拟输入通道0*/
      twatch(30000);           /*30 000时钟周期循环*/
      volts += 0.05;           /*电压增加*/
    }
    volts = limit - 0.05;
    while(volts >= 0.05){
      an1 = volts;
      twatch(30000);           /*30 000时钟周期循环*/
      volts -= 0.05;           /*电压减小*/
    }
  }
}
```

② D/A 转换模拟　µVision 调试器模拟集成在许多设备芯片上的 D/A 转换器。完全模拟所有的寄存器，模拟输入的模拟信号，并且这些信号可以实时加以修改和显示。

在"D/A 转换"对话框中显示与 D/A 转换相关的虚拟寄存器，并且允许修改相关的特殊功能寄存器，如图10-38所示。

可以建立调试、监视 D/A 转换的电压输出描述。例如：

```
signal void dac_monitor (void) {
  while (1) {
    wwatch(DAC0);
```

第 10 章 ARM 系统软件开发环境与开发工具

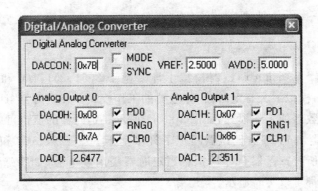

图 10 - 38 "D/A 转换"对话框

```
if (DAC0 > 2.0)
    printf("D/A output is high ( % f Volts)\n", DAC0);
}
}
```

如果输出电压超过 2.0 V,则观察写入 DAC0 VTREG 和输出信息,如图 10 - 39 所示。

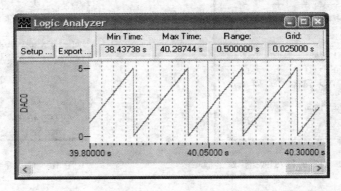

图 10 - 39 D/A 转换输出模拟

③ I/O 端口模拟 μVision 调试器模拟了许多基于 8051、251、166 和 ARM 及其派生系列上的 I/O 端口。在每个端口对话框中都允许改变芯片内部锁存器的值,即芯片引脚上的值,如图 10 - 40 所示。

可以利用调试器定义端口并修改其值。例如:

```
PORT1 = 0xAA
```

就是进入命令窗口设置端口 1。还可以利用位操作指令设置或清除特定引脚的状态。如:

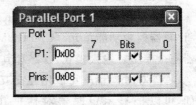

图 10 - 40 I/O 端口对话框

```
PORT1 |= 0x01        /* Set P1.0 */
PORT1 &= ~0x01       /* Clr P1.0 */
PORT1 ^= 0x01        /* Toggle P1.0 */
```

④ 定时/计数器　μVision 调试器模拟了许多基于 8051、251、166 和 ARM 芯片上定时器/计数器功能单元，模拟了所有定时器/计数器的工作模式。在定时器/计数器的悬浮框中配置和设置定时器/计数器的工作模式，如图 10-41 所示。定时器的值也可以查看和修改。

⑤ 看门狗定时器　μVision 调试器模拟了许多基于 8051、251、166 和 ARM 芯片上看门狗定时器功能单元，所有寄存器全部模拟。当定时器溢出或下溢（如特殊情况），MCU 复位。复位、溢出和定时器都可以实时显示。

没有标准的看门狗定时器。有些设备要求一并写入看门狗定时器控制寄存器，有些设备则要求复位后看门狗定时器才允许，还有些设备则利用外部硬件引脚控制看门狗定时器允许与禁止。μVision 调试器支持所有的看门狗定时器技术，如图 10-42 所示。

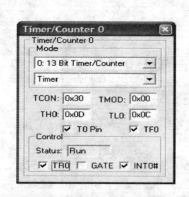

图 10-41　"定时器/计数器"对话框

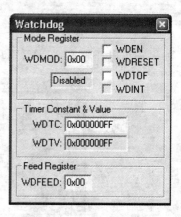

图 10-42　看门狗定时器

通常在向看门狗定时器控制寄存器写入特殊的值或序列值之前，复位看门狗定时器。这个计数器必须在应用程序中周期复位。

⑥ 捕获/比较器模拟　μVision 调试器模拟了许多基于 8051、251、166 和 ARM 芯片上捕获/比较器模拟功能单元。CAPCOM 对话框允许观察和修改捕获/比较器单元配置。所有寄存器完全模拟。输入模式、状态和其他寄存器可以实时显示和修改，如图 10-43 所示。

CAPCOM 对话框可以用在交互式中，帮助设置和编程那些交互式的捕获/比较器单元。例如，可以把显示定时器对话框作为捕获/比较器定时器，当然要做一些必要的修改，如图 10-44 所示。

⑦ 串行通信模拟　μVision 调试器模拟了 UART 通信的各个方面，包括精确的串行通信时序。

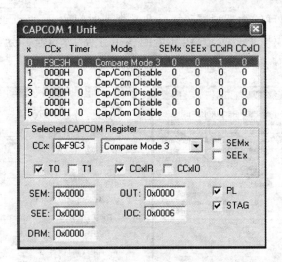

图 10-43　CAPCOM 对话框

UART 设置参数显示在 UART 外围接口对话框中,如图 10-45 所示。利用调试器功能,几个 VTREG(虚拟目标寄存器)支持串行口模拟。具体可以参考 μVision 调试器:在 Keil 支持的知识基础上,有关于在 UART 中使用 SIN VTREG 的更多信息。

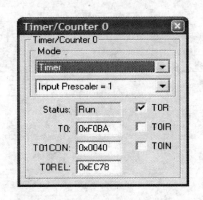

图 10-44　定时器作为捕获/比较器

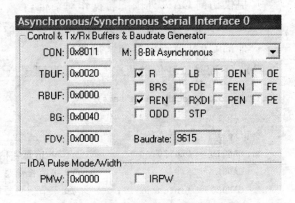

图 10-45　UART 外围接口对话框

另外,参数的模拟,μVision 调试器提供了每个芯片上的 UART 的 ASCII 串行窗口终端。在模拟控制器的串行窗口终端输入 received,在传输窗口中会立即显示输入的信息。单击工具栏上的"串行窗口"工具按钮,就可以显示串行窗口,如图 10-46 所示。

⑧ CAN 通信模拟　CAN 总线连接多个微处理器系统,允许它们之间利用可靠的、容易识别的接口进行通信。传统测试 CAN 总线的应用需要完成的系统包括多点的 CAN 节点(多硬件目标)和通用的 CAN 总线流量分析器。

建立一个复杂的正确的物理测试环境是非常耗费时间的。

μVision 3 调试器模拟了 CAN 总线环境的各个方面。与传统 CAN 环境相比，允许花少量的时间彻底测试 CAN 应用程序，如图 10-47 所示。

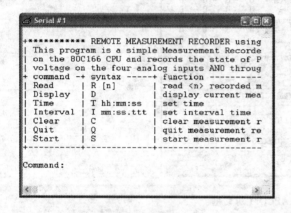

图 10-46　串行窗口　　　　　　　　　图 10-47　CAN 外围配置操作对话框

模拟能力包括：

- 提供访问 CAN 外围配置操作对话框；
- 提供访问 CAN 信息流量的虚拟目标寄存器；
- 外部 CAN 节点模拟调试描述。

例如，下面是每秒传送两次 CAN 信息到模拟微处理器的调试描述：

```
SIGNAL void sendCAN (float secs)
{
  while (1) {
    CAN0ID = 0x4510;            // CAN 信息句柄
    CAN0L = 2;                  //2 字节长信息
    CAN0B0 = (info & 0xFF);     //0 字节信息数据
    CAN0B1 = (info >> 8);       //1 字节信息数据
    CAN0IN = 2;                 //利用 29 位句柄传送 CAN 信息
    swatch (secs);              //特定时间延时
    info++;                     //info 加 1
  }
}

> sendCAN (0.5);                // 调用 sendCAN 功能
```

在 CAN 通信对话框中，可以重复观察正在输入和输出的 CAN 信息。在模拟 CAN 总线中,该对话框显示了所有的 CAN 总线信息流量的输入和输出,如图 10-48 所示。

Number	States	#	ID (Hex)	Dir	Len	Data (Hex)
28	181600172	2	287	Xmit	4	00 00 00 00
29	193659832	2	287	Xmit	4	00 00 00 00
30	199359795	2	187	Xmit	4	F9 0C FA 0C
31	205719871	2	287	Xmit	4	00 00 00 00
32	217420045	2	187	Xmit	4	2D 0E 27 0E
33	217779866	2	287	Xmit	4	00 00 00 00
34	229839602	2	287	Xmit	4	00 00 00 00
35	235479469	2	187	Xmit	4	56 0F 53 0F
36	240808101	2	707	Xmit	1	05
37	241899700	2	287	Xmit	4	00 00 00 00
38	253539784	2	187	Xmit	4	8A 10 81 10
39	253959618	2	287	Xmit	4	00 00 00 00
40	266020187	2	287	Xmit	4	00 00 00 00
41	271600055	2	187	Xmit	4	B3 11 AE 11

图 10-48 CAN 通信对话框

⑨ IIC 通信模拟 IIC 在 ARM、8051、251 和 166/ST10 中是常用的总线。高效率的软件测试需要模拟 IIC 总线通信。为此,μVision 3 提供了:
- 允许重复观察和设置 IIC 总线的 IIC 外围设备对话框如图 10-49 所示;

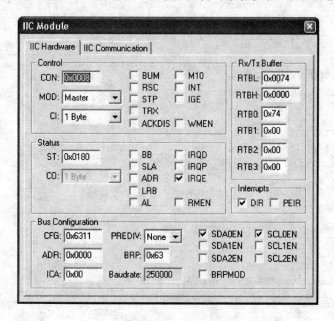

图 10-49 IIC 外围设备对话框

- 可以重复在 IIC 总线上传输数据的虚拟目标寄存器(VTREGs);
- 可以建立模拟 IIC 设备连接到微处理器的调试功能。

另外,μVision 3 还提供了 IIC 通信对话框用以显示 IIC 的通信信息,如图 10-50 所示。

Mode	Address	Direction	Data [. = ACK ! = NACK]
Master	50.	Transmit	01. 10. 27.
Master	50.	Transmit	01. 14. 02.
Master	50.	Transmit	01. 18. 19. 74.
Master	50.	Transmit	01. 10.
Master	50.	Receive	27!
Master	50.	Transmit	01. 14.
Master	50.	Receive	02!
Master	50.	Transmit	01. 18.
Master	50.	Receive	19. 74!

图 10 - 50 IIC 通信对话框

⑩ SPI 通信模拟 μVision 3 调试器模拟了 8051、251、166 和 ARM 中的 SPI 接口,包括主和从两种模式。典型的,这里没用支持 SPI 模拟的对话框。

μVision 3 调试器利用两个虚拟目标寄存器(SPIxIN and SPIxOUT)来模拟实现 SPI 通信。模拟 SPI 设备是比较复杂的。

下面的调试描述了在 Atmel AT250X0 中 SPI 存储器中 SPI 模拟实现:

```
/* 为 AT250x0 定义状态和地址 */
define char spi_at250x0_state
define int  spi_at250x0_address
define char spi_at250x0_status


/* 为 SPI RAM 映射存储器区间 */
map X:0x700000,X:0x70FFFF READ WRITE


/*------------------------------------------------
该函数实现了与 AT250x0 状态匹配


State      Transition
------------------------------------------------

0: WREN -> 0

0: WRDI -> 0

0: RDSR -> 0

0: Read  -> 1: Get Address LSB -> 2: Read Byte  <-
0: Write -> 3: Get Address LSB -> 4: Write Byte -> 5 <-


1: Get Addr LSB -> 2

2: Read Byte(s) -> 2


3: Get Addr LSB -> 4
```

```
   4: Write Byte -> 5
------------------------------------------------*/
func char spi_at250x0 (char st) {
  unsigned char opcode;

  printf ("AT250X0: STATE %u\n", (unsigned) st);

  switch (st) {
    case 0: /* Get OPCode */
      opcode = SPI_OUT & 0x0007;
      printf ("AT250X0: OPCODE %u\n", (unsigned) opcode);

      switch (opcode)
        {
        case 1: /* WRSR */
          return (0);

        case 2: /* 写 */
          printf ("AT250X0: WRITE OPCODE Detected\n");
          spi_at250x0_address = (SPI_OUT & 0x08)<<5;
          return (3);

        case 3: /* 读 */
          printf ("AT250X0: READ OPCODE Detected\n");
          spi_at250x0_address = (SPI_OUT & 0x08)<<5;
          return (1);

        case 4: /* WRDI */
          spi_at250x0_status &= ~0x02; /* 清除写使能位 */
          return (0);

        case 5: /* RDSR */
          SPI_IN = spi_at250x0_status;
          return (5);

        case 6: /* WREN */
          spi_at250x0_status |= 0x02; /* 设置写使能位 */
          return (0);
```

```
            }
            return (0);

        case 1: /* 获取 LSB 用于读的地址 */
            spi_at250x0_address |= (SPI_OUT & 0xFF);
            printf ("AT250X0: Address %4.4X Detected\n",
                spi_at250x0_address);
            return (2);

        case 2: /* 读 */
            printf ("AT250X0: Read %2.2X from address %4.4X\n",
                'A',
                spi_at250x0_address);
            SPI_IN = _rbyte(X:0x700000 + spi_at250x0_address);
            spi_at250x0_address = (spi_at250x0_address + 1) % 512;
            return (2);

        case 3: /* 获取 LSB 用于写的地址 */
            spi_at250x0_address |= (SPI_OUT & 0xFF);
            printf ("AT250X0: Address %4.4X Detected\n",
                spi_at250x0_address);
            return (4);

        case 4: /* 写 */
            if (spi_at250x0_status & 0x02)
            {
                printf ("AT250X0: Write %2.2X to address %4.4X\n",
                    SPI_OUT,
                    spi_at250x0_address);
                _wbyte(X:0x700000 + spi_at250x0_address, SPI_OUT);
                spi_at250x0_status |= 0x01;
            }
            return (5);

        case 5: /* 指令结束 */
            return (5);
        }

        return (0);
    }
```

第10章 ARM系统软件开发环境与开发工具

```
/*
 * 这个函数功能是观察 AT89S8252 SPI 端口写。
 * 如果 SPI 端口输出,
 * 且 P1.0 是 LO（AT250X0 芯片选择）则会中断
 * SPI 数据输出和运行状态机
 */
signal void spi_watcher (void) {

spi_at250x0_state = 0;

while (1) {
  wwatch (SPI_OUT);
  printf ("SPI_OUT Detected\n");

  if ((PORT1 & 0x01) == 0)
    {
    printf ("Calling AT250X0 Routines\n");
    spi_at250x0_state = spi_at250x0 (spi_at250x0_state);

    if (spi_at250x0_status & 0x01)
      swatch (0.000100);
      spi_at250x0_status &= ~0x01;
    }
  else
    {
    printf ("Resetting AT250X0 Routines\n");
    spi_at250x0_state = 0;
    }
  }
}


/*---------------------------------------
允许 SPI 写信号
---------------------------------------*/

spi_watcher ();
```

⑪ Flash 存储器　μVision 调试器模拟了大多数微处理中集成的 Flash/EE 存储器。所有的控制寄存器（如果提供了的）全功能模拟和所有的存储器内容可以实时显示，如图 10-51 所示。

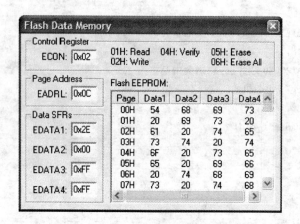

图 10-51 Flash 存储器数据显示

由于 μVision 提供了精确的存储器访问时序,因此可以精确地测试 Flash 的操作性能。可以存储模拟芯片上 Flash 中的内容到文件中,也可以利用其后的调试命令将文件中的内容重新植入 Flash 中。例如:下面命令行命令是将 Flash 存储器中的内容存放在 C:\TEST.HEX 文件中:

save c:\test.hex v:0, v:639

v:0   在 Flash 存储器空间的特殊地址 0;

v:639   特殊地址 639。

下面的命令是从 C:\TEST.HEX 文件中读出植入 Flash 存储器中:

load c:\test.hex

⑫ 节电模式   μVision 调试器模拟了许多基于 8051、251、166 和 ARM 微处理器设备的空闲模式、掉电模式和局部供电模式等。典型的,这里没有支持这些节电模式的窗口。

在 8051 中,PCON 寄存器位 0 置位,允许工作在空闲方式。例如:

PCON |= 0x01;

在 8051 中,PCON 寄存器位 1 置位,允许工作在掉电模式。例如:

PCON |= 0x02;

在 8051 中,可以检查电源关闭标志 PCON 寄存器位 4,决定电源是否关闭。例如:

if (PCON &= 0x10)   /* 如果 POF 置位 */
    {
    printf ("COLD Start\n");

第10章 ARM系统软件开发环境与开发工具

```
    PCON & = ~0x10;           /* 清除 POF */
  }
  else                        /* 如果 POF 清零 */
  {
    printf("WARM Start\n");
  }
```

在局部供电模式中的虚拟寄存器名为 BROWNOUT。当设置 BROWNOUT VTREG 为 1 时,μVision 调试器就模拟了一个局部供电条件（使供电电源下降到指定点以下,然后恢复正常）。例如:

```
BROWNOUT = 1
```

典型的,局部供电会触发一个复位或中断。

7) 目标调试

μVision 调试器允许利用由 Keil 和不同的第三方开发伙伴提供目标驱动器调试程序,运行目标系统。

① JTAG 接口　μVision 调试器支持基于 JTAG 的多种不同调试操作,如图 10-52 所示。μVision 允许利用这些 JTAG（Joint Test Action Group）接口与目标系统通信。

支持有效的设备如下:

- 支持 ARM, Cortex-M3, XC16x, μPSD 等设备的 ULINK2 USB-JTAG 适配器如图 10-53 所示。
- 第三方调试器 ARM RDI(Remote Debugger Interface)。

图 10-52　JTAG 调试器选择

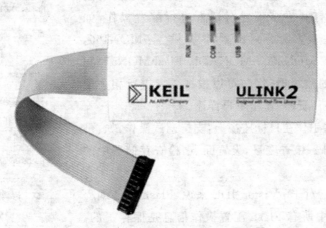

图 10-53　ULINK2 USB-JTAG 适配器

一旦选择了一个恰当的 JTAG 调试器，μVision 提供了可为特定目标系统设置参数的对话框如图 10-54 所示。

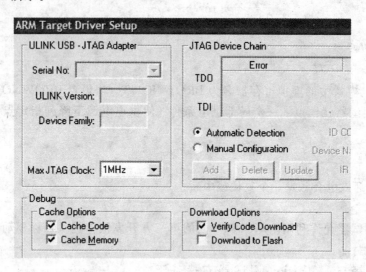

图 10-54 JTAG 调试器对话框

② 目标监视　Keil 提供的目标监视器是设置、编译、调入和运行目标硬件的一个程序。它利用 μVision 调试器通信（通常经过串口），允许下载或实时调试程序。Keil 监视器预安装在许多评估板上。

几种不同的目标监视器是有用的。所使用的监视器取决于所配置的目标系统的设备和硬件。

监视器驱动在项目设置对话框中的调试属性表中选择。设置按钮可以打开许多配置对话框进行配置操作，如图 10-55 所示。在 μVision 调试器中提供了：MON166，MON251，MON51，MON390，MONADI，FlashMON51 和 ISD51 等不同种类的监视器，用户可以根据要求进行相关配置，请阅读相关的使用资料，这里不再详述。

μVision 调试器工作在目标监视上，支持调试操作，如：可以单步执行程序代码，检查变量，设置断点，检查存储器中的内容等许多工作。

③ Flash 编程　对于 μVision IDE 来说，Flash 设备编程是有用的。对项目中所有 Flash 配置操作信息是保存了的。单击在工具栏上的下载 Flash 工具按钮，下载目标程序到

图 10-55 监视器配置对话框

目标系统中的 Flash 存储器。

两种方法 Flash 支持是有效的：

- Flash 编程使用目标驱动。

对 μVision 来说，有巨大的目标调试器驱动。这些驱动直接与调试硬件接口，支持目标系统运行调试程序，如图 10-56 所示。

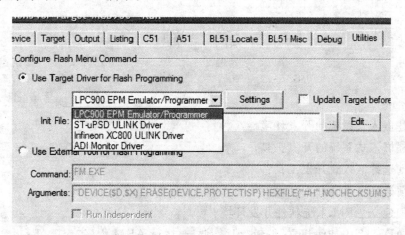

图 10-56 使用目标驱动 Flash 编程

下面是驱动支持的 Flash 编程：

- Analog Devices 监控驱动；
- EPM900 模拟/编程器；
- RDI 接口（Remote Debugger for ARM Devices）；
- Silicon Labs 调试驱动；
- ULINK for ARM7，ARM9，Cortex-M3，ST μPSD，和 Infineon XC800 & XC16x。

- Flash 编程使用外部工具。

第三方开发伙伴提供的 Flash 编程工具。典型的运行是在命令模式,很容易集成在 μVision 环境中。

Flash 编程方法选择在项目设置对话框中的 Flash 选项卡中进行的。

④ AGDI 驱动　AGDI 是第三方开发伙伴用来建立硬件调试驱动的应用程序接口（API），并在 Keil μVision 中建立直接的调试接口。ADGI 的目的是将通过 Keil 调试接口的用户接口提供到第三方硬件调试接口。

AGDI 驱动是由 Keil 利用 Microsoft Visual C++ 和模版提供的 DLLs（动态链接库），具体应用请参考其技术支持。

AGDI 驱动支持以下接口：

- 仿真器；
- JTAG 调试接口；
- OCDS（片上调试系统）接口；
- 目标监视；
- 任何其他目标调试硬件。

习 题

简答题：
(1) 简述嵌入式系统的开发环境。
(2) 简述嵌入式系统的开发工具。
(3) 如何选择嵌入式开发工具？
(4) 如何选择嵌入式开发环境？
(5) 如何建立 ARM 系统软件开发环境？
(6) 在 ADS1.2 中如何建立、编辑、编译、调试、运行 ARM 程序？

第 11 章
ARM 嵌入式操作系统

11.1 概　述

11.1.1 嵌入式操作系统基本概念及特点

操作系统有 4 种基本结构,即单一操作系统、层次结构操作系统、客户/服务器方式操作系统和嵌入式操作系统。单一操作系统由许多模块组成,模块间相互调用,使该操作系统具备两种工作模式,即系统模式和用户模式。在系统模式下可以执行任何操作,在用户模式下的操作受到一定限制,用户模式下的应用程序通过系统调用可以进入系统模式,待操作结束后又可恢复到用户模式。层次结构操作系统一般有 4 个层次,即用户程序层、I/O 管理层、进程通信层和存储管理层。程序可以在各层执行。客户/服务器方式操作系统只有很小的内核,以实现进程间通信的基本功能,其他功能是服务进程,运行于用户模式,用户程序作向客户进程。它的工作方式向客户进程提出请求,服务进程响应请求,而操作系统只负责它们之间的通信。嵌入式操作系统就是本书将要讨论的一类操作系统。

在前面的章节中,已经引入了嵌入式系统,其中的嵌入式操作系统就是本章要讨论的内容。嵌入式操作系统是嵌入式系统的灵魂,它的出现大大提高了嵌入式系统开发的效率。在嵌入式操作系统中开发嵌入式系统,不仅极大地减少了系统开发的总工作量,而且提高了嵌入式应用软件的可移植性。嵌入式操作系统是相对于其他常规操作系统而言的,一般是指操作系统的内核,或者微内核。为了满足嵌入式系统的需要,嵌入式操作系统必须包括操作系统的一些最基本的功能,如中断处理和进程调度等。但是,该嵌入式操作系统没有所谓的用户界面,如 Linux 系统中的 shell。嵌入式操作系统是以库的形式提供给用户的,用户可以通过 API 来使用该操作系统。

但嵌入式操作系统仅具有这些功能是远远不够的,为了适应不断发展的嵌入式产品的要求,嵌入式操作系统需要具有以下特点:

① 由于嵌入式设备硬件平台的多样性，CPU 芯片的快速更新，嵌入式操作系统要求具有更好的硬件适应性，也就是良好的移植性。嵌入式操作系统一般都支持广泛的运行平台，通常嵌入式操作支持多种开发平台。同时，对每种微处理器都提供相应的编译器、连接器、调试器、加载工具以及性能测试工具等一系列工具链，从而形成从开发、调试到运行的一体化支持。

② 要求占有更少的硬件资源。换句话说，就是要小巧。嵌入式系统所能够提供的资源有限，所以嵌入式操作系统必须做得小巧以满足嵌入式系统硬件的限制。况且，嵌入式操作系统不比桌面操作系统，它所需的模块和功能更为小巧。桌面操作系统的许多功能在嵌入式操作系统中不适用。比如，嵌入式操作系统中很少有硬盘，因此它可以不需要文件系统。而且，一般来说，嵌入式系统是单用户系统，所有多用户操作系统的安全特性也可以忽略。

③ 可装载与卸载。由于嵌入式系统需要根据应用的要求进行装卸，所有嵌入式操作系统也必须能够适应应用的需求进行装卸，对嵌入式操作系统的各个部分进行优化或删除。

④ 固化代码。在嵌入式系统中，嵌入式操作系统和所有的应用软件部被固化到 ROM 中。在嵌入式系统中很少使用外存，因此嵌入式操作系统的文件管理功能应该很方便地拆卸，而采用各种内存文件系统。

⑤ 要求具有高可靠性。

⑥ 随着 Internet 技术的快速发展，许多高端嵌入式设备要求能接入 Internet，所以嵌入式系统必须提供强大的网络功能，支持 TCP/IP 及其他协议。

⑦ 实时性。多数嵌入式系统工作在实时性要求很高的环境中，这要求嵌入式操作系统必须把实时性作为一个重要的方面来考虑。

⑧ 具有友好的图形 GUI。这是对未来的嵌入式系统提出的新要求。以往大多数嵌入式系统的工作是不需要人的干预的。嵌入式操作系统的用户界面一般不提供操作命令，而仅通过系统调用向用户程序提供服务。未来的嵌入式系统将走进人们生活的方方面面，因此一个良好的用户界面是必不可少的。

在嵌入式实时系统中采用的操作系统是嵌入式实时操作系统，它既是嵌入式操作系统又是实时操作系统。从前面的内容可知，嵌入式操作系统具有嵌入式软件所共有的可裁剪、低资源占用率和低功耗等特性。实时操作系统与通用操作系统大不相同。通用操作系统注重平均性能，而不注重个体表现性能。如对于整个系统来说，所有任务的平均响应时间是关键，而不关心单个任务的响应时间；对于某个任务来说，只强调每次执行的平均响应时间，而忽视某次特定执行的响应时间。此外，通用操作系统中广泛使用了虚拟存储技术。而对于实时操作系统，除了满足应用的功能需求外，还需满足应用的实时性要求；同时，组成某应用的所有实时任务的实时性要求也不尽相同，这就使得系统的实时性更难以保证。因此，实时操作系统所遵循的最重要的设计原则是：采用各种算法和策略，始终保证系统行为的可预测性。可预测性是指在系统运行的任何时刻、任何情况下，实时操作系统的资源分配策略都能为竞争资源的多个实时任务合理地分配资源，使每个实时任务的实时性要求都能得到满足。

11.1.2 嵌入式操作系统解析

下面将依据操作系统中的几个重要组成成分来分析,在嵌入式操作系统中,这些成分是什么样的,发生了哪些变化,多了哪些限制,少了哪些功能,等等。

在嵌入式操作系统中,内核至少应包含以下几个部分:

(1) 进程调度

在当前的嵌入式应用中,进程调度的好坏是至关重要的。首先,通过前面的学习可知,操作系统的作用就是决定在特定的某一时刻运行哪一个进程。与此同时,操作系统还需维护各个进程的状态信息,即进程执行的环境(context)。在其他任务占有处理器的控制权之前,进程的环境必须保留下来,以备下次执行时恢复进程执行环境。操作系统为每个进程维护了一个称为进程控制块的数据结构,以记录进程的有关信息,包括进程的环境。以上这些内容在嵌入式操作系统中同样也有。因为这是嵌入式操作系统运行的基本条件,不可欠缺。

嵌入式操作系统中的进程状态有以下 3 种:运行状态(running)、就绪状态(ready)和等待状态(waiting)。3 种状态之间的关系图如图 11-1 所示。至于进程状态转换的条件与通用操作系统中类似。

在嵌入式操作系统中与进程调度密切相关的是调度程序。操作系统用调度程序来决定哪一个进程有权占有处理器。通用操作系统中的调度程序所采用的调度算法有:FIFO(先进先出)、轮询(round robin)等。但嵌入式操作系统则不采用这些算法。大部分嵌入式操作系统使用的是一种基于优先级的抢占式调度算法,即任何时刻,占有处理器的进程必须是所有就绪进程中优先级最高的进程,优先级低的进程必须等待高优先级的进程结束后方可占有处理器。除了采用这种调度算法外,嵌入式操作系统还需要一种备份调度算法。

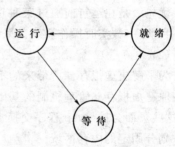

图 11-1 3 种状态关系图

最常见的备份调度算法就是循环法。调度程序的调用是由一些特定事件引起的。这种类型的事件有 3 种:进程创建、进程删除和时钟滴答。

(2) 存储管理

嵌入式操作系统的存储管理比通用操作系统的存储管理要简单得多。嵌入式操作系统一般采用静态内存分配策略,从而使得嵌入式应用各进程的数量及所使用的内存量可预测。

(3) 中　断

无论是通用操作系统还是嵌入式操作系统,在处理外部事件或 I/O 请求时都选择了中断方式,而放弃了占用大量 CPU 时间的查询方式。

(4) API

嵌入式操作系统通过系统调用与用户交互。它所提供的系统调用的数量和功能在不同应用环境中大不相同。

11.1.3 实时操作系统解析

实时操作系统的资源调度策略及操作系统实现方法与通用操作系统有以下不同：

(1) 任务调度策略

实时操作系统中的任务调度策略目前使用最广泛的主要有两种，即静态表驱动方式与固定优先级抢先式调度方式。静态表驱动方式是指在系统运行前设计任务依据各任务的实时性要求，通过手工的方式或辅助工具生成一个任务的执行时间表，该表指明各任务的起始执行时间和执行长度。该时间表一旦生成就不再改变。当任务执行时，调度器依据该表在预定的时刻启动相应的任务。在静态表驱动方式下，可以采用较复杂的搜索算法来查找较优的调度方案，运行时调度器开销较小，而小系统具有很好的可预测性，实时性验证也比较方便。但是采用静态表驱动方式，不仅不太灵活，而且一旦发生变化，就需要重新生成整个执行时间表，这将带来不必要的额外开销。在固定优先级抢先式调度方式下，进程的优先级并不是固定不变的，而且优先级是在运行前通过某种优先级分配策略来指定的。该方式的优缺点与前者正好相反。目前，多数实时操作系统都采用固定优先级抢先式调度方式。

(2) 内存管理

为了解决虚拟存储所带来的不可预测性，实时操作系统一般采用两种内存管理方式：一种是在原有虚拟存储管理机制的基础上添加了页面锁定功能，用户可以把关键页面锁定在内存中，这些页面不会被 swap 程序交换出内存；另一种是采用静态内存划分的方式，为每一个实时任务划分固定的内存区域。

(3) 中断处理

实时操作系统通常采用这种中断处理方式：除时钟中断外，屏蔽所有其他中断，中断处理程序按一定周期轮询，且此操作由核心态的设备驱动程序或由用户态的设备支持库来完成。

(4) 共享资源的互斥访问

对于实时操作系统，倘若任务调度采用静态表驱动方式，共享资源的互斥访问问题在生成时间表时就已考虑到了。倘若任务调度采用基于优先级的方式，实时操作系统对传统的信号量机制进行了一些扩展，引入了一些辅助机制，以更好地解决优先级倒置的问题。

(5) 系统调用以及系统内部操作的时间开销

为保证系统的可预测性，实时操作系统中的所有系统调用及系统内部操作的时间开销都是有限制的，且该限制是一个具体的量化数值。

(6) 系统的可重入性

实时操作系统中的核心态系统调用往往设计为可重入的。

(7) 辅助工具

实时操作系统提供了一些辅助工具,可帮助开发人员进行系统的实时性验证工作。

11.1.4 目前最流行的嵌入式操作系统

目前流行的嵌入式操作系统可以分为两类:从运行在个人计算机系统平台上的操作系统向下移植到嵌入式系统中形成的嵌入式操作系统,如 Microsoft 公司的 Windows CE、SUN 公司的 Java 操作系统,朗讯科技公司的 Inferno 等。这类系统经过个人计算机或高性能计算机等产品的长期运行考验,技术日趋成熟,其相关的标准和软件开发方式由于应用广泛已被用户普遍接受,同时积累了丰富的开发工具和应用软件资源。在沿用其原有技术的基础上进行了内核的精简和嵌入式改造,并提供相应的成套开发工具。非常适合 PC 类的嵌入式系统。专门从事嵌入式系统软件的开发商一直致力于实时操作系统的开发,如 WindRiver 公司的 Vx-Works、ISI 公司的 PSOS、QNX 系统软件公司的 QNX 和 ATI 公司的 nucleus 等。这类产品在操作系统的结构和实现上都针对所面向的应用领域,如系统的实时性要求、高可靠性等进行广、精、巧的设计,而且提供了独立而完备的系统开发和测试工具。这类产品性能卓越,以往较多地应用在对系统可靠性和实时性等要求很高的军用产品和工业控制等领域中,目前也普遍推出面向机顶盒的解决方案,但缺乏多进程和程序间保护,适用于功能比较单一的数字化家电。因为该类系统包含各不相同的特殊需求,所以这类系统中目前并无系统有垄断市场的能力。

下面是一些嵌入式操作系统的相关信息:

(1) LambdaTOOL/Delta OS

该操作系统又称道系统,是一个完全由中国自主研发的最成熟的嵌入式强实时多任务操作系统,立足军工及民用市场,并提供源代码。

(2) QNX

该嵌入式操作系统是 X86 上最好的嵌入式实时操作系统。它同时支持 PowerPC,MIPS 和 ARM 等独一无二的内涵实时操作平台,是一个实时、微核、基于优先级、消息传递、抢占式多任务、多用户、具有容错能力的分布式网络操作系统。

(3) Tomado/VxWorks

该操作系统是火星探测器所用的嵌入式操作系统,在美国市场位居第一。Tomado 代表嵌入实时应用中最新一代的开发和执行环境。它包含 3 个完整的部分:Tomado 系列工具,这是一套位于主机或目标机上强大的交互式开发工具和使用程序;VxWorks 系统,是目标板上高性能可扩展的实时操作系统;可选用的连接主机和目标机的通信软件包,如以太网、串行线、在线仿真器或 ROM 仿真器。Tomado 的独特之处在于其所有开发工具能够使用在应用开发的任意阶段以及任何档次的硬件资源上。而且,完整集成的 Tomado 工具可以使开发人员完全不用考虑与目标连接的策略或目标存储区大小。Tomado 结构的专门设计为开发人员和第三方工具厂商提供了一个开放环境。已有部分应用程序接口可以利用其附带参考书里的内容从开发环境接口到链接实现。Tomado 包括强大的开发和调试工具,尤其适用于面对大量问题的嵌入式开发人员。这些工具包括 C 和C++远程源级调试器、目标和工具管理、系统目标跟踪、内存使用分析和自动配置。另外,所有工具能很方便地同时运行,很容易增加和交互式开发。VxWorks 支持广泛的工业标准如 POSIX 1003.1b 实时扩展、ANSIC(浮点支持)和TCP/IP。这些标准促进多种不同产品间的互用性,提升了可移植性,保护用户在开发和培训方面的投资。VxWorks 具备一个高效的微内核。微内核支持实时系统的一系列特征,包括多任务、中断支持、任务抢占式调度和循环调度。微内核设计使 VxWorks 缩减了系统开销并加速了对外部事件的反应。内核的运行非常快速和确定,例如,在 68 KB 处理器上的上下文切换仅需要 $3.8\ \mu s$,中断等待时间少于 $3\ \mu s$。Vxworks 具有可伸缩件,开发人员能按照应用需求分配所需的资源,而不是为操作系统分配资源。从需要几 KB 存储区的嵌入设计到需求更多的操作系统功能的复杂的高端实时应用,开发人员可任意选择多达 80 种不同的配置。

(4) PSOSystem

PSOSystem 是集成系统有限公司(Integrated Systems,Inc)研发的产品。该公司成立于 1980 年,产品在成立后不久推出,是世界上最早的实时系统之一,也是最早进入中国市场的实时操作系统。1999 年底,该公司雇员达 630 人左右,在全世界 14 个国家设有 41 个办公室,大多数国家有代理机构,是嵌入式业界实力比较雄厚的公司。该公司在 2000 年 2 月 16 日与 WindRiver Systems 公司合并,被并购的同时包括其旗下的 DIAB - SDS,Doctor Design 和 TakeFive Software。两公司合并之后已成为小规模公司林立的嵌入式软件业界里面的巨无霸。

PSOSystem 是一种为嵌入式微处理器设计的模块化高性能实时操作系统。它在开放系统标准的基础上提供了一套完整的多任务平台,是基于性能、可靠性和方便使用 3 个最重要目标而设计的。它采用了一种快速、确定且可行的系统软件解决方案。PSOSystem 软件采用了模块化结构,包含单处理器支持模块(PSOS+)、多处理器支持模块(PSOS+m)、文件管理器模块(PHILE)、TCP/IP 通信包(PNA)、流式通信模块(OPEN)、图形界面及 Java 和 HTTP 等。PSOSystem 功能模块完全独立,开发者可根据应用要求扩展系统功能和存储容量。PSOSystem集成开发环境可基于 UNIX 或基于 Windows。PRISM+是 PSOSystem 的全集成开发环境,包含 C/C++编辑浏览器、源级调试器、编译器和图形运行分析工具。

(5) Hopen

Hopen 是凯思集团自主研制开发的嵌入式操作系统,由一个体积很小的内核及一些可以根据需要进行定制的系统模块组成。其核心 Hopen Kernel 一般为 10 KB 左右,占用空间小,并具有实时、多任务、多线程的系统特征。使用者可以很容易地对这一操作系统进行定制或适当开发。该系统可广泛应用于移动计算平台(PDA)、家庭信息环境(机顶盒、数字电视)、通信计算平台(媒体手机)、车载计算平台(导航器)、工业和商业控制(智能工控设备、POS/ATM

机)及电子商务平台(智能卡应用、安全管理)等信息家电上,还可应用于与 Internet 相连接的一切接入设备。

Hopen 操作系统是一种运行在 32 位微处理器上的实时多任务操作系统。它采用与众不同的设计思路,实现的是一个极为灵活方便、可按照需要随意裁减或适当开发的系统。它拥有以下主要特征:

① 内核结构设计　Hopen 是按照嵌入式系统的要求设计的一个操作系统。由一个体积很小的微内核及一些可以根据需要进行定制的系统模块组成。之所以称为微内核是因为它只实现必须由操作系统核心完成的几种最基本的操作,如进程间通信、线程调度、中断入口、内存管理、系统时钟及电源管理。Hopen 核心一般为 10 KB 左右,即使加上其他必要的模块,所占用的空间也很小。

② 高实时性　Hopen 操作系统的核心是针对实时应用开发的操作系统内核。它提供了实时系统所需要的一切基本要素:多任务、由优先级驱动的急者优先级调度方法和快速现场切换。对各种实时性要求高低不同的应用,Hopen 操作系统核心允许根据需要实施特定安排,使各种不同的应用有可能在同一台运行 Hopen 操作系统的计算机上得以理想地运行。

③ 图形用户接口　Hopen 操作系统的窗口图形系统是一个面向对象设计的,基于消息驱动的图形用户接口系统。它提供 Win32 风格的应用程序设计接口,便于应用程序的开发。熟悉 Windows 程序设计的人员不用培训即可开发基于 Hopen 窗口系统的应用程序。Hopen 窗口系统可同时创建多个窗口,可对窗口进行显示、隐藏、移动、重叠、滚动和改变大小等操作。Hopen 窗口系统还提供菜单、按钮、单选框、复选框、编辑框、列表框、组合框、静态控制框、滚动条、对话框和默认窗口等多种窗口界面对象。利用 Hopen 操作系统提供的 API 和消息,使可编制各种基于图形界面的应用程序来满足用户的实际应用需要。

④ 设备驱动程序的易开发性　Hopen 操作系统定义了"字符设备驱动程序接口规范"、"存储设备驱动程序接口规范"和"图形设备驱动程序接口规范"。Hopen 操作系统按照这些规范调用设备驱动程序,设备驱动程序可以由用户自己编写。Hopen 操作系统的窗口系统在图形设备驱动程序之上的所有部分都是与设备无关的。可以用于各种各样的图形输入及输出设备。采用统一的"图形设备驱动程序接口"调用设备驱动程序。通过显示设备驱动程序接口可以支持不同分辨率、从单色到彩色的各种显示设备;通过键盘设备驱动程序支持各种键盘设备;通过定点设备驱动程序支持鼠标、笔、触摸屏等各种定点设备。用户可以根据该接口标准编写适合自己系统的设备驱动程序。

⑤ 汉字支持　Hopen 图形窗口系统全面支持汉字。目前支持 GB－2312－80 字符集和 Big5 字符集,同时向支持 unicode 的方向发展。通过字体设备驱动程序接口,可支持任意多种点阵和矢量字体。完整的支持中文处理功能,提供标准的中文输入模块接口,可挂接任意多种中文输入法。标准化的中英文手写识别程序接口,可方便的挂接第三方的中英文手写输入识别程序。

⑥ 开放性与可伸缩性　Hopen 操作系统的高度模块化结构使用户可根据实际应用的需要选择对自己有用的功能模块。目前，Hopen 操作系统提供的模块包括：Hopen 核心模块、Hopen 文件系统模块、Hopen 设备驱动模块、Hopen 图形窗口系统模块、Hopen 网络协议模块、Hopen 因特网浏览器和 Hnpen Java 虚拟机。用户可根据自己的需求选用模块，少到只选用核心模块，多到选用上述全部模块。而 Hopen 操作系统每个模块又都提供标准的 API 接口，向用户开放，便于用户在其上扩充新的功能。

除了以上几点，Hopen 操作系统还能运行在多种 16 位/32 位的 CPU 上，而且系统开销小，并提供了 TCP/UDP/IP/PPP 支持及统一的 MAC 访问层接口。

（6）CMX

该操作系统是在中国单片机公共实验室经过多年的考察之后引进的嵌入式实时多任务操作系统之一，主要适用于 8 位和 16 位单片机开发。

（7）Windows CE

该操作系统由微软公司出品。它是为各种嵌入式系统和产品设计的一种压缩的、具有高效的、可升级的操作系统(OS)。其多线性、多任务、全优先的操作系统环境是专门针对资源有限而设计的。这种模块化设计可供嵌入式系统开发者和应用开发者定做各种产品，例如家用电器，专门的工业控制器和嵌入式通信设备。Windows CE 支持各种硬件外围设备、其他设备及网络系统。它包括键盘、鼠标设备、触板、串行端口、以太网连接器、调制解调器、通用串行总线(USB)设备、音频设备、并行端口、打印设备及存储设备等，Windows CE 支持超过 1 000 个公共 Microsoft Win32 API 和几种附加的编程接口，用户可利用它们来开发应用程序。包括常见的 COM9 组件(对象模型)、MFC、ActiveX 控件、ATL(活动模板库)。此外，Windows CE 还支持诸如各种串行及通信技术，为其用户提供 Web 服务的移动通道等技术。Windows CE 设计简单灵活，可在各种小型嵌入式系统中使用，并且功能强大，在最新一代的高性能工业和家用设备中得到了充分使用。Windows CE 由几个模块共同组成，每个模块具有特定的功能，还有几个模块被分成若干个组件。这些组件能够使 Windows CE 更加紧凑，占用更少的空间。通常情况下，Windows CE 包括 4 个模块，它们分别实现了操作系统的几个主要功能：内核、对象存储、制图、开窗口、事件子系统和通信。其中，内核是操作系统的核心，由 Coredll 模块表示。它提供所有设备上所必须存在的基本操作系统的功能。而对象存储 API 功能由文件系统模块来实现。事件子系统是用户、用户应用程序和操作系统之间的图形化用户接口。

（8）LynxOS

这是著名的嵌入式实时操作系统，市场占有率名列前十名。

（9）Nucleus PLUS

它是一种提供源代码的嵌入式实时操作系统。

（10）OS-9

与 LynxOS 类似，市场占有率名列前十名。

(11) OSE

这是一种对分布式系统全面支持的实时操作系统。

(12) RTXC

这是与CMX一起经过中国单片机公共实验室多年考察之后引进的嵌入式实时多任务操作系统。

(13) SuperTaskATRONTASK

这是美国USSW公司的产品,内核代码量小(共24 KB),免收产品版权费。

(14) VRTX

它是一种著名的实时操作系统,市场占有率名列前五名。

(15) I-TRON

来自日本的嵌入式操作系统,具有强烈的民族特色。在日本市场占有率90%左右,但基本上未进入其他国际市场。

(16) Pencil

该产品是国内开发的具有自主知识产权的多任务嵌入式实时操作系统。

11.2 ARM实时操作系统

11.2.1 基本概念

1. 嵌入式实时操作系统的概念及其分类和意义

(1) 概　　念

实时操作系统RTOS(Real Time Operating System)也称为实时内核,是支持实时应用的计算机操作系统,是启动后首先执行的背景程序。用户应用程序是运行于实时操作系统之上的各个任务,实时操作系统根据各个任务的要求,进行资源管理、消息管理、任务调度和异常处理等工作。在实时操作系统支持中,每个任务均有一个优先级,系统根据各任务的优先级,动态地切换各任务,保证对实时性的要求。因此,实时多任务操作系统,以分时方式运行多个任务,看上去好像是多个任务"同时"运行。实时性的要求决定了它不存在时间片轮转的情况而必须是抢占式内核。嵌入式实时系统应用的多样性决定了RTOS的微内核设计。

嵌入式系统是以应用为中心,以计算机技术为基础,并且软硬件可裁剪,适用于应用系统对功能、可靠性、成本、体积和功耗都有严格要求的专用计算机系统。它的核心是嵌入式微处理器,而嵌入式微处理器的最重要的特点之一就是:对实时多任务有很强的支持能力,能完成多任务且有较短的中断响应时间,从而使内部的代码和实时内核的执行时间减少到最低限度。可以说,在嵌入式系统的应用中,嵌入式微处理器是最具实时性的。在小规模的嵌入式系统中,RTOS并不是必须的,只有当多个进程,ISR和设备的调度非常重要时,RTOS才是必需的。RTOS 必须监控响应时间受控的进程和事件受控的进程。

目前,可选择的嵌入式实时多任务操作系统有很多种,如 VxWorks,PSOS,VRTX,Lynx-OS,OS-9,Qnx,RTXC,Nucleus PLUS 和 μC/OS-Ⅱ等。实时操作系统的使用使实时应用程序的设计和扩展变得容易,不需要大的改动就可以增加新的功能。通过将应用程序分割成若干独立的任务,使应用程序的设计过程大为简化;使用可剥夺性内核时,时间要求较苛刻的事件也能得到尽可能快捷、有效的处理;通过有效的服务,如信号量、邮箱、队列、延时和超时等,使得资源得到更好的利用。正因为实时操作系统拥有如此众多优点,使得人们在嵌入式系统的设计中优先考虑选用合适的实时操作系统,以提高系统的开发速度、可靠性、可维护性等,降低开发成本。

(2) 分 类

可以从不同方面对实时系统进行分类。

① 软实时系统和硬实时系统。

可以将通常人们所说的实时系统分为两种类型:软实时系统和硬实时系统。在软实时系统中,系统的宗旨是使各个任务运行得越快越好,并不要求限定某一任务必须在多长时间内完成。这类系统并不具有真正实时操作的要求,其对操作系统的实时性要求较低,一般的实时操作系统均能满足要求。在硬实时系统中,各任务不仅要执行无误而且要做到准时,其对操作系统的实时性要求较严格,在系统设计时要非常注意实时性能的满足。对实时操作系统的伪实时的特征应进行仔细分析,大多数实际应用的实时系统是以上二者的结合。

② 非抢占式内核和抢占式内核。

实时内核分为两种,即非抢占式内核和抢占式内核。这两种内核都由中断服务例程(ISR)处理异步事件。在非抢占式内核中,一个 ISR 是优先级更高的任务就绪,而不是返回到被中断的当前任务,只有在当前任务执行某种操作明确放弃 CPU 时,优先级高的新任务才得到 CPU 控制权。非抢占式内核对实时事件的响应时间不确定,极少在实时应用中使用。

(3) 意 义

嵌入式实时操作系统在目前的嵌入式应用中使用越来越广泛,尤其是在功能复杂、系统庞大的应用中越来越显示出其重要意义。

① 嵌入式实时操作系统提高了系统的可靠性。

② 提高了开发效率,缩短了开发周期。

③ 嵌入式实时操作系统充分发挥了 32 位 CPU 的多任务潜力。

2. 嵌入式实时操作系统在国内外使用现状

从 20 世纪 80 年代起到现在,有很多商业公司或开放源码组织在重视嵌入式实时操作系统的开发,并且涌现出了一系列著名的嵌入式操作系统。

(1) 商业的嵌入式实时操作系统

① VxWork。在这一系列中,以 WindRiver 公司的 VxWorks 为代表。VxWorks 操作系

统是美国 WindRiver 公司于 1983 年设计开发的一种嵌入式实时操作系统(RTOS)，是嵌入式开发环境的关键组成部分。良好的持续发展能力、高性能的内核以及友好的用户开发环境，在嵌入式实时操作系统领域占据一席之地。VxWorks 的造价是十分昂贵的。但它具有良好的可靠性和卓越的实时性，所以被广泛地应用在通信、军事、航空航天等高精尖技术及实时性要求极高的领域中，如卫星通信、军事演习、弹道制导及飞机导航等。在美国的 F-16 和 FA-18 战斗机、B-2 隐形轰炸机及爱国者导弹上，甚至连 1997 年 4 月在火星表面登陆的火星探测器上也使用了 VxWorks。

② Windows CE。Microsoft 公司这个 PC 操作系统的霸主也开发了一系列嵌入式操作系统的产品，比如 Windows CE。Windows CE 是一款为嵌入式市场设计的操作系统。它将一个先进的实时嵌入式操作系统同功能强大的开发工具集成在一起，用于快速开发下一代小型智能互连设备。Windows CE 有一个完整的操作系统特性集和功能全面的开发工具，包含有供开发者构造、调试和布置定制型设备所需的全部特性。Windows CE 的组件化特性是为下一代要求具备丰富的网络和通信标准、硬实时内核、丰富的多媒体和 Web 浏览能力并且小体积的设备优化设计的。Windows CE 现在广泛应用于多媒体设备和无线通信领域。

(2) 开放源码的嵌入式操作系统

μC/OS-Ⅱ是一个著名的源码公开的实时操作系统内核。绝大部分 μC/OS-Ⅱ的源码是用移植性很强的 ANSI C 写的。与微处理器硬件相关的那部分是用汇编语言写的。汇编语言写的部分已经压到最低限度，使得 μC/OS-Ⅱ便于移植到其他微处理器上。如同 μC/OS 一样，μC/OS-Ⅱ可以移植到许许多多微处理器上。条件是，只要该微处理器有堆栈指针，由 CPU 内部寄存器入栈、出栈指令。另外，使用的 C 编译器必须支持内嵌汇编(inline assembly)或者该 C 语言可扩展、可连接汇编模块，使得关中断、开中断能在 C 语言程序中实现。μC/OS-Ⅱ可以在绝大多数 8 位、16 位、32 位以至 64 位微处理器、微控制器和数字信号处理器(DSP)上运行。

开放源码的嵌入式实时操作系统还有 FreeRTOS、eCOS 和嵌入式 Linux 等，应用于不同的领域。

11.2.2 ARM 实时操作系统特征

多任务 RTOS 的基本结构包括一个程序接口、内核程序、器件驱动程序以及可供选择的服务模块。其中，内核程序是每个 RTOS 的根本，其基本特征如下。

1. 任　务

任务(task)是 RTOS 中最重要的操作对象，每个任务在 RTOS 的控制下由 CPU 分时执行。任务的调度目前主要有时间分片式(time slicing)、轮流查询式(round robin)和优先抢占式(premptive)3 种。不同的 RTOS 可能支持其中的一种或几种。其中，优先抢占式对实时性的支持最好，也是目前流行 RTOS 采用的调度方式。

2. 任务切换

任务的切换有两种情况。一种情况是，当一个任务正常结束操作时，它就把 CPU 控制权交给 RTOS，RTOS 则判断下面哪个任务的优先级最高，需要先执行。另一种情况是，当一个任务执行时，有一个优先级更高的任务发生了中断，这时 RTOS 就将当前任务的上下文保存起来，切换到中断任务。

3. 消息和邮箱

消息（message）和邮箱（mail box）是 RTOS 中任务之间数据传递的载体和渠道，一个任务可以有多个邮箱。通过邮箱，各个任务之间可以异步地传递信息。

4. 信号灯

信号灯（semaphore）相当于一种标志（flag），通过预置，一个事件的发生可以改变信号灯。一个任务可以通过监测信号灯的变化来决定其行动。信号灯对任务的触发是由 RTOS 来完成的。

5. 存储区分配

RTOS 对系统存储区进行统一分配。分配的方式可以是动态的或静态的，每个任务在需要存储区时都要向 RTOS 内核申请。RTOS 在动态分配时能防止存储区的零碎化。

6. 中断和资源管理

RTOS 提供一种通用的设计用于中断管理，效率高并且灵活，这样可以实现最小的中断延迟。RTOS 内核中的资源管理实现了对系统资源的独占式访问，设计完善的 RTOS 具有检查可能导致系统死锁的资源调用设计。

11.2.3 流行的 ARM 实时操作系统

由于嵌入式实时操作系统可以支持多任务，使得嵌入式程序开发更加容易，在便于维护的同时还能提高系统的稳定性和可靠性，所以逐步成为嵌入式系统的重要组成部分，对嵌入式操作系统的研究变得尤为重要。VxWorks，μCLinux，μC/OS-Ⅱ 和 eCOS 是 4 种性能优良并广泛应用的嵌入式实时操作系统。

1. VxWorks

VxWorks 是美国 WindRiver 公司的产品，是目前嵌入式系统领域中应用很广泛、市场占有率比较高的嵌入式操作系统。VxWorks 实时操作系统由 400 多个相对独立、短小精悍的目标模块组成，用户可根据需要选择适当的模块来裁剪和配置系统；提供基于优先级的任务调度、任务间同步与通信、中断处理、定时器和内存管理等功能，内建符合 POSIX（可移植操作系统接口）规范的内存管理，以及多处理器控制程序；并且具有简明易懂的用户接口，在核心方面甚至可以微缩到 8 KB。

2. μC/OS-Ⅱ

μC/OS-Ⅱ 是在 μC-OS 的基础上发展起来的，是美国嵌入式系统专家 Jean J. LabrOSse

用 C 语言编写的一个结构小巧、抢占式的多任务实时内核。μC/OS-Ⅱ能管理 64 个任务，并提供任务调度与管理、内存管理、任务间同步与通信、时间管理和中断服务等功能，具有执行效率高、占用空间小、实时性能优良和可扩展性强等特点。

3. μCLinux

μCLinux 是一款优秀的嵌入式 Linux 版本，其全称为 Micro-Control Linux，从字面意思看是指微控制 Linux。与标准的 Linux 相比，μCLinux 的内核非常小，但是它仍然继承了 Linux 操作系统的主要特性，包括良好的稳定性和移植性、强大的网络功能、出色的文件系统支持、标准丰富的 API，以及 TCP/IP 等。因为没有 MMU 内存管理单元，所以其多任务的实现需要一定技巧。

4. eCOS

eCOS(embedded Configurable Operating System)，即嵌入式可配置操作系统。它是一个源代码开放的可配置、可移植、面向深度嵌入式应用的实时操作系统。最大特点是配置灵活，采用模块化设计，核心部分由不同的组件构成，包括内核、C 语言库和底层运行包等。每个组件可提供大量的配置选项(实时内核也可作为可选配置)，使用 eCOS 提供的配置工具可以很方便地配置，并通过不同的配置使得 eCOS 满足不同的嵌入式应用要求。

11.3　μC/OS-Ⅱ操作系统

11.3.1　μC/OS-Ⅱ的主要特点

μC/OS-Ⅱ是由 μC/OS 版本升级而来。μC/OS 实时操作系统是由美国人 Jean J. LabrOSse 在 1992 年完成的。它有以下几个主要特点：

① 源代码公开　μC/OS-Ⅱ所有源代码是公开的。μC/OS-Ⅱ的全部源代码约 5 500 行，结构合理、清晰易读，且注解详尽，非常适合初学者进行学习分析。

② 可移植性　μC/OS-Ⅱ的源代码是用移植性很强的 ANSI C 写的，与微处理器相关的那部分是用汇编语言写的。汇编语言写的部分已压缩到最低限度，使得 μC/OS-Ⅱ便于移植到其他微处理器上。

③ 可固化　只要有固化手段，包括 C 编译、连接、下载和固化，μC/OS-Ⅱ可以嵌入到产品中成为产品的一部分。

④ 可裁剪　可以只使用 μC/OS-Ⅱ中应用程序需要的那些系统服务。这种可裁剪性是靠条件编译实现的。只要在用户的应用程序中定义的 μC/OS-Ⅱ中的功能是应用程序所需要的即可。这样可以减少产品中的 μC/OS-Ⅱ所需的存储空间。

⑤ 抢占式　μC/OS-Ⅱ总是运行就绪条件下优先级最高的任务。大多数商业软件内核都

是抢占式的，μC/OS-Ⅱ在性能上与它们相当。

⑥ 多任务　μC/OS-Ⅱ可以管理64个任务，目前保留8个给系统。应用程序最多可以有56个任务，而每个任务的优先级是不相同的。用户在建立任务时必须赋予每个任务不同的优先级，因此μC/OS-Ⅱ不支持时间片轮转调度法。

⑦ 可确定性　全部μC/OS-Ⅱ的函数调用与服务的执行时间具有可确定性。所以，μC/OS-Ⅱ系统服务的执行时间不依赖于应用程序任务的多少。

⑧ 任务栈　μC/OS-Ⅱ中每个任务有自己单独的栈。μC/OS-Ⅱ允许每个任务有不同的栈空间，以便减少应用程序对RAM的需求。通过使用μC/OS-Ⅱ的栈空间校验函数来确定每个任务到底需要多少栈空间。

⑨ 系统服务　μC/OS-Ⅱ提供很多种系统服务，如邮箱、消息队列、信号量、块大小固定的内存申请和释放及时间相关函数等。

⑩ 中断管理　可通过中断使正在执行的任务暂时挂起。如果优先级更高的任务被该中断唤醒，则高优先级的任务在中断嵌套全部退出后立即执行。中断嵌套层数可达255层。

⑪ 稳定性和可靠性　μC/OS-Ⅱ和μC/OS是向上兼容的，并且有很多改进。μC/OS自1992年以来已经有数百个商业应用。在2000年7月，μC/OS-Ⅱ在一个航空项目中得到了美国联邦航空管理局对用于商用飞机的、符合RTCA DO-178B标准的认证。这表明μC/OS-Ⅱ在稳定性和安全性两方面都符合要求，可以在任何场合中应用。

11.3.2　μC/OS-Ⅱ内核工作原理

多任务系统中，内核负责管理各个任务，为每一个任务分配CPU时间及其相关的资源，并且负责任务之间的通信。内核提供的最基本服务是任务切换。实时内核允许将应用分成若干个任务，由实时内核来管理，所以使用实时内核可以在很大程度上简化应用系统的设计。内核提供了必不可少的系统服务，诸如信号量管理、邮箱、消息队列及时间延时等，实时内核使得CPU的利用更有效。

1. 临界段

临界段是指处理时不可分割的代码。μC/OS-Ⅱ在处理临界段时，与其他实时内核一样也需要关中断，处理完毕后再开中断，以避免同时有其他任务或中断服务进入临界段代码。关中断能够使μC/OS-Ⅱ避免有其他任务或中断服务程序同时进入临界段代码。但是关中断的时间会影响实时事件的响应特性，它是实时内核开发商提供的最重要的指标之一。μC/OS-Ⅱ通过两个宏OS_ENTER_CRITICAL()和OS_EXIT_CRITICAL()来实现对临界区的排他性操作。这两个函数总是成对使用的，它们把临界段代码封装起来，实现对应用程序中的临界段代码的保护。

2. 任 务

μC/OS-Ⅱ的任务是一个无限的循环,一个任务可以有返回类型,有形式参数变量,但任务是绝不会返回的。每个任务都可能处在 5 种状态之一,即休眠态、就绪态、运行态、挂起态及被中断态,如图 11-2 所示。在任一时刻,任务的状态一定是这 5 种状态之一。休眠态相当于任务驻留在内存中,但并不被多任务内核所调度;就绪态意味着任务已经准备好,可以运行,但由于该任务的优先级比正在运行的任务优先级低,还暂时不能运行;运行态是指任务掌握了CPU 的使用权,正在运行中;挂起态也可以称为等待事件态,指任务在等待,等待某一事件的发生,例如等待某外设的 I/O 操作,等待某共享资源由暂时不能使用变成能使用状态,等待定时脉冲的到来,或等待超时信号的到来,以及结束目前的等待。最后,发生中断时,CPU 提供相应的中断服务,原来正在运行的任务暂时不能运行,就进入了被中断状态。

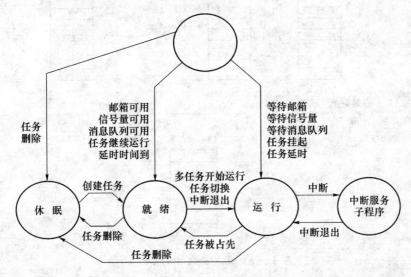

图 11-2 μC/OS-Ⅱ中任务的状态

3. 任务调度

多任务管理通过对任务或进程的合理调度使它们轮流在处理器上运行。从用户角度来看,系统的多个任务看起来似乎是在处理器中同时运行的。实时应用程序的设计过程包括如何把问题分割成多个任务。每个任务都是整个应用的一部分,都被赋予一定的优先级,有自己的一套 CPU 寄存器和栈空间。多任务如图 11-3 所示。

μC/OS-Ⅱ中是采用任务控制块的方式对任务进行管理的。任务控制块在任务建立时赋值,它是一个数据结构,当任务的 CPU 使用权被剥夺时,μC/OS-Ⅱ用它来保存该任务的状态。而当任务重新得到 CPU 使用权时,任务控制块能确保任务从被中断处执行下去。OS_TCB全部驻留在 RAM 中。

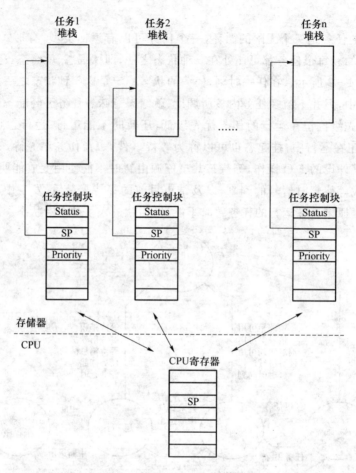

图 11-3 μC/OS-Ⅱ 中的多任务

  每一个任务的就绪态标志都放入就绪表中。就绪表中有两个变量 OSRdyGrp 和 OSRdyTbl[]。在 OSRdyGrp 中,任务按优先级分组,8 个任务为一组。OSRdyGrp 中的每一位表示 8 组任务中每一组中是否有进入就绪态的任务。任务进入就绪态时,就绪表 OSRdyTbl[] 中的相应元素的相应位也置位。μC/OS-Ⅱ 就是利用就绪任务表对任务进行优先级的调度。如果任务被删除,则该任务在表中相应优先级的位置要清零。

  μC/OS-Ⅱ 总是运行就绪态任务中优先级最高的那一个,任务调度由函数 OSSched() 来完成。如果任务在中断服务子程序中调用 OSSched(),此时中断嵌套层数 OSIntNesting 大于 0,或者由于用户至少调用了一次给任务调度上锁的函数 OSSchedLock(),使 OSLockNesting 大于 0,则调度不允许。如果不是在中断服务子程序中调用 OSSched(),并且任务调度是允许的,即没有上锁,则任务调度函数查找就绪任务表,将找出那个进入就绪态且优先级最高的任务。一旦找到那个优先级最高的任务,OSSched() 检验这个优先级最高的任务是不是当前正在运行的任务,以此来避免不必要的任务调度。当任务完成后,任务可以自我删除,即 μC/OS-Ⅱ不理会这个任务了,这个任务的代码也不会再运行。

4. 中断处理

μC/OS-Ⅱ中,中断服务子程序要用汇编语言来写。然而,如果用户使用的 C 语言编译器支持内嵌汇编,则用户可以直接将中断服务子程序代码放在 C 语言的程序文件中。

在 μC/OS-Ⅱ中,中断服务使正在执行的任务暂时挂起,并在进入中断前将任务执行现场保存到任务栈中,然后,中断服务子程序进行事件处理。当处理完成后中断返回时,程序让进入就绪态的优先级最高的任务在中断嵌套全部退出后立即运行。

5. 时钟节拍

μC/OS-Ⅱ需要用户提供周期性信号元,用于实现时间延时和确认超时。节拍率应在 10~100 Hz。时钟节拍频率可在 μC/OS-Ⅱ的配置文件中配置,时钟节拍率越高,系统的额外负荷就越重,时钟节拍源可以是专门的硬件定时器。

应用程序必须在多任务系统启动以后再启动时钟节拍源计时,也就是在调用 OSStart()之后。如果将允许时钟节拍器中断放在系统初始化函数 OSInit()之后,则在调启动多任务系统启动函数 OSStart()之前,时钟节拍中断有可能在 μC/OS-Ⅱ启动第一个任务之前发生,此时 μC/OS-Ⅱ是处在一种不确定的状态之中,用户应用程序有可能会崩溃。

时钟节拍服务是通过在中断服务子程序中调用函数 OSTimeTick()来通知 μC/OS-Ⅱ发生了时钟节拍中断。OSTimeTick()能够跟踪所有任务的定时器并进行超时限制。

11.4 μCLinux 操作系统

11.4.1 μCLinux 简介

Linux 是 1991 年由一名芬兰学生 Linus Torvalds 开发的,至今不过 18 年。它是一个年轻的操作系统,最初开发的 Linux 不成熟且性能较差,后来一个由 Linus Torvalds 领导的内核开发小组对 Linux 内核进行了完善,使 Linux 在短期内成为一个稳定、成熟的操作系统。起初,Linux 主要是作为桌面系统的。但 Linux 能支持多种体系结构,支持大量外设,而且网络功能完善,现在已广泛应用于服务器领域。同时,Linux 与 UNIX 系统兼容,开放源代码并有丰富的软件资源,内核稳定而高效,大小及功能均可定制。这些优良特性,使 Linux 在很大程度上满足了嵌入式操作系统的特殊要求,从而催生了一些嵌入式 Linux 系统,其中应用较广泛的就是 μCLinux。

μCLinux 是专为无存储器管理单元(MMU)的微控制器打造的嵌入式 Linux 操作系统。μCLinux 读为"you-see-Linux",μCLinux 名字是希腊字母 μ 和英语大写的 C 的联合,μ 代表"微型",而 C 为"控制器(controller)"。μCLinux 首先被移植到 Motorola 公司的 MC68328

Dragon-Ball 集成微处理器上；之后，μCLinux 越来越受业界的青睐，被移植到更多的无MMU 芯片上。作为一种嵌入式操作系统，μCLinux 有以下特性：

① 通用的 Linux API；
② μCkernel＜512 KB；
③ μCkcrnel＋工具＜900 KB；
④ 完整的 TCP/IP 堆栈；
⑤ 支持大量其他网络协议；
⑥ 支持各种文件系统，包括 NFS、EXT2、ROMfs、JFFS、MS-DOS 及 FAT16/32。

11.4.2 μCLinux 架构

由于 μCLinux 主要是针对无 MMU 微处理器开发的，因此，在 μCLinux 上实现多任务功能是一个非常棘手的问题。然而，μCLinux 上运行的大多数用户应用程序不要求多任务功能。另外，大多数内核的二进制代码和源代码都被重写，这进一步缩减了 μCLinux 内核的代码。μCLinux 是 Linux 2.0 版本的一个分支，但比原 Linux 2.0 内核小得多，保留了 Linux 操作系统的主要优点：稳定性、优异的网络能力以及优秀的文件系统支持等。图 11-4 所示为 μCLinux 的基本架构。

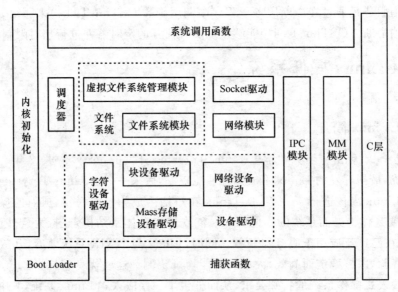

图 11-4 μCLinux 的基本架构

(1) Boot Loader

Boot Loader 是系统引导程序。负责 Linux 内核的启动，用于初始化系统资源，包括 SDRAM。这部分代码用于建立 Linux 内核运行环境和从 Flash 中装载初始化硬件

Ramdisk 等。

(2) 内核初始化

Linux 内核的入口点是 Start-kernel() 函数。它初始化内核的其他部分,包括捕获、IRQ、通道、调度、设备驱动及标定延迟循环,最重要的是能够调用 fork 初始化进程,以启动整个多任务环境。

(3) 系统调用函数/捕获函数

在执行完初始化程序后,内核对程序流不再有直接的控制权。此后,它的作用仅仅是处理异步事件(例如硬件中断)和为系统调用提供进程。

(4) 设备驱动

设备驱动占据了 Linux 内核的很大部分。与其他操作系统一样,设备驱动为它们所控制的硬件设备和操作系统提供了接口。

(5) 文件系统

μCLinux 最重要的特性之一就是对多种文件系统的支持,如 NFS、EXT2、FAT16/32 等,同时更支持专为嵌入式系统设计的 Romfs 和 JFFS 文件系统。在通常的使用中,更多地使用后面的文件系统。

11.4.3 μCLinux 的设计特征

1. μCLinux 的内存管理

μCLinux 与标准 Linux 的最大区别就在于内存管理。标准 Linux 是针对有 MMU 的处理器设计的。在这种处理器上,虚拟地址被送到 MMU,MMU 把虚拟地址映射为物理地址。通过赋予每个任务不同的虚拟/物理地址转换映射,支持不同任务之间的保护。μCLinux 不使用虚拟内存管理技术(应该说,这种不带有 MMU 的处理器在嵌入式设备中相当普通),采用的是实存储器管理(real memeory management)策略。也就是说,μCLinux 系统对于内存的访问是直接的(它对地址的访问不需要经过 MMU,而是直接送到地址线上输出)。

μCLinux 采用存储器的分页管理。系统在启动时,把实际存储器分页;在加载应用程序时,程序分页加载。由于采用实存储器管理策略,一个进程在执行前,系统必须为它分配足够的连续地址空间,然后全部载入主存储器的连续空间中。与之相对应的是,标准 Linux 系统在分配内存时,没有必要一次分配所有的地址空间,而且不要求实际物理存储空间是连续的,只要保证虚存地址空间连续即可。另一方面,程序实际加载地址与预期加载地址(ld 文件中指出的)通常都不相同,这样再定位过程就是必需的。此外,磁盘交换空间也是无法使用的,系统执行时如果缺少内存,将无法通过磁盘交换来得到改善。

从易用性角度来说,μCLinux 的内存管理实际上是一种倒退,退回到了 UNIX 早期或是 DOS 系统时代,开发人员不得不参与系统的内存管理。从编译内核开始,开发人员就必须告诉系统,这块开发板到底拥有多少内存(假如欺骗了系统,将会在后面运行程序时受到惩罚),

以便系统在启动的初始化阶段对内存进行分页,并且标记已使用的和未使用的内存。系统将在运行应用程序时使用这些分页内存。

从内存的访问角度来看,由于采用实存储器管理策略,用户程序与内核以及其他用户程序处于一个地址空间,操作系统对内存空间没有保护。因此,开发人员的权利增大了(开发人员在编程时,可访问任意的地址空间),但同时系统的安全性也大为下降了。此外,系统对多进程的管理将有很大变化,这一点将在μCLinux 的多进程管理中说明。

由于应用程序加载时必须分配连续的地址空间,而针对不同硬件平台的可一次成块(连续地址)分配内存大小的限制不同(目前针对 ez328 处理器的 μCLinux 是 128 KB,而针对 coldfire 处理器的系统内存则无此限制),所以开发人员在开发应用程序时,必须考虑内存的分配情况,并关注应用程序需要运行空间的大小。

虽然,此 μCLinux 的内存管理与标准 Linux 系统相比功能相差很多,但应该说这是嵌入式设备的选择。在嵌入式设备中,由于成本等敏感因素的影响,普遍采用不带有 MMU 的处理器,这决定了系统没有足够的硬件支持实现虚拟存储管理技术。从嵌入式设备实现的功能来看,嵌入式设备通常在某一特定的环境下运行,只要实现特定的功能,其功能相对简单,内存管理的要求完全可以由开发人员考虑。

2. μCLinux 的多进程管理

μCLinux 没有 MMU 存储管理单元,在实现多进程时(fork 调用生成子进程),需要实现数据保护。μCLinux 的多进程管理是通过 vfork 来实现的,因此 fork 等于 vfork d,这意味着以 μCLinux 系统 fork 调用完成后,或者子进程代替父进程执行(此时父进程已经 sleep),直到子进程调用 exit 退出;或者调用 exec 执行一个新的进程,此时可产生可执行文件的加载,即使这个进程只是父进程的复制,这个过程也是不可避免的。当子进程执行 exit 或 exec 后,子进程使用 wakeup 把父进程唤醒,使父进程继续向下执行。

μCLinux 的这种多进程实现机制与它的内存管理紧密相关。μCLinux 针对没有 MMU 的处理器开发,所以必须使用一种 Flat 方式的内存管理模式。启动新的应用程序时,系统必须为应用程序分配存储空间,并立即把应用程序加载到内存。缺少了 MMU 的内存重映射机制,μCLinux 必须在可执行文件加载阶段对可执行文件进行重新加载处理,使得程序执行时能够直接使用物理内存。进程管理方式与它的内存管理紧密相关。

3. μCLinux 的实时性

实时性是嵌入式系统最重要的特性之一。目前市场上商用的嵌入式操作系统,如 Vx-work、PSOS 和 QNX 等,都具有良好的实时性能,但并不是所有的嵌入式系统都要求具备实时能力。

μCLinux 本身并没有关注实时问题,它并不是为了 Linux 的实时性而提出的,因此若将 μCLinux 用于实时性要求较高的场合,则需要对其内核做必要的改进。嵌入式 Linux 的另一个版本 RT-Linux 关注实时问题。RT-Linux 把普通 Linux 的内核当成一个任务运行,同时还管理了实时进程,而非实时进程则交给普通 Linux 内核处理。这种方法已广泛应用于增强操作系统的实时性,包括一些商用版 UNIX 系统、Windows NT 等。这种方法的优点之一是,实现简单,且实时性能容易检验;优点之二是,由于非实时进程运行于标准 Linux 系统,与其他 μCLinux 商用版本之间保持了很大的兼容性;优点之三是,可以支持硬实时时钟的应用。μCLinux 可以使用 RT-Linux 的补丁,从而增强 μCLinux 的实时性,使得 μCLinux 可以应用于工业控制、进程控制等一些实时要求较高的场合。

4. 执行程序的格式

不管是内核,还是应用程序,μCLinux 均使用 Flat 可执行文件格式替代 ELF。ELF 格式有比较大的文件头,Flat 文件格式简化了文件头和部分字段信息。

5. 文件系统

μCLinux 是 Linux 的扩展,因此所有 Linux 支持的文件系统,μCLinux 都支持。为节省资源,μCLinux 一般使用专门为嵌入式系统设计的文件系统,如 Romfs 和 JFFS 等。这些文件系统较常用的 EXT2 占用更少资源,更支持压缩,同时在内核中支持 Romfs 文件系统,相对来说只需要更少的代码。

6. 标准 C 函数库

μCLinux 使用嵌入式标准 C 函数库 μCLinux 或 μCLibC 替代 libc。Linux 下使用的标准 C 函数库 libc 需要非常多的资源 μCLibC 对 libc 做了精简。在 μCLinux 中的应用程序均采用静连接的方式链接标准 C 函数库。

μCLibC 是 μCLinux 最初的函数库,是 libc 的不完全的嵌入式实现,部分函数接口不标准,还有部分函数未实现。目前主要使用在 coldfire 和 ARM 结构。

μCLibC 函数库被设计用来弥补 libc 的一些缺陷,包括使所有的函数接口标准化,填补未实现的函数。μCLibC 目前已支持相当多的处理器结构,使用 μCLibC 能够对应用程序的移植提供更好的兼容性。μCLibC 正逐步取代 libc。

11.5 WinCE 5.0 操作系统

11.5.1 Windows CE 简介

Windows CE(以下简称 WinCE)是美国 Microsoft 公司专门为各种移动和便携电子设备、个人信息产品、消费类电子产品、嵌入式应用系统等非台式或便携计算机领域设计的一种 32 位高性能操作系统。它具有一个简捷、高效的完全抢先式多任务操作核心,支持强大的通信和图形显示功能,能够适应广泛的系统需求。WinCE 操作系统的主要特点如下:

① 兼容于 Microsoft 公司的视窗(Windows)PC 操作系统,支持超过 1 000 个常用的 32 位视窗应用程序接口函数(Win32 API),支持高分辨率真彩色显示,为应用软件提供了强大的运

行平台。

② 对硬件没有任何特殊要求,允许系统设计者根据所开发产品的要求自由选择硬件,同时提供最广泛的硬件设备支持,包括通信接口、显示和打印设备、输入输出设备、音频设备、网络和存储设备等。

③ 支持多达数十种不同的 32 位微处理器芯片,包括 Intel 和 AMD 公司的 X86 系列、Motorola 公司的 PowerPC、日立公司的 SH3 系列、东芝公司的 MIPS 系列以及 Philips 公司、NEC 公司的处理器产品等。

采用模块化结构,配置灵活,运行时仅需很少的存储器(RAM)资源,并且是目前唯一的可以从 ROM(只读存储器)中直接启动的 32 位操作系统,能够满足具有严格硬件资源限制的系统要求。

由于其本身具有的出色性能,WinCE 系统自 1966 年底面世之后,迅速在国外最新一代的工业和家用电子设备中得到了广泛应用。在美国,仅基于 WinCE 系统的掌上电脑产品销量就已超过了 200 万台。

11.5.2 Windows CE 的结构

基于 Windows CE 的嵌入式系统采用 4 层体系结构,具有层次性强、可移植性好、组件可剪裁、强调编程接口和支持上层应用等特点。系统自下而上可分为 4 层:硬件层、OEM 硬件适配层、操作系统服务层、应用层。具体的系统架构如图 11-5 所示。

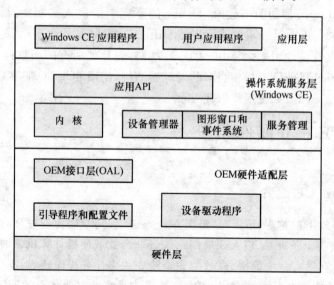

图 11-5 基于 Windows CE 的嵌入式系统架构

1. 硬件层

Windows CE 系统所需的最低硬件配置包括支持 Windows CE 的 32 位处理器、用于线程调度的实时时钟、用于存储和运行操作系统的存储单元。通常,硬件平台应具备其他的外设,例如串口、网卡、键盘和鼠标等。对于不同的应用领域和硬件平台,需要定制 Windows CE 操作系统并移植到目标硬件上。Microsoft 公司为几种典型的应用平台提供了参考定制方案模版。例如,基于 PC 的参考平台(CEPC)是其内部用于开发和测试 Windows CE 操作系统的,它可以作为开发 Windows CE 应用程序和开发 X86 设备驱动的参考平台。

2. OEM 硬件适配层

OEM 硬件适配层位于操作系统层与硬件层之间,用来抽象硬件功能,实现操作系统的可移植性。OEM 硬件适配层可以分成 OEM 抽象层(OAL)、设备驱动程序、引导程序和配置文件 4 个部分。OAL 部分主要负责 Windows CE 与硬件通信,它与 CPU、中断、内存、时钟和调试口等核心设备相关,用于屏蔽 CPU 平台的细节,保证操作系统内核的可移植性。设备驱动程序为 Windows CE 提供设备控制功能,包括:LCD/LED/VGA/SVGA 显示设备、鼠标、键盘和触摸屏,语音处理设备和扬声器,串口和基于并口的打印机,PC 卡接口和 ATA 磁盘驱动器或其他存储卡及 Modem 卡等。引导程序主要功能是初始化硬件,引导并加载操作系统映像到内存。配置文件则是一些包含系统配置信息的文本文件。

3. Windows CE 操作系统服务层

Windows CE 操作系统服务层包含了以下 4 个关键模块:

① 内　核　即操作系统的核心,提供用于线程调度、内存管理和中断处理、调试支持等。

② 对象存储　包括文件系统、系统注册表、CE 数据库的持久存储。

③ 通信接口　提供对各种通信硬件和数据协议的支持。

④ 图形、窗口和事件子系统(GWES)　GWES 模块支持显示文本和图像,提供用户输入所需的图形和窗口功能。

4. 应用层

应用层是应用程序的集合,通过调用 Win32 API 来获得操作系统服务。需要注意的是 Windows CE 下的 API 是桌面版本 Win32 API 的一个子集;同时 Windows CE 还有许多独有的 API,例如 CE 数据库等。

11.5.3　Windows CE 的特点

Windows CE 是一个可定制的操作系统,具有以下特点。

1. 占用资源少

Windows CE 是专门面向嵌入式系统的。一个典型的 Windows CE 设备只需 4~8 MB ROM,最小的 Windows CE 约 500 KB,称作 MINKERN。这样一个操作系统可以处理所有内核任务,包括进程、线程、对象同步和读/写注册表。Windows CE 之所以很小,最显著的地方是对于应用程序和设备驱动,它只支持唯一的编程接口——Win32 APIs。Windows CE 不支持 VxD 和 WDM。

2. 易于移植

在嵌入式系统内,使用的处理器的类型要远远多于 PC(X86 占了主要部分)。Windows CE 的内核几乎完全是用 C 语言写的,因此很容易移植到多种不同的 32 位微处理器中。Windows CE 通过 OEM 适配层可以调整用于任何硬件平台。OEM 适配层是位于内核和硬件之间的底层代码。这层代码允许原始设备制造商调整 Windows CE 到自己的目标平台。

3. 模块化结构

Windows CE 分成几个模块,4 个主要的模块是内核、图形窗口事件、文件系统和通信模块。每个模块又分成多个组件,当定制 Windows CE 映像文件时,可以选择模块中的一些组件。由于组件、处理器和硬件平台的多样性,测试所有可能的 Windows CE 组态是不可能的。Microsoft 公司的产品只支持 12 种组态方式,依次为 Cell Phone or Smart Phone,Digital Imaging Device,Industrial Automation Device,Internet Appliance,Media Appliance PDA or Mobile Handheld,Residential Gateway,Retail Point-of-Sale Device,Set-Top Box,Tiny Kernel Web Pad,Windows Thin Cliento。

可以从中选择最能满足需要的方式,然后对组件进行添加和删除。为了节省内存空间,部分 Windows CE 操作系统可以放在 ROM 中,组件甚至可以直接在 ROM 中执行,这个特点称为 XLP(eXecute-In-Place);对于 ROM 中的压缩组件,则必须先在 RAM 中解压缩后再执行。Windows CE.NET 支持多个 XIP 区,不同的 ROM 段不需要位于连续的内存中。

4. Win32 兼容

Windows CE 重要的优点是它使用与 Win98 和 Win2000 相同的 Win32 编程模式,只采用了适合自己需要的 Win32 的子集。为了简化代码,调整和删除了一些 Win32 函数。Windows CE 同时支持其他流行技术和库,例如 MFC、ATL 和嵌入式 VB,从而可以快速开发出适用性强的应用程序。

5. 多种开发工具支持

Windows CE 支持的开发工具包括:Embedded Visual Studio C 和 Embedded Visual Studio B、Platform Builder 及仿真平台。

6. 多种连接方式

Windows CE 可以连接到台式 PC 进行数据同步。Windows CE 支持几种通信方式包括串口、并口、网线和红外线端口。Windows CE 提供了以下 API 实现的通信方式:

① Win32 API 用于基本串口通信;

② TAPI 和 RAS 用于高级串口通信;

③ TCP/IP；
④ Winsock API；
⑤ 网络服务器；
⑥ WinInet API。

11.5.4　Windows CE 实时性

实时性是嵌入式系统性能的重要评价标准。实时性的强弱以完成规定功能和做出响应时间的长短来衡量。提高硬件能力可以在一定程度上提高计算机系统的实时性，但是当硬件条件确定之后，一个实时系统的性能主要是由操作系统来决定的。Windows CE 操作系统以前的版本提供了一些 RTOS 性能，但是 WindowsCE.NET 的内核经过了重大的改进，其实时性得到了显著的加强。

Windows CE 的中断处理机制和线程优先级机制为实时应用提供了很大方便，因而适用于大多数实时系统的开发。下面从 Windows CE 的中断处理和内存管理来分析 Windows CE 的实时性。

1. 中断处理

Windows CE 允许中断嵌套和减少中断延迟。Windows CE 处理中断的方式是把每个硬件设备的中断请求 IRQ(Interrupt Request)和一个中断服务例程 ISR(Interrupt Service Routine)联系起来。当一个中断发生并未被屏蔽时，内核调用该中断注册的 ISR。作为内核模式中断处理部分的 ISR，设计的应尽可能短，它的基本职责是引导内核调整和启动合适的中断服务线程 IST(Interrupt Service Thread)。在设备驱动程序模块中实现的 IST 从硬件获取或向硬件传送数据和控制码，并负责确认设备中断。对于 Pentium 166 MHz 系统，其 ISR 的延迟时间小于 10 μs，IST 的延迟时间小于 100 μs。

Windows CE 的线程的优先级有 256 个(Windows NT 为 32 个)，其中 0～248 定义为实时优先级。更多的优先级赋予开发者在控制系统调度和防止随意的应用程序破坏系统方面有更大的自由度。Windows CE 各线程的定时系统相互独立，各线程的时间片大小可调，最快可达到 1 ms(Windows NT 固定为 25 ms)。通过 CEGetThreadPriority 和 CESetThreadPriority 可以获取和改变线程优先级，通过 CEGetThreadQuantum 和 CESetThreadQuantum 可以获取和改变线程的时间片值。

2. 内存管理

Windows CE 的内存管理是基于虚拟内存方式的，由于这种体系结构实现了应用程序之间的保护，从而提高了系统的鲁棒性；从另外的角度考虑，这种机制增加了系统应用程序的执行，因为虚拟地址需要被转化为实地址，又要通过保护检查。Windows CE 通过使用内存映射机制可以提高线程之间的通信速度。

11.5.5 Windows CE 5.0 的新特性

Windows CE 5.0 是微软于 2004 年 7 月推出的 Windows CE 的最新版本。与以前版本相比，Windows CE 5.0 的变化主要集中在以下几个部分。

1. 操作系统增强

在硬件驱动方面，Windows CE 5.0 新增了对 USB 2.0 的支持，包括 USB 2.0 HOSt 和 USB 2.0 Client。

在图形方面，Windows CE 新增加了 Direct 3D Mobile 的支持，而 Direct 3D Mobile 可用来开发嵌入式设备上的 3D 图形应用程序。此外，Windows CE 还增加了对图片格式的支持，操作系统可处理 GIF 及 JPEG 等常见的图片文件格式。

在内核层面，Windows CE 5.0 支持的系统中断(SYSINTR)从 32 个增加到 64 个。此外，还增加了可变的时钟嘀嗒调度。这允许 OEM 按需产生时钟中断，而不是现在的每毫秒都要产生一个中断。

2. 统一的构建系统

在以前的 Platform Builder 开发环境中，使用命令行构建与使用 Platform Builder 构建操作系统采用的是两套不同的机制，给开发人员造成了一定困难。在 Windows CE 5.0 中将两套不同的机制进行了统一，Platform Builder 集成开发环境只是命令行界面的简单封装，使用 Platform Builder 与使用命令行构建操作系统没有任何功能上的区别。

3. 高质量的 BSP

在 Windows CE 5.0 中，Microsoft 公司对板级支持包的结构做了非常大的改变。将 BSP 的功能提炼为一些小的库文件，并且对 BSP 的目录及文件等都做了限定。这样，不但简化了 BSP 的开发，而且相比以前的 BSP，更加模块化，结构更加清晰。

此外，在 Windows CE 5.0 中，Microsoft 公司与开发人员共享了 250 万行 Windows CE 操作系统的源代码，占整个 Windows CE 代码的 70% 左右。开发人员可在 Microsoft 公司的 Shared Source License 协议的许可下使用这部分源代码。Microsoft 公司的 Shared Source License，与 GNU 的协议有些不一致，可参考下面的链接以查找更多的关于 Shared Source License 的信息：

http://www.microsoft.com/resources/sharedsource/Licensing

2005 年中，Microsoft 公司又推出了基于 Windows CE 5.0 的 Windows Mobile 5.0 平台。新的 Windows Mobile 5.0 依然包含 Pocket PC 和 Smartphone 两种产品，并且集成了.NET Compact Framework 2.0。随着 Windows Mobile 5.0 的推出，Windows CE 5.0 真正进入了大规模应用阶段。

习　题

简答题

(1) 简述嵌入式操作系统基本概念及特点。

(2) 什么是嵌入式实时操作系统？

(3) 嵌入式实时操作系统分类和意义如何？

(4) 什么叫任务？任务有哪些主要特性？主要包含哪些内容？并说明任务、进程与线程三个概念之间的区别。

(5) 描述一个实际的系统，该系统包含多个任务，协同实现系统功能。

(6) 说明任务主要包含哪些参数，并对参数的含义进行解释。

(7) 任务主要包含哪些状态？请就状态之间的变化情况进行描述。

(8) 什么叫任务切换？任务切换通常在什么时候进行？任务切换的主要工作内容是什么？

(9) 简述任务调度的分类方法，并说明每种分类下的主要调度方法。

(10) 简要说明 ARM 实时操作系统特征。

(11) 以 μC/OS-Ⅱ 或 μCLinux 为例，收集资料，分析描述操作系统的进程/线程模型，并基于所选择的操作系统，选择合适的简单应用，利用操作系统提供的关于进程/线程的编程接口，编写完整的、能反映多任务运行情况的示例程序。

第 12 章
开发具有自主产权的实时操作系统

12.1 概　述

随着实时嵌入式系统的进一步发展,对特定应用的功能要求越来越多,实时嵌入式系统所要完成的任务也越来越复杂,传统的单任务、单一的循环式软件难以满足应用的要求。这就使得嵌入式实时操作系统 RTOS(Embedded Real Time Operating System)的研究和发展成为可能。

实时系统是指能在确定的时间内执行其功能并对外部的异步事件做出响应的计算机系统。其操作的正确性不仅依赖于逻辑设计的正确程度,而且还与这些操作进行的时间有关。"在确定的时间内"是该定义的核心。也就是说,实时系统对响应时间是有严格要求的。

实时系统对逻辑和时序的要求非常严格,如果逻辑和时序出现偏差将会导致严重后果。实时系统有两种类型:软实时系统和硬实时系统。软实时系统仅要求事件响应是实时的,并不要求限定某一任务必须在多长时间内完成;而在硬实时系统中,不仅要求任务响应要实时,而且要求在规定的时间内完成事件的处理。

通常,大多数实时系统是两者的结合。实时应用软件的设计一般比非实时应用软件的设计困难。实时系统的技术关键是如何保证系统的实时性。

实时多任务操作系统是指具有实时性、能支持实时控制系统工作的操作系统。其首要任务是调度一切可利用的资源完成实时控制任务,其次才着眼于提高计算机系统的使用效率,重要特点是要满足对时间的限制和要求。实时操作系统具有如下功能:任务管理(多任务和基于优先级的任务调度)、任务间同步和通信(信号量和邮箱等)、存储器优化管理(含 ROM 的管理)、实时时钟服务及中断管理服务。实时操作系统具有以下特点:规模小,中断被屏蔽的时间很短,中断处理时间短,任务切换很快。

实时操作系统可分为可抢占型和不可抢占型两类。对于基于优先级的系统而言,可抢占型实时操作系统是指内核可以抢占正在运行任务的 CPU 使用权,并将使用权交给进入就绪态的优先级更高的任务,即内核抢占 CPU 让别的任务运行。不可抢占型实时操作系统使用某种算法并决定让某个任务运行后,就把 CPU 的控制权完全交给了该任务,直到它主动将 CPU 控制权还回来。中断由中断服务程序来处理,可以激活一个休眠态的任务,使之进入就绪态;而这个进入就绪态的任务还不能运行,一直要等到当前运行的任务主动交出 CPU 的控制权。使用这种实时操作系统的实时性比不使用实时操作系统的系统性能好,其实时性取决于最长任务的执行时间。不可抢占型实时操作系统的缺点也恰恰是这一点,如果最长任务的执行时间不能确定,系统的实时性就不能确定。

可抢占型实时操作系统的实时性好,优先级高的任务只要具备了运行的条件,或者说进入了就绪态,就可以立即运行。也就是说,除了优先级最高的任务,其他任务在运行过程中都可能随时被比它优先级高的任务中断,让后者运行。通过这种方式的任务调度保证了系统的实时性。

嵌入式实时操作系统是实时操作系统的一个分支,是其在嵌入式系统中的应用,指的是使嵌入式系统硬件成为可用的、由软件实现的程序集,是介于编程者与系统硬件之间的一个软件层。根据实时操作系统的工作特性,实时指的是物理进程的真实时间,嵌入式实时操作系统是指具有实时性,能支持实时控制系统工作的,应用于嵌入式系统硬件之上的操作系统。其首要任务是调度一切可利用的、有限的嵌入式系统资源完成实时控制任务,满足实时应用对时间的限制和要求,在此基础上再着眼于提高系统的使用效率。

嵌入式实时操作系统可以简单地认为是功能强大的主控程序。它嵌入目标代码中,在系统复位后首先执行。它负责在硬件基础之上,为应用软件建立一个功能更为强大的运行环境,用户的其他应用程序都建立在 RTOS 之上。从这个意义上说,操作系统的作用是为用户提供一台等价的扩展计算机,可以认为是一台虚拟机,它比底层硬件更容易编程。不仅如此,RTOS 还是一个标准的内核,将 CPU 时间、中断、I/O 及定时资源都包装起来,留给用户一个标准的 API,并根据各个任务的优先级,在不同任务之间合理地分配 CPU 时间。从这个意义上说,操作系统的作用是资源管理器。

这里的自主产权是指从需求分析、概要设计、阶段设计到源代码设计等都是自己研究、设计和开发的。

12.2　开发自主产权实时操作系统的必要性

嵌入式实时操作系统在目前的嵌入式应用中使用越来越广泛,尤其是在功能复杂、系统庞大的应用中显得愈来愈重要。

首先,嵌入式实时操作系统提高了系统的可靠性。在控制系统中,出于安全方面的考虑,要求系统起码不能崩溃，而且还要有自愈能力。不仅要求在硬件设计方面提高系统的可靠性和抗干扰性，而且也应在软件设计方面提高系统的抗干扰性，尽可能减少安全漏洞和不可靠的隐患。长期以来的前后台系统软件设计在遇到强干扰时，运行的程序可能产生异常、出错、跑飞，甚至死循环，从而造成系统的崩溃。而在实时操作系统管理的系统中，这种干扰可能只是引起若干进程中的一个进程被破坏，但可以通过系统运行的系统监控进程对其进行修复。通常情况下，这个系统监控进程用来监控各进程的运行状况，遇到异常情况时可采取一些有利于系统稳定可靠的措施，如把有问题的任务清除掉。

其次，提高了开发效率，缩短了开发周期。在嵌入式实时操作系统环境下，开发一个复杂的应用程序，通常可以按照软件工程中的解剖原则将整个程序分解为多个任务模块。每个任务模块的调试、修改几乎不影响其他模块。商业软件一般都提供了良好的多任务调试环境。

最后，嵌入式实时操作系统充分发挥了 32 位 CPU 的多任务潜力。32 位 CPU 比 8 位和 16 位 CPU 快。另外，它本来是为运行多用户、多任务操作系统而设计的，特别适于运行多任务实时系统。32 位 CPU 采用利于提高系统可靠性和稳定性的设计，使其更容易做到不崩溃。例如，CPU 运行状态分为系统态和用户态。将系统堆栈和用户堆栈分开，以及实时地给出 CPU 的运行状态等，允许用户在系统设计中从硬件和软件两方面对实时内核的运行实施保护。如果还是采用以前的前后台方式，则无法发挥 32 位 CPU 的优势。

从某种意义上说，没有操作系统的计算机（裸机）是没有用的。在嵌入式应用中，只有把 CPU 嵌入到系统中，同时又把操作系统嵌入进去，才是真正的计算机嵌入式应用。

前面介绍的 Windows CE、VxWorks、QNX 等实时操作系统都是商业软件，价格昂贵，不公开源代码，这些都极大地限制了国内许多开发商的开发利用。而且，在嵌入式系统的开发中，不公开系统源代码给上层应用开发人员带来了极大的不便。虽然 Linux 源代码公开，但是 Linux 不支持任务抢占，所以在实时性方面不能称为真正的实时内核。开发具有自主知识产权的实时操作系统具有极其重要的现实意义。

12.3 实时操作系统中断管理技术

12.3.1 简　介

一般情况下，都认为处理器是随时可以响应中断申请的。其实并非如此，首先在处理器关闭中断时不能响应中断申请；另外，处理器在执行一条指令时也不能响应中断申请。因此，当某个事件向处理器发出中断请求时，处理器可能正在执行另外一个中断服务程序。如果为了保证操作的原子性，正在执行的中断服务程序关闭了中断，那么处理器在这期间就不会响应具

第12章 开发具有自主产权的实时操作系统

有更高优先级别的中断请求。通常,具有高优先级别的中断请求往往对应着更紧急的实时任务,那么上面的情况就意味着紧急事情要等不太紧急的事情做完才能做,这对于紧急事情来说就是一个延时,低级中断服务程序关闭中断时间越长,这段延时也就越长,对紧急任务的及时处理就越不利。所以,在为实时系统设计软件尤其是设计操作系统的中断服务程序时,必须对关中断的时间进行精确控制,尽量缩短中断嵌套时对高优先级别中断的延时。例如,在Linux系统中,为了缩短因中断服务程序关中断而引起的高优先级别中断的延时,把中断服务程序分成了前后两部分,把必须在关中断状态进行的任务放在前半部分并使其尽量短,而把大多数工作放在了中断开放的后半部分。

有时,调度器引起的调度延时也会反映到中断延时中,因为中断的服务有时是用一个进程来完成的。也就是说,在中断服务程序中通过发送消息的方法激活一个进程,并在这个被激活的进程中完成中断所应提供的服务。既然是要激活一个进程,调度器就要进行调度,于是调度器在调度时的延时也就自然反映到这次中断延时中了。

这种调度的延时比较复杂,它由两部分组成:一部分是调度器在调度工作时所必须耗费的时间;另一部分是调度器等待调度所需要的时间。在概念上,第一部分引起的延时比较清楚,麻烦的是第二部分引起的延时。因为在操作系统中,在中断过程中是不允许进程调度的。也就是说,从中断处理器执行的优先级别的角度来看,中断的优先权是大于所有进程的,所以调度器只能等待所有中断服务都结束之后才能进行进程调度。如果中断嵌套的层次很多,那么这个延时的长度就很可观了。

显然,由上述调度延时引起的中断服务延时的长短取决于系统的负荷,而且这种延时的可预测性极差。其实,如果对这种工作方式不谨慎规划,还会出现另外一些更复杂的情况,从而大大增加中断延时,这也正是设计实时系统的难点之一。

除了上述造成中断延时的因素之外,还有一个可能的因素就是DMA。有些计算机系统为了增加内存数据块的传送速度,使用了直接数据传送控制器DMA。其实,DMA请求也是一种中断,只不过它向处理器请求的是总线的控制权,而不是处理器罢了。所以,在DMA控制期间,由于处理器要把总线控制权让给DMA而失去总线控制权,尽管处理器还可以做一些不使用总线的工作,但肯定不会马上响应来自总线的外部中断请求,因此也会造成较长的中断延时。

正因为DMA有提高系统工作速度的一面,也有造成中断延时过长而降低中断响应速度一面,所以在实时系统中是否以及如何使用DMA技术,在设计系统时要慎重考虑。一般在实时性要求较高的硬实时系统中不要使用DMA。

另外,实时计算机系统最好采用RISC指令系统的原因有两个:一是RISC指令系统的指令执行时间要比CISC(复杂指令集计算机)系统指令短得多,所以指令执行时间所引起的中断延时也会短得多;二是在CISC指令系统中,指令的执行时间极为不均匀,短的指令只需要几个时钟脉冲,长的指令却需要几十个脉冲才能执行完成,这就给一段程序模块执行时间的预测带来了困难,使之难于满足实时系统执行时间可预测的要求。

12.3.2 中断管理模式

实时多任务操作系统是嵌入式应用开发的基础平台。早期的嵌入式实时应用软件直接在处理器上运行,没有 RTOS 支持,现在的大多嵌入式应用开发都需要嵌入式操作系统的支持。实际上,此时的嵌入式操作系统相当于一个通用而复杂的主控程序,为嵌入式应用软件提供更强大的开发平台和运行环境。因为嵌入式系统已经将处理器、中断、定时器和 I/O 等资源包装起来,用一系列的 API 提供给用户,应用程序可以不关注底层硬件,直接借用操作系统提供的功能进行开发,此时的嵌入式操作系统可以视为一个虚拟机。

随着嵌入式实时系统的发展,为了方便对中断的处理,系统内核常接管中断的处理,比如提供一些系统调用接口来安装用户的中断,提供统一的中断处理接口等。根据系统内核的可抢占或者非抢占性,系统内核接管中断又有两种不同处理模式,如图 12-1 所示。

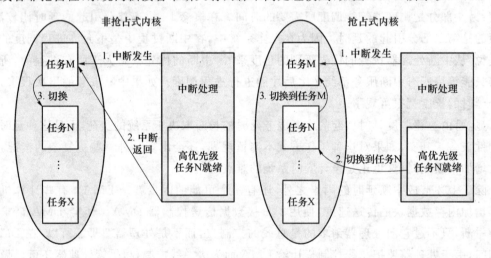

图 12-1 非抢占式和抢占式内核的中断处理模式

在非抢占式内核的中断处理模式中,当在中断处理过程中有高优先级任务就绪时,不会立即切换到高优先级的任务,必须等待中断处理完后返回到被中断的任务中,等待被中断的任务执行完后,再切换到高优先级任务。在抢占式内核的中断处理模式中,如果有高优先级任务就绪时,则立刻切换到高优先级的任务。抢占式内核中断处理模式下的时序如图 12-2 所示。

在时序图 12-2 中,符号 A 表示有高优先级任务 N 就绪。这种处理模式有利于高优先级任务的处理,但相应地延长了被中断的低优先级任务的执行时间。

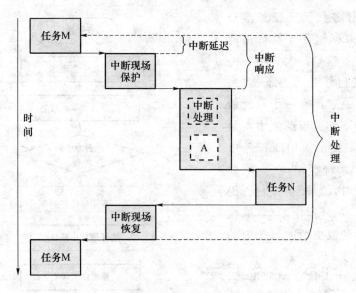

图 12-2 抢占式内核的中断处理时序图

12.3.3 嵌入式内核接管中断的处理机制

嵌入式内核接管中断的处理机制主要包括两部分：面向用户应用的编程接口部分和面向底层的处理部分。面向用户应用的编程接口的任务之一是供支持用户安装中断处理例程。面向底层的处理部分可以分为两部分：中断向量表部分和中断处理部分。中断向量表部分主要指中断向量表的定位和向量表中表项内容的形式。一般在嵌入式内核中都提供一个中断向量表，其表项的向量号应与处理器中所描述的向量对应。向量表表项的内容形式一般有两种形式：一种是最常见的形式就是在具体的向量位置存储的是一些转移程序，转到具体的中断处理部分；另一种形式就是中断向量位置存放具体的中断处理程序，此仅针对向量号之间彼此有一定的距离，且此距离足以存放中断处理程序。面向底层部分的中断处理部分，是整个嵌入式内核中断管理的核心，在后面有详细的分析。

下面以 Delta OS 内核为例，详细说明嵌入式内核中断管理模式中的中断处理部分。Delta OS 内核中断处理部分采用了"统一接管"的思想，即 Delta OS 为所有的外部中断都提供了一个统一的入口_ISR_Handler。此入口的主要功能是保护中断现场，执行用户的中断服务程序，判断是否允许可抢占调度和中断现场的恢复等。Delta OS 内核中断处理的流程如图 12-3 所示。

从 Delta OS 内核中断处理流程图 12-3 中，可看出嵌入式内核中一些专用的处理方式。

① 在嵌入式内核中一般有两个堆栈：系统栈和任务栈。系统栈是系统为中断上下文处理

而预留的堆栈;任务栈属于任务本身的私有堆栈,用来存储任务执行过程中一些临时变量等信息。因为中断上下文不隶属于任何任务的上下文中,所以嵌入式内核一般都有一个系统栈专门处理中断上下文。当产生中断且非中断嵌套时,堆栈由被中断任务中的任务栈切换到系统栈;当在中断处理中又发生中断时,堆栈不再切换,仍用系统栈;当退出最外层中断时,堆栈又由系统栈切换到被中断的任务中的任务栈。

② 一般嵌入式内核有两种形式:抢占式和非抢占式。为了更好地支持系统的实时性,很多嵌入式实时内核都是抢占式内核,如 VxWorks,PSOS 等。从 Delta OS 内核中断处理流程可知,Delta OS 是抢占式内核。因为在中断处理中,当检测到有高优先级任务就绪时,就会切换到高优先级任务里,而不是等到退出中断后,再进行任务调度。

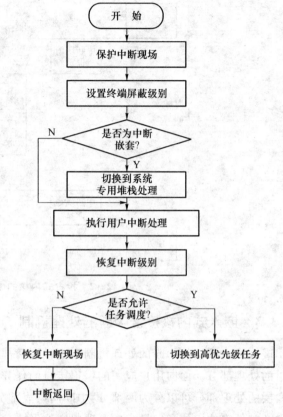

图 12-3　Delta OS 内核中断处理流程图

③ 在嵌入式内核中,中断和调度的时机直接影响到系统的实时性。关中断的时机一般在执行核心操作之前。核心操作包括对链表的操作,对核心数据项(如指示同步,反应重要信息状态)的修改等场合都须关中断。执行完相应的核心操作后,就可以开中断。开调度的时机主要提供重新调度的机会,一般在执行操作系统核心调用前关调度,执行完后开调度。系统中开关中断与开关调度的关系大致如下:

开关中断的力度比开关调度要深、要细。开关中断主要是为实时性提供各种可能的中断时机,允许响应外部中断。中断里也可以执行调度和系统调用,但中断的上下文与任务的上下文是不一样的,因此在中断里只能执行一些特定的系统调用。这些特定系统调用是不会引起调用阻塞的,不要试图在中断里执行获取信号量和 I/O 操作等一些容易引起调用阻塞的系统调用。

12.3.4 中断管理模型

1. 中断前—后部处理模型

在嵌入式内核中断管理模式分析中,嵌入式内核一般采用中断统一接管思想,在中断统一接管中调用用户的中断服务程序。中断管理模式中的中断处理部分还可以细化,如嵌入式 Linux 系统中断管理机制中提出的"前半部"和"后半部"的处理思想。其实,这种中断管理的思想把中断处理部分按其重要性分为两部分,将必须要做的中断处理部分归为"前半部",即这部分在中断处理部分实施;而将中断处理中可以延迟操作且影响不大的部分归为"后半部",这部分在退出中断服务程序后实施。通过这样的中断管理思想缩短了中断服务时间,为其他外部事件的中断响应提供了更多的时机。

在实时内核中还有其他的中断处理机制,它们的思想都是尽量缩短了中断处理的时间。如在一些 I/O 处理部分,I/O 操作所引起的中断处理部分只做标记功能,即只设一个标志或者发一个消息说明外部中断来了,而具体的 I/O 传输操作放在中断外部实施。根据上面的分析,将中断处理思想归结为:中断"前—后"部处理模型。其模型如图 12-4 所示。

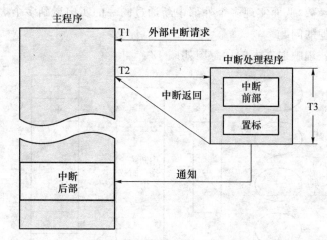

图 12-4 中断前—后部处理模型

在图 12-4 中,"中断前部"主要完成外部事件发生中断请求时,系统对其响应所完成的必要功能,如中断现场保护、数据预取和预放等;"置标"部分主要通知某个任务或者线程已有一个中断发生,且中断的前部已完成;"中断后部"并不是在中断服务程序里执行,而是由接收到标记或者通知的任务或者线程来完成的,主要是完成本应在中断服务里完成的后继工作。举例说明,当网络接口卡报告新的数据包到达时,"中断前部"主要将数据包送到协议层;"中断后部"完成对数据包的具体处理。

在此"中断前—后部处理模型"中,应该注意以下两个方面:

① 如何划分"中断前部"和"中断后部"。基本的划分标准是，应该立即处理的和必要的功能部分放在"中断前部"完成，可以推迟处理或者可以在中断外处理的功能部分放在"中断后部"完成。

② "中断后部"何时执行，取决于完成"中断后部"功能的任务或者线程的优先级。如果要让中断的后继部分较快地执行，则可以通过提高获得标记的任务或者线程的优先级。从极限角度思维，当获得标记的任务或者优先级很高时，在"中断前部"完成退出中断后，就立即执行获得标记的任务或者线程，这相当于获得标记的任务或者线程执行部分就在中断里执行。如果中断的后继部分并不要求较快执行，则可以赋给获得标记的任务或者线程为普通的优先级。

2. 单向量多中断处理模型

在前面的嵌入式内核中断管理模式中，中断向量表部分也属于模式的一部分，不同的嵌入式处理器体系，中断向量的支持也不同。在 PowerPC 8xx 系列处理器中，所有外部中断对应的向量都是 0x500。为了处理这种多个外部中断共用一个向量的情况，这里提出了单向量多中断处理技术。此技术的思想如下：当外设中断触发时，首先定位到实向量位置，调用中断统一接口函数。中断统一接口函数对外设中断触发的参数进行测试，寻找到其对应的虚向量，触发虚向量处的回调函数，从而实现多个外部中断通过同一的实向量到多个虚向量的映射，解决了单向量多中断处理的问题。

单向量多中断处理映射技术的示意图如图 12-5 所示。

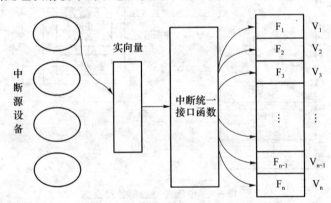

图 12-5 单向量多中断处理映射图

在上面的单向量多中断处理映射图中，V 表示多个外设共享的中断请求向量号，V_1，V_2，$\cdots$，V_{n-1}，V_n 表示不同外设对应的虚向量号；F_i 表示与 V_i 对应的回调函数（$i=1,\cdots,n$）。

12.4 实时操作系统存储器管理技术

随着处理器的速度不断提升，存储器的访问时间成为影响处理器性能的主要因素。如何更有效地管理好更多的存储空间成为在嵌入式系统硬件设计和软件管理中必须解决的问题。

12.4.1 对内存分配的要求

1. 快速性

嵌入式系统中对实时性的保证,要求内存分配过程要尽可能快。因此,在嵌入式系统中,不可能采用通用操作系统中复杂而完善的内存分配策略,一般都采用简单、快速的内存分配方案。当然,对实时性要求的程度不同,分配方案也有所不同。例如,VxWorks 采用简单的最先匹配加立即聚合方法;VRTX 中采用多个固定尺寸的 Binning 方案。

2. 可靠性

可靠性也就是内存分配的请求必须得到满足,如果分配失败可能会导致灾难性的后果。嵌入式系统应用的环境千变万化,其中有一些是对可靠性要求极高的。比如,汽车的自动驾驶系统中,系统检测到即将撞车,如果因为内存分配失败而不能执行相应的操作,就会发生车毁人亡的事故,这是不能容忍的。

3. 高效性

内存分配要尽量少浪费。不可能为了保证满足所有的内存分配请求而将内存配置得无限大。一方面,嵌入式系统对成本的要求使得内存在其中只是一种很有限的资源;另一方面,即使不考虑成本的因素,系统有限的空间和有限的板面积决定了可配置的内存容量是很有限的。

12.4.2 对内存分配的策略

在嵌入式系统中,对内存分配的策略通常有两种:静态分配和动态分配。究竟应该使用静态分配还是动态分配,一直是嵌入式系统设计中一个争论不休的问题。当然,最合适的答案是对于不同的系统采用不同的方案。对于实时性和可靠性要求极高的硬实时系统,不能容忍一点延时或者一次分配失败,当然需要采用静态分配方案,也就是在程序编译时所需要的内存都已经分配好了。例如,火星探测器上面的嵌入式系统就必须采用静态分配的方案。另外,WindRiver 公司的一款专门用于汽车电子和工业自动化领域的实时操作系统 OSEKWorks 中就不支持内存的动态分配。在这样的应用场合,成本不是优先考虑的对象,实时性和可靠性才是必须保证的。当然,采用静态分配一个不可避免的问题就是系统失去了灵活性,必须在设计阶段就预先知道所需要的内存,并对其做出分配;必须在设计阶段就预先考虑到所有可能的情况,因为一旦出现没有考虑到的情况,系统就无法处理。这样的分配方案必然导致很大的浪费,因为内存分配必须按照最坏情况进行最大的配置,而实际上在运行中可能使用的只是其中一小部分;而且在硬件平台不变的情况下,不可能灵活地为系统添加功能,从而使得系统的升级变得困难。

大多数系统是硬实时系统和软实时系统的综合。也就是说,系统中的一部分任务有严格的时限要求,而另一部分只是要求完成得越快越好。按照 RMS(Rate Monotonic Scheduling)

理论,这样的系统必须采用抢先式任务调度;而在这样的系统中,就可以采用内存动态分配来满足那一部分可靠性和实时性要求不那么高的任务。采用内存动态分配的好处就是给设计者很大的灵活性,可以方便地将原来运行于非嵌入式操作系统的程序移植到嵌入式系统中。比如,许多嵌入式系统中使用的网络协议栈,如果必须采用内存静态分配,则移植这样的协议栈就会比较困难。另外,采用内存动态分配可以使设计者在不改变基本硬件平台的情况下,比较灵活地调整系统的功能,在系统中各功能之间做出权衡。例如,可以在支持的 VLAN 数和支持的路由条目数之间做出调整,或者不同的版本支持不同的协议。说到底,内存动态分配给了嵌入式系统的程序设计者以较少的限制和较大的自由。因此,大多数实时操作系统提供了内存动态分配接口,例如 malloc 和 free 函数。下面就嵌入式系统中对内存池动态分配管理作一个比较详细的介绍。

12.4.3 内存动态分配管理

RTOS Kernel 内核设计考虑的重点是实时性和稳定性。在内存管理方面,内核采用了内存池机制。内存池,可以看做预先储备的用于特定用途的内存。在执行过程中,任务向内存管理模块申请内存,是向某一个内存池申请若干内存块。当没有可用的内存块,或现有的内存块不足时,它可以立即返回失败,也可以使该任务进入内存池的等待队列,根据任务的属性,进入限时或是不限时的等待。

通过引入内存池机制,大大增强了内存管理的确定性和稳定性:

① 可以保证某些任务的内存分配。

② 不会产生内存泄露的情况。

③ 当内存不足时,能够进行灵活处理,可以要求申请内存的任务按优先级进行排队,保证高优先级任务先获得资源;也可以要求申请内存的任务按申请内存量的大小进行排队,量少优先;还可以选择不等待,直接返回。

针对不同的应用需要,RTOS Kernel 提供了固定大小内存池和可变大小内存池两种管理方式。固定大小内存池的管理相对简单,池中内存块的大小在内存池建立时就已经确定,应用程序每次只能从某个池中取得和归还固定大小的内存块,如果想取得其他大小的内存块,必须重新建立一个新的内存池。这样做可以很好地避免内存碎片的产生,而且速度很快,但在灵活性上可能相对不够,可能造成一定的内存浪费。而可变大小内存池可以用于分配任意大小的内存块,只要不超过整个内存池的大小。与固定大小内存池相比,它的管理显得很灵活,但在分配和回收过程中会有内存碎片的产生。下面分别介绍这两种内存池。

1. 固定大小内存池管理

固定大小内存池是一个用于动态管理固定大小内存块的对象。它有一个与之相连的内存区,这些内存是可以用来分配的;还有一个等待队列,如果没有内存块可以利用,一个试图从固定内存池分配内存的任务将会进入等待态,直到有内存块释放。等待分配固定大小内存的任务放在固定大小内存池的等待队列中。

(1) 数据结构

固定大小内存池中最重要的数据结构就是固定大小内存池控制块(MPFCB)。MPFCB 记录了控制一个固定大小内存池所需要的全部信息。在系统中,MPFCB 的数量有限,是在系统初始化时根据用户配置的数目决定的。当应用创建一个固定大小内存池时,系统首先要为其分配一个 MPFCB,并设置相关控制信息,如内存池 ID、池中内存块的大小、内存块的数量和内存池属性等。当应用删除内存池时,相应的 MPFCB 就会返回到系统中。关于 MPFCB 数据结构的具体定义如下:

```
typedef struct fix_memorypool_control_block
{
    QUEUE       wait_queue;         /* 内存池等待队列 */
    ID          mpfid;              /* 内存池 ID */
    VP          exinf;              /* 扩展信息 */
    ATR         mpfatr;             /* 内存池属性 */
    INT         mpfcnt;             /* 整个内存池中内存块的数目 */
    INT         blfsz;              /* 内存块的大小 */
    INT         mpfsz;              /* 整个内存池的大小 */
    INT         frbcnt;             /* 空闲内存块的数目 */
    VP          mempool;            /* 内存池的首地址 */
    VP          unused;             /* 未用到的内存的首地址 */
    FREEL *     freelist;           /* 空闲块链表 */
} MPFCB;
```

其中,wait_queue 是用于管理请求内存失败的任务队列。当任务请求的内存块不能得到满足时,就将该任务的 TCB 挂到此等待队列上,直到分配到足够的内存或超时。mpfid 是内存池的 ID 号,是内存池在系统中的唯一表示。mpfatr 是一个无符号整型,其中的某些位代表相应的属性,最重要的属性有两个:TFIFO,表示等待队列以先进先出的方式进行排队;TPRI,表示等待队列以优先级为序进行排队。mpfcnt 和 blfsz 分别决定内存池中块的数目及大小,从而确定了整个内存池的大小 mpfsz。freelist 是用于管理回收的内存块。当任务释放从固定内存池中申请到内存时,并不是将这些内存块重新归还到之前的大块内存中,而且通过 freelist 将这些归还的内存组织起来,便于以后再次操作,加速分配。

(2) 基本操作

1) 创建固定大小内存池

要使用内存池,首先必须先创建一个内存池,然后才能从里面取内存。创建固定大小内存池的函数为 cre_mpf(T_CMPF * pk_cmpf),返回值为所创建的内存池的 ID,参数 pk_cmpf 是一个结构指针,指定所创建的内存池的各种属性,主要有以下几个参数:

① exinf   扩展信息；
② mpfatr   内存池属性；
③ mpfcnt   内存池中内存块的数目；
④ blfsz   内存块的大小。

2) 分配内存块

在创建了一个内存池后，就可以从该池中取出内存块了。从一个固定大小内存池中取内存块的函数为 get_mpf(ID mpfid, VP * p_blf, TMO tmout)。参数 mpfid 用于指定对哪个内存池进行操作；b_blf 是所分配到的内存块的首地址；而 tmout 是一个时间参数，用于指定在内存不足时，任务最长的等待时间，超过此时间，任务将直接返回。这里的超时时间参数的精度和系统时间的精度是一致的。

3) 释放内存块

释放内存块的函数为 rel_mpf(ID mpfid, VP blf)。此函数的操作分为两步：第一步是检查欲释放的内存块是否确实是从该内存池中分配出去的。如果内存块和内存池不一致，将会产生严重后果。例如，如果应用程序将一个 512 B 的块还到了一个 1 KB 的内存池中，那么当这个应用程序下次想从该内存池取一个 1 KB 的块时，它得到的只是一个大小为 512 B 的块，其余 512 B 属于其他任务，这将可能导致系统崩溃。第二步就进行正式的回收工作了。先检查等待队列是否不为空，如果不为空则说明有任务在等待分配内存，直接将队头的任务唤醒，把内存块分配给它；否则将新回收的块插入链表 freelist，等待再次被分配。

4) 删除固定大小内存池

内存池的删除操作比较简单。先是对等待队列进行处理，然后将内存控制块归还给系统，最后释放池中所有的内存。

2. 可变大小内存池管理

可变大小内存池是一个用于动态管理任意大小内存块的对象。它的数据结构、基本操作与固定大小内存池类似。与固定大小内存池最主要的区别是，它并没有规定池中内存块的大小，每次分配和回收都必须指定块的大小。

(1) 数据结构

与固定大小内存池相对应，每个可变大小内存池也都拥有一个可变大小内存池控制块（MPLCB）。此结构与固定大小内存池控制块有点相似，具体定义如下：

```
typedef struct memorypool_control_block {
    QUEUE      wait_queue;        /* 等待队列 */
    ID mplid;                     /* 内存池 ID */
    VP exinf;                     /* 扩展信息 */
    ATR        mpfatr;            /* 内存池属性 */
```

```
    INT         mpfsz;              /*内存池大小*/
    QUEUE       areaque;            /*所有内存块的队列*/
    QUEUE       freeque;            /*空闲内存块队列*/
} MPLCB;
```

在此结构中,没有了固定大小内存池中的 mpfcnt(内存块的数目)和 blfsz(内存块的大小)两个元素,新增加了 areaque 和 freeque 两个内存块队列,用于管理内存的分配与回收。areaque 将内存池中所有的块按地址的高低次序链接起来,对整个内存池进行管理,其组织形式如图 12-6 所示;而 freeque 管理所有还没有被分配的内存块。为了方便查找,快速地进行内存分配,freeque 中的内存块是按块的大小进行组织的,其组织形式如图 12-7 所示。

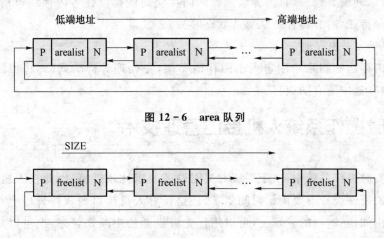

图 12-6 area 队列

图 12-7 free 队列

(2) 基本操作

1) 创建可变大小内存池

与固定大小内存池一样,在使用之前必须先创建一个可变大小内存池。创建可变大小内存池的函数为 cre_mpl(T_CMPL * pk_cmpl),返回值为所创建内存池的 ID,参数 pk_cmpl 是一个结构指针,主要指定内存池等待队列的属性以及欲创建的内存池的大小。创建内存池函数主要是为该内存池申请空间,并初始化可变大小内存池控制块。在内存池刚刚建立时,池中只有一个大块的内存,arealist 和 freelist 都指向该空间,随着以后对内存的不断分配与回收,最初的大内存块会被分为很多小的内存块。

2) 分配内存块

可变大小内存池内存分配的函数为 get_mpl(ID mplid, INT blksz, VP * p_blk, TMO tmout)。与固定大小内存池的内存分配函数不同,它多了一个指定想要得到的内存大小的参数 blksz。在分配过程中,先根据参数 blksz,再根据最优匹配算法在 freelist 中找到一块大小与 blksz 最接近的空闲内存,将其从 freelist 中移出。如果此空闲内存块的大小仍然比申请的内存大得多,则有必要将此内存分割为两块,将多余的内存仍然放回 freelist,同时对 arealist 的内存块链表做相应的修改。最后将已分配的内存标记为已用,将首地址返回应用程序。

3) 释放内存块

释放内存块的函数为 rel_mpl(ID mplid, VP blk)。因为每个内存池中所有的内存块都由 arealist 链接起来,所以,它也必须先检查欲释放的内存块是否属于本内存池,否则在 arealist 中将找不到它的位置。然后清除已用标志,将其放回 freelist 队列。同时,如果它的前后相邻的内存块也是空闲的,则将它们进行合并,形成一个大内存块。在内存回收完成后,检查等待队列,如果等待队列中有任务,且因为新回收的内存块而使得该任务内存块申请得到满足,则将内存分配给等待任务,并将任务从等待状态唤醒。

4) 删除可变大小内存池

可变大小内存池的删除与固定大小内存池类似,先处理等待队列,再将控制块归还给系统,最后释放内存池中所有的内存。

12.5 实时操作系统人机接口管理技术

在嵌入式实时操作系统中,由于系统对实时性的要求比较严格,因此在人机接口中,不管是在人机接口的硬件设计上要满足时间要求,还是在对人机接口的软件管理上都必须注意时间上的要求。例如:在键盘的管理上,可以用优先级最低的中断来管理,也可以用优先级最低的任务来管理。但是,在外设的 I/O 响应上却不同,必须根据应用系统的需要来决定管理程序(任务)的优先级。

在嵌入式实时操作系统中,人机接口管理技术中还要注意的是资源共享与阻塞问题。

12.5.1 对键盘的管理策略

在嵌入式实时操作系统中,其键盘的硬件设计参看 9.2 节键盘接口。在对键盘软件管理上,根据作者多年的开发与实践经验来看,可以用优先级最低的中断来管理。这样,既可以满足用户信息采集的需求,也可以满足嵌入式实时操作系统的要求,同时在硬件上也必须作相应的设计。一个使用的矩阵式键盘设计可以参看图 12-8 所示的原理。

在图 12-8 中,使用了一片专门管理键盘和 LED 显示的专用芯片 CH452L。带有中断请求输入。只要有键盘输入动作,芯片会产生一个中断请求 INT 信号,向 CPU 提出中断请求,在 CPU 内部,可以用优先级较低的中断来管理键盘。从长期的开发来看,是可以满足用户信息输入要求和实时性要求的。

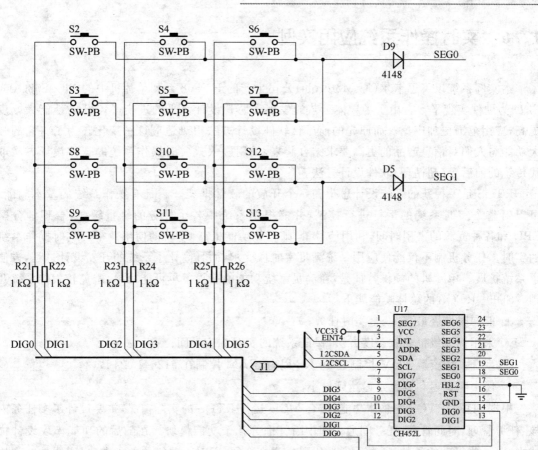

图 12-8 带中断管理的矩阵式键盘

12.5.2 对 LED/LCD 的管理策略

在嵌入式实时操作系统中,对 LED/LCD 的管理与键盘管理有所不同。虽然可以用优先级最低的中断或用优先级最低的任务来管理,但是由于 LED/LCD 是嵌入式系统将信息传输给人的通道之一,有时要求快捷、及时。如在数控加工中图像模拟显示。这就要求对 LED/LCD 的管理有着特殊的要求。

因此,在嵌入式实时操作系统中对 LED/LCD 的管理采用定时器中断管理比较合理,当然有些系统采用空闲任务管理的办法进行。可以将一定时器设置成最低优先级的方式,这样既不影响高优先级中断的实时响应,也可以满足定时刷新的需要,同时还可以减少空闲处理中多次刷新及刷新时快时慢的问题。

12.6 实时操作系统应用实例

本实例系统以飞思卡尔(原 Motorola)公司生产的 HCS08 系列单片机中的 MC9S08GB60 CPU 为硬件实现平台。由于半导体工艺的发展和芯片设计水平的进步，MCU 的性能大幅度提高，应用范围更加广泛。而原先的前后台软件设计方法很难适应这种变化。为了将它的强大功能与人们对信息产品的更高要求结合起来，采用嵌入式实时操作系统的软件设计方法取代传统的前后台(超循环)软件设计方法。

RTOS 是一种新的系统设计思想和一个开放的软件框架。它具有操作系统的基本功能，可以对整个实时系统的运行进行控制，并能根据系统中各个任务的轻重缓急，合理地分配 CPU 和各种资源的占用时间，利用信号量、邮箱等功能提高 CPU 的使用效率。实时操作系统的实时多任务机制不仅能使应用系统满足实时性要求，而且简化了系统的开发设计过程，方便了系统扩展。单片机的硬件特征是，在满足系统功能的前提下尽可能简单，避免较大的系统开销。SDF-RTOS 的总体功能如下：

- 能同时调度最多 10 个实时任务；
- 采用优先级抢先式调度方法，保证系统的实时响应时间；
- 系统占用资源 ROM 控制在 10 KB 以内，RAM 控制在 512～1 024 B 内；
- 使中断延迟和调度延迟达到最小。

根据 SDF-RTOS 的总体功能，结合 MCU 运行 RTOS 的实际情况，主要设计了多任务内核、任务管理、时间管理、任务间通信和中断管理等几个功能模块。在随后的功能模块设计描述中，对一些复杂的函数，通过示意性代码作详细介绍；而对一些简单的函数，只说明功能和执行过程。由于 RTOS 的设计理论很成熟，因此在设计系统时借鉴了大量开放源代码的 RTOS 的设计思想和代码，如 Small RTOS，μC/OS-Ⅱ等，其中以 μC/OS-Ⅱ 为主。

1. 内核结构

(1) 临界区的处理

代码的临界区是指处理时不可分割的代码。一旦这些代码开始执行，则不允许任何中断打断。例如在中断开始时，需要保存所有寄存器，此时就不允许中断程序被打断。

处理临界区(critical section)代码最常用的方法就是关中断，处理完毕后再开中断，以避免同时有其他任务或中断服务进入临界区代码。关中断的时间影响用户系统对实时事件的响应速度，所以必须减到最小。

MC9S08GB60 的指令系统中有关中断和开中断指令，这使得控制临界区的开关很容易实现。关中断/开中断的命令如下：

关中断 SEI；

开中断 CLI。

(2) 任务定义

一个任务(task)，也称为一个线程，是一个简单的程序，是系统的基本组成元素，系统运行时的独立单元。每个任务都是整个应用的一部分，每个任务都赋予一定的优先级，有它自己的一套 CPU 寄存器和堆栈空间，在运行时认为 CPU 完全属于该任务自己所用。

在具体设计时，任务是一个无限的循环，运行时根据具体情况在不同任务状态之间来回切换。从形式上看，任务像其他 C 的函数一样，有函数返回类型，有形式参数变量，但是任务是绝不会返回的。如 LCD 显示任务的任务定义为

```
void Task LCDDisplay(void * data);
```

根据应用系统的具体情况，系统中的任务数也不相同，但不能大于最多任务数。应用程序中的最多任务数(OS - MAX - TASKS)是在文件 OS_CFG. H 中定义的。我们所设计的 RTOS 最多可以管理 12 个任务(主要根据 RAM 的使用情况)。

为了使内核能管理用户任务，用户必须在建立一个任务的时候，将任务的起始地址与其他参数一起传给函数 OSTaskCreate()。由该函数将任务提交给内核进行管理。

(3) 任务状态

这里利用图 11-2 所示的任务状态转换图来说明。在任一时刻，任务的状态实际上是以下 5 种状态之一：休眠态、就绪态、运行态、挂起态和中断态。

① 休眠态　指任务驻留在程序空间之中，还没有交给 RTOS 内核调度管理。

② 就绪态　表明任务已经准备好，可以运行。但由于该任务的优先级低于目前运行任务的优先级，还暂时不能运行。

③ 运行态　指该任务已经获得了 CPU 的控制权，正在运行中。

④ 挂起态　也称为等待状态。指该任务正在等待某一事件的发生。如等待某外设的 I/O 操作，等待某共享资源由暂时不可用变为可以使用等。

⑤ 中断态　正在运行的任务被中断，进入中断服务子程序。

当多任务内核决定运行另外的任务时，它保存正在运行任务的当前状态，即 CPU 所有寄存器的内容。这些内容保存在任务的当前状态保存区，也就是任务自己的任务堆栈或系统中断堆栈(在中断服务子程序中发生任务切换)之中。入栈工作完成以后，把下一个将要运行的任务从该任务的当前状态保存区中重新装入 CPU 的寄存器，并开始运行。

当任务一旦建立，这个任务就进入就绪态准备运行。任务的建立可以是在多任务运行开始之前，也可以动态地被一个运行着的任务建立。一个任务可以返回到休眠态，或让另一个任务进入休眠态。只有当所有优先级更高的任务转为等待状态，或者是被删除了，就绪态的任务才能进入运行态。

正在运行的任务可以通过函数 OSTimeDly()将自身延迟一段时间。于是该任务进入挂

起态,等待这段时间过去,而下一个优先级最高的、并进入了就绪态的任务立刻被赋予了 CPU 的控制权。等待的时间过后,系统服务函数 OSTimeTick()使被延迟的任务进入就绪态。

正在运行的任务期待某一事件的发生时也要挂起,手段是调用以下两个函数之一:OSSemPend()或OSMboxPend(),调用后任务进入挂起状态。当任务因等待事件被挂起,下一个优先级最高的任务就立即得到了 CPU 的控制权。当事件发生后,被挂起的任务进入就绪态。事件发生的报告可能来自另一个任务,也可能来自中断服务子程序。

在挂起的任务中,系统会根据任务的挂起原因(延时还是等待事件发生),对被挂起的任务进行处理。一旦被挂起任务的条件满足,系统会将其放入就绪队列中,由调度程序进行调度运行。

如果中断没有关闭,正在运行的任务是可以被中断的。被中断的任务会进入中断服务子程序。响应中断时,正在执行的任务被挂起,中断服务子程序控制了 CPU 的使用权。中断服务子程序可能会报告一个或多个事件的发生,而使一个或多个任务进入就绪态。在这种情况下,从中断服务子程序返回之前,系统要判定,被中断的任务是否还是就绪态任务中优先级最高的任务。如果中断服务子程序使一个优先级更高的任务进入了就绪态,则新进入就绪态的这个优先级更高的任务将得以运行,否则原来被中断的任务还会继续运行。

当所有的任务都处于等待事件发生或等待延迟时间结束的状态时,系统执行空闲任务。

(4) 任务控制块(OS_TCB)

任务控制块是一个数据结构,用来保存任务的所有状态。当任务的 CPU 使用权被剥夺时,系统使用它来保存该任务的所有状态。当任务重新获得 CPU 使用权时,将任务控制块中保存的任务状态恢复,才能确保任务从被切换的那一点丝毫不差地执行下去。任务建立时,对该任务的 OS_TCB 进行初始化。OS_TCB 全部驻留在 RAM 中。下面对 OS_TCB 中比较重要的变量进行介绍:

① OSTCBStkPtr 指向当前任务栈顶的指针。系统允许每个任务有自己的栈,OSTCBStkPtr 是 OS_TCB 数据结构中唯一的一个能用汇编语言来处置的变量。为了方便用汇编语言处理这个变量,把 OSTCBStkPtr 放在数据结构的最前面(在偏移量为 0 的位置)。

② OSTCBStkBottom 指向任务栈底的指针。MC9S08GB60 单片机的栈指针是递减的,即在存储器中堆栈从高地址向低地址方向分配,所以 OSTCBStkBottom 指向任务使用的堆栈空间的最低地址。

③ OSTCBStkSize 任务堆栈的大小。其单位是指针元数目而不是字节。也就是说,如果堆栈中可以保存 10 个入口地址,每个地址宽度是 16 位,则实际栈容量是几字节。

④ OSTCBNext 和 OSTCBPrev 用于任务控制块 OS_TCB 的双重链接,任务控制块在运行时被组织成双向链表。该链表在时钟节拍函数 OSTimeTick()中使用,用于刷新各个任务的任务延迟变量 OSTCBDly,每个任务的任务控制块 OS_TCB 在任务建立时都链接到链表中,当任务被删除时,链表中也会删除其任务控制块的链接。

⑤ OSTCBEventPtr 指向事件控制块的指针。
⑥ OSTCBMsg 指向传给任务的消息指针。
⑦ OSTCBDly 当需要把任务延时若干时钟节拍时，或者需要把任务挂起一段时间以等待某事件的发生时要用到的变量。等待事件发生是有超时限制的。在这种情况下，这个变量保存的是任务允许等待事件发生的最多时钟节拍数。如果这个变量为 0，表示任务不延时，或者表示等待事件发生的时间没有限制。
⑧ OSTCBStat 任务的状态字。当 OSTCBStat 为 0 时，任务进入就绪态；为 1 时，任务在等待信号量事件发生；为 2 时，任务在等待邮箱事件发生；为 8 时，任务处于挂起状态。
⑨ OSTCBPrio 任务优先级。这个值越小，任务的优先级越高。
⑩ OSTCBDelReq 布尔量，表示该任务是否需要删除。

系统分配给应用程序的任务控制块 OS_TCB 的最大数目与应用程序中的最大任务数（在文件 OSweCFG.H 中定义）相同。将 OS-MAX-TASKS 的数目设置为用户应用程序实际需要的任务数可以减小 RAM 的需求量。所有的任务控制块 OS_TCB 都是放在任务控制块列表数组 OSTCBTbl[] 中的。在系统初始化的时候，所有任务控制块 OS_TCB 被链接成空任务控制块的单向链表如图 12-9 所示。任务一旦建立，空任务控制块指针 OSTCBFreeList 指向的任务控制块便赋给了该任务，然后 OSTCBFreeList 的值调整为指向链表中下一个空任务控制块。一旦任务被删除，它的任务控制块就会回到空任务控制块链表中。

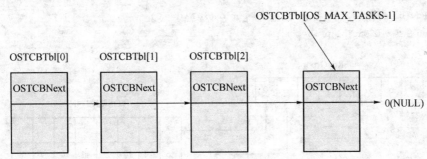

图 12-9 空任务的 TCB 链表

（5）任务优先级
任务优先级是应用程序按照该任务的重要性，给任务分配的一个系统中唯一的标志。在任务调度时将按照该任务的优先级进行调度，即按照该任务的重要程度调度任务运行。
每个任务被赋予不同的优先级，从 0 级到最低优先级 OS_LOWEST_PRIO。当系统初始化的时候，最低优先级 OS_LOWEST_PRIO 总是被赋给空闲任务。最大任务数可以与最低优先级数不同。

（6）就绪表
系统总是运行就绪状态中优先级最高的任务。每个任务的就绪态标志都放入就绪表

(ready list)中,就绪表中有两个变量 OSRdyGrp(一维数组)和 OSRdyTbl[ ](二维数组)。在 OSRdyGrp 中,任务按优先级分组,8 个任务为一组。OSRdyGrp 中的每一位表示 2 组任务中每一组中是否有进入就绪态的任务。任务进入就绪态时,就绪表 OSRdyTbl[ ]中的相应元素的相应位也置位。就绪表 OSRdyTbl[ ]数组的大小取决于常量 OS_LOWEST_PRIO。当用户的应用程序中任务数目比较少时,减小 OS_LOWES_PRIO 的值可以降低系统对 RAM 空间的需求量。

OSRdyGrp 和 OSRdyTbl[ ]之间的关系如图 12-10 所示,是按以下规则给出的:
当 OSRdyTbl[0]中的任何一位是 1 时,OSRdyGrp 的第 0 位置 1。
当 OSRdyTbl[1]中的任何一位是 1 时,OSRdyGrp 的第 1 位置 1。
通过以下代码将任务放入就绪表中,prio 是任务的优先级。

OSRdyGrp |= OSMapTbl[prio>>3];
OSRdyTbl[prio>>3] |= OSMapTbl[prio&0x07];

可以看出,任务优先级的低 3 位用于确定任务在总就绪表 OSRdyTbl[ ]中的所在位。接下去的 3 位用于确定是在 OSRdyTbl[ ]数组的第几个元素。OSMapTbl[ ]是在 ROM 中的位掩码,用于限制 OSRdyTbl[ ]数组元素的下标为 0 或 1。如果一个任务被删除了,则对以上算法中的代码做取反处理。

if((OSRdyTbl[prio>>3]) &= ~OSMapTbl[prio&0x07]) == 0)
OSRdyGrp &= ~OSMapTbl[prio>>3];

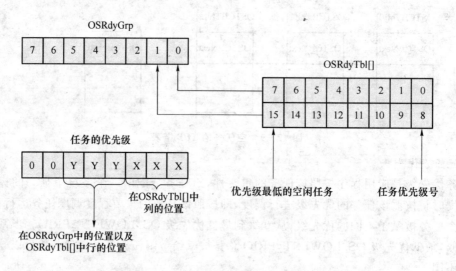

图 12-10 就绪表示意图

以上代码将就绪任务表数组 OSRdyTbl[ ]中相应元素的相应位清零,而对于 OSRdyGrp,

第 12 章 开发具有自主产权的实时操作系统

只有当被删除任务所在的任务组中的全部任务没有一个进入就绪态时,才将相应位清零。为了找到那个进入就绪态的优先级最高的任务,并不需要从 OSRdyTbl[0] 开始扫描整个就绪任务表,只需要查另外一张表,即优先级判定表 OSUnMapTbl[256]。OSRdyTbl[] 中每字节的 8 位代表这一组的 8 个任务哪些进入就绪态了,低位的优先级高于高位。利用这个字节为下标来查 OSUnMapTbl 这张表,返回的字节就是该组任务中就绪态任务优先级最高的那个任务所在的位置。这个返回值在 0 到 7 之间。确定进入就绪态的优先级最高的任务是用以下代码完成的:

```
Y = OSUnMapTbl[OSRdyGrp];
X = OSUnMapTbl [OSRdyTbl [y]];
Prio = (Y << 3) + X;
```

(7) 任务调度与切换

由于 CPU 资源是唯一的,所以同时只能有一个任务为运行态。任务调度机制将确定哪一个任务获得 CPU 资源。RTOS 的实时性和多任务能力在很大程度上取决于它的任务调度机制。为了实现良好的实时性,这里选择优先级抢占式调度策略。系统总是运行进入就绪态任务中优先级最高的那一个任务。如果该任务在运行中,由于某些原因激发了另一个优先级比它更高的任务,那么该任务将退出运行,保存它的全部运行状态,将 CPU 的控制权交给优先级更高的任务,即一个高优先级的就绪态任务可随时抢占当前正在运行的较低优先级的任务的 CPU 控制权。

1) 任务调度

确定哪个任务优先级最高,下面该运行哪个任务的工作是由调度器完成的。任务级的调度是由函数 OSSched() 完成的。中断级的调度是由另一个函数 OSIntExt() 完成的。系统任务调度所花的时间是常数,与应用程序中建立的任务数无关。OSSched() 的所有代码都属于临界区代码。在寻找进入就绪态优先级最高任务的过程中,为防止中断服务子程序把一个或几个任务的就绪位置位,中断是被关掉的。

OSSched() 示意性代码如下:

```
{
    关中断,进入临界区;
    if((OSLockNesting == 0)&&(OSIntNesting == 0))   /* 中断服务子程序可调用且调度器没有上
                                                        锁 */

    找出就绪态优先级最高的任务;
    if(OSPrioHighRdy!= OSPrioCur)                   /* 优先级最高的任务应不是当前正在运行
                                                        的任务 */

    统计计数器 OSCtxSwCtr 加 1;                      /* 跟踪任务切换次数 */
    调用 OS_ASK_SW_();                              /* 实现任务切换 */
```

开中断,退出临界区;
}

如果不是在中断服务子程序中调用OSSched(),并且任务调度是允许的,即没有上锁,则任务调度函数将找出进入就绪态且优先级最高的任务,进入就绪态的任务在就绪任务表中有相应的位置位。一旦找到优先级最高的任务,OSSched()就检验这个任务是否是当前正在运行的任务,以此来避免不必要的任务调度。为实现任务切换,OSyCBHighRdy必须指向优先级最高的那个任务控制块。

任务切换宏OS_TASK_SW()定义为MC9S08GB60中的软中断指令SWI。

2)任务切换

任务切换分为两步:先将被挂起的任务的CPU寄存器推入堆栈;然后将较高优先级的任务的寄存器值从栈中恢复到寄存器中。系统中就绪任务的栈结构与中断发生后的栈结构很相似。为了做任务切换,运行OS_TASK_SW(),人为模仿了一次中断,调用任务级切换函数OSCtxSw(),实现任务切换,因此必须提供中断向量给任务级切换函数OSCtxSw()。在MC9S08GB60中执行软中断指令SWI完成如下操作:PCL,PCH,X,A,CCR依次入栈,中断向量表$FFFC~$FFFD处地址装入PC。

为缩短切换时间,OSCtxSw()代码用汇编语言写。OSCtxSw()示意性代码如下:

{
　　保存全部CPU寄存器;　　　　/*变址寄存器X的高位入当前任务堆栈*/
　　将当前任务的堆栈指针保存到当前任务的OS TCB中;
　　OSTCBCur -> OSTCBStkPtr = Stack pointer;
　　调用用户定义的OSTaskSwHook 0;
　　OSTCBCur = OSTCBHighRdy;　　/*当前任务的指针指向要恢复运行的任务*/
　　USPrioCur = OSPrioHighRdy;　　/*要恢复运行任务的当前任务复制给当前任务*/
　　得到需要恢复的任务的堆栈指针;
　　堆栈指针 = OSTCBHighRdy -> OSTCBStkPtr;
　　将所有处理器寄存器从新任务的堆栈中恢复出来;
　　执行中断返回指令;
}

(8)中断处理

中断服务子程序要用汇编语言来写,所使用的SDIDE在线编成系统支持线汇编语言,可以将中断服务子程序代码放在C语言的程序文件中。

1)设计符合RTOS设计要求的中断堆栈结构

在对内核结构的设计中,把任务切换分为任务级切换和中断级切换。其中,任务级切换在前面一节中已经介绍了。其堆栈任务结构如图12-11所示。

MC9S08GB60 单片机在发生中断时硬件已经默认执行了如下操作：

- 将中断发生时要执行的下一条指令的 PCL 和 PCH 值压入堆栈保存。将 SR（状态寄存器）压入堆栈中保存。
- 变址寄存器 X（低位）、累加器 A、条件码寄存器 CCR 依次压入堆栈保存。
- 设置条件码寄存器 CCR 中的中断屏蔽位(I=1)，禁止其他中断请求生效。
- 将用户自己定义的中断向量地址装入程序计数器 PC 中。

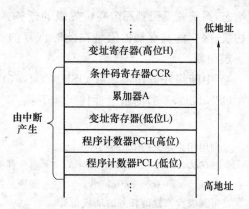

图 12-11 RTOS 中断时的堆栈结构

从以上 MC9S08GB60 单片机在中断时所执行的操作中，可以发现只有变址寄存器 X 的高位没有压入堆栈保存（主要是考虑与 68HC05 兼容）。但在 RTOS 中必须保存所有的寄存器，这样才能正确保存该任务的状态。根据以上分析定义了如图 12-11 所示 MC9S08GB60 运行 RTOS 时的中断堆栈结构。该中断结构不仅在所有的中断发生时使用（编写中断服务子程序要按此结构来设计），而且在任务级切换和任务堆栈初始化时必须使用，因此可以说是该系统设计中的核心结构。

2) 中断服务子程序

中断服务子程序示意性代码如下：

{
保存全部 CPU 寄存器；   /*变址寄存器 X 的高位压入当前任务堆栈*/
OSIntNesting 直接加 1；   /*中断嵌套数加 1*/
    if (OSIntNesting == 1){OSTCBCur -> OSTCBStkPtr = SP};
                              /*中断嵌套数为 1，在当前任务的任务控制块中保存堆栈指针*/
清中断源；
重新开中断；
执行用户代码做中断服务；
调用 OSIntExit()；
                              /*判断是返回到被中断的任务，还是切换到更高优先级的任务*/
恢复所有 CPU 寄存器；
执行中断返回指令；
}

3) 脱离中断函数 OSIntExit()

调用脱离中断函数 OSIntExt()标志着将要退出中断服务子程序。此时系统要判定有没有优先级较高的任务被中断服务子程序（或任一嵌套的中断）唤醒了。如果有优先级高的任务进入了就绪态，系统就返回到那个高优先级的任务。如果需要进行任务切换，将调用 OSIntCtxSw() 进行切换，保存的寄存器的值是在此时恢复的。如果处于中断嵌套中，OSIntExit() 将直接返回上一层中断。

4) 中断级任务切换函数 OSIntCtxSw()

OSIntCtxSw() 的示意性代码如下：

{
　调用用户定义的 OSTaskSwHook();
　OSTCBCur = OSTCBHighRdy;　　　　/* 当前任务的指针指向要恢复运行的任务 */
　OSPrioCur = OSPrioHighRdy;　　　　/* 要恢复运行任务的当前任务复制给当前任务 */
　得到需要恢复的任务的堆栈指针；
　　堆栈指针 = OSTCBHighRdy -> OSTCBStkPtr;
　将所有处理器寄存器从新任务的堆栈中恢复出来；
　执行中断返回指令；
}

5) 中断服务程序体设计

如上所述，中断服务子程序应主要包括进入中断、执行中断服务程序体、退出中断三大部分。其中，中断服务程序体是中断所要进行的真正工作。上面所讲的主要是 RTOS 如何在保持系统稳定的前提下进入中断和退出中断，这是固定和必须遵守的。但具体的中断服务程序体则要根据具体情况编写。用户中断服务中做的事要尽量少，把大部分工作留给中断处理任务去做。中断服务子程序通知某任务去做事的手段是调用以下函数之一：OSMboxPost()，OSSemPost()。中断服务程序体完成以后，要调用 OSIntExt() 退出中断。

（9）时钟节拍

系统需要用户提供周期性信号源，用于实现时间延时和确认超时。节拍率应在每秒 5 次到 100 次之间。时钟节拍率越高，系统的额外负荷就越重。时钟节拍的实际频率取决于用户应用程序的精度。时钟节拍源使用专门的硬件定时器。在具体设计时，我们设计使用 MC9S08GB60 的定时器 TPM1 来作为时钟节拍源，时钟节拍率为每秒 10 次，时间间隔为 100 ms。

用户程序必须在多任务系统启动以后，再启动时钟节拍源计时，也就是在调用 OSStart() 之后做的第一件事是初始化定时器中断；否则，时钟节拍中断有可能在系统启动第一个任务之前发生。此时，系统处在一种不确定的状态中，用户应用程序有可能会崩溃。

系统中的时钟节拍服务是通过在时钟中断服务子程序中调用 OSTimeTick() 实现的。因为在 C 语言里不能直接处理 CPU 的寄存器，所以这段代码必须用汇编语言编写。在编写时钟节拍中断服务子程序时，在中断服务程序体中调用 OSTimeTick()，由它执行具体操作，其他的要严格按照中断服务子程序的编写方法进行。

OSTimeTick()的工作是给每个用户任务控制块 OS_TCB 中的时间延时项 OSTCBDly 减 1（如果该项不为零）。OSTimeTick()从 OSTCBList 开始，沿着 OSTCB 双向链表做，一直做到空闲任务。当某任务的任务控制块中的时间延时项 OSTCBDly 减到零，则将该任务置为就绪态。而被函数 OSTaskSuspend()挂起的任务则不会进入就绪态。OSTimeTick()的执行时间直接与应用程序中建立了多少个任务成正比。

OSTimeTick()还通过给一个 32 位的变量 OSTime 加 1 来累积开机以来的时间，为以后的时间管理打下基础。

(10) 系统初始化

调用系统其他服务之前，系统要求用户首先调用系统初始化函数 OSInit()，它初始化系统所有的变量和数据结构。主要完成以下工作：

- 初始化 32 位时钟节拍数。
- 初始化中断嵌套层数。
- 初始化任务调度锁定层数。
- 设定多任务调度尚未开始。
- 初始化任务切换数。以上均为 0。
- 初始化就绪表。表明没有任务就绪。
- 初始化优先级表。全部为 0。
- 定义 MC9S08GB60 单片机的堆栈增长方向为从高向低增长。
- 设定最大任务数 OS - MAX - TASKS 为 10。定义为 10 是考虑应用系统设计时的需求。
- 设定最小的任务优先级为 15，它被赋予空闲任务。
- 建立空闲任务，该任务始终处于就绪态。
- 建立空闲任务的任务控制块，将它置于任务控制块链表的起始处。
- 建立任务控制块(OS_TCB)的空数据结构缓冲区。该缓冲区允许系统从缓冲区中迅速得到或释放其中一个任务控制块。任务控制块的数目取决于最大任务数。
- 建立空事件表(OS_EVENT)缓冲区。该缓冲区也是单向链表，允许系统从缓冲区中迅速得到或释放其中一个元素。

(11) 系统启动

多任务的启动是用户通过调用 OSStart()实现的。但在系统启动之前，用户至少建立一个应用任务。当调用 OSStart()时，OSStart()从任务就绪表中找出用户建立的优先级最高任务的任务控制块，并将指针 OSTCBfiighRdy 指向该任务控制块(OS_TCB)。然后，OSStart()调用高优先级就绪任务启动函数 OSStartHighRdy()。实质上，OSStartHigliRdy()是将在优先级最高的就绪任务的任务堆栈中保存的值弹回到 CPU 寄存器中，然后执行一条中断返回指令，中断返回指令强制执行该任务代码。OSStaxtHighRdy()将永远不返回 OSStar()。

OSStartHighRdy()的示意性代码如下:

```
{
调用用户定义的 OSTaskSwHook();
OSRunning = TRUE;                           /*表明多任务调度开始*/
得到将要恢复运行任务的堆栈指针;
    堆栈指针 = OSTCBHighRdy -> OSTCBStkPtr;
从新任务堆栈中恢复处理器的所有寄存器;
执行中断返回指令;
}
```

该函数功能是运行优先级最高的就绪任务,在调用 OSStart()之前,用户必须先调用 OSInit(),并且至少已经创建了一个任务(系统初始化时已建立了空闲任务)。

OSStartHighRdy()的默认指针 OSTCBHighRdy 指向优先级最高就绪任务的任务控制块(OS_TCB),这是由 OSStart()设置好的。显然,OSTCBHighRdy→OSTCBSrkPtr 指向任务堆栈的顶端。任务堆栈的结构必须符合图 12-12 中所设计的堆栈结构。

2. 任务管理

(1) 建立任务

1) 函数 OSTaskCreate()

要使用 RTOS 管理任务,用户必须先使用 OSTaskCreate()函数来建立任务。

函数原形如下:

int OSTaskCreate(void (* task)(void * pd), void * pdata, OS_STK * ptos, int prio)

参数说明:task 是任务代码的指针;pdata 是指向任务开始执行时传递给任务的参数的指针;ptos 是指向任务堆栈的栈顶指针;prio 是该任务的优先级。

此函数示意性代码如下:

```
{
prio 应在 0~OS_LOWEST_PRIO 之间;          /*否则,返回优先级无效错误*/
关中断,进入临界区;
规定优先级应还没有建立任务;               /*否则,返回任务已经存在错误*/
标明该优先级上建立任务;
开中断,退出临界区;
调用 OSTaskStkInit();                     /*建立任务堆栈,返回堆栈栈顶*/
调用 OSTCBInit();                         /*初始化 OS_TCB,若初始化失败,则设置 OSTCBPrioTbl
                                            [prio]的入口为 0,放弃该任务优先级*/
OSTaskCtr ++ ;                            /*保存产生的任务数目*/
IF (OSRunning == TRUE) OSSched();        /*新建立的任务若为某个任务执行中所创建,则需任务
                                            调度,以判断新建立的任务是否有更高的优先级*/
}
```

第 12 章 开发具有自主产权的实时操作系统

2) 函数 OSTaskStkInit()

此函数负责建立任务的堆栈,并初始化。初始状态的堆栈模拟发生一次中断后的堆栈结构,该结构必须遵守图 12-12 所设计的中断堆栈结构。函数返回初始化后的堆栈栈顶指针。

函数原形如下:

void * OSTaskStkInit (void(* task) (void * pd), void * pdata, void * ptos, INT16U opt)

参数说明:当调用 OSTaskCreate() 函数建立任务时,需要 4 个参数,即 task, pdata, ptos, prio。当 OSTaskStkInit() 在初始化堆栈时,需要 task, pdata 和 ptos 3 个参数与 OSTaskCreate() 函数的参数相同,另一个参数 opt 在此处没有使用,为扩展使用保留。

已知 MC9S08GB60 单片机堆栈是从上向下增长的(从高地址往低地址方向增长)。函数 OSTaskStkInit() 执行过程如下:

- 先定义一个指针,将它指向堆栈开始的位置,即堆栈栈顶,设为 stk,其指向的向量值为 * stk。
- 将 * stk 的值赋为 ptos,保存堆栈指针,stk 减 1 指向下一个位置。
- 将 * stk 的值赋为 task(任务起始代码的指针,即程序计数器的内容),stk 减 1 指向下一个位置。
- 将 * stk 的值赋为 0x00,初始化变址寄存器 X 和累加器 A,stk 减 1 指向下一个位置。
- 将 * stk 的值赋为 0x00,初始化条件码寄存器 CCR 和变址寄存器 H,stk 减 1 指向下一个位置。
- 将返回此时 stk 的值,即堆栈初始化完后的堆栈栈顶指针。
- 新任务创建后初始化的堆栈结构和内容如图 12-11 所示。

3) 函数 OSTCBInit()

初始化堆栈后,调用 OSTCBInit(),从空闲的 OS_TCB 池中获得一个任务控制块,并根据该任务的具体情况初始化 OS_TCB。OSTCBInit() 将 OS_TCB 插入已建立任务的 OS_TCB 的双向链表中。该双向链表开始于 OSTCBList,而一个新任务的 OS_TCB 常常被插入链表的表头。最后,将该任务处于就绪状态,并且 OSTCBInit() 向它的调用者 OSTaskCreate() 返回一个代码表明 OS_TCB 已经被分配和初始化了。

(2) 删除任务

删除任务是将任务返回并处于休眠状态,并不是说任务的代码被删除了,只是任务的代码不再被系统调用。通过调用 OSTaskDel() 就可以完成删除任务的功能。可以通过指定 OS_PRIO_SELF 参数来删除自己。删除任务的时候要确保以下几点:

① 所要删除的任务并非空闲任务,因为空闲任务不允许删除;
② 删除的操作不是在中断服务子程序中进行的;
③ 要保证被删除的任务是确实存在的。

一旦所有的条件都满足了,该任务的 OS_TCB 就会从所有的数据结构中移除。分两步移去任务,以缩短中断响应时间。首先,如果任务处于就绪表中,它会直接被移去。其次,如果任务处于邮箱或信号量的等待表中,它就会从所处的表中被移去。

(3) 挂起任务

任务挂起是将任务的状态转为挂起状态。挂起任务可通过调用 OSTaskSuspendQ 函数来完成。挂起的任务只能通过调用 OSTaskResume() 函数来恢复。如果任务在挂起的同时也在等待延时期满,那么挂起操作需要取消,而任务继续等待延时期满,并转入就绪状态。任务可以挂起自己或者其他任务。挂起任务的时候要满足以下几点:

① 空闲任务是不允许挂起的;
② 任务的优先级必须在 0 到 OS_LOWEST_PRIO 之间;
③ 要保证挂起的任务是确实存在的。

一旦所有的条件都满足了,就可以将它从就绪表中移除,同时将任务的 OS_TCB 的状态设为 OS_STAT_SUSPENDB 标志,以表明任务正在挂起。

(4) 恢复任务

被 OSTaskSuspend() 挂起的任务只有通过调用 OSTaskResume() 才能恢复。

除空闲任务外,只有同时具有合理有效的优先级的任务,通过清除任务的 OS_TCB 中的 OS_STAT_SUSPEND 标志,同时将 OSTCBDly 域置为 0,以上两个任务才能脱离挂起态得以进入就绪态。

3. 时间管理

系统要求用户提供定时中断来实现延时与超时控制等功能。这个定时中断称为时钟节拍,它应该每秒发生 5~100 次。时钟节拍的实际频率是由用户的应用程序决定的。时钟节拍的频率越高,系统的负荷就越重。这里设计的时钟节拍为每秒 10 次,时间间隔为 100 ms。

(1) 任务延时

在系统设计时,任务可以延时一段时间,这段时间的长短是用时钟节拍的数目来确定的。通过 OSTimeDly() 函数调用来实现这种功能。调用该函数会使任务从就绪表中移出,系统进行一次任务调度,并且执行下一个优先级最高的就绪态任务。任务调用 OSTimeDly() 后,一旦规定的时间期满或者有其他的任务通过调用 OSTimeDlyResumeQ 取消了延时,它就会马上进入就绪状态。只有当该任务在所有就绪任务中具有最高优先级时,它才会立即运行。

用户的应用程序在调用该函数时提供延时的时钟节拍数(1~65 535 之间的数)。如果用户指定 0 值,则表明用户不想任务延时,函数会立即返回到调用者。非 0 值会使任务延时函数 OSTimeDly() 将当前任务从就绪表中移出。接着,这个延时节拍数会保存在当前任务的 OS_TCB 中,并且通过 OSTimeTick(),每隔一个时钟节拍就由时钟节拍中断服务子程序减少一个延时节拍数。

第12章 开发具有自主产权的实时操作系统

由于系统在时钟节拍前,就对提供延时的时钟节拍数减1,所以如果一个任务只希望延迟一个时钟节拍,那么必须指定两个时钟节拍。

(2) 恢复延时的任务

延时的任务可以不等待延时期满,而是通过其他任务取消延时来使自己处于就绪态。这可以通过调用 OSTimeDlyResume() 指定要恢复的任务的优先级来完成。

函数原形:int OSTimeDlyResume(int prio)。

参数说明:prio 要处理任务的优先级。

函数 OSTimeDlyResume() 的示意性代码如下:

```
{
    if (prio<OSee LOioESTee PRIG)          /* 对空闲任务无效 */
    关中断,进入临界区;
    ptcb = (OSJCB *)OSTCBPrioTbl[prio];    /* 取任务 TCB 的地址 */
    if (ptcb != 0)                         /* 否则,开中断,返回"任务不存在"代码 */
    if (ptcb -> OSTCBDIy!= 0)              /* 否则,开中断,返回"无延时"代码 */
    ptcb -> OSTCBDIy = 0;                  /* 强置 0,取消延时 */
        if(任务没有挂起)                    /* 否则,开中断,返回"无错"代码 */
    将任务置为就绪态;
    开中断,退出临界区;
    OS_Sched;                              /* 检查恢复的任务是否拥有最高优先级 */
    返回"无错"代码;
}
```

(3) 获取时间

无论时钟节拍何时发生,系统都会将一个 32 位的计数器加 1。这个计数器在用户调用 OSStart() 初始化多任务时从开始计数。用户可以通过调用 OSTimeGet() 来获得该计数器的当前值,也可以通过调用 OSTimeSet() 来改变该计数器的值。

由于 MC9S08GB60 上增加和读取一个 32 位的数都需要数条指令,而这些指令都需要一次执行完毕,不能被中断打断,所以在访问 OSTime 时中断是关掉的。

习　　题

简答题

(1) 简述自主产权实时操作系统的必要性。

(2) 说明实时操作系统中断管理技术。

(3) 简述嵌入式内核接管中断的处理机制。
(4) 实时操作系统中断管理模式分几种？它们的区别是什么？
(5) 实时嵌入式系统中对内存分配有何要求？
(6) 实时嵌入式系统中对内存分配策略如何？
(7) 实时嵌入式系统中内存动态分配是如何管理的？
(8) 实时嵌入式系统中固定大小内存池是如何管理的？
(9) 实时嵌入式系统中可变大小内存池是如何管理的？
(10) 实时操作系统人机接口管理技术有何要求？

第 13 章
系统移植技术

13.1 概 述

与桌面操作系统相比,嵌入式操作系统面对的硬件环境变化更大,因为它面对的是不同的产品开发厂商。对于产品开发商来说,开发面对不同市场的产品,需要选用不同系列、不同型号的嵌入式 CPU;同时,出于对成本和功能的考虑,CPU 外围芯片的配置以及各种专用的应用芯片的配置都是各不相同的。面对这样复杂多变的硬件平台,由嵌入式操作系统的供应商提供一种或几种能够满足所有产品开发厂商的硬件支撑软件是不可能的。当前,一般的解决方案是,由嵌入式操作系统的供应商提供嵌入式操作系统所需的硬件支撑平台的规范接口,并且提供一些典型系统的模板代码,产品开发商则根据这些一致的接口和模板代码来定制自己产品的相应支撑软件。以下就讨论几种主流的嵌入式操作系统的移植技术。

13.2 μC/OS-Ⅱ 操作系统移植

移植是使一个实时内核能在其他微处理器或微控制器上运行。μC/OS-Ⅱ大部分的代码是用 C 语言编写的,只有少部分用汇编语言编写的代码与处理器硬件相关,用于读/写处理器的寄存器来实现任务切换等系统调用。

μC/OS-Ⅱ硬件和软件体系结构如图 13-1 所示。软件部分主要分为两层。上层是应用软件,通常是为完成某一特定功能建立的用户任务以及与任务相关的代码。这些代码可直接调用 μC/OS-Ⅱ的所有系统函数。同时,用户也可以根据需要开发驱动程序,或者扩充 μC/OS-Ⅱ的系统功能,以便在更高层次上编写应用程序。下层为 μC/OS-Ⅱ操作系统层,它又可以分成 3 部分:第一部分是与处理器无关的代码,是内核大部分功能的实现部分;第二部分是与应用相关的配置部分,这部分代码通常在建立用户任务时确定,其分配与存储器空间有关;第三部分是与移植的目标系统相关部分,其主要与 μC/OS-Ⅱ操作系统的 3 个文件有关,它们负责完成与硬件部分关联的系统实现。

　　硬件部分主要由微处理器和定时器组成。每个处理器都有自己的体系结构,而且指令集也不相同,在编写移植汇编代码部分必须根据选用处理器的结构特点来完成。而由定时器与软件相关的部分提供 μC/OS-Ⅱ 操作系统运行所需要的时钟节拍。

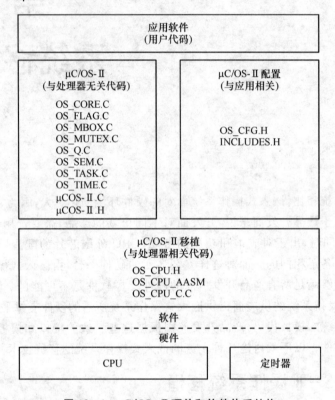

图 13-1　μC/OS-Ⅱ 硬件和软件体系结构

13.2.1　移植的目标系统

　　μC/OS-Ⅱ 可以在绝大多数 8 位、16 位、32 位乃至 64 位的微处理器、微控制器及数字信号处理器上运行。要使 μC/OS-Ⅱ 正常运行,处理器必须满足以下要求:

　　① 处理器的 C 编译器能产生可重入型代码;

　　② 处理器支持中断,并且能产生定时中断;

　　③ 用 C 语言就可以开关中断;

　　④ 处理器能支持一定数量的数据存储硬件堆栈;

　　⑤ 处理器有将堆栈指针以及其他 CPU 寄存器的内容读出,并存储到堆栈或内存中去的指令。

第 13 章 系统移植技术

移植的目标系统是基于 ARM7 核的微控制器 pine。pine 与 μC/OS-Ⅱ 移植关联部分有 ARM7 TDMI-S 微处理器、输入捕获定时器、中断控制器以及片内存储器。在移植过程中,需要根据它们的结构特点设计 μC/OS-Ⅱ 移植代码。以下具体介绍 ARM 微处理器的体系结构以及微控制器 pine 与移植相关的外围部件。

微控制器 pine 有许多外围设备,如 UART、中断控制器、GPIO、各种定时器及 USB OTG 控制器等,与 μC/OS-Ⅱ 移植相关的部分除了 ARM 处理器外,主要是输入捕获定时器和中断控制器。

输入捕获定时器是用于对事件进行计数的间隔定时器,可以通过捕获输入实现脉宽解调,也可以作为自由运行的定时器使用。μC/OS-Ⅱ 移植使用的是定时计数功能。输入捕获定时器有两种工作模式:匹配模式和非匹配模式。可以通过控制寄存器的模式控制位来选择其中的一种。移植选用匹配模式来产生定时器的匹配中断。在匹配模式下,主计数器计数到匹配寄存器的数值后就返回零,通过设置不同的匹配寄存器的值,得到 μC/OS-Ⅱ 操作系统所需要的不同时钟节拍。在此次移植中,根据时钟节拍为 100 Hz 确定匹配寄存器的值。

中断控制器可处理向量 IRQ 中断和 FIQ 中断。最多支持 32 个 IRQ 中断源和 8 个 FIQ 中断源。每个 IRQ 中断源可分配 16 个优先级。当发生 IRQ 中断时,中断控制器将中断信号发送给 CPU,CPU 切换到 IRQ 处理器模式,同时保存发生中断处的返回地址,PC 跳到 0x18 地址处执行,将向量地址寄存器的内容即中断服务程序的地址赋给 PC,开始执行中断服务程序。执行完毕后,CPU 切换处理器模式,PC 跳到发生中断处的下一条指令继续执行。输入捕获定时器是 7 号通道 IRQ 中断源。

微控制器 pine 内的存储器有 128 KB 的 Flash 和 16 KB 的 SRAM。Flash 存储器的地址为 0x00000000~0x0001FFFF,SRAM 存储器的地址为 0x4000000~0x40003FFF。

13.2.2 开发工具

ARM 先进的工具和系统提供了全套易操作的开发解决方案,包括软件开发工具和调试工具,以及系统开发和评估板。ARM 开发工具兼容所有 ARM 系列核,并与众多第三方实时操作系统及工具商合作,简化开发流程。

调试器使用的是 Multi-ICE,它是 ARM 的 JTAG 电路内的仿真器,支持 ARM 实时调试,提供触发点位置上处理器运行的历史记录和现场信息。

通过 Multi-ICE,可以控制存储器和内核寄存器的内容。JTAG 是一种国际标准测试协议,主要用于芯片内部测试及对系统进行仿真和调试。JTAG 技术是一种嵌入式调试技术,它在芯片内部封装了专门的测试电路 TAP,通过专用的 JTAG 测试工具对内部节点进行测试。目前大多数比较复杂的器件都支持 JTAG 协议,如 ARM、DSP、FPGA 等器件。JTAG 测试允许多个器件通过 JTAG 接口串联在一起,形成一个 JTAG 链,能实现对各个器件的分别测试。

·389·

JTAG 接口还常用于实现 ISP 功能,如对 Flash 器件进行编程等。通过 JTAG 接口,可对芯片内部的所有部件进行访问。

μC/OS-Ⅱ绝大部分是用标准 ANSI C 编写的,移植 μC/OS-Ⅱ需要标准的 C 交叉编译器,并且是针对所使用的 CPU 的,而且 μC/OS-Ⅱ是一个可剥夺型内核,只能通过 C 编译器来产生可重入型代码;同时,还要求 C 编译器支持汇编语言程序。所用的 C 编译器还需提供一种机制,能在 C 语言中开中断和关中断。

ARM Developer Suite(ADS)是全套的实时开发软件工具包,编译器生成的代码密度和执行速度优异,可快速低价地创建 ARM 结构应用。ADS 包括 3 种调试器:ARM eXtended Debugger(AXD)、向下兼容的 ARM Debugger for Windows/ARM Debugger for UNIX 及 ARM 符号调试器。其中,AXD 调试器不仅拥有低版本 ARM 调试器的所有功能,还新添了图形用户界面、更方便的视窗管理、数据显示、格式化和编辑,以及全套的命令行界面。

目前,针对 ARM 处理器核的 C 语言编译器有很多,如 SDT,ADS,IAR,TASKING 和 GCC 等。据了解,目前国内最流行的是 SDT,ADS 和 GCC。SDT 和 ADS 均为 ARM 公司自己开发的,ADS 为 SDT 的升级版,以后 ARM 公司不再支持 SDT,所以不会选择 SDT。GCC 虽然支持广泛,很多开发套件使用它作为编译器,但其编译效率与 ADS 比较起来太低,初步比较同一个 C 程序速度相差 2~3 倍,这对充分发挥芯片性能极其不利。所以,最终使用 ADS1.2 集成开发环境编译和调试程序。

13.2.3 μC/OS-Ⅱ移植

μC/OS-Ⅱ的移植主要完成 OS_CPU.H,OS_CPU_A.S 和 OS_CPU_C.C3 各文件。同时还需要完成一些与移植相关的文件,如 μC/OS-Ⅱ系统的配置文件、引导系统的启动文件等。OS_CPU.H 包括了用 define 语句定义的、与处理器相关的常数、宏及类型。OS_CPU_A.S 包括 4 个汇编语言函数。

OS_CPU_C.C 包括 10 个 C 语言函数。下面结合移植代码的主体部分具体分析系统移植的实现过程。

1. OS_CPU.H

头文件首先定义了与编译器相关的数据类型。因为不同的微处理器有不同的字长,所以 μC/OS-Ⅱ的移植包括了一系列的数据类型定义,以确保其可移植性。头文件 OS_CPU.H 的定义如图 13-2 所示。

μC/OS-Ⅱ代码不使用 C 语言中的 short,int 和 long 等数据类型,因为它们与编译器相关,是不可移植的。编写 C 语言开关中断的宏定义,前面要求的处理器支持 C 语言开关中断,就是为了此处能过直接通过宏定义来实现,因为在 μC/OS-Ⅱ代码中在需要开关中断的位置都是通过 OS_ENTER_CRITICAL()和 OS_EXIT_CRITICAL()两个函数实现的。

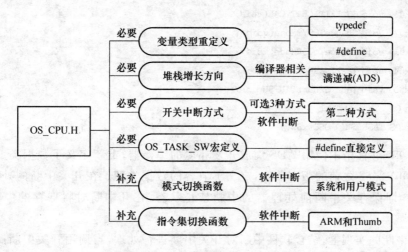

图 13-2 头文件 OS_CPU.H 的定义

OS_ENTER_CRITICAL()和 OS_EXIT_CRITICAL()可以使用3种不同的方式实现,通过在 OS_CPU.H 文件中定义 OS_CRITICAL_METHOD 常数的值,选择使用不同的实现方法,而且必须在 OS_CPU.H 文件中定义 OS_CRITICAL_METHOD 常数的值。当设置为3时,µC/OS-Ⅱ需要多定义一个 CPU_sr 的局部变量。相关代码如下:

```
typedef unsigned char BOOLEAN;
typedef unsigned char INT8U;
typedef signed char INT8S;
typedef unsigned short INT16U;
typedef signed short INT16S;
typedef unsigned int INT32U;
typedef signed int INT32S;
typedef float FP32;
typedef double FP64;
typedef unsigned int OS_STK;
typedef unsigned int OS_CPU_SP;
#define BYTE INT8S
#define UBYTE INT8U
#define WORD INT16S
#define UWORD INT16U
#define LONG INT32S
#define ULONG INT32U
#define OS_CRITICAL_METHOD 2
__swi(0x00) void OS_ENTER_CRITICAL(void);
```

```
__swi(0x01) void OS_EXIT_CRITICAL(void);
__swi(0x02) void ChangeTOSYSMode(void);
__swi(0x03) void ChangeToUSRMode(void);
__swi(0x04) void TaskIsARM(INT8U prio);
__swi(0x05) void TaskISThumb(INT8U prio);
#define OS_STK_GROWTH 1
#define OS_TASK_SW() OSCtxSw()
```

在 μC/OS-Ⅱ移植中使用 ADS 集成开发环境的编译器,重新定义了数据类型,同时为了与 μC/OS-ⅡV2.52 之前的版本兼容,定义了兼容的数据类型。在开关中断的处理上选取了第二种方式,即保存关中断前处理器的中断禁止状态,在开中断时将保存的中断禁止状态复原。

在开关中断的实现上,结合软件中断对开关中断进行处理,当调用开关中断函数时,将产生软件中断,ARM 处理器将跳转到 0x08 地址上,同时将处理器模式切换到管理模式下,通过软件中断的中断服务程序完成开关中断。

在本次移植实现中,任务初始化时默认的处理器工作模式是系统模式,为了使系统更加稳定,用户任务最好工作在用户模式下,为此在这个头文件中给出了两个可供系统调用的模式切换函数。用户对不同层次的任务处理时,可以通过调用这两个函数来切换成系统模式或是用户模式。

任务代码可以用 armcc 编译器编译成 ARM 指令集代码,也可以用 tcc 编译器编译成 Thumb 指令集代码。Thumb 是在 32 位体系结构上的 16 位指令集,可提供比 16 位结构更好的性能和比 32 位结构更高的代码密度。

Thumb 指令使用标准的 ARM 寄存器配置进行操作,这样 ARM 和 Thumb 状态之间有良好的互用性。这两个函数实现是参考 EasyARM2210 开发板上芯片 LPC2210 的 μC/OS-Ⅱ移植代码。

根据 ADS 编译器定义了递减堆栈。同时,对任务级的任务切换函数直接采用宏定义方式实现。

2. OS_CPU_C.C

μC/OS-Ⅱ的移植需要编写 10 个 C 函数,必须完成的只有 OSTaskStkInit()函数,而其他 9 个函数必须定义但可以不包含代码。本书中完成了 OSTaskStkInit()函数的设计,对其他 9 个函数只进行函数功能介绍,使用时可以根据具体需要进行设计。

(1) OSTaskStkInit()

OSTaskCreate()和 OSTaskCreateExt()通过调用 OSTaskStkInit()来初始化任务的堆栈结构,堆栈看起来就像刚发生过中断并将所有的寄存器保存到堆栈中的情形一样。这个函数的实现方法如图 13-3 所示。

第 13 章 系统移植技术

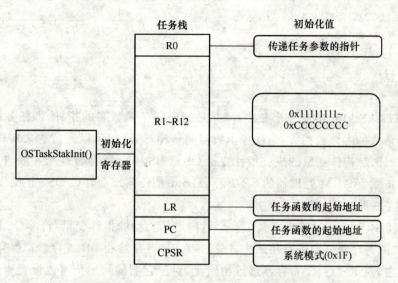

图 13 - 3 OSTaskStkInit()函数的实现

相关部分代码如下：

```
OS_STK * OSTaskStkInit(void( * task)(void * pd),
         void * pdata,
         OS_STK * ptOS,
         INT16U opt)
{
  OS_STK * stk;
opt = opt;
stk = (OS_STK * )ptOS;
 * stk = (OS_STK * )task;
 * — stk = (OS_STK * )task;
 * — stk = (INT32U)0xCCCCCCCC;
 * — stk = (INT32U)0xBBBBBBBB;
 * — stk = (INT32U)0xAAAAAAAA;
 * — stk = (INT32U)0x99999999;
 * — stk = (INT32U)0x88888888;
 * — stk = (INT32U)0x77777777;
 * — stk = (INT32U)0x66666666;
 * — stk = (INT32U)0x55555555;
 * — stk = (INT32U)0x44444444;
 * — stk = (INT32U)0x33333333;
 * — stk = (INT32U)0x22222222;
```

```
*--stk = (INT32U)0x11111111;
*--stk = (INT32U)pdata;
*--stk = (INT32U)0x1F;
return(stk);
}
```

函数 OSTaskStkInit() 有 4 个参数，task 是指向任务函数名的指针，即任务函数的地址；pdata 是任务函数的参数的指针，当任务函数需要传递参数时，可以通过它来实现；ptOS 是任务栈的栈顶指针，结构体变量的成员指针变量 OSTCBStkPtr 保存着这个参数值，当任务切换时，这个参数将赋值 ARM 处理器的 SP 寄存器；opt 是任务选项，μC/OS-Ⅱ 操作系统在任务创建时，提供了一些选项，通过这个参数传递。

函数 OSTaskStkInit() 首先定义了一个指向堆栈类型的指针变量，将 ptOS 赋给 stk。然后根据 ARM 的寄存器分别进行初始化。最初时，PC 寄存器和 LR 寄存器都保存任务函数的起始地址；接着，对 R12～R1 寄存器进行初始化，对于它们的初始化可以设置为任何值，因为它们的最初状态不会影响程序的运行；而对于 R0 寄存器的初始化与 R1～R12 寄存器不同，因为 R0 寄存器用于存放传递函数参数的指针变量。设置完通用寄存器后，还需要设置 CPSR 状态寄存器，即当前初始化的任务运行在何种处理器模式下，在此处设置为系统模式，也可以将它设置为用户模式。由于在 OS_CPU.H 文件中提供了两个模式切换函数，使用时先建立任务，任务初始化结束后，如果需要运行于用户模式下，可通过调用函数 ChangeToUSRMode() 切换。最后将任务栈指针变量的值作为整个函数的返回值。

(2) 其他函数

下面简要说明其他 9 个函数的作用。

OSInitHookBegin() 函数被初始化 μC/OS-Ⅱ 运行环境的 OSInit() 函数所调用。它位于 OSInit() 函数的最前端，可以在此函数中加入与移植部分相关的初始化代码。这使得对于 μC/OS-Ⅱ 操作系统运行前，必须完成的不属于操作系统部分的代码可以在此函数中定义，而不必通过建立应用程序时使用其他函数定义。

与 OSInitHookBegin() 函数类似，OSInitHookEnd() 函数也是被 OSInit() 函数所调用。它位于 OSInit() 函数的最末端，每次在退出 OSInit() 函数前需要完成的操作可通过这个函数实现。

当用 OSTaskCreate() 或 OSTaskCreateExt() 建立任务的时候，就会调用 OSTaskCreateHook()。当 μC/OS-Ⅱ 设置完自己的内部结构后，会在调用任务调度程序之前调用 OSTaskCreateHook()。该函数被调用的时候中断是禁止的。因此，用户应尽量减少该函数中的代码以缩短中断的响应时间。

当任务被删除的时候就会调用 OSTaskDelHook()。该函数在把任务从 μC/OS-Ⅱ 的内部任务链表中解开之前被调用。当OSTaskDelHook()被调用的时候,它会收到指向正被删除任务的OS_TCB的指针,这样它就可以访问所有的结构成员了。OSTaskDelHook()可以用来检验TCB扩展是否建立并进行一些清除操作。

OSTaskIdleHook()函数被OS_TaskIdle()函数调用,用户可以在空闲任务执行过程中增加系统功能,如停止CPU使其处于省电模式等。

OSTaskStatHook()每秒都会被OSTaskStat()调用一次。用户可以用OSTaskStatHook()来扩展统计功能。例如,用户可以保持并显示每个任务的执行时间,每个任务所用的CPU份额,以及每个任务执行的频率等。

当发生任务切换的时候调用OSTaskSwHook()。不管任务切换是通过OSCtxSw()还是OSIntCtxSw()来执行的,都会调用该函数。OSTaskSwHook()可以直接访问OSTCBCur和OSTCBHighRdy,因为它们是全局变量。

OSTCBCur指向被切换出去的任务的OS_TCB,而OSTCBHighRdy指向新任务的OS_TCB。在调用OSTaskSwHook()期间中断一直是禁止的,因为代码的多少会影响到中断的响应时间,所以应尽量使代码简化。

OSTCBInitHook()函数被OS_TCBInit()函数调用。每个任务初始化时都将调用这个函数,它是当任务控制块的大部分变量初始化完成后被调用的。此时,用户可以添加代码扩展任务控制块的内容,然后再将任务控制块加入到链表中。

OSTaskTimeHook()在每个时钟节拍都会被OSTaskTick()调用。实际上,OSTaskTimeHook()是在节拍被μC/OS-Ⅱ真正处理,在应用程序运行之前被调用的。

3. OS_CPU_A.S

μC/OS-Ⅱ的移植主要需要编写OSStartHighRdy(),OSCtxSw(),OSIntCtxSw(),OSTickISR() 4个汇编语言函数。本课题完成了这4个函数的设计与验证。

(1) OSStartHighRdy()

这个函数用于启动在μC/OS-Ⅱ运行前用户建立的最高优先级任务,它被OSStart()函数所调用。

在调用OSStart()函数之前,必须先调用OSInit()函数初始化μC/OS-Ⅱ的运行环境。在调用OSStart()之前,至少已经建立了一个空闲任务。如果用户没有建立其他任务,调用OSStartHighRdy()函数将启动空闲任务。这种情况通常用于测试系统是否正确运行,在实际应用中并无意义。若建立了多个任务,OSStart()函数先根据就绪表找出最高优先级任务,再通过OSStartHighRdy()函数来启动这个任务。相关部分代码如下:

```
OSStartHighRdy
    BL      OSTaskSwHook
    LDR     R4, = OSRunning
```

```
MOV     R5,#1
STRB    R5,[R4]
LDR     R6,=OSTCBHighRdy
LDR     R6,[R6]
LDR     SP,[R6]
LDR     R1,=0xE0008000
LDR     R2,[R1]
ORR     R2,R2,#0x2
STR     R2,[R1]
LDMFD   SP!,{R0}
MSR     CPSR_c,R0
LDMFD   SP!,{R0-R12,LR,PC}
```

在OSStartHighRdy()函数中,首先调用钩子函数OSTaskSwHook(),其目的是在任务切换之前通过C程序完成一些其他的操作,为系统提供了一个扩展接口。使用时不必修改其他代码,只需要在OSTaskSwHook()函数中添加相关部分。接着将布尔量OSRunning置1,因为在μC/OS-Ⅱ启动之前OSRunning值为0,当操作系统开始运行后,系统函数将通过OSRunning判断系统的运行状态。若OSRunning为0,一些函数如时钟节拍等函数都无法正确执行。然后将结构体变量OSTCBHighRdy的成员指针OSTCBStkPtr值赋给ARM处理器的SP寄存器,为后面恢复任务状态,加载处理器寄存器做准备。最后开启时钟节拍,它的实现与硬件定时器的相关,对不同的微控制器可以根据定时器的功能特性来实现。虽然在此处开启时钟节拍,但是时钟节拍在此时并没有运行,时钟节拍的计数器值也不会增加,其原因是ARM处理器没有使能IRQ中断,对定时器的中断输入不会响应。若此时使能定时器中断程序将会出错。将最高优先级任务的堆栈数据加载到处理器寄存器中,同时处理器使能IRQ中断,时钟节拍开始运行,PC将指向最高优先级任务的起始地址处,系统开始运行。

(2) OSCtxSw()

OSCtxSw()是一个任务级的任务切换函数。当没有中断发生时,不同优先级任务之间的切换就由这个函数来实现。而μC/OS-Ⅱ中C程序的任务切换函数名为OS_TASK_SW(),但源码中没有给出它的具体实现,需要通过OS_CPU.H中将这两个函数联系起来,实现的方法根据所用处理器的不同而不同。即使是ARM处理器,也有几种不同的实现方法。

具体选用何种方法实现,取决于编程的需要,在此处采用宏定义将二者联系起来。相关部分代码如下:

```
OSCtxSw
STMFD       SP!,{LR}
```

```
STMFD      SP!,{R0 - R12,LR}
MRS        R0,CPSR
STMFD      SP!,{R0}
LDR        R4, = OSTCBCur
LDR        R5,[R4]
STR        SP,[R5]
BL         OSTaskSwHook
LDR        R6, = OSTCBHighRdy
LDR        R6,[R6]
STR        R6,[R4]
LDR        R4, = OSPrioCur
LDR        R5, = OSPrioHighRdy
LDRB       R7,[R5]
STRB       R7,[R4]
LDR        SP,[R6]
LDMFD      SP!,{R0}
MSR        CPSR_cxsf,R0
LDMFD      SP!,{R0 - R12,LR,PC}
```

在 OSCtxSw()函数中,先保存任务被中断处的返回地址,再将各寄存器的内容保存到任务栈中。将 SP 寄存器的值赋给结构体变量 OSTCBCur 的成员指针 OSTCBStkPtr。接着调用钩子函数 OSTaskSwHook(),利用 C 程序完成在任务切换过程中所要执行的操作。然后将最高优先级任务控制块的指针变量赋给当前任务控制块的指针变量,再将最高优先级变量赋给当前的优先级变量。最后将最高优先级的任务栈指针赋给 SP 寄存器,再从内存加载各寄存器。

(3) OSIntCtxSw()

OSIntCtxSw()是一个中断级的任务切换函数。当发生中断时,中断服务程序将会间接调用这个函数,完成中断过程中的任务切换。它与任务级的任务切换函数基本相同,只是它不需要保存中断后各寄存器值,因为发生中断时,中断处理开始已经保存各寄存器值,利用 ADS 编译时,对于 IRQ 中断可在其对应的 IRQ 中断的中断服务程序前加入关键字_irq,自动编译生成保存中断现场和中断结束时恢复现场的汇编代码。由于其处理过程与 OSCtxSw()函数基本相同,此处不再赘述。

(4) OSTickISR()

OSTickISR()是时钟节拍中断服务程序。通过设置定时器的匹配寄存器产生固定频率的中断输入信号,然后 ARM 处理器对中断进行响应,读取中断控制器内中断服务程序的地址,对于时钟中断,处理器读取的就是这个函数的地址。μC/OS-II 通过间接利用定时器中断作为操作系统的时钟节拍来实现延时和超时的功能。此程序流程图如图 13-4 所示。

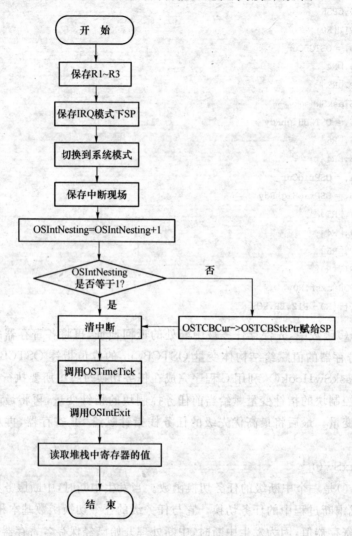

图 13-4　OSTickISR()函数流程图

相关部分代码如下：

```
OSTickISR
STMFD    SP!,{R1-R3}
MOV      R1,SP
ADD      SP,SP,#12
MRS      R2,SPSR
SUB      R3,LR,#4
```

```
MSR        CPSR_c,#0xDF
STMFD      SP!,{R3}
STMFD      SP!,{R4-R12,LR}
LDR        R4,[R1],#4
LDR        R5,[R1],#4
LDR        R6,[R1],#4
STMFD      SP!,{R0,R4-R6}
STMFD      SP!,{R2}
LDR        R4,=OSIntNesting
LDRB       R7,[R4]
ADD        R7,R7,#1
STRB       R7,[R4]
CMP        R7,#1
BNE        OSTickISRSwitch
LDR        R5,=OSTCBCur
LDR        R5,[R5]
STR        SP,[R5]
OSTickISRSwitch
LDR        R6,=0xE000800C
LDR        R6,[R6]
BL         OSTimeTick
BL         OSIntExit
LDMFD      SP!,{R0}
MSR        CPSR_cxsf,R0
LDMFD      SP!,{R0-R12,LR,PC}
```

当程序执行到 OSTickISR() 函数处，ARM 处理器处于 IRQ 模式下，首先需要保存 IRQ 模式下 SPSR 寄存器，以便从中断服务程序退出时还原 CPSR 寄存器。然后切换到系统模式下，保存其他寄存器。再将中断嵌套计数值加 1，清除定时器中断，调用 OSTimeTick() 函数将时钟节拍计数值加 1。接着调用 OSIntExit() 函数，找到已就绪的最高优先级任务，同时调用中断级任务切换函数。最后恢复 CPSR 寄存器以及最高优先级任务栈中各寄存器的值。

(5) SWIISR()

SWIISR() 函数不属于通用的移植部分，只是针对 ARM 处理器。因为它也是汇编代码，并且与移植密切相关，所以将其作为 OS_CPU.S 文件的一部分，利用它与软件中断结合来实现访问临界区代码的开关中断函数。相关部分代码如下：

```
SWIISR
    STMFD      SP!,{R0,LR}
    MRS        R0,SPSR
```

```
        TST         R0,#0x20
        LDRNEH      R0,[LR,#-2]
        BICNE       R0,R0,#0xFF00
        LDREQ       R0,[LR,#-4]
        BICEQ       R0,R0,#0xFF000000
        CMP         R0,#4
        B           CHandler
SWIJumpTable
        DCD         EnterCritical
        DCD         ExitCritical
        DCD         TOSYSMode
        DCD         ToUSRMode
EnterCritical
        LDR         R0,[SP],#4
        STR         R4,[SP,#-4]!
        MRS         R4,SPSR
        STR         R4,[SP,#-4]
        ORR         R4,R4,#0xC0
        MSR         SPSR_cxsf,R4
        LDMFD       SP!,{R4,PC}^
ExitCritical
        LDR         R0,[SP,#-4]
        MSR         SPSR_cxsf,R0
        LDMFD       SP!,{R0,PC}^
TOSYSMode
        MRS         R0,SPSR
        BIC         R0,R0,#0x1F
        ORR         R0,R0,#0x1F
        MSR         SPSR_c,R0
        LDMFD       SP!,{R0,PC}^
ToUSRMode
        MRS         R0,SPSR
        BIC         R0,R0,#0x1F
        ORR         R0,R0,#0x10
        MSR         SPSR_c,R0
        LDMFD       SP!,{R0,PC}^
CHandler
        BL          SWI_Exception
        LDMFD       SP!,{R0,PC}^
```

在 SWIISR()函数中,首先判断产生软件中断前运行的是 ARM 指令还是 Thumb 指令,对不同的指令集,通过 R0 寄存器传递 SWI 操作数的值判断所要执行的操作。在这个函数中,完成开关中断及模式切换,对定义任务代码是 ARM 指令还是 Thumb 指令通过 C 程序中的 SWI_Exception()函数实现的。当产生软件中断时,保存 R0 和 LR 寄存器,对于关中断操作,需要先保存原 CPSR 寄存器的值,然后关闭 CPSR 寄存器中的中断使能位,最后将发生软件中断前的返回地址赋给 PC,同时切换处理器模式将更改后的 CPSR 值还原。对于开中断操作,先读取关中断操作时保存的 SPSR 寄存器的值,将其赋给管理模式下的 SPSR 寄存器,同时恢复 R0 寄存器,将 LR 寄存器的值赋给 PC,同时恢复原 CPSR 寄存器。切换模式函数是通过修改原 CPSR 寄存器的 T 位来实现的。

13.2.4 测试移植代码

移植代码编写完成后,需要测试移植代码与 μC/OS-Ⅱ 的其他代码能否使操作系统正确运行。最简单的方法是让内核自己测试自己。这样做的好处是可以把问题简化,如果出现问题,则其原因是内核代码而不是应用程序。

测试时需要对汇编文件中的各个函数进行测试。通常可采取两种方法:一是借助于所使用的调试器,对代码进行跟踪,验证代码是否正确运行;二是通过应用程序来测试,这种方法通常是先编写与测试移植代码相关的应用程序,将代码编译后下载到存储器中,处理器从存储器中取指令执行,观察运行结果来判断移植代码的正确性。两种方法比较而言,第一种方法实现简便,但需要与开发硬件系统相关的调试器;第二种方法主要用于没有调试器的系统,这时需要编写部分代码,而且当运行结果错误时,可能需要重新检查整个移植部分代码。移植代码的测试过程如图 13-5 所示。

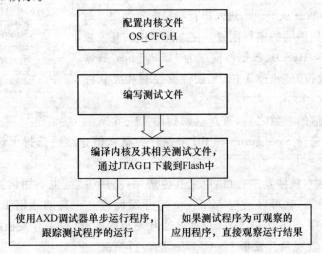

图 13-5 移植代码的测试过程

AXD 调试器提供全速、步进、步过、步出等执行方式,可以在程序中设置断点和观察点,同时还可以观察内存中的数据。这里对移植代码的测试是采用两种方法相结合来实现的,在测试时针对不同的测试对象进行配置,以进一步简化测试过程。

13.3 μCLinux 操作系统移植

嵌入式系统应用的迅速增长导致了嵌入式操作系统的应用越来越广泛,μCLinux 作为嵌入式操作系统,继承了 Linux 的优良传统,在嵌入式领域得到了广泛应用。但是由于嵌入式系统多为实时系统,要求嵌入式操作系统具有一定的实时性,而 μCLinux 本身并不关注实时性,所以这也在一定程度上影响了 μCLinux 在嵌入式领域的发展。

13.3.1 创建开发环境

首先需要创建开发环境,系统开发使用 Fedora Core 5 Linux 系统作为开发平台,因为 Linux 和 μCLinux 的开发者都是在 Linux 下完成开发的。如果使用 Windows 系统,需要使用 Vmware 或其他虚拟主机程序建立虚拟机,然后在虚拟机上安装标准 Linux 作为开发平台。

使用 Fedora Core 5 系统作为宿主机,为了在宿主机与目标机之间通信,在宿主机上观察目标机的运行输出,需要使用宿主机的 Minicom 程序,通过 Minicom 连接目标机与宿主机的串口。在第一次使用 Minicom 时,需要对其进行配置。

配置 Minicom,需要使用 Root 用户,首先登录 Root 用户,然后在终端中输入 Minicom 来配置 Minicom,弹出界面如图 13-6 所示。

首先选择 Serial port setup 项,进入串行端口配置界面。对于不同的开发板,选用不同的串行配置。在本课题中的开发板选择使用串口 1(/dev/ttySO)、数据传输率为 115 200 bps、数据位 8 位、无奇偶校验位、停止位 1 位、无硬件流控制和无软件流控制。

```
[configuration]
Filenames and paths
File transfer protocols
Serial port setup
Modern and dialing
Screen and keyboard
Save setup as dfl
Save setup as …
Exit
```

图 13-6 Minicom 配置

设置完串行通信的参数之后,重新返回到图 13-6 所示的界面。在这里再选择 Save setup as dfl 项保存为默认值。然后选择 Exit from Minicom 退出 Minicom。

在这里的设置中,只涉及串行口,对于其他选项,不用去管,也不用设置即可。退出 Minicom 后,如果一切正常,就可以通过 Minicom 与开发板建立正常的通信了。执行 Minicom 命令进入 Minicom 程序。移植 μCLinux 后,接通开发板的电源,按下开发板的复位键,就能通过正确移植 Minicom 监视到开发板上 μCLinux 的运行情况。

第13章 系统移植技术

1. 建立交叉编译环境

进行嵌入式系统开发，需要使用交叉编译工具来编译内核及应用程序。交叉编译工具运行在某一种处理器上，却可以编译出另一种处理器上执行的指令。它由一套用于编译、汇编、链接内核及应用程序的组件组成，通过编译可以使 μCLinux 内核和应用程序在目标设备上运行。以 ARM7 TDMI 为处理器的目标系统建立交叉编译工具时，一般使用 arm-elf-tools-20030314.sh。这个文件可以在 μCLinux 的官方网站得到。官方的下载地址是：

http://www.μCLinux.org/pub/μCLinux/arm-elf-tools/arm-elf-tools-20030314.sh

下载得到的文件是一个 sh 文件，这是一个自解压的文件（就好比 Windows 下面的自解压 zip 或者 rar 一样）。为了能够运行，需要使用下面的命令：

./arm-elf-tools-20030314.sh

这样如果不能运行，可以使用下面的命令来改变这个文件的执行权限，为本地用户添加可执行的权限：

chmod 755 arm-elf-tools-20030314.sh

然后再运行命令：

./arm-elf-tools-20030314.sh

这样，在主机上就建立了交叉编译环境。在 /usr/local/bin/ 目录下，新生成的交叉编译工具链包括的组件如表 13-1 所列。更为具体的操作可以参看 Linux 手册。

表 13-1 编译工具集

arm-elf-as	arm-elf-objcopy	arm-elf-gdb	genromfs
arm-elf-gcc	arm-elf-objdump	arm-elf-gasp	
arm-elf-g++	arm-elf-nm	arm-elf-size	
arm-elf-ld	arm-elf-strip	arm-elf-addr2line	
arm-elf-c++	arm-elf-ar	elf2flt	

在表 13-1 中，arm-elf-gcc 是最重要的开发工具，它将源文件编译成目标文件，然后由 arm-elf-ld 链接成可以运行的二进制文件。其他的为辅助工具，objdump 可以反编译二进制文件，as 为汇编编译器，genromfs 是制作 Romdisk 的工具，gdb 为调试器等，elf2flt 是一个转换工具，可以将编译生成的 elf 格式的可执行文件转换成 μCLinux 支持的 flat 文件格式。

得到了编译环境，就可以编译源代码了。进入改造内核时工作的目录 /μCLinux-dist/，在这里有已经修改完毕的源代码，所要编译的内核就在这里。其他开发环境可以参看相关手册。

2. 内核配置系统

μCLinux 内核的配置系统由 3 部分组成,分别是 makefile、配置文件和配置工具。每部分的功能如下:

makefile　分布在 μCLinux 源码的各个目录,定义了内核的编译规则。

配置文件(config.in)　给用户提供配置内核的选择功能。

配置工具　make config,make menuconfig 和 make xconfig 分别提供基于字符、图形和 xWindows 图形界面的用户配置界面。

(1) makefile 文件

Makefile 文件的作用是根据配置情况,构造出需要编译的源文件列表,然后分别编译,并把目标代码链接到一起,最终形成 μCLinux 内核的二进制文件。makefile 及与其相关的文件有:

① 顶层 makefile　是整个内核配置、编译的总体控制文件。顶层目录下,makefile 定义并向各个子目录下的 makefile 传递一些信息变量。

② 各个子目录下的 makefile　负责所在子目录下源代码的管理。

③ 内核配置文件.config　包含用户选择的配置选项,并存放内核配置后的结果。.config 被顶层 makefile 包含后,就形成许多的配置变量,每个配置变量都有确定的值,Y 表示本编译选项对应的内核代码被静态编译进内核,m 表示本编译选项对应的内核代码被编译成模块,n 表示不选择此编译选项。

④ rules.Make　定义了 makefile 共用的编译规则。

(2) config.in 配置文件

移植除了修改 makefile,另一个重要的工作就是把新功能加入 μCLinux 的配置选项中,这需要通过 config.in 文件来修改。

用户通过 make menuconfig 配置后,文件.config 就存储配置选择,由顶层 makefile 读入.config 中的配置选择,顶层 makefile 的主要任务是产生 vmlinux 文件和内核模块(module)。顶层 makefile 必须递归地进入内核的各个子目录中,分别调用位于这些子目录中的 makefile。

13.3.2　编译与移植 μCLinux

在编译 μCLinux 内核之前,需要先针对硬件平台,对内核中硬件相关的部分进行修改,以达到对硬件的支持。下面介绍修改内核的过程。

1. 编译内核前针对硬件配置修改内核

在编译 μCLinux 系统之前,需要修改 μCLinux 源代码,使之适用于 ARM7 TDMI 平台。主要有以下几个方面:

(1) 体系结构与交叉编译器的修改

修改 μCLinux-dist/linux-2.4.x/Makefile,使:

第 13 章 系统移植技术

```
ARCH := armnommu
CROSS_COMPILE := arm-elf-
```

这里定义了 CPU 的体系结构：ARCH := armnommu 和对应的交叉编译器名称 CROSS_COMPILE := arm-elf-。交叉编译工具是 arm-elf-gcc，已经安装到宿主机目录/usr/local/bin下。这样，系统在编译内核时将调用 arrn-elf-gcc，针对 armnommu 体系结构进行编译。

（2）压缩内核代码起始地址修改

修改文件：/μCLinux-dist/linux-2.4.x/arch/armnommu/boot/Makefile，在文件末尾添加下面的内容，确定内核自解压代码的起始地址和解压后代码的输出起始地址。

添加内容如下：

```
ifeq ( $ (CONFIG BOARD SNDS100),y)
        ZTEXTADDR = 0x0C100000
        ZRELADDR = 0x0C008000
endif
```

在这里，ZTEXTADDR 是自解压代码的起始地址，而 ZRELADDR 则是内核解压后代码输出起始地址。

（3）处理器配置选项的修改

对于不同的硬件平台，其设置也不一样，需要对其进行设置修改。在本课题中用到的处理器是 S3C4510B，其配置文件是：/μCLinux-dist/linux-2.4.x/arch/armnommu/config.in。在这个文件中，S3C4510B 处理器对应的是 CONFIG BOARD SNDS100，所以在这个条件分支中对其进行修改。

修改内容如下：

```
if["$ CONFIG_BOARD_SNDS100"="y"]; then
..........
define_boot CONFIG_CPU_WITH_CACHE y
define_boot CONFIG_CPU_WITH_MCR_INSTRUCTION n
# 定义 S3C4510B 处理器的频率为 50 MHz
define_int CONFIG_ARM_CLK 50000000
if ["$ CONFIG_SET_MEM_PARAM"="n"];then
   # 对 SDRAM 的起始地址进行了修改,改为 0x0C000000
   Define_hex DRAM_BASE 0x0C000000
   Define_hex DRAM_SIZE 0x00800000
   # 对 flash 的起始地址进行了修改,改为 0x00000000
   Define_hex FLASH_MEM_BASE 0x00000000
   Define_hex FLASH_SIZE_0x00200000
Fi
..........
```

上述修改是针对本课题所用到的硬件平台进行设置的。对于不同的硬件平台,需要根据硬件的资料说明书进行对照修改。在这里,DRAM_SIZE 是指示 SDRAM 的大小,FLASH_SIZE 是指示 Flash 的大小,这里的设置没有改变。

(4) 内核起始地址的修改

修改内核的起始地址及其他信息,需要修改文件:/μCLinux-dist/linux-2.4.x/arch/arm-nommu/Makefile,由于 S3C4510B 处理器对应的选项是 CONFIG_BOARD_SNDS100,所以需要在这个条件分支中进行修改。

修改内容如下:

```
ifeq ($(CONFIG_BOARD_SNDS100),y)
  TEXTADDR = 0x0C008000;
  MACHINE = snds100;
Endif
```

这里只需要修改内核的起始地址 TEXTADDR,通常取值是 DRAM_BASE+0x8000,在本平台中即为 0x0C008000。

(5) ROM 文件系统的定位修改

ROM 文件系统的定位针对 S3C4510B 处理器需要修改的文件为 μCLinux-dist/linux-2.4.x/drivers/block/blkmem.c,修改内容如下:

```
#ifdef CONFIG_BOARD_ SNDS100
{0,0x0c700000,-1},/*{0,0x100000,-1}}*/
#endif
```

通过这样的修改,将 ROM 文件系统在 SDRAM 中的地址定位在 0x0C700000。至此,与内核相关的部分修改完毕,通过设定这些硬件相关的值,使内核工作在 S3C4510B 处理器平台上。

2. 编译 μCLinux

针对硬件配置,已经将 μCLinux 内核修改完毕,接下来的工作就是对 μCLinux 内核进行编译了。

打开终端,输入如下命令:

```
#cd /μCLinux-dist
#make menuconfig
```

进入 μCLinux 配置(μCLinux v3.1.0 Configuration),选中 Kernel/Library/Defaults Selection,按空格键进入。其中,有两个选项:"定制内核设置"和"定制用户/供应商设置",即 [*] Customize Kernel Settings 和 [ ] Customize Vendor/User Settings。选中"定制内核设置"选项,按下 Esc 键退出,在询问是否保存时,选择 Yes 并回车。终端将首先进入内核配置

选单。在配置 μCLinux 内核时,就可以通过对这些选项的选择和取消来设定内核所具有的功能项。这也是裁减 μCLinux 内核的基本方法。

每个选项都对应着一个宏定义,make menuconfig 执行结束后,自动将配置结果保存为 .config 文件,将前一次的配置结果备份为 .config.old 文件。

配置完内核后,就开始编译 μCLinux 了。对于编译 μCLinux,不能简单地通过 make 来实现,需要有一些特定的步骤才能保证编译的正确。这是因为 μCLinux 所需要支持的硬件平台太多了,不能考虑得很周到。

为了编译最后得到的镜像文件,需要 Linux 的内核以及 romfs。对于 S3C4510B 的移植来说,romfs 是被编译到内核里面去的。因此,在编译内核前需要一个 romfs。为了得到 romfs 的 image,又需要编译用户的应用程序。而为了编译用户的应用程序,还需要编译 C 运行库,这里所用到的 C 运行库是 μCLibC。

根据上面的分析,编译 μCLinux 的步骤如下:

① make dep 这个仅仅是在第一次编译的时候需要,以后就不用了,为的是在编译的时候知道文件之间的依赖关系,在进行了多次编译后,make 会根据这个依赖关系来确定哪些文件需要重新编译、哪些文件可以跳过。

② make lib_only 编译 μCLibC。以后编译用户程序的时候需要这个运行库。

③ make user_only 编译用户的应用程序,包括初始化进程 init 和用户交互的 bash,以及集成了很多程序的 busybox(这样对一个嵌入式系统来说可以减少存放的空间,因为不同的程序共用了一套 C 运行库),还有一些服务 telnetd(telnet 服务器,可以通过网络来登录 μCLinux 而不一定使用串口)。

④ make romfs 在用户程序编译结束后,因为用到的是 romfs 作为 μCLinux 的根文件系统,所以首先需要把上一步编译的很多应用程序以 μCLinux 所需要的目录格式存放起来。原来的程序是分散在//user 目录下,现在的可执行文件需要放到/bin 目录、配置文件放在/etc 目录下,而这些事就是 make romfs 所做的。它会在//μCLinux 的目录下生成一个//romfs 目录,并且把//user 目录下的文件以及/vendors 目录下特定系统所需要的文件(在本课题中的//vendors目录是 vendors/Samsung/4510B)组织起来,以便为下面生成 romfs 的单个镜像所用。

⑤ make image 作用有两个:一个是生成 romfs 的镜像文件,另一个是生成 μCLinux 的镜像。因为原来的 μCLinux 编译出来是 elf 格式的,不能直接用于下载或者编译(不过那个文件也是需要的,因为那个 elf 格式的内核文件里面可以包含调试的信息)。在这个时候由于还没有编译过 μCLinux,因此在执行这一步的时候会报错。但是没有关系,因为在这里需要的仅仅是 romfs 的镜像,以便在下面编译 μCLinux 内核的时候使用。

⑥ make linux 有了 romfs 的镜像就可以编译 μCLinux 了。因为 romfs 是嵌入到 μCLinux 内核中去的,所以在编译 μCLinux 内核的时候就要一个 romfs.o 文件。这个文件是由上面的 make imag 生成的。

⑦ make image　这里再一次 make image 就是为了得到 μCLinux 的可执行文件的镜像了。执行了这一步之后，就会在//images 目录下找到 3 个文件：image.ram，image.rom 和 romfs.img。其中，image.ram 和 image.rom 就是系统运行所需要的镜像文件。

3. 运行 μCLinux

编译结果后，就可以把编译后生成的镜像文件烧写到 Flash 中，运行编译好的，μCLinux 内核镜像。在这里，把生成的 image.rom 通过 NFS 文件系统或通过 USB 口写入 Flash。

烧写完毕，按下开发板的复位按钮，可以通过串口看到宿主机的 Minicom 程序中有很多输出。

经过上文的改造与移植，具有实时性能的 μCLinux 操作系统已经可以正确运行了。

13.4　WinCE 5.0 操作系统移植

13.4.1　Windows CE 操作系统简介

Microsoft 公司的 Windows 操作系统在台式 PC 中的应用可以说是取得了巨大的成功，全球 90% 的 PC 都安装了 Microsoft Windows 操作系统。在桌面 Windows 操作系统取得巨大成功的同时，Microsoft 也针对具有巨大潜力的嵌入式操作系统市场推出了 Windows Embedded 系列产品。Windows Embedded 家族的产品主要包括两个：Windows CE 和 Windows XP Embedded。Windows XP Embedded 是桌面 Windows XP 的一个组件化版本，所以在台式 PC 上开发的程序可以直接在 Windows XP Embedded 嵌入式系统上运行。Windows CE 是一个全新设计的操作系统，它的 API 函数仅仅是桌面 Windows API 的一个子集，所以在桌面 Windows 上面开发的程序不能直接运行在 Windows CE 操作系统上面。Windows CE 诞生于 1996 年，发行的第一版是 Windows CE 1.0，到现在已经发展到 Windows CE 6.0。目前，市场上应用系统中存在最广泛的一个版本 Windows CE 4.2 和 Windows CE 5.0。相比前一个版本，增加的更加丰富的功能、更好的易用性以及更稳定的性能。

Microsoft 公司的 Windows CE 是一个开放的、可裁剪的、32 位实时嵌入式操作系统，它具有可靠性高、实时性强及内核体积小等特点，广泛应用于工业控制、信息家电、移动通信、汽车电子及个人消费品等各个领域的嵌入式系统。

Windows CE 是一个高度模块化的操作系统，用户通过配置，可以轻松得到满足不同类型的嵌入式设备对于操作系统映像体积大小的不用要求。开发人员可以通过选择必要的模块或者组件来构建适合实际应用的操作系统。普通的嵌入式系统设备中的 Flash 一般为 8～64 MB，而 Windows CE 的最小内核只有 500 KB，最小内核不仅可以处理进程、线程和同步对象等操作系统对象，而且可以读/写文件、注册表和系统数据库。

Windows CE 支持多种 CPU。从 Windows CE 4.0 开始，支持 X86，ARM，MIPS，SHX

四种 CPU 的架构,其支持的 CPU 总的种类达到 200 种。由于 Windows CE 支持如此多种 CPU,使得 Windows CE 可以应用于各种各样的嵌入式系统。此外,Windows CE 针对不同的 CPU 类型提供了丰富的 BSP 和驱动程序支持,为每种不同类型的硬件设备、总线或者端口都提供了驱动程序源代码示例,开发者可以直接应用 Windows CE 提供的驱动程序到自己的嵌入式系统中,或者参考驱动程序例程,根据特定的硬件平台,可以快速的开发出适合特定硬件平台的驱动程序。

Windows CE 具有强大的实时多任务处理能力。从 3.0 开始,Windows CE 就成为一个实时操作系统,从 4.0 版本开始,成为一个硬实时操作系统,在 5.0 中实时能力又得到了加强,提供了强大的中断和线程调度机制和内核操作系统服务,这些都保证了 Windows CE 的硬实时。根据测试,在主频为 200 MHz 的参考系统中,Windows CE 的实时响应时间最短为 40～60 μs。此外,Windows CE 是一个抢占式多任务操作系统,最多可以支持 32 个进程。

Windows CE 操作系统拥有强大的开发工具支持。Platform Builder 是 Windows CE 操作系统的开发工具,它集成了 IDE 接口,开发者完全可以在 Platform Builder 下创建、调试、部署 Windows CE 操作系统。在 Platform Builder 下开发者可以创建一个全新的 Windows CE 操作系统,根据特定的嵌入式系统需要,添加相应的组件,然后编译系统,得到一个定制的 Windows CE 操作系统映像。Microsoft Visual Studio 2005 可以用来开发 Windows CE 操作系统的应用程序,它的集成 IDE 环境可以使用户快速地开发控制台、MFC、ATL 和 DLL 等多种 Windows CE 应用程序。Windows CE 采用与桌面 Windows 相同的 Win32 编程模型,对于一个熟悉 Win32 开发的人员来说,可以很容易地在 Windows CE 上开发应用程序,大大加速开发进程。

13.4.2 Windows CE 操作系统架构

嵌入式系统硬件平台千差万别,具体应用也是各不一样,针对这个特点,Windows CE 设计成了分层结构,将硬件和软件、操作系统和应用程序分离开,这样可以非常方便地进行操作系统移植。

Windows CE 分为应用层、操作系统层、OEM 层和硬件层,每一层由不同的模块构成,每一个模块又由不同的硬件构成,如图 13-7 所示。开发者可以根据不用的需要添加相应的组件来定制适合具体硬件平台的操作系统,也可以方便的开发自己的驱动程序和应用程序。

硬件层通常主要包括 CPU、存储器、以太网口、串口、显示接口和电源等。在本设计中的基站的硬件层包括 S3C2410 的 ARM9 处理器、NAND Flash 存储器、NOR Flash 存储器、SDRAM、以太网口、USB 接口、串口、液晶接口和 CC2420 无线模块等。

OEM 层是 Windows CE 操作系统和硬件层的结合层,在特定的 OEM 层的支持下,Windows CE 才得以运行在各种硬件平台之上。如图 13-7 所示,OEM 层主要由 OAL(OEM Adaptation Layer,OEM 适配层)、启动加载程序、配置文件和驱动程序组成。OAL 的功能包括 CPU 初始化、中断和计时器等,负责硬件和 Windows CE 的信息传递。启动加载程序,即 BootLoader,负责将操作系统加载到内存中,并且启动操作系统运行。配置文件主要设置对 Windows CE 操作系统的配置参数。驱动程序负责将各种硬件驱动起来,并且对操作系统提供接口函数,以便操作系统完成对硬件的访问。因为嵌入式硬件平台千差万别,需要针对不同的硬件来编写专门的驱动程序,所以驱动开发是嵌入式系统开发的一个重点部分,本设计的基站中的一个主要工作就是针对 CC2420 无线模块进行驱动开发。

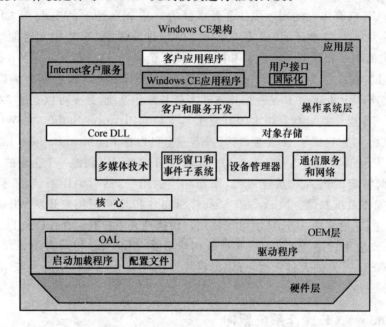

图 13-7　Windows CE 操作系统架构

操作系统层主要包括:Windows CE 核心、Core DLL、对象存储、多媒体技术模块、图形窗口和事件系统模块、设备管理器模块、通信服务与网络模块、应用和服务开发模块。核心是 Windows CE 操作系统最小的内核,主要提供处理器调度、内存管理、异常处理及系统内通信等系统功能。在生成的 Windows CE 系统文件中,NK.exe 即是 Windows CE 的内核,Windows CE 5.0 的内核最小为 250 KB。Core DLL 是最基本的模块,Windows CE 其他任何模块的运行都依靠这个动态链接库,其他模块的系统调用都由 Core DLL 传递给操作系统,其他模块不能直接访问操作系统。对象存储模块是由文件系统、数据库和系统注册表三部分组成。操作系统使用对象存储主要完成管理栈和内存堆、压缩或展开文件、集成基于 ROM 的应用和基于 RAM 的数据。多媒体技术模块主要为 Windows CE 提供了视频音频等多媒体的支持,包括提供了多媒体硬件的驱动程序和多种 API 函数,并为媒体和媒体流提供丰富的解码和编码。图形窗口和事件系统模块包含了大部分核心的 Windows CE 功能,由 USER 和 GDI 两部分组成。USER 主要处理 Windows 的消息和事件，GDI 主要处理图形相关的事件。设备管理器在 Windows CE 下具体是 Device.exe 进程，负责管理 Windows CE 系统的各种设备资源，驱动程序的加载和卸载完全由设备管理器来管理。通信服务与网络模块为 Windows CE 提供强大的有线和无线的通信功能，例如以太网、红外和蓝牙等。应用和服务开发模块是为应用程序开发提供编程接口和服务支持的库模块，Windows CE 提供了对活动模板库（ATL）、C 运行库、组件服务（COM 和 DCOM）、消息队列（MSMQ）Microsoft 基础类库（MFC）、标准 SDK、SQL Serve CE 和.NET Compact Framework 等的支持。

应用层是利用 Windows CE 提供的 API 函数编写的应用程序，主要包括两部分：一部分是 Windows CE 自身提供的一些通用的应用程序；另一部分是用户根据系统需要自己编写的专用的应用程序。

13.4.3 Windows CE Boot Loader 开发

嵌入式系统上电以后运行的第一段程序代码就是 Boot Loader。Boot Loader 相当于 X86 架构的 PC 中的 BIOS，主要功能是初始化硬件设备，建立内存映射，将操作系统映像从 Flash 复制到 RAM，最终将系统的控制权交给操作系统，实现操作系统的启动。

Boot Loader 是和硬件紧密相关的代码，不同的硬件平台都必须开发相应的 Boot Loader 启动代码。Boot Loader 有两种工作模式：启动加载模式和下载模式。启动加载模式用于正常启动操作系统，下载模式则是在操作系统定制完成以后，将操作系统下载到硬件平台的 RAM 和 Flash 中。

Boot Loader 由 Blcommon、OEM 代码、Eboot 和网卡驱动程序这几个模块组成，如图 13-8 所示。

Blcommon 部分是整个 Boot Loader 的框架，Blcommon 调用下面的 OEM 函数、网卡驱动接口函数、Eboot 函数和 FMD 函数实现 Boot Loader 的各种功能。OEM 代码主要作用是初始化目标硬件平台，例如初始化调试串口、实时时钟和 Flash 存储器等。Eboot 是以太网功能程

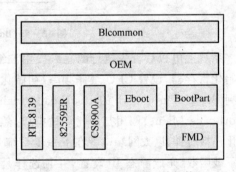

图 13-8 Boot Loader 的架构

序，包括 UDP、DHCP 和 TFTP 程序等。DHCP 用于动态配置以太网卡的 IP，TFTP 用于从 PlatformBuilder 下载定制完成的 Windows CE 映像到目标平台，UDP 用于开发工作站 PC 和目标硬件平台的以太网通信。Windows CE 支持多种主流的网卡芯片，针对不同的以太网芯片提供了相应的驱动程序源代码，例如 RTL8139,82559ER，以及在本设计中应用到的 CS8900A 等。BootPart 是用于 Flash 的分区管理程序，BootPart 调用底层的 Flash 驱动程序，完成对 Flash 存储设备的分区、读/写等操作和管理。可以在同一块 Flash 上创建多个分区文

件系统,如 BinFS(二进制 ROM 映像文件系统)、FAT 分区和 Boot 分区等。Blcommon、Eboot 和网卡的驱动程序是 Microsoft 公司提供的,一般可以重用或者移植。在 Boot Loader 开发中,OEM 代码需要根据硬件平台编写对应的程序。

Boot Loader 的控制流程如图 13-9 所示。

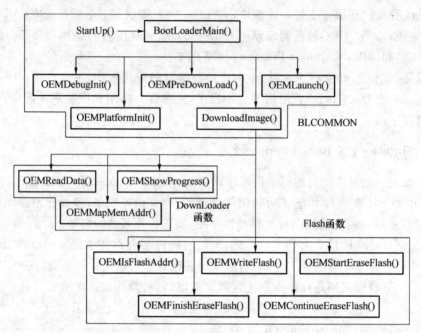

图 13-9 Boot Loader 的控制流程

系统上电以后首先执行的是一段用汇编语言写的 Startup() 函数。Startup() 函数完成了初始化寄存器,设置 CPU 工作频率,初始化缓存,建立存储器访问等工作。然后 Startup() 跳转到 Blcommon 框架下的 BootLoaderMain() 函数,进入了 Boot Loader 控制流程。首先,BootLoaderMain() 调用初始化调试串口;然后调用 OEMPlatformInit() 初始化硬件平台,其初始化包括时钟、以太网端口等在下一步系统下载中用到的端口;接着,调用 OEMPreDownload() 预下载函数,完成静态 IP 设置,并且选择是下载操作系统映像还是跳转到本地 Flash 执行其中的操作系统,如果选择下载,则调用 DownLoadImage() 函数开始从工作站下载操作系统映像,否则直接跳转到本地 Flash,调用 OEMLaunch() 函数启动存储在 Flash 中的操作系统。

13.4.4 Windows CE 的 OAL

1. Windows CE OAL 的结构

OEM 适配层 OAL(OEM Adaptation Layer)是逻辑上驻留在 Windows CE 内核和目标设

备硬件之间的代码层,在物理上 OAL 与内核库连接来产生内核可执行文件。OAL 代码用来处理中断、计时器、电源管理、总线抽象和通用 I/O 控制等。

从物理上说,OAL 代码是内核的一部分,系统被构建时 OAL 被编译成 OAL.lib,然后与其他的和 Windows CE 系统相关的库文件链接,最后形成 Windows CE 操作系统内核可执行文件 NK.exe。

Windows CE 系统内核运行在目标硬件上时需要访问系统硬件,例如中断、实时时钟和 Cache 等。而 OAL 则将对目标平台硬件的访问抽象成函数或库,当操作系统访问硬件时就调用 OAL 的函数或库完成对硬件的访问,从而实现了操作系统与硬件的无关。因此,从功能上说 OAL 是对硬件的抽象。OAL 的体系结构如图 13-10 所示,CPU 以外的其他所有具体硬件相关的代码都在 OAL 中,OAL 是运行在核心态的,可以直接访问硬件资源。而 Windows CE 的内核只与 CPU 相关,与其他硬件都无关。

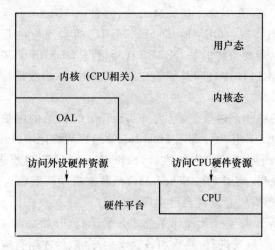

图 13-10 OAL 的体系结构

2. Windows CE OAL 的启动

在开发 OAL 之前必须清楚地了解 OAL 的运行过程,OAL 的执行过程实际上就是 Windows CE 的启动过程。OAL 的启动过程如图 13-11 所示。

与 Boot Loader 一样,OAL 的入口函数也是用汇编语言编写的 Startup() 函数。其主要功能也还是基本硬件的初始化,但是 Startup() 函数的执行有两种可能:第一种是不运行 Boot Loader,直接从 OAL 启动,则 Startup() 函数执行基本硬件初始化功能后跳转到 KernelStart();第二种情况是系统从 Boot Loader 启动,然后运行 OAL,则这是硬件初始化已经在 Boot

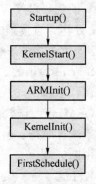

图 13-11 Windows CE OAL 的启动顺序

Loader 中完成，OAL 中不需要再重复，直接跳转到 KernelStart()。

KernelStart() 函数是 OAL 启动过程的主控函数，是系统内核的一部分，由 Microsoft 公司提供。由于 KernelStart() 函数涉及 CPU 硬件的操作，所以它也是用汇编语言实现的。KernelStart() 函数的主要作用有：初始化页表、打开 MMU 和 Cache、设置异常向量跳转表及初始化每个模式下的栈。

之后进入第一个 C 语言代码函数 ARMInit()。ARMInit() 函数进行 ARM 硬件平台的初始化，主要工作如下：

① 调用 KernelRelocate() 函数进行内核重定位。
② 调用 OEMInitDebugSerial() 函数初始化调试串口。
③ 调用 OEMInit() 函数初始化硬件。
④ 调用 KernelFindMemory 进行内存处理。

其中，KernelRelocate() 和 KernelFindMemory() 是由 Microsoft 公司提供的函数，在进行系统移植时，不需要自己实现。OEMInitDebugSerial() 的实现与在 Boot Loader 中对调试串口的实现是一样的，重点需要关注的是 OEMInit() 函数。OEMInit() 初始化硬件设备，主要初始化中断、系统计时器、KITL 接口和总线接口。OEMInit() 函数根据硬件设备的不同，需要 OEM 实现。

KernelInit() 函数的功能是内核初始化。KernelInit() 初始的内核组件有：堆、内存池、内核进程和内核调度器。KernelInit() 调用 HeapInit() 函数初始化堆，InitMemoryPool() 函数初始化内存池，ProcInit() 函数初始化内核进程，SchedInit() 函数初始化内核调度器并且创建 SystemStartupFunc() 线程，调用 FirstSchedule() 函数来启动调度器。这些函数的实现都是由 Microsoft 公司提供的，不需要开发者自己实现。

OAL 启动完成后，Windows CE 操作系统才开始运行，开始加载文件系统 Filesys.exe 和设备管理器 Device.exe 等系统进程，然后加载驱动程序，最后才运行应用程序。

3. OAL 的实现

OAL 的代码最终与操作系统编译成一体，成为 Windows CE 内核的一部分，所以 OAL 代码编写的好坏会直接影响 Windows CE 系统运行的稳定性、安全性和性能，对驱动程序和应用程序都会产生直接的影响。在 OAL 的开发过程中，OEM 需要实现的主要功能如下：

① Startup() 函数。
② 调试串口。
③ OEMInit() 函数。
④ 系统计时器。
⑤ 中断处理。
⑥ KITL。

Startup() 函数前面已经分析过，主要功能是初始化基本硬件环境，由于在本设计的基站中采用了 Boot Loader 来启动系统,所以在 OAL 中的 Startup() 函数只是将地址映射表 OEMAddressTable 传递给内核初始化函数 KernelInit(),由 KernelInit() 根据地址映射表建立物理地址和虚拟地址的映射。

在基站的开发过程中,采用 S3C2410 的串口 1 作为调试串口,串口 2 用于其他应用。OAL 调试串口的功能与 Boot Loader 中调试串口的实现基本一样,主要实现 OEMInitDebugSerial()、OEMReadDebugByte()、OEMWriteDebugByte()、OEMWriteDebugString() 4 个函数来初始化调试串口和对串口进行读/写操作。

在 S3C2410 的平台上,OEMInit() 函数的主要功能是初始化 Startup() 函数中没有初始化的所有硬件。OEMInit() 首先调用 OALIntrInint() 函数初始化物理中断和逻辑中断的映射表,然后关闭除定时器 4 以外的所有中断(定时器 4 用做系统时钟),OALIntrInint() 函数输入系统内部函数,由微软公司实现。接着 OEMInit() 函数调用 OALTimerInit() 函数初始化系统时钟,Windows CE 采用了 S3C2410 的 Timer 4 作为系统时钟,产生系统调度需要的时钟源。然后 OEMInit() 函数进行 KITL 的初始化,流程为:OALKitlStart()→OALKitlInit()→KitlInit()→StartKitl()→OEMKitlInit()→OALKitlEthInit()。KITL 的初始化过程比较复杂,大部分都是调用 OAL 函数和操作系统内核函数。

在 Windows CE 操作系统中采用 S3C2410 的定时器 4 作为系统计时器。系统计时器是 Windows CE 进行任务调度的单位,Windows CE 以每毫秒产生一个 tick 的固定频率来产生系统调度单位。在 OAL 的开发中,需要将定时器 4 设置成每毫秒产生一个中断,并且使能定时器 4 的中断功能。

中断处理是 OAL 开发的重点,也是 Windows CE 实时性的核心。与中断处理相关的函数有:InterruptHandler()、InterruptInitialize()、InterruptEnable()、InterruptDisable() 和 InterruptDone()。这 5 个函数分别完成了中断处理、中断初始化、中断使能、中断禁止和中断服务完成 5 个功能。当调用这 5 个函数时,将触发内核分别调用 OEMInterruptHandler()、OEMInterruptInitialize()、OEMInterruptEnable()、OEMInterruptDisable()、OEMInterruptDone() 这 5 个 OEM 函数,这些函数需要 OEM 实现。

13.4.5　Windows CE 操作系统的创建和调试

在完成了 OAL 的开发和移植工作后,接下来的任务就是在 PlatformBuilder 集成开发环境下根据项目的实际情况,选择需要的 Windows CE 模块和组件,编译出合适的 Windows CE 操作系统映像。在编译的过程中如果出现错误,则可能是在 OAL 中 OEM 函数的编写有错误,仔细检查 OAL 函数后再进行编译,直到编译正确,得到能稳定运行的 Windows CE 操作系统映像。

1. Platform Builder 5.0 简介

MicroSoft Platform Builder 5.0 是用于创建基于 Windows CE 5.0 的嵌入式操作系统映

像的一个集成开发环境,集成了设计、产生、构建、测试和调试 Windows CE 操作系统设计所需要的所有开发工具。Platform Builder 5.0 的界面和 MicroSoft Visual Studio 的界面很相似,熟悉 Windows 程序开发的人员可以很快掌握 Platform Builder 的使用。

Platform Builder 5.0 开发工具的界面如图 13-12 所示。具体的安装、配置和使用请按照 Platform Builder 5.0 开发工具手册进行。

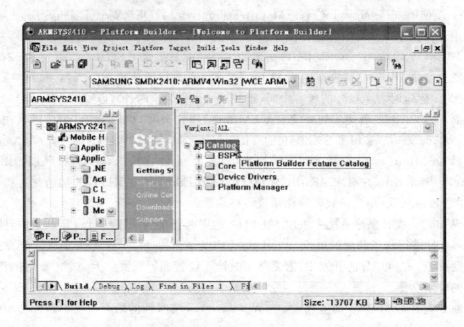

图 13-12　Platform Builder 5.0 开发工具的界面

2. Windows CE 操作系统的创建

Platform Builder 5.0 可以完成 Windows CE 操作系统映像开发过程的所有步骤,在编译生成操作系统映像前,首先需要建立一个包含所有需要的功能的 Windows CE 操作系统设计工程。Windows CE 操作系统映像的创建过程如图 13-13 所示。

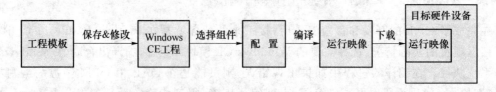

图 13-13　Windows CE 操作系统映像的创建过程

创建操作系统映像经常从模块作为起点,Platform Builder 5.0 提供了多种适合各种项目的模板。Platform Builder 5.0 提供的模板既为开发者提供了一个 Windows CE 操作系统创建的例子,又节省了综合开发的时间。选择一个与目标应用同类的模板,进行修改和保存后得到所需要 Windows CE 工程。

下一步,可以根据具体的需要对已经建立的 Windows CE 工程进行配置,可以删除不可能用到但又已经包含在模板的组件,也可以添加需要的组件到当前的工程中。在基站的 Windows CE 系统的设计中,选定模板以后还要向工程中添加 MFC、USB 鼠标设备组件,这些组件都是与硬件无关的,在 core OS 组件目录下。除此之外,还需要添加与硬件相关的 S3C2410 的 BSP 组件。BSP 的组件都是与目标设备上的硬件相关的,不同的硬件平台可能需要不同的 BSP 组件。在 S3C2410 的 BSP 组件中,需要添加 LCD、CS8900 来支持液晶屏和网卡。添加完所需要的组件后的工作就是在 Platform Builder 5.0 集成开发环境中,编译 Windows CE 工程。编译工程前可以选择项目为 Release 和 Debug 两种模式。Release 模式下编译出的运行映像是进行过所有优化的结果,不会输出调试信息,得到的是一个相对小的映像。Debug 模式下编译出的运行映像则是没有优化的结果,将包含所有的调试信息,而且映像所占空间会很大。设置完成后,在 Build 菜单下,单击 Build and Sysgen,编译并生成 Windows CE 映像。如果编译成功,将得到所创建的 Windows CE 操作系统 NK.nb0 映像文件,然后将 Windows CE 的映像 NK.nb0 通过网线或串口下载到硬件设备。

习　　题

简答题
(1) 简要说明 $\mu C/OS-II$ 操作系统移植的基本步骤和移植方法。
(2) 简述 $\mu CLinux$ 操作系统移植的基本步骤和移植方法。
(3) 简述 WinCE 5.0 操作系统移植的基本步骤和移植方法。

参 考 文 献

[1] 廖日坤. ARM 嵌入式开发技术白金手册. 北京:中国电力出版社,2005.

[2] 田泽. 嵌入式系统开发及应用. 北京:北京航空航天大学出版社,2005.

[3] 何立民. MCS-51 系列单片机应用系统设计. 北京:北京航空航天大学出版社,2001.

[4] Samsung Electronics Co., Ltd. S3C2410A 200MHz & 266MHz 32-BIT RISC MICROPROCESSOR USER'S MANUAL Revision 1.0. 2004.

[5] Samsung Electronics Co., Ltd. S3C44B0X RISC MICROPROCESSOR User's Manual Preliminary 0.1. 2001.

[6] Samsung Electronics Co., Ltd. S3C4510X RISC MICROPROCESSOR User's Manual. 2004.

[7] 季昱,林俊超,宋飞. ARM 嵌入式应用系统开发典型实例. 北京:中国电力出版社,2005.

[8] Cirrus Logic. EP7312 Datasheet. 1999(12).

[9] 北京科银京成技术公司. Delta System 技术白皮书 2.0. http://www.coretek.com.cn. 2005.

[10] Microsoft Corporation. About Windows CE. www.microsoft.com/windows/embedded. 2006.

[11] 李驹光,等. ARM 应用系统开发详解——基于 S3C4510B 的系统设计. 北京:清华大学出版社,2003.

[12] 桑楠. 嵌入式系统原理与应用开发技术. 北京:北京航空航天大学出版社,2002.

[13] 海燕,付炎. 嵌入式系统技术与应用. 北京:机械工业出版社,2002.

[14] 魏忠,蔡勇,雷红卫. 嵌入式开发详解. 北京:电子工业出版社,2003.

[15] 杜春雷. ARM 体系结构与编程. 北京:清华大学出版社,2003.

[16] Furber S. ARM System-on-Chip Architecture. 2 ed. Pearson Education Limited (Addison-Wesley),2000.

[17] 马忠梅. ARM 嵌入式处理器结构与应用基础. 北京:北京航空航天大学出版社,2002.